Technische Kommunikation für Holzberufe

Konstruktion und Arbeitsplanung
Grund- und Fachbildung

von
Ingo Düker
Andreas Fink
Jens Heise
Bernd Koppe

2000
Verlag Gehlen · Bad Homburg vor der Höhe
Gehlenbuch 92354

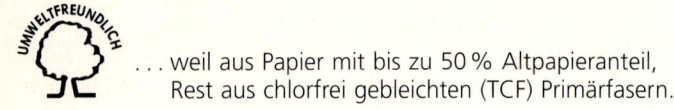 ... weil aus Papier mit bis zu 50 % Altpapieranteil, Rest aus chlorfrei gebleichten (TCF) Primärfasern.

Verlag Gehlen GmbH & Co. KG
Daimlerstraße 12 · 61352 Bad Homburg vor der Höhe
Internet: http://www.gehlen.de
E-Mail: info@gehlen.de

Dieses Werk folgt der reformierten Rechtschreibung und Zeichensetzung. Ausnahmen bilden Texte, bei denen künstlerische, philologische oder lizenzrechtliche Gründe einer Änderung entgegenstehen.

Umschlaggestaltung: Ulrich Dietzel · Frankfurt
Zeichnungen: new vision, Bernhard Peter · Pattensen
Fotos: Häfele · Nagold, Hettich · Vlotho

ISBN 3-441-**92354**-5

© Verlag Gehlen · Bad Homburg vor der Höhe
Satz: Bibliomania GmbH · Frankfurt
Herstellung: Media-Print taunusdruck · Bad Homburg vor der Höhe

Vorwort

Das vorliegende Fach- und Arbeitsbuch – Technische Kommunikation für Holzberufe – beschreitet mit seiner konsequent projektorientierten Grundkonzeption neue Wege der Wissensvermittlung in diesem Bereich.

Es berücksichtigt den ständigen strukturellen Wandel in der Berufswelt und vermittelt die für die heutigen Berufsanfänger immer entscheidender werdende Schlüsselqualifikation der Technischen Kommunikation anhand von drei praxisorientierten Projekten, die schwerpunktmäßig die drei großen Arbeitsbereiche von Tischlereien/Schreinereien repräsentieren:

Kindergarten – Grundtechniken und Möbelbau

Buchladen – Möbel- und Innenausbau

Einfamilienhaus – Türen, Fenster und Treppen

Die Verfasser orientieren sich dabei an einem Modell des selbstständigen beruflichen Handelns, wie es sich auch als Leitfaden durch die gesamte neue Ausbildungsordnung und die Rahmenlehrpläne zieht. Die Benutzer des vorliegenden Lern- und Arbeitsbuches sollen zu selbstständigem Planen, Durchführen und Kontrolllieren ihrer Arbeit geführt werden.

Der Weg des Werkstücks durch die Tischlerei
- vom Wunsch des Kunden und seiner fachlichen Beratung
- zum Entwurf, zur Konstruktion und der zeichnerischen Umsetzung
- zur Planung der Fertigung und des Materialeinsatzes auch unter ökonomischen Gesichtspunkten, der Benutzung weiterer technischer Unterlagen
- bis zur Lieferung, Montage und Kundenkritik

wird in diesem Buch in den Projekten immer wieder beschrieben.

Die Verfasser verfolgen dabei einen ganzheitlichen Ansatz, da die Benutzer, Auszubildende, Meister- und Fachschüler die Zusammenhänge ihrer Berufswirklichkeit im Zusammenhang des konkreten Projekts, des konkreten Kundenauftrags kennenlernen sollen.

Schlüsselfunktionen wie ständige Lernfähigkeit und -bereitschaft, Kommunikationsfähigkeit im Umgang mit Kunden und Kollegen, Teamgeist und die Fähigkeit zur Selbsteinschätzung des vorhandenen eigenen Könnens und zum planvollen Gestalten der nötigen Arbeitsabläufe werden anhand der Gestaltungs- und Konstruktionsaufgaben des Buches trainiert. Diese Aufgaben sind innerhalb der Kapitel in ihrem Schwierigkeitsgrad abgestuft, sodass auch schwächere Auszubildende zu Erfolgserlebnissen kommen können.

Didaktisch folgt der Aufbau des Buches grundsätzlich dem neuen Rahmenlehrplan und den Lehrplänen der verschiedenen Bundesländer für Tischler und Holzmechaniker und vermittelt alle darin geforderten Fähigkeiten und Fertigkeiten.

Um der konzeptionsbedingten Komplexität der Aufgabenstellungen gerecht zu werden, empfehlen die Verfasser die zusätzliche Benutzung von Fach- und Tabellenbuch und die häufige Einbeziehung weiterer technischer Unterlagen wie Kataloge und technische Merkblätter in den Unterricht.

Die Verfasser

Inhaltsverzeichnis

Projekt Kindergarten ... 6

1 Einführung in die Arbeitsplanung ... 6
1.1 Ein Problem erfordert Lösungen ... 6
1.2 Das Chaos wird beseitigt ... 7
1.3 Ein Problem kann unterschiedlich gelöst werden ... 8
1.4 Der Auftrag wird bearbeitet ... 9

2 Die Technische Zeichnung nach DIN 919 ... 10
2.1 Aus der Skizze wird eine technische Zeichnung ... 10
2.2 Die Materialliste wird erstellt ... 11
2.3 Das Zeichenblatt wird vorbereitet ... 12
2.4 Zeichenmaterial ... 13

3 Maßstäbe und Bemaßung ... 14
3.1 Große Werkstücke werden maßstäblich gezeichnet ... 14
3.2 Eine ausreichende Bemaßung ist notwendig ... 14
3.3 Übungsaufgaben zur Bemaßung ... 16
3.4 Was bedeutet fertigungsgerechte Bemaßung? ... 17
3.5 Übungsaufgaben zur fertigungsgerechten Bemaßung ... 17
3.6 Bemaßungsübungen an Holzkisten und Schubkästen ... 18
3.7 Auch Rundungen müssen genau bemaßt werden ... 20
3.8 Übungsaufgaben zur Bemaßung von Rundungen und Bohrungen ... 21
3.9 Wiederholungsmaße werden vereinfacht dargestellt ... 23
3.10 Übungsaufgaben zur Bemaßung von Teilungen ... 23

4 Geometrische Grundübungen ... 24
4.1 Lehrgang zu geometrischen Grundübungen ... 24
4.2 Hilfen zur geometrischen Teilung von Strecken, Winkeln und zum Abrunden ... 25

5 Schnitte und Schraffuren ... 26
5.1 Schnittdarstellungen helfen bei der Fertigung ... 26
5.2 Durch Schraffuren werden Werkstoffe gekennzeichnet ... 27
5.3 Übungsaufgaben zu Schnitt- und Schraffurdarstellungen ... 28
5.4 Schnittdarstellungen verdeutlichen die Konstruktion ... 29
5.5 Konstruktionszeichnung eines Wandregals ... 30

6 Perspektiven und Dreitafelprojektion ... 32
6.1 Perspektivische Darstellungen veranschaulichen das Werkstück ... 32
6.2 Kavalierprojektion ... 32
6.3 Isometrische Projektion ... 32
6.4 Dimetrische Projektion ... 32
6.5 Arbeitsreihenfolge bei der Erstellung einer isometrischen Projektion ... 33
6.6 An Rahmenecken lassen sich die Perspektiven gut üben ... 34

7 Möbelbauarten ... 36
7.1 Möbel für den Kindergarten werden geplant ... 36
7.2 Möbel lassen sich nach Konstruktion und Material einteilen ... 37
7.3 Die menschlichen Abmessungen bestimmen die Maße des Möbels ... 38
7.4 Gefällige Formen lassen sich planen ... 39
7.5 Vollholzmöbel im Brettbau passen gut zur Kindergarteneinrichtung ... 40
7.6 Möbel in Rahmenbau lassen viel Gestaltungsspielraum zu ... 44

8 Drehtüren ... 48
8.1 Bewegliche Fronten erhöhen die Nutzbarkeit des Möbels ... 48
8.2 Drehtüren mit Winkelband müssen präzise gearbeitet werden ... 50
8.3 Drehtüren lassen sich mit Einbohrbändern rationell anschlagen ... 52
8.4 Einschlagende Drehtüren erfordern bestimmte Bänder ... 54
8.5 Aufschlagende Drehtüren für die Teeküche ... 56
8.6 Übungsaufgaben zu Möbeln mit Drehtüren ... 58

9 Schiebetüren ... 60
9.1 Schiebetüren helfen manchmal Unfälle zu vermeiden ... 60
9.2 Übungsaufgaben zu Möbeln mit Schiebetüren ... 62

10 Schubkästen ... 64
10.1 Schubkästen helfen den Schrankinhalt zu ordnen ... 64
10.2 Verbindungen am Schubkasten ... 66
10.3 Schubkästen müssen bewegt werden ... 67
10.4 Möbel mit Schubkästen und Türen lassen sich vielfältig nutzen ... 70
10.5 Übungen zu Möbeln mit Schubkästen ... 72

11 Zeichnungslesen ... 74
11.1 Anrichte in Nussbaum ... 75
11.2 Schreibtisch in Vogelaugenahorn ... 77

12 Planungsfahrplan Möbelbau ... 78
12.1 Die Auftragserfassung ... 78
12.2 Die Planung der Fertigung ... 80
12.3 Planungsaufgaben ... 82

Projekt Ladenbau ... 84

13 Präsentation und Gestaltung ... 84
13.1 Auf die Präsentation kommt es an ... 84
13.2 Die Gestaltung unterliegt der Nutzung ... 86
13.3 Methodisches Planen erleichtert die Gestaltung ... 87
13.4 Materialproben erleichtern die Gestaltungsüberlegungen ... 87
13.5 Darstellungsmöglichkeiten von Einrichtungen ... 88
13.6 Weitere Möglichkeiten der Präsentation ... 89

14 Der Computer in der Werkstatt ... 90
14.1 CAD-Programme erleichtern die dreidimensionale Darstellung ... 90
14.2 2D-Zeichnungen für die Fertigung ... 91
14.3 CNC-gerechte Bemaßung ... 92

15 Ladenbau ... 94
15.1 Entwurfsmöglichkeiten im Buchladen ... 94
15.2 Materialklärungen ... 95
15.3 System 32 – auch im Buchladen? ... 96
15.4 Umgang mit der Tabelle zur Ermittlung der Korpusseitenmaße ... 98
15.5 Arbeitsablaufplanung ... 100
15.6 Verbindungen im Korpusbau ... 102
15.7 Bogenförmige Ausstellungstische ... 104
15.8 Formverleimungen/Schablonenbau ... 106
15.9 Blatteinteilung ... 107
15.10 Klappenkonstruktionen am Stehpult ... 108
15.11 Beschläge ... 110
15.12 Zentralverschluss im Rollcontainer ... 112
15.13 Deckenkonstruktionen (Systemdecken) ... 114

© Verlag Gehlen

15.14	Lichtplanung im Ladenbau	116		22	**Fenster**	158
15.15	Ganzglas-Eingangstüren	118		22.1	Gut gestaltete Fenster sind ein Schmuck für die Fassade	158
16	**Zeichnungslesen**	120		22.2	Bezeichnungen am Fenster	160
16.1	Bücherschrank	121		22.3	Konstruktionsdetails eines modernen Fensters	161
16.2	Schreibtisch in Esche	123		22.4	Breite Fensteröffnungen werden durch Pfosten und Sprossen geteilt	162

Projekt Einfamilienhaus ... 124

17	**Bauplanung**	124
17.1	Ein Anbau wird geplant	124
17.2	Steinformate bestimmen die Gebäudemaße	126
17.3	Der Meterriss informiert den Handwerker über Höhen	128
18	**Innentüren**	130
18.1	Innentüren verbinden Räume	130
18.2	Genormte Maße für Band- und Schlosssitz erleichtern den Austausch	130
18.3	Unterschiedliche Innentüren für die Praxis	132
18.4	Türblätter für verschiedene Belastungen	134
18.5	Eine einbruchhemmende Tür für das Lager	136
18.6	Schallschutztürblätter für den Behandlungsraum	137
18.7	Die Röntgenraumtür muss besonders gesichert werden	137
18.8	Ein Windfangelement führt in das Wartezimmer	138
18.9	Eine Rahmentür schafft die Verbindung zum Altbau	139
19	**Zeichnungslesen**	140
19.1	Innentür als Rahmenbau	141
20	**Haustüren**	142
20.1	Die Haustür als Schmuckstück der Fassade	142
20.2	Gestaltungsaufgaben	144
20.3	Blockrahmen für Maueröffnungen ohne Anschlag	146
20.4	Der Blendrahmen für Maueröffnungen mit Anschlag	147
20.5	Die Glasfüllung einer Haustür	148
20.6	Lappenbänder müssen präzise eingebaut werden	148
20.7	Die Haustürfüllung mit Dampfsperre	149
20.8	Moderne Bänder erleichtern die Nachstellbarkeit	149
20.9	Wasserschenkel und Bodenschwellen dichten nach unten ab	150
20.10	Haustüren nach außen öffnend	151
20.11	Nicht jede Holzart eignet sich für Haustüren	151
20.12	Großzügige Wandöffnungen schaffen Platz für Seitenteile	152
20.13	Konstruktionsaufgaben	154
21	**Zeichnungslesen**	156
21.1	Aufgedoppeltes Türblatt	157

22.5	Hohe Fenster wirken durch Kämpfer oder Sprossen harmonischer	164
22.6	Die Regenschiene führt das Wasser ab	164
22.7	Maueranschläge bei Fenstern	165
22.8	Die Gestaltung großer Fensteröffnungen will gut überlegt sein	166
22.9	Einbruchhemmende Fenster für die gesamte Praxis	167
22.10	Feststehende Fenster gestalten den Giebel	168
22.11	Eine Fenstertür für einen Balkon wird eingeplant	169
22.12	Dachfenster erhellen zusätzlich das Dachgeschoss	169
22.13	Verbundfenster helfen Energie sparen	170
22.14	Kastenfenster dämmen Lärm	171
23	**Zeichnungslesen**	172
23.1	Kastenfenster	173
24	**Treppenbau**	174
24.1	Treppen verbinden die Geschosse des Hauses	174
24.2	Maßaufnahme für die Treppe	177
24.3	Die konstruktive Planung der Treppe	179
24.4	Treppenbauarten	180
24.5	Eine Freitreppe verbindet Wohn- und Esszimmer	181
25	**Zeichnungslesen**	182
25.1	Gestemmte Treppe	183
26	**Innenausbau**	184
26.1	Das Dachgeschoss wird geplant	184
26.2	Der Aufbau des Fußbodens	185
26.3	Trennwände unterteilen das Dachgeschoss	185
26.4	Die Wärmedämmung des Dachgeschosses	186
26.5	Gestaltung der Decken und Dachschrägen	187
26.6	Parkettfußboden für ein Wohnzimmer im Altbau	188
26.7	Anschlussdetails Parkett zur Wand und anderen Belägen	189
26.8	Konstruktionsaufgaben	190
27	**Zeichnungslesen**	192
27.1	Wandnischenverkleidung mit Profilholz	193
28	**Das Gesellenstück**	194
28.1	Die Ausbildungsordnung muss beachtet werden	194
28.2	Eine Vitrine wird entworfen	195
28.3	Bewertungskriterien	197
28.4	Beispielhafte Gesellen- und Meisterstücke	200
	Anhang	206
	Stichwortverzeichnis	212

1 Einführung in die Arbeitsplanung

1. Chaos in Gruppe Meerschweinchen

2. Ein Tischler wird gerufen

1.1 Ein Problem erfordert Lösungen

Wo ist meine Pudelmütze?

Jeden Morgen bietet sich in einem Gruppenraum des Kindergartens das obige Bild.
Häufig beklagen sich die Eltern, Kinder und Gruppenleiterinnen, dass Bekleidungsstücke verdreckt oder vertauscht werden und manchmal sogar abhanden kommen.
Im Kindergarten macht man sich Gedanken, wie dieses Problem zu lösen wäre.
Eines Tages packt die Leitung das Problem an.

4. Arbeitsplanung

3. Ortstermin

5. Herstellung

© Verlag Gehlen

1.2 Das Chaos wird beseitigt

In den Bildern 2–7 können Sie sehen, wie im Kindergarten das Problem zur Zufriedenheit aller Beteiligten gelöst wurde.

Aufgabe 1:
Tragen Sie unten die Schritte, die zur Aufhebung des Chaos geführt haben, in der richtigen Reihenfolge ein.

1. _____
2. _____
3. _____
4. _____
5. _____

Aufgabe 2:
Notieren Sie wichtige Inhalte des Gespräches aus Bild 2.
_____
_____

Aufgabe 3:
Welche Informationen werden auf Bild 3 ausgetauscht?
_____
_____
_____

Aufgabe 4:
Überlegen Sie, welche Angaben der Tischler aus Bild 4 in die Zeichnung einarbeiten muss, damit die Fertigung in Bild 5 möglich wird.
_____
_____
_____
_____

Aufgabe 5:
Welche weiteren Angaben sind für die Endmontage notwendig?
_____
_____

Das Garderobenbrett ein einfaches Problem?

Ein Werkstück, wie das Garderobenbrett für den Kindergarten, hat nicht nur die Anforderung zu erfüllen, Ordnung in einen Kleiderhaufen zu bringen. Es soll bunt und lustig aussehen und stabil und haltbar sein. Zudem dürfen die Kinder durch die verwendeten Farben und Materialien nicht gefährdet werden.
Der planende Tischler hat also eine ganze Reihe von Fragestellungen zu bedenken, die in dem nebenstehenden Strukturschema geordnet zusammengefasst sind.

Ein Strukturschema hilft Probleme zu lösen.

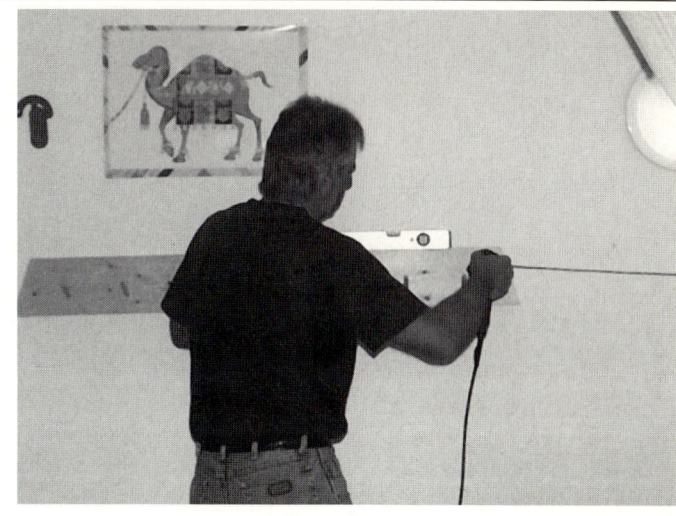

6. Montage

7. Das Problem ist gelöst!

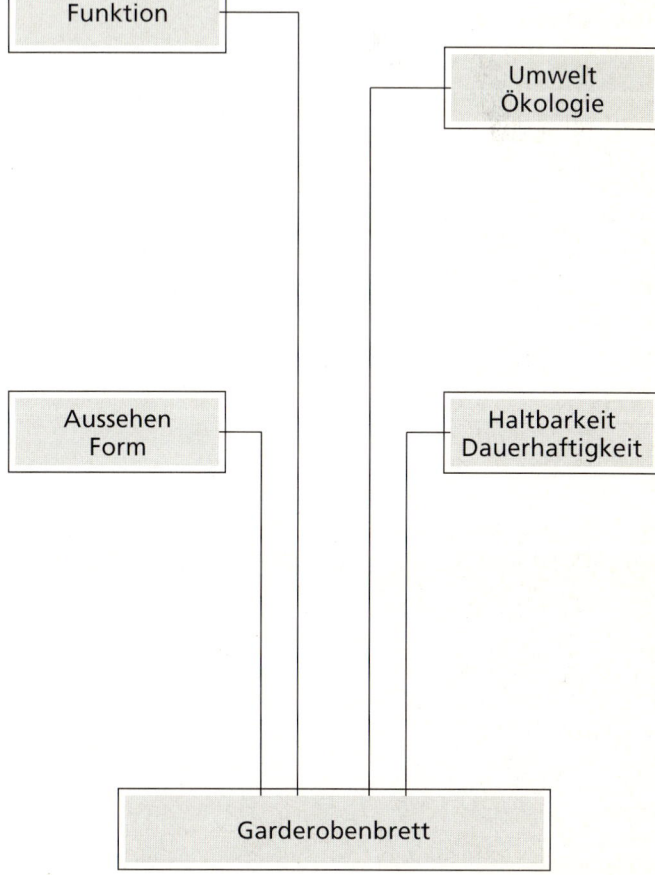

8. Strukturschema

© Verlag Gehlen

Funktion　　　　　　　　　　　　　**Ökologie/Umwelt**

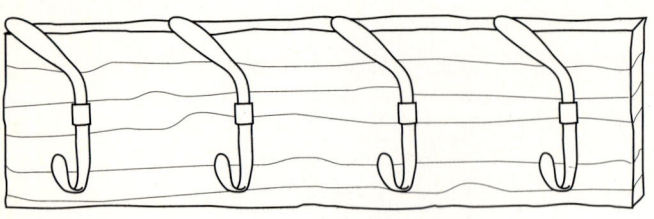　　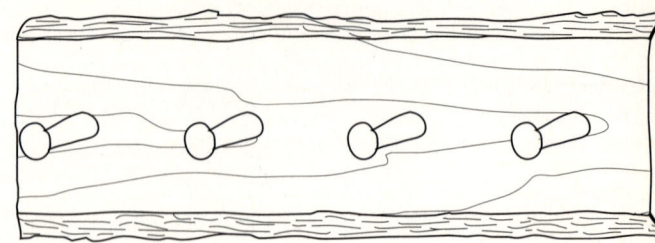

Problemlösung Garderobenbrett

Aussehen/Form　　　　　　　　　　　Haltbarkeit/Dauerhaftigkeit

1.3 Ein Problem kann unterschiedlich gelöst werden

Die ganzheitliche Planung eines Werkstückes verlangt die Berücksichtigung aller hier aufgeführten Aspekte.
Selbstverständlich sind damit noch nicht alle Gesichtspunkte erfasst, die vor und während der Fertigung eines Auftrages bedacht werden müssen.
- Können und Motivation der Mitarbeiter,
- maschinelle Ausstattung des Betriebes,
- Kostengrenzen

sind daneben wichtige andere Kriterien.

Aufgabe:
Welche Inhalte muss das Gespräch zwischen dem Tischlermeister Fischer und der Kindergartenleiterin Frau Schröder gehabt haben?
Ordnen Sie diese unter der entsprechenden Überschrift des Schemas ein.

1.4 Der Auftrag wird bearbeitet

Der Ortstermin ist wichtig

Während der Besichtigung entwickeln der Tischler und die Kindergartenleitung zwei Lösungsmöglichkeiten. Der Tischler skizziert in seinem Notizbuch diese beiden Vorschläge und sieht sich die Örtlichkeit genau an.

Aufgabe 1:
Welche Kriterien aus dem Strukturschema liegen den Vorschlägen in Bild 1 und 2 hauptsächlich zugrunde?

Bild 1: _____

_____

Bild 2: _____

_____

Der Auftrag wird erteilt

Die Kindergartenleitung beschließt, dass der Tischler zunächst für den ersten Vorschlag ein Angebot vorlegen soll, aus dem die ungefähren Kosten für Werkstück und Montage hervorgehen. Dieser erste Vorschlag ist schnell und günstig zu erstellen.
Man einigt sich aber schon jetzt, dass der zweite Vorschlag für Kinder geeigneter ist und darum später angefertigt werden soll.

Kurze Zeit später wird der Auftrag für den ersten Vorschlag erteilt und die Tischlerei macht sich an die Arbeit. Doch bevor in der Werkstatt das erste Holz zugeschnitten werden kann, ist noch ein Besuch im Kindergarten nötig.

Aufgabe 2:
Welche zusätzlichen, aus den bisherigen Skizzen noch nicht ersichtliche Informationen muss der Tischler bei seinem erneuten Besuch ermitteln und mit in den Betrieb nehmen, um das Werkstück absprachegemäß anfertigen und später montieren zu können?

– _____
– _____
_____
_____
– _____
_____
_____
– _____
_____

Die Werkstattarbeit muss vorbereitet werden

Als erster Arbeitsschritt werden im Büro aus der Skizze und den zusätzlichen Informationen eine technische Zeichnung sowie die Materialliste erstellt.
Sobald der Zeitplan es zulässt, gibt der Tischlermeister diese beiden Unterlagen an seine Mitarbeiter weiter, damit sie danach das Garderobenbrett genau fertigen.

© Verlag Gehlen

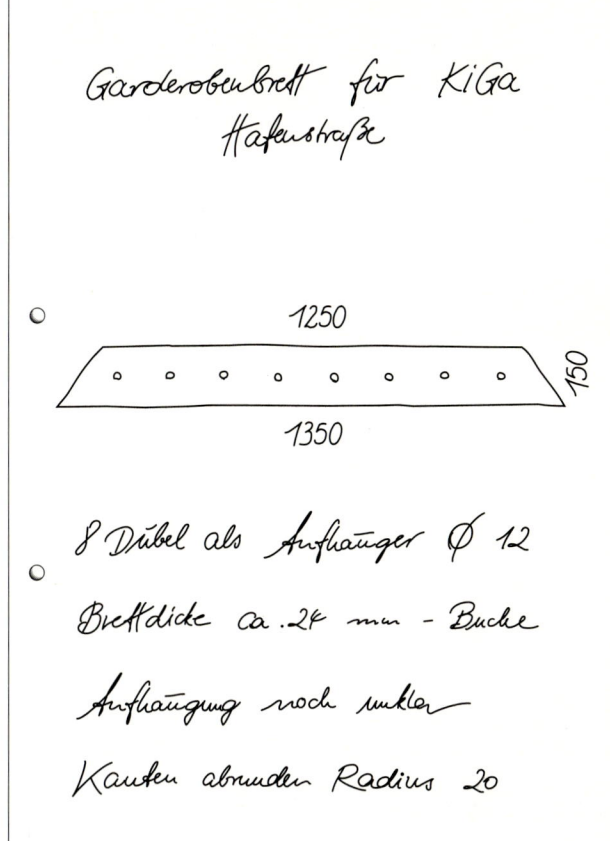

1. Erste Vorschlagsskizze

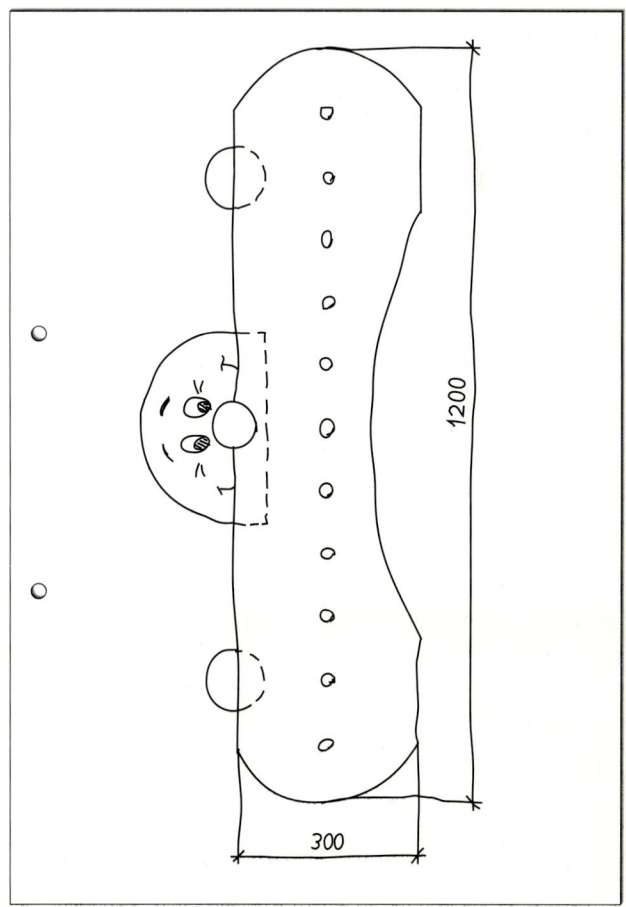

2. Zweite Vorschlagsskizze

2 Die Technische Zeichnung nach DIN 919

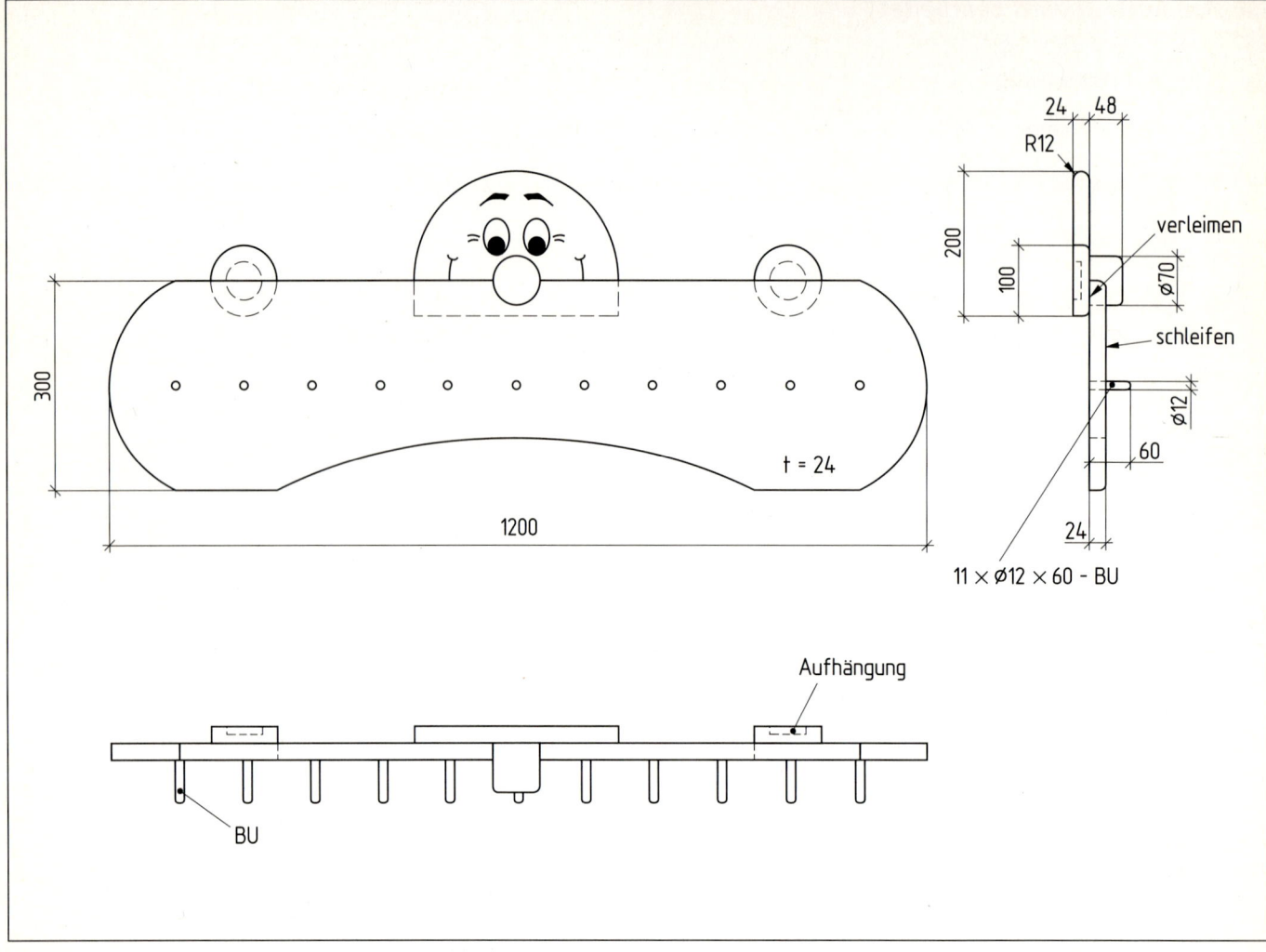

1. Technische Zeichnung Garderobenbrett

Skizze	Technische Zeichnung

2. Tabelle zu Aufgabe 1

2.1 Aus der Skizze wird eine technische Zeichnung

Wir wollen dem Tischlermeister Fischer bei der Erstellung seiner technischen Zeichnung über die Schulter schauen. Er muss sich dabei an Richtlinien und Normen halten, damit die darin enthaltenen Informationen für seine Mitarbeiter unmissverständlich und eindeutig sind.

Blatteinteilung

Zunächst wählt er in diesem Fall passend zur Werkstückgröße ein Zeichenblatt der Größe DIN A 4.

Mit einem geeigneten Stift, in der Regel einem Fallminenstift, nimmt er zunächst eine Einteilung des Blattes vor und legt ein Schriftfeld an.
- rechtwinkliger Blattrand
- Schriftfeld, in Block- oder Normschrift ausgefüllt

Werkstückzeichnung

Er überlegt einen Maßstab, in dem er das Werkstück auf dem Papier größtmöglich darstellen kann.
Dann beginnt er mit der eigentlichen Zeichnung.
- Umrisse dünn vorzeichnen
- Aufhängervorrichtung darstellen
- Bemaßung vornehmen
- Linien nachziehen

Aufgabe 1:
Vergleichen Sie die Skizze von Tischlermeister Fischer mit der technischen Zeichnung in Bild 1.
Tragen Sie die auffälligen Unterschiede in die Tabelle ein.

© Verlag Gehlen

Aufgabe 2:
Meister Fischer hat sich bei den Maßangaben an die Normung gehalten.
Kreuzen Sie an, welche Maßeinheit er verwendet.

m	dm	cm	mm

Aufgabe 3:
Das Garderobenbrett wurde von drei Seiten dargestellt.
Tragen Sie die Abkürzung der entsprechenden Ansicht in die technische Zeichnung in Bild 1 richtig ein.

Vorderansicht	V
Seitenansicht von links	SL
Draufsicht	D

Aufgabe 4:
Warum verwendet der Tischler in der technischen Zeichnung diese verschiedenen Linienarten und Strichdicken?

Aufgabe 5:
In der technischen Zeichnung sind Abkürzungen eingetragen. Finden Sie heraus, welche Bedeutung diese Ihrer Meinung nach haben.

2.2 Die Materialliste wird erstellt

Neben der Zeichnung ist es in der Werkstatt sehr sinnvoll, eine Materialliste des Werkstücks zu verwenden, die jedes Einzelteil eines Werkstücks erfasst. Bei diesem einfachen Werkstück werden die folgenden Angaben vom Tischler eingetragen:
- Positionsnummer
- Materialart
- Stückzahl
- Maße
- Verbrauchsmenge

Aufgabe 1:
Ergänzen Sie mithilfe der technischen Zeichnung die fehlenden Angaben in der Materialliste.

Linienart/Strichdicke	Erläuterung
———	
— · — · — · —	
— — — — — —	
———	

3. Tabelle zu Aufgabe 4

Abkürzung	Bedeutung
BU	
R 12	
t = 24	
11 × ⌀ 12 × 60 – BU	

4. Tabelle zu Aufgabe 5

Pos.	Bezeichnung	Material	Stück	Länge	Breite	Dicke	Fläche m²
01	Grundbrett		1	1200			
02	Wandaufhänger		2	⌀ 100	–		
			1	⌀ 300	–		
			11			–	–
	Aufhängebeschlag	Typ 1174	2	–	–	–	–

5. Materialliste zu Aufgabe 1

© Verlag Gehlen

12 Projekt Kindergarten: Die Technische Zeichnung nach DIN 919

1. Musterblatt DIN A4 mit Schriftfeld

Material	Erläuterung
Papier	Zeichenkarton DIN A4 ausreichende Dicke Skizzierpapier
Zeichenstifte	Feinminendruckbleistifte in Minenstärke 0,3 – 0,5 – 0,7 mm Skizzierstift weich
Radierer	farbecht
Lineal	mindestens 300 mm transparent
Zeichendreieck	Schenkellänge über 200 mm
Zeichenplatte	DIN A3
Zirkel	Schnellverstellzirkel

2. Übersicht einiger wichtiger Zeichenwerkzeuge

2.3 Das Zeichenblatt wird vorbereitet

Ihre erste Zeichnung erfordert von Ihnen die Bereitstellung der in Tabelle 2 aufgeführten Materialien.

Eine technische Zeichnung will gut überlegt sein

Die Bearbeitung des Auftrages „Garderobenbrett" erforderte von unserem Tischler die Erstellung und Benutzung technischer Unterlagen:

- die technische Zeichnung nach DIN 919
- eine Materialliste
- einen Arbeitsablaufplan
- Kataloge und Preislisten
- sowie weitere Informationen

Sie ermöglichen ihm die Planung der Arbeit, die konkrete Durchführung und Kontrolle der Herstellung des Garderobenbrettes.

Diese Unterlagen sind von dem Tischler nur dann sinnvoll einsetzbar, wenn sie bestimmte Anforderungen erfüllen. Vor allem müssen sie den Mitarbeitern eindeutige, klare und präzise Informationen für die Arbeit an die Hand geben.

Dies wird durch die Verwendung von Normungen erleichtert.

Wie wir gesehen haben, hat sich der Tischlermeister bei der Erstellung der technischen Zeichnung an eine Menge von Absprachen, Regeln und Normen gehalten, deren Bedeutung den Mitarbeitern bekannt sein muss.

© Verlag Gehlen

Zeichenblatt – Zeichenmaterial 13

Aufgabe 1:
Erstellen Sie ein Musterblatt der Größe DIN A 4 mit Blattumrandung. Verwenden Sie ein Schriftfeld nach dem Muster aus Bild 1. Tragen Sie Ihren Namen, Ihre Klassenbezeichnung, das aktuelle Datum, die Blattnummer und den Maßstab ein.

Zeichenblattgrößen sind genormt

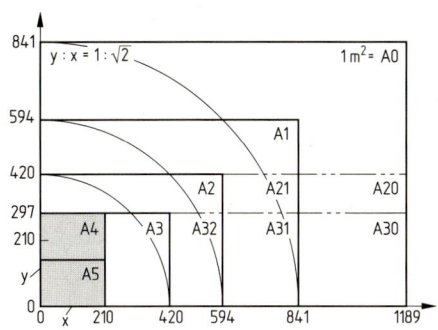

3. Blattgrößen nach DIN

Aufgabe 2:
Ermitteln Sie aus Bild 3 die Blattformate für DIN A 2, DIN A 3 und DIN A 4.

A 2: _____

A 3: _____

A 4: _____

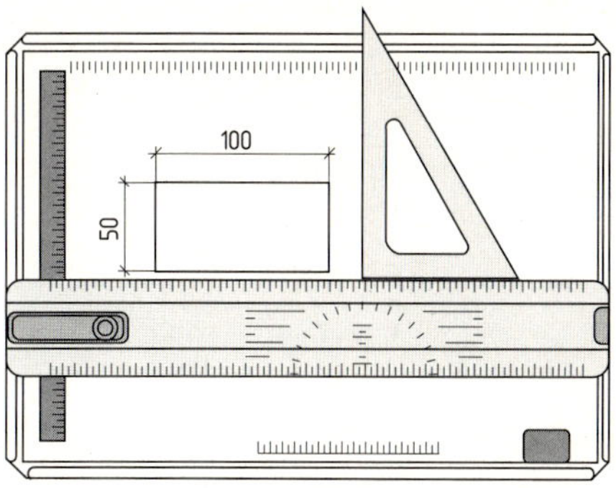

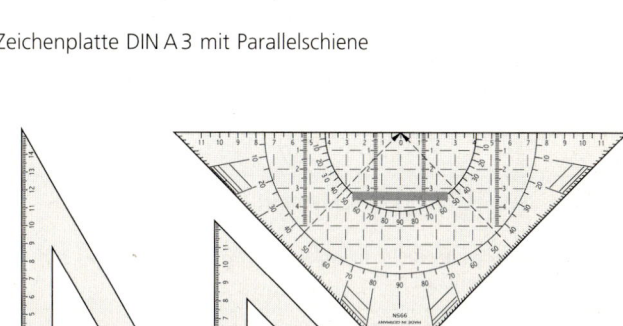

Zeichenplatte DIN A 3 mit Parallelschiene

Genormte Schrift erleichtert die Lesbarkeit

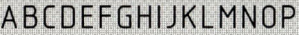
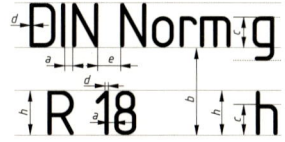

4. Normschrift nach DIN

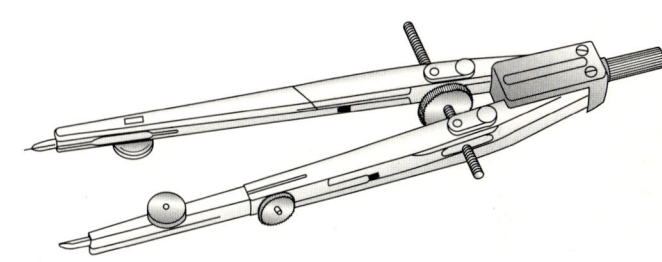

Zeichendreiecke

Schnellverstellzirkel

2.4 Zeichenmaterial

Gutes Zeichenwerkzeug ist notwendig

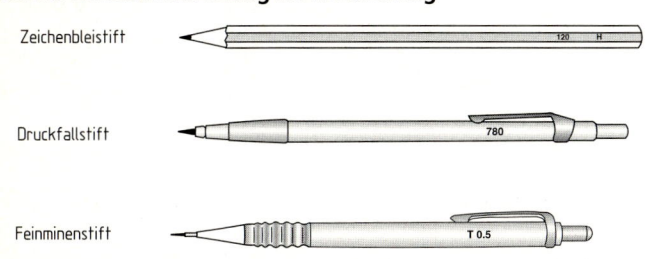

5. Zeichenwerkzeuge

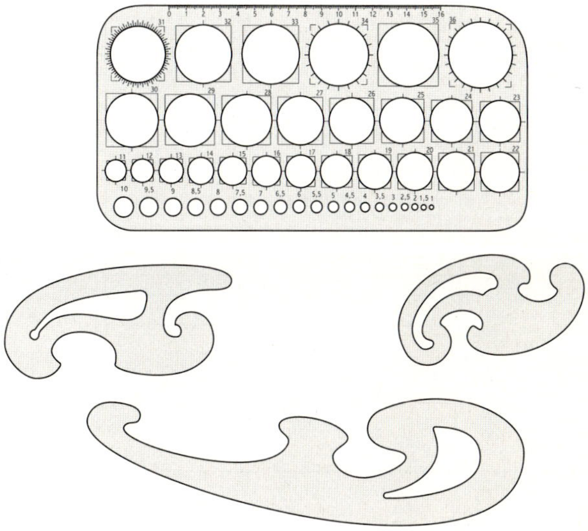

Schablonen

© Verlag Gehlen

3 Maßstäbe und Bemaßung

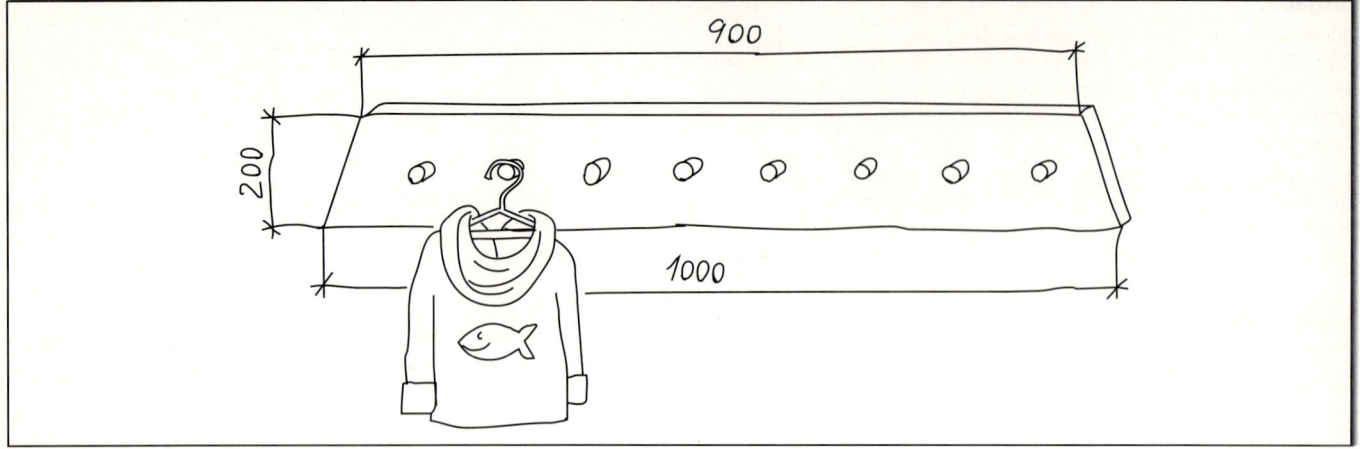

1. Skizze Garderobenbrett

1	Blattvorbereitung mit Schriftfeld und Zeichenrand
2	Überlegungen zur Positionierung des Werkstückes auf dem Zeichenblatt
3	Vorzeichnen der Werkstückumrisse mit Zeichenstift 0,3 mm
4	Kontrolle von Positionierung und Werkstückgröße
5	Bemaßung mit Zeichenstift 0,3 mm
6	Gegebenenfalls Schraffur anbringen
7	Nachzeichnen von Linien mit Zeichenstift 0,7 mm
8	Überprüfung und Schriftfeld ausfüllen

2. Arbeitsreihenfolge beim Erstellen technischer Zeichnungen

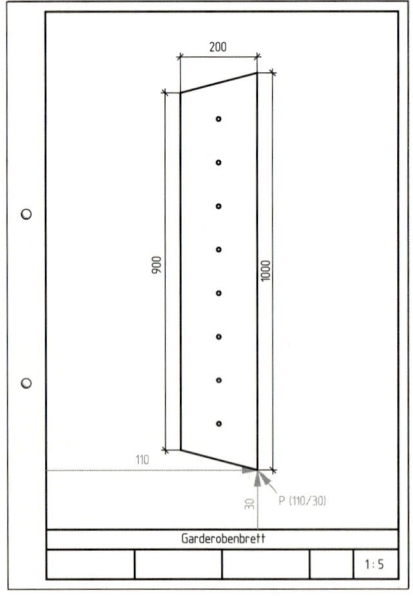

3. Hauptzeichnung mit Positionierung Garderobenbrett

Verkleinerungs-maßstäbe		Natürlicher Maßstab	Vergrößerungs-maßstäbe	
1:2	1:5	1:1	2:1	5:1
1:10	1:20		10:1	20:1
1:50	1:100		50:1	

4. Maßstäbe nach DIN ISO 5455

3.1 Große Werkstücke werden maßstäblich gezeichnet

Die Hauptzeichnung in Bild 3 zeigt die Vorderansicht des Werkstücks. Damit unser Garderobenbrett gut auf das DIN-A 4-Blatt passt, zeichnen wir im verkleinerten Maßstab. Dabei werden aber die Originalmaße eingetragen.

Aufgabe 1:
Überlegen Sie, warum auch bei einer maßstäblichen Zeichnung die wirklichen Maße eingetragen werden.

___

___

Aufgabe 2:
Warum ist es wichtig, vor dem Zeichnen die Positionierung sorgfältig zu durchdenken?

___

___

Aufgabe 3:
Welchen Sinn hat es, dass die Werkstückumrisse zunächst nur sehr dünn vorgezeichnet werden?

___

___

Aufgabe 4:
Welcher Maßstab ist geeignet, unser Garderobenbrett auf dem Blatt deutlich darzustellen?

___

3.2 Eine ausreichende Bemaßung ist notwendig

Damit das Garderobenbrett genau nach den Vorstellungen des Entwerfers gefertigt werden kann, muss es fertigungsgerecht bemaßt werden.
Die Bemaßung muss in technischen Zeichnungen so erfolgen, dass sie allgemein verständlich und normgerecht ist.

Die für die Produktion notwendigen Maße sollen ohne Berechnung direkt aus der Zeichnung abgelesen werden können.

Aus Gründen der Übersicht gilt:

Soviel Maße wie nötig, so wenig wie möglich.

© Verlag Gehlen

Arbeitsfolge bei der Bemaßung

Aufgabe:
Das skizzierte Garderobenbrett aus Bild 1 (1 000 mm × 200 mm) soll von Ihnen fertigungsgerecht gezeichnet und bemaßt werden. Positionieren Sie das Garderobenbrett, wie in Bild 3 vorgegeben, auf Ihr vorbereitetes DIN-A 4-Blatt. Wählen Sie einen geeigneten Maßstab.
Beachten Sie die Arbeitsreihenfolge beim Erstellen technischer Zeichnungen aus Bild 2 und die gekennzeichneten Abstände für die Positionierung aus Bild 3.

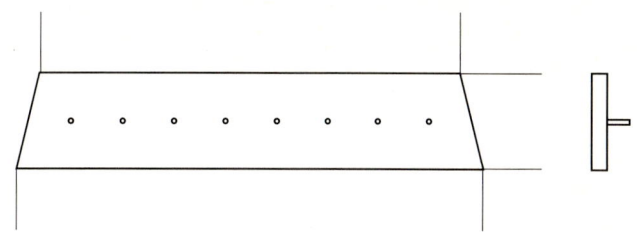

Erster Schritt: Maßhilfslinien werden eingetragen

Maßhilfslinien

- rechtwinklig zur Maßlinie und 2 mm darüber hinausgehend
- können 1 mm von den Körperkanten abgesetzt werden
- sollen sich nicht untereinander kreuzen
- Körperkanten und Mittelachsen dürfen als Maßhilfslinie verwendet werden

Maßlinien

- verlaufen parallel zum anzugebenden Maß
- Abstand zur bemaßten Strecke 8 mm
- Abstand zweier Maßlinien zueinander 8 mm
- gehen 2 mm über die Maßhilfslinien hinaus
- sollen sich untereinander nicht kreuzen
- Körperkanten und Mittelachsen dürfen nicht als Maßlinien verwendet werden

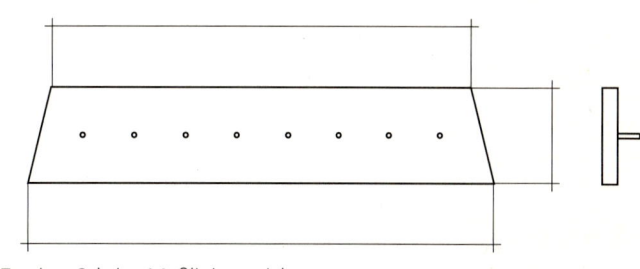

Zweiter Schritt: Maßlinien zeichnen

Maßlinienbegrenzung

- sollen vorzugsweise als Schrägstriche dargestellt werden
- bei sehr kleinen Maßen können Punkte gesetzt werden
- haben eine Gesamtlänge von etwa 4 mm
- verlaufen unter einem Winkel von 45° in Leserichtung von links unten nach rechts oben

Dritter Schritt: Maßlinienbegrenzung darstellen

Maßzahlen

- werden annähernd mittig, knapp über die Maßlinie gesetzt
- sind normgerecht, mindestens 3,5 mm groß zu zeichnen
- geben immer das Originalmaß an
- sind in mm anzugeben, ohne Nennung der Maßeinheit
- andere Maßeinheiten sind anzugeben
- sind fertigungsbezogen einzutragen
- orientieren sich an dem Schriftfeld der Zeichnung und müssen von unten und rechts lesbar sein

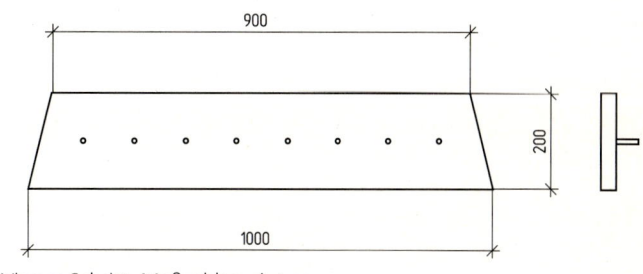

Vierter Schritt: Maßzahlen eintragen

5. Arbeitsfolge bei der normgerechten Bemaßung

5. Regeln für eine normgerechte Bemaßung

© Verlag Gehlen

16 Projekt Kindergarten: Maßstäbe und Bemaßung

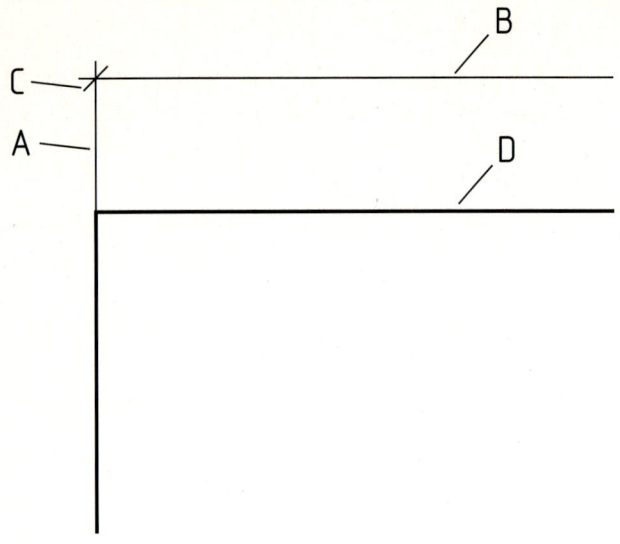

1. Maßlinienbegrenzung

Linienart	Liniengruppe		Anwendungen nach DIN 15-2 (auszugsweise) und zusätzliche Anwendungen (mit Spiegelstrich)
	0,5	0,7	
Volllinie, breit	0,5	0,7	1 sichtbare Kanten 2 sichtbare Umrisse – Fugen in Schnittflächen – Boden-, Wand- und Deckenlinien in Ansichten und Schnitten
Volllinie, schmal	0,25	0,35	1 Maßlinien 2 Maßhilfslinien 3 Maßlinienbegrenzungen

2. Linienart und Benennung

3.3 Übungsaufgaben zur Bemaßung

Aufgabe 1:
Ordnen Sie den in Bild 1 dargestellten Kennbuchstaben A–D die richtigen Bemaßungsbegriffe zu.

Buchstabe	Begriff
A	
B	
C	
D	

Aufgabe 2:
Kennzeichnen Sie Ihre Lösungen farbig im Buch.

1. Markieren Sie das in Bild 3.1 falsch eingetragene Maß.
2. Kennzeichnen Sie die in Bild 3.1 nicht bemaßte Strecke mit einem Kreuz.
3. Welche grundsätzlichen Fehler enthält die Bemaßung in Bild 3.2?
4. Markieren Sie die falsch dargestellten Maßlinienbegrenzungen in Bild 3.3!
5. Kennzeichnen Sie die nicht fertigungsgünstig eingetragenen Maße in Bild 3.4.
6. Streichen Sie überflüssige Maße und tragen Sie fehlende Maße in diesem Bild nach.

Aufgabe 3:
Übertragen Sie die Zeichnungen des Bildes 3 auf ein DIN-A4-Blatt (Positionierung übernehmen) und bemaßen Sie die dargestellten Werkstücke normgerecht.
Für diese technische Zeichnung nutzen Sie nur die zwei Linienarten und Strichstärken aus Bild 2.

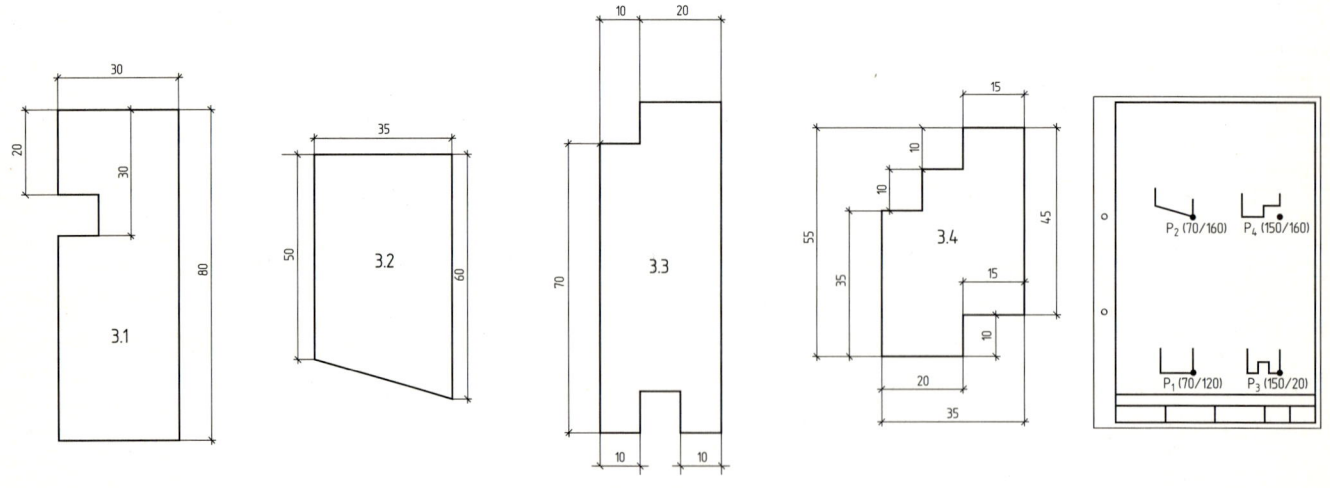

3. Fehlersuche

© Verlag Gehlen

3.4 Was bedeutet fertigungsgerechte Bemaßung?

Eine Leiste mit dem Querschnitt 60 mm × 35 mm soll in der Werkstatt gefast und genutet werden.
Damit sie fertigungsgerecht bemaßt werden kann, ist es notwendig, den nachfolgenden Arbeitsablauf des Anreißens und des Fertigens vorher zu durchdenken.

- Ist die Rohleiste winklig?
- Mit welchen Werkzeugen soll die Arbeit durchgeführt werden?
- Welche Seite des Werkstücks wird bei der Bearbeitung aufliegen und nach vorne zeigen?

Die Arbeit soll von einem Auszubildenden der Tischlerei Fischer von Hand an der Hobelbank durchgeführt werden. Dementsprechend wurde das Werkstück in Bild 4 bemaßt.

Aufgabe 1:
1. Mit welchen Werkzeugen wird die Anreißarbeit durchgeführt?

2. Diskutieren Sie, ob es fertigungsgerechte sinnvolle Alternativen zu dieser Nutbemaßung gibt.

Aufgabe 2:
1. Kennzeichnen Sie in Bild 4 die Auflagefläche des Werkstücks farbig.
2. Kennzeichnen Sie die Anlageflächen für das Anreißwerkzeug in einer anderen Farbe.

3.5 Übungsaufgaben zur fertigungsgerechten Bemaßung

Aufgabe 3:
Zeichnen Sie fertigungs- und normgerecht die drei in Bild 5 dargestellten Werkstücke (Rohteilgröße je Teil 100 mm × 60 mm).
a) Teil 1 hat rechts eine mittige Nut von 30 mm × 20 mm.
b) Teil 2 ist links oben gefälzt (40 mm × 30 mm).
c) Teil 3 ist an beiden Kanten angeschrägt. Die linke Fase ist 25 mm × 25 mm, die rechte Schmiege ist 20 mm.

Aufgabe 4:
Zeichnen und bemaßen Sie die folgenden drei Werkstücke aus Bild 6 fertigungs- und normgerecht.
Zeichnen Sie nicht perspektivisch, sondern nur die Kantenflächen der Werkstücke.
a) Teil 1 hat die Maße 60 mm × 30 mm. Es ist rechts unten 12 mm × 6 mm gefälzt.
b) Teil 2 hat die Außenmaße 120 mm × 21 mm und ist 10 mm × 7 mm mittig genutet. Die mittig angefräste Feder ist 8 mm lang und 7 mm breit. Als Schattenprofil ist ein Falz von 3 mm × 3 mm vorgesehen.
c) Teil 3 hat das Rohmaß 75 mm × 24 mm und ist beidseitig 8 mm × 16 mm gefälzt, der Falznacken ist 2 mm abgeschrägt.

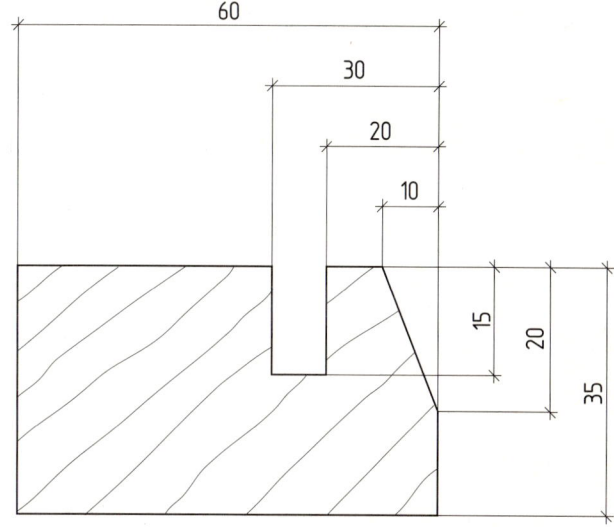

4. Fertigungsgerechte Bemaßung

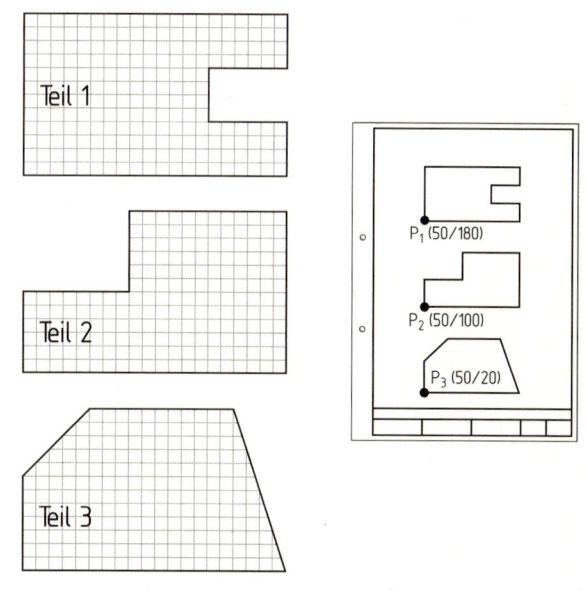

5. Werkstücke zu Aufgabe 3

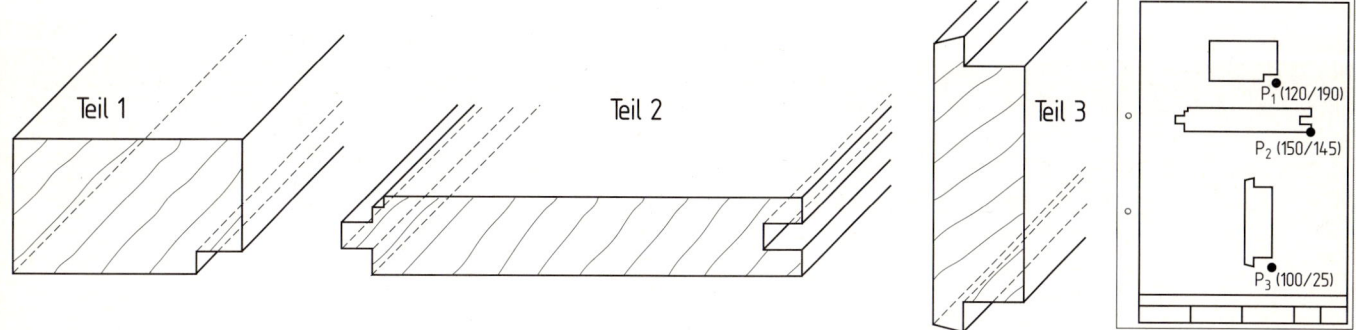

6. Profilbretter zu Aufgabe 4

© Verlag Gehlen

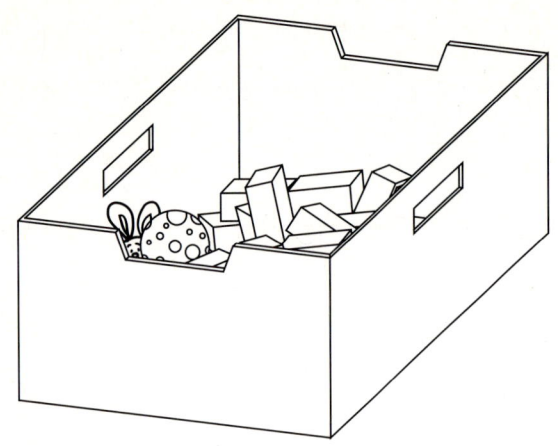

1. Spielzeugkiste

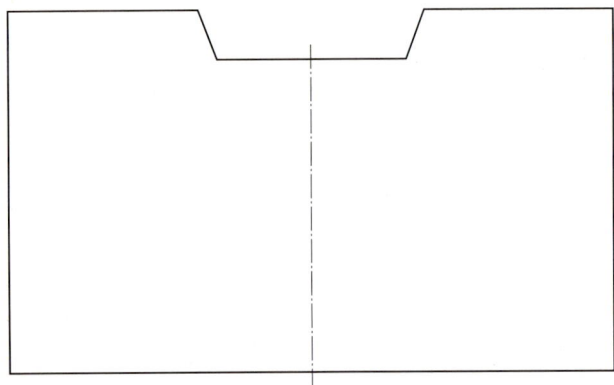

2. Spielzeugkiste Vorderfront

Strichlinie, schmal	0,35	1 verdeckte Kanten 2 verdeckte Umrisse
Strichpunktlinie, schmal	0,35	1 Mittellinien 2 Symmetrielinien

3. Linienart und Benennung

3.6 Bemaßungsübungen an Holzkisten und Schubkästen

Die Meerschweinchengruppe des Kindergartens benötigt zur Unterbringung von Spielzeug zusätzlich mehrere Holzkisten. Die Gruppenleiterin bringt in der Tischlerei Fischer eine vorhandene Modellkiste (Bild 1) vorbei. Die Maße sind 320 mm × 450 mm × 180 mm. Die Kiste ist aus 18 mm dickem Kiefernholz gefertigt.

In Anlehnung an das Modell fertigt der Tischler eine Zeichnung als Grundlage zur Fertigung weiterer Holzkisten an.

Um Kanten darzustellen, die in der Ansicht sonst nicht sichtbar wären, wie bei der Spielzeugkiste die Nut zur Aufnahme des Bodens, verwendet er die Strichlinie.

Werkstücke oder Teile davon, die symmetrisch sind, werden mit einer Mittellinie oder Symmetrieachse gekennzeichnet. Dafür verwendet er die dünne Strich-Punkt-Linie. Beide Linienarten sind in Bild 3 genauer dargestellt.

Weil die Kisten aus Vollholz angefertigt werden und nicht allzu teuer werden sollen, kommen nur weniger aufwendige Eckverbindungen in Betracht.
Eine kleine Auswahl der Möglichkeiten sehen Sie in Bild 4.

Aufgabe 1:
Zeichnen Sie die in Bild 2 dargestellte Vorderfront der Spielzeugkiste auf ein DIN-A4-Blatt in Querlage und bemaßen Sie sie fertigungs- und normgerecht. Zeichnen Sie im Maßstab 1 : 2 und plazieren Sie das Stück mittig auf dem Blatt.
Konstruktion: In der Vorderfront ist oben symmetrisch eine 25 mm tiefe Ausklinkung als Eingriff angearbeitet. Diese ist oben 120 mm und unten 100 mm lang. Die Kiste erhält später einen 8 mm dicken Sperrholzboden, der 10 mm von der Unterkante entfernt ist und 8 mm tief eingenutet wird.

Überlegen Sie, ob durch die von Ihnen gewählte Eckverbindung eine zusätzliche Linie dargestellt werden muss.

Aufgabe 2:
Zeichnen Sie die Seitenfront der Spielzeugkiste in Bild 1 auf ein DIN-A 4-Blatt in Querlage und bemaßen Sie wiederum fertigungs- und normgerecht. Positionieren Sie die Zeichnung mittig auf dem Zeichenblatt! Zeichnen Sie im Maßstab 1:2.
Konstruktion: Die Seiten erhalten mittig ein 100 mm × 25 mm großes Griffloch, das 30 mm von der Oberkante entfernt ist.

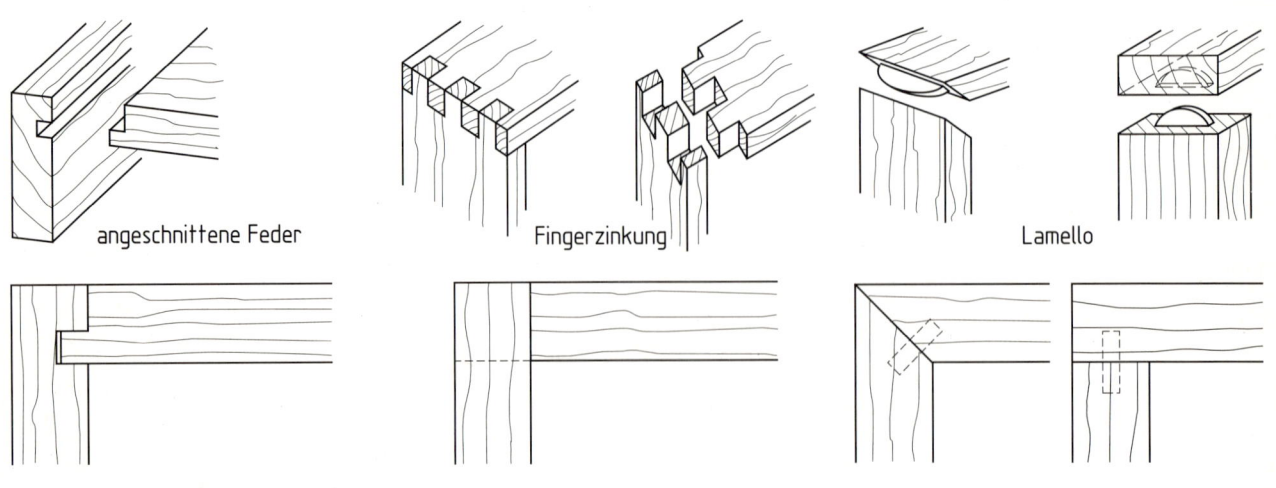

4. Eckverbindungen aus Vollholz

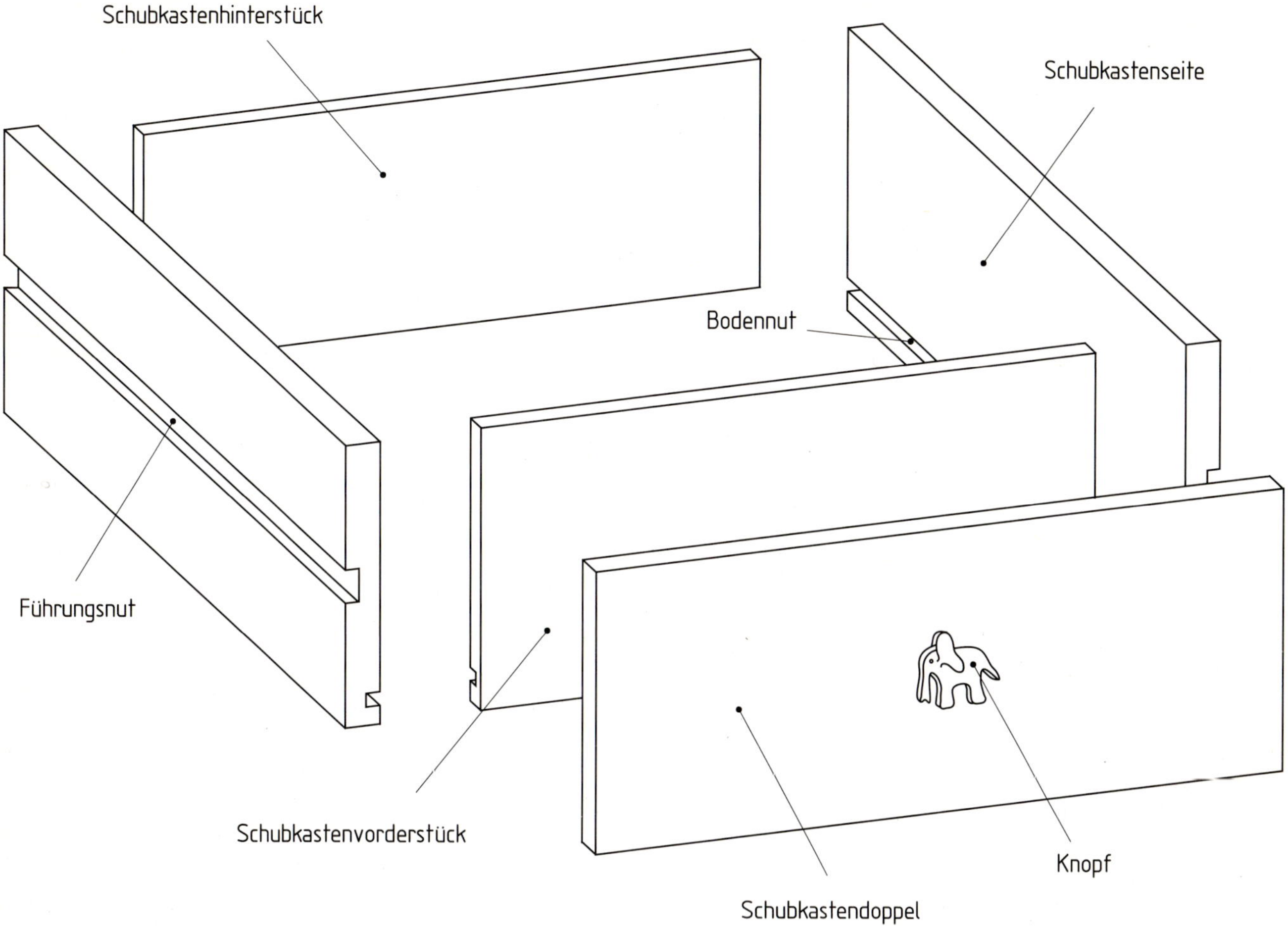

Bemaßungsübungen 19

Schubkastenhinterstück
Schubkastenseite
Bodennut
Führungsnut
Schubkastenvorderstück
Knopf
Schubkastendoppel

5. Explosionszeichnung Schubkasten Kindergartenmöbel

Schubkästen werden bemaßt

In den Gruppenräumen des Kindergartens befinden sich mehrere Schränke aus Buche zur Aufbewahrung von Spiel- und Malsachen. Die Dinge sind zum Teil in Schubkästen (Bild 5) untergebracht.
Der hier dargestellte Schubkasten ist 400 mm lang, 300 mm breit und 120 mm hoch. Zusätzlich hat er vorne eine Blende, die in Bild 6 beispielhaft als Perspektive dargestellt ist.

Aufgabe 3:
Fertigen Sie von dem Schubkasten die Außenansicht der linken Seite an. (Nicht perspektivisch!)
Zeichnen Sie das Seitenteil mittig auf ein DIN-A 4-Blatt in Querlage im Maßstab 1:2.
Konstruktion: Die Seite ist 15 mm dick und erhält für den Schubkastenboden eine 6 mm tiefe und 5 mm breite Nut, die von unten 8 mm entfernt ist. Außen erhält die Seite eine Führungsnut von 6 mm Tiefe und 14 mm Breite, die mittig eingefräst ist.

Aufgabe 4:
Fertigen Sie Zeichnungen der restlichen Schubkastenteile im Maßstab 1:2 an.
Das Hinter- und das Vorderstück passen auf ein DIN-A 4-Blatt in Hochlage.
Konstruktion: Das Hinterstück ist 12 mm dick und springt von der Seitenoberkante um 10 mm zurück. Der Schubkastenboden wird untergeschraubt.
Das Vorderstück ist ebenfalls 12 mm dick und mit den Seiten bündig.

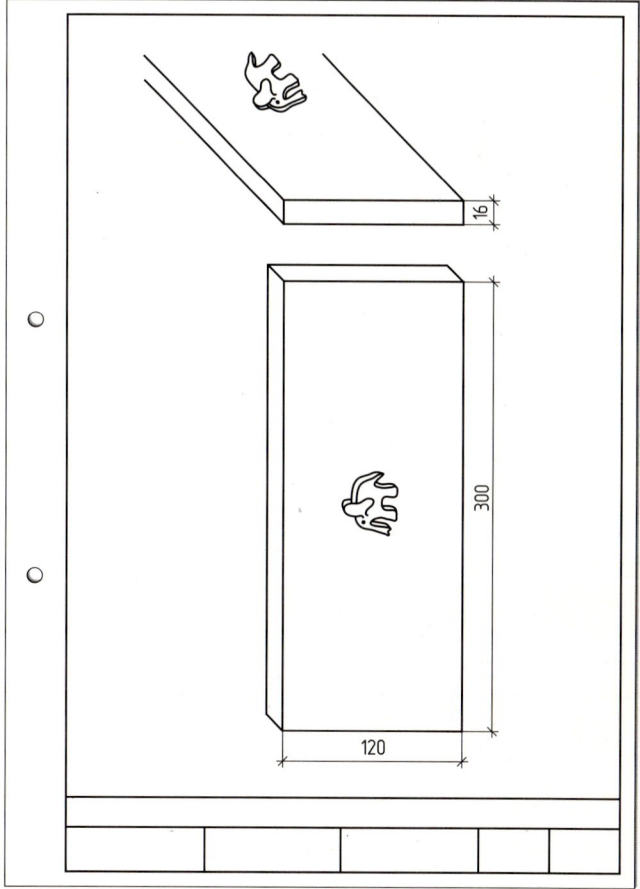

6. Schubkastenblende in Vorder- und Seitenansicht

© Verlag Gehlen

20 Projekt Kindergarten: Maßstäbe und Bemaßung

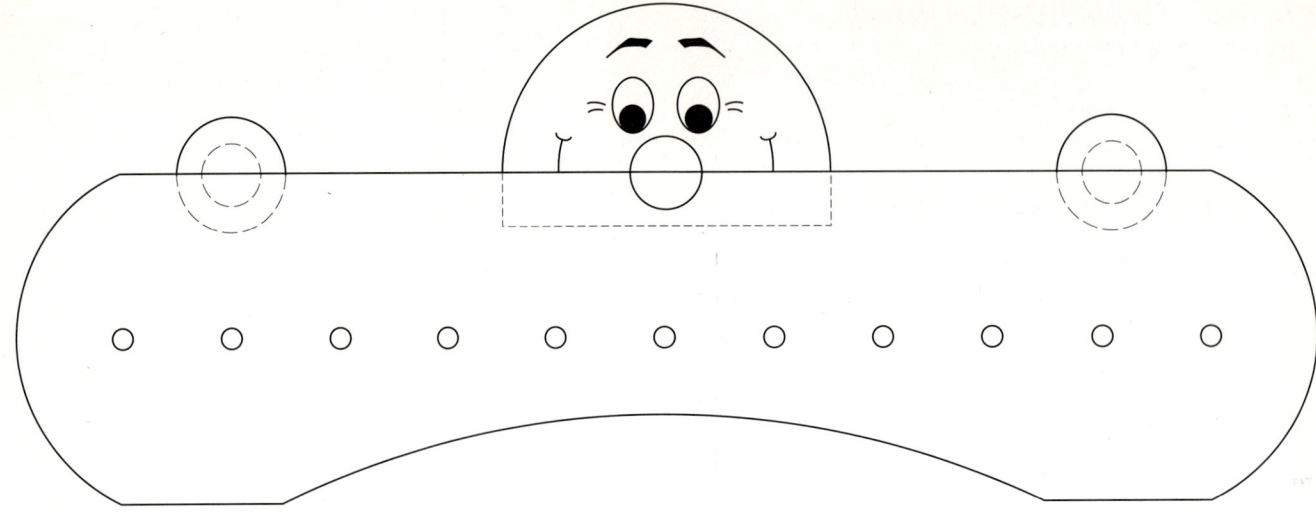

1. Lösungsvorschlag Kindergarderobe

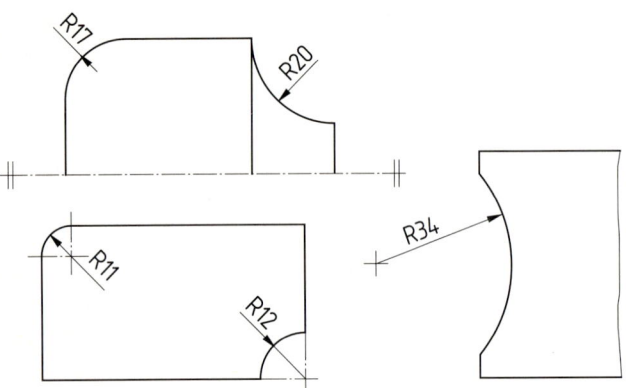

2. Bemaßung von Rundungen

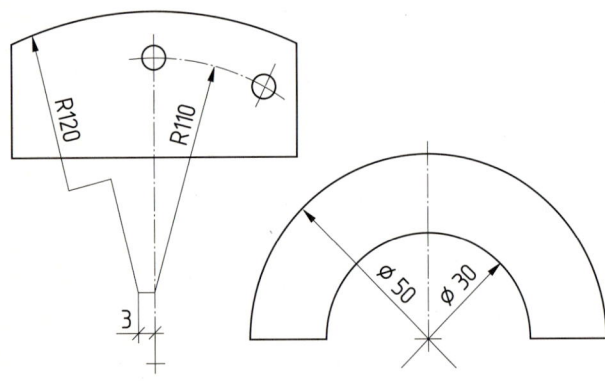

3. Verkürzte Mittelachsen

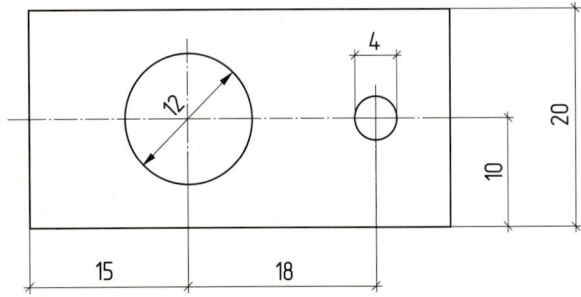

4. Vollkreisbemaßung

3.7 Auch Rundungen müssen genau bemaßt werden

Das zweite Garderobenbrett wird gefertigt

Wie Sie sich erinnern, hat der Tischlermeister Fischer dem Kindergarten damals zwei Vorschläge für ein Garderobenbrett gemacht. Wir betrachten noch einmal seinen zweiten Entwurf, der sehr viel runder und kindgerechter ausgefallen war.

Wenn der Tischler eine solche Skizze in eine norm- und fertigungsgerechte Zeichnung umsetzen will, muss er über weitergehende Norm- und Regelkenntnisse verfügen.

Aufgabe:
Kennzeichnen Sie in Bild 1 alle Rundungen und Bohrungen farbig, die Ihrer Meinung nach bemaßt werden müssen.

Rundungen – Teilkreise
• Vorzugsweise wird zur Bemaßung von Rundungen der Radius angegeben. Dieser wird mit dem Großbuchstaben R abgekürzt.
• Der Mittelpunkt der Rundung wird durch ein Mittellinienkreuz gekennzeichnet. Nur bei Radien unter 10 mm lässt man dieses Kreuz weg (Bild 2).
• Die Maßlinie beginnt genau am Mittelpunkt und endet an der Rundung. Bei sehr großen Radien darf die Maßlinie rechtwinklig abgeknickt werden um sie zu verkürzen. Der mit einem Maßpfeil versehene Teil muss dabei auf den geometrischen Mittelpunkt der Rundung zeigen (Bild 3).
• Die Maßlinienbegrenzung wird durch einen Pfeil markiert, der bei großen Radien von innen, bei sehr kleinen von außen an die Rundung gesetzt wird (Bild 2).
Bohrungen – Vollkreise
• Vollkreise werden vorzugsweise durch zwei senkrecht aufeinander stehende Mittelachsen gekennzeichnet (Bild 4).
• Es besteht die Möglichkeit, das Durchmessermaß mit zwei Maßpfeilen in den Vollkreis zu setzen oder mit Maßhilfslinien aus dem Kreis herauszuziehen. In diesem Fall werden Schrägstriche zur Maßlinienbegrenzung gesetzt (Bild 4).
• Bei sehr kleinen Bohrungsdurchmessern wird die Maßzahl mit einem Hinweispfeil an den Kreis gesetzt und erhält das Durchmesserzeichen ⌀ (Bild 2).

5. Regeln zur Bemaßung von Rundungen und Bohrungen

© Verlag Gehlen

Bemaßung von Rundungen und Bohrungen

3.8 Übungsaufgaben zur Bemaßung von Rundungen und Bohrungen

Aufgabe 1:
Ab wie viel mm Radius wird kein Mittellinienkreuz mehr gezeichnet?

Aufgabe 2:
Welche Maßlinienbegrenzung wählt man bei der Bemaßung von Rundungen?
Unterstreichen Sie die richtige Lösung.

Schrägstrich – Kreis – Pfeil – Punkt – Keine

Aufgabe 3:
Übertragen Sie die Zeichnungen des Bildes 6 auf ein DIN-A4-Blatt untereinander und mittig, bemaßen Sie die Werkstücke vollständig, norm- und fertigungsgerecht.

Aufgabe 4:
Zeichnen und bemaßen Sie die in Bild 7 abgebildete Drehscheibe in der Draufsicht auf einem DIN-A 4-Blatt.
Die Scheibe hat einen Außendurchmesser von 160 mm. Das umlaufende Profil ist 10 mm breit. Der dadurch entstehende Innenkreis hat einen Durchmesser von 140 mm. Die sechs Bohrungen, ⌀ = 30 mm, sind vom Innenkreis 10 mm entfernt und gleichmäßig verteilt. Die Bohrung für den Drehstift hat einen Durchmesser von 12 mm.

Aufgabe 5:
Konstruieren Sie für eine Wand des Kindergartens einen ungefähr 40 cm großen Hampelmann (Bild 8) aus mehreren Einzelteilen. Stellen Sie die ganze Figur zunächst im Maßstab 1:2 dar.

Aufgabe 6:
Zeichnen und bemaßen Sie dann auf mehreren Blättern alle Einzelteile im Maßstab 1:1.

Aufgabe 7:
Fertigen Sie nach Möglichkeit die Figur gemäß Ihrer Zeichnung auch an.
Übertragen Sie dazu Ihre Einzelteilzeichnungen als Aufriss auf ein geeignetes Trägermaterial und sägen Sie sie aus.

Bedenken Sie dabei, welche besonderen Anforderungen neben der Funktionalität für einen Kindergarten zu erfüllen sind.

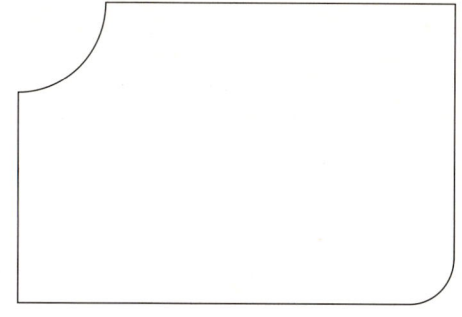

Länge	75
Breite	50
Kehle	R15
Abrundung	R7,5

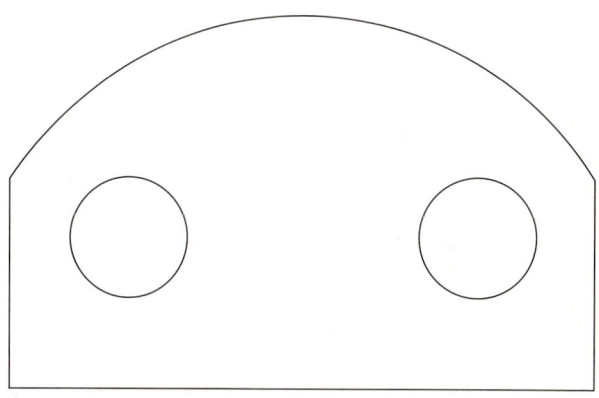

Länge	100	
Seitenhöhe, gerade	35	
Abrundung	R60	
Bohrungen	D20	Mittenabstand: unten 25 seitlich 20

6. Bemaßung von Rundungen und Bohrungen

7. Drehscheibe

8. Entwurf Hampelmann

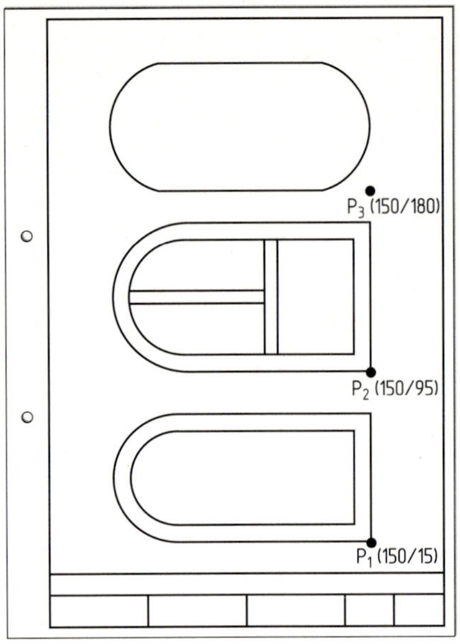

22 Projekt Kindergarten: Maßstäbe und Bemaßung

Aufgabe 8:
Zeichnen Sie die drei in Bild 1 dargestellten Werkstücke aus der Werkstatt der Tischlerei Fischer ab und bemaßen Sie diese fertigungs- und normgerecht:

– Eine oben abgerundete Rahmentür aus Eiche für eine Wohnzimmerwand.
  Außenmaße: 600 mm × 1200 mm,
  Rahmenbreite: 80 mm, Maßstab 1:20
– Ein Bogenfenster mit Sprossen für den Neubau eines Kunden.
  Außenmaße: 700 mm × 1200 mm,
  Rahmenbreite: 80 mm, Sprossenbreite: 60 mm,
  Maßstab 1:20
– Die Tischplatte mit gerundeten Schmalseiten für das Besprechungszimmer eines Anwaltes.
  Außenmaße: 1200 mm × 600 mm,
  Länge der geraden Kante: 760 mm, Maßstab 1:10

Wählen Sie ein DIN-A 4-Blatt in Hochlage.
Übernehmen Sie die vorgegebene Positionierung.

1. Bemaßungsübungen Aufgabe 8

Aufgabe 9:
Bild 2 zeigt einen Ausschnitt aus einem Musterkatalog für Treppenhandläufe.
Zeichnen und bemaßen Sie die Treppenhandläufe norm- und fertigungsgerecht im Maßstab 1:1.
Alle vorgeschlagenen Handläufe werden aus einem Holzrohteilmaß von 46 mm × 80 mm, aber in verschiedenen Holzarten gefertigt.

Wählen Sie ein DIN-A 4-Blatt in Querlage.
Übernehmen Sie die Positionierung.

Maßtabelle zu Bild 2

	Handlauf 1	Handlauf 2	Handlauf 3
Maß 1	7	54	R 23
Maß 2	R 90	R 23	30
Maß 3	R 20	32	R 38
Maß 4	26	–	34
Maß 5	–	–	10

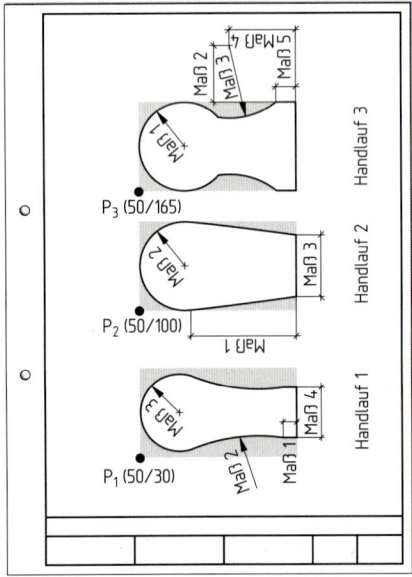

2. Bemaßungsübungen Treppenhandläufe

Aufgabe 10:
Häufig schauen in der Tischlerei Fischer Kunden vorbei, die noch keine genauen Vorstellungen von dem Aussehen des gewünschten Möbels haben. Für die Beratung der Kunden ist eine Auswahl von möglichen Profil- und Verzierungsleisten sehr hilfreich. Bild 3 zeigt eine kleine Auswahl davon.

Übertragen Sie die vier vorgestellten Leistentypen im Maßstab 1:1 auf ein DIN-A 4-Blatt und bemaßen Sie die Leisten norm- und fertigungsgerecht.

Maßtabelle zu Bild 3

	Profil 1	Profil 2	Profil 3	Profil 4
Maß 1	20	10	10	30
Maß 2	20	10	10	10
Maß 3	20	20	5	10
Maß 4	–	30	20	–
Maß 5	–	20	20	–
Maß 6	–	15	–	–

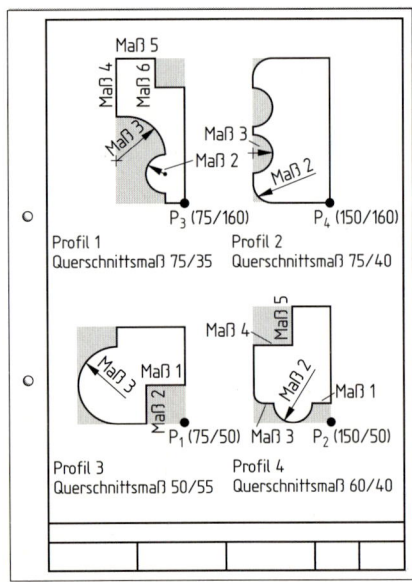

3. Bemaßungsübungen Profilleisten

© Verlag Gehlen

3.9 Wiederholungsmaße werden vereinfacht dargestellt

Häufig kommt es in der Praxis vor, dass sich Maße wie Abstände oder Teilungen mehrfach wiederholen.
Gleiche Maße müssen dann nicht mehrfach bemaßt werden, sondern können vereinfacht dargestellt werden.

Das Teilungsmaß und die Anzahl der Teilungen werden (Bild 4) auf einer gemeinsamen Maßlinie angegeben.

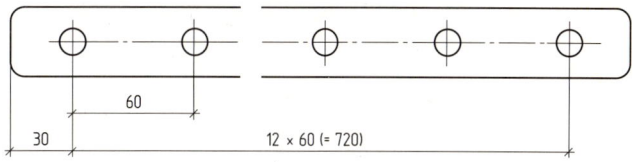

4. Bemaßung von Teilungen

3.10 Übungsaufgaben zur Bemaßung von Teilungen

Aufgabe 1:
Im Turnraum des Kindergartens soll eine zweiteilige Gymnastikwand von 1600 mm × 2110 mm angebracht werden (Bild 5). Als Holzart hat der Tischler Eschenholz vorgesehen.

Die Rahmenteile haben das Querschnittsmaß 40 mm × 80 mm. Die Sprossenwand verfügt über sechs gleichmäßig verteilte Sprossen. Diese haben einen Durchmesser von 35 mm. Das Kletterelement mit einer Gesamtbreite von 900 mm verfügt über zwei symmetrisch verteilte Stangen mit ebenfalls 35 mm Durchmesser.

Zeichnen und bemaßen Sie die Vorderansicht der Gymnastikwand als technische Zeichnung im Maßstab 1:10 auf DIN A 4 Hochlage.

5. Gymnastikwand Foto

Aufgabe 2:
Um Einzelheiten genauer darstellen zu können, hat die Arbeitsvorbereitung der Turngerätefabrik das in Bild 6 dargestellte obere Teilstück des aufrechten Rahmens eines Klettergerätes im Maßstab 1:1 gezeichnet.
Die folgenden Informationen sollen mit der Zeichnung an die Mitarbeiter weitergegeben werden:

Rahmenbreite: 60 mm, beidseitig 20 mm stark abgerundet, obere Bohrung 80 mm von der Oberkante entfernt.
Zur Befestigung der Rahmenteile sind 2 Bohrungen ⌀ 4 mm angebracht. Diese sind 15 mm von den Seiten und 50 mm von oben gebohrt.
Der Sprossendurchmesser beträgt 32 mm.

Zeichnen Sie im Maßstab 1:1 auf ein DIN-A 4-Blatt.
Wählen Sie eine Zeichnungslänge von etwa 160 mm.
Positionieren Sie die Zeichnung mittig auf dem Blatt.

Aufgabe 3:
Der zweite Garderobenentwurf, der auf der Vorderseite schon beschrieben wurde, soll nun von der Tischlerei Fischer endlich angefertigt werden.
Überarbeiten Sie den Entwurf zu einer technischen Zeichnung mit norm- und fertigungsgerechter Bemaßung.

Bedenken Sie dabei die folgenden Zusatzinformationen:
Außenmaße: 1200 mm × 300 mm, seitlich mit Radius 160 mm abgerundet, unten ein Ausschnitt mit Radius 800 mm, oben mittig ein Halbkreis mit ⌀ 300 mm für das Gesicht, seitlich zwei kleinere Vollkreise, ⌀ 100 mm, für die Wandmontage. Planen Sie 11 gleichmäßig verteilte Aufhänger ein.

Zeichenkarton: DIN A 4, Maßstab 1:10

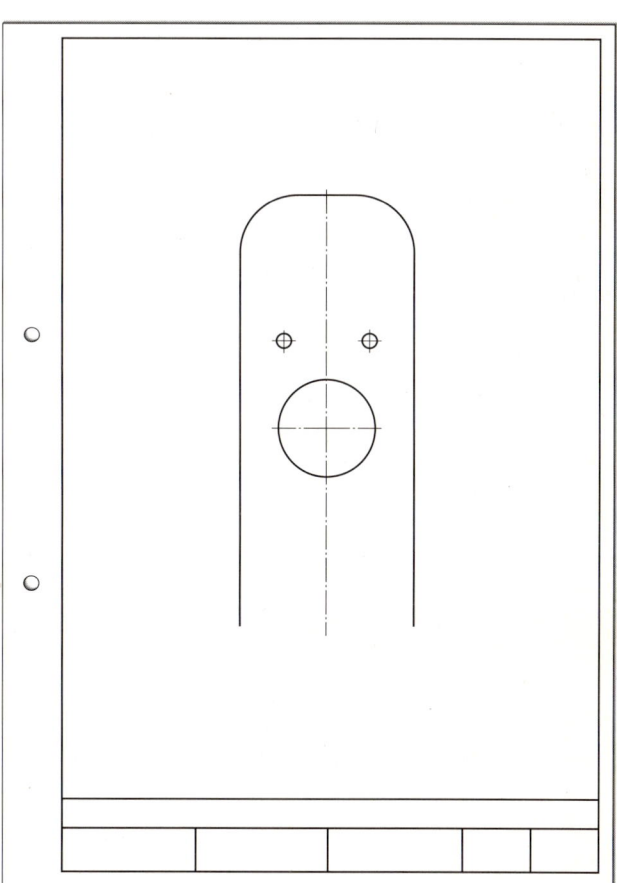

6. Gymnastikwand Rahmenteil

© Verlag Gehlen

4 Geometrische Grundübungen

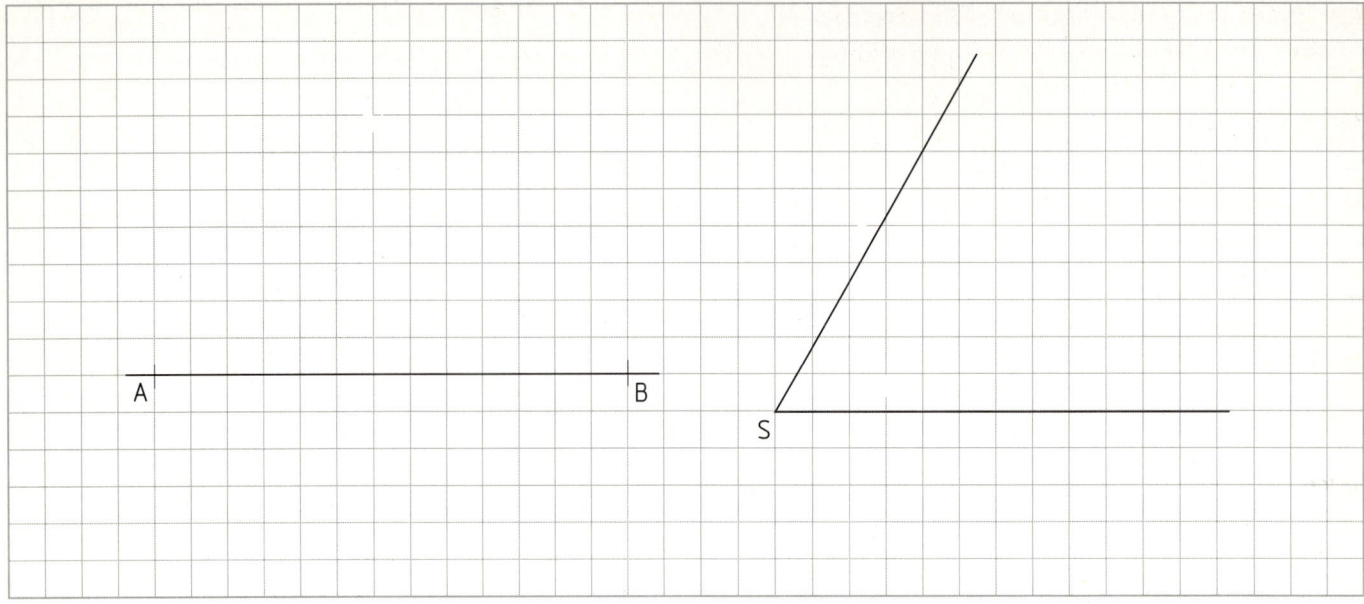

1. Mittelsenkrechte und Winkelhalbierende

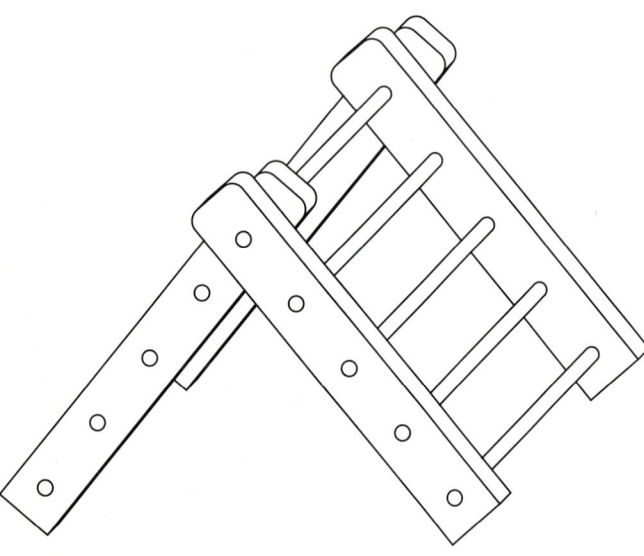

2. Kletterelement

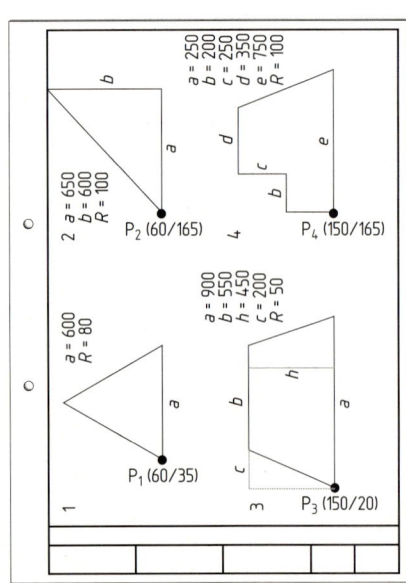

3. Ablage- und Tischplatten

4.1 Lehrgang zu geometrischen Grundübungen

Lösungshinweise finden Sie auf der gegenüberliegenden Seite.

Aufgabe 1:
1. Zeichnen Sie für die obenstehende Strecke in Bild 1 die Mittelsenkrechte.
2. Zeichnen Sie in einer anderen Farbe die Strecke AC und ermitteln Sie geometrisch die Winkelhalbierende des entstehenden Winkels.
3. Bezeichnen Sie alle entstehenden Punkte, die Mittelsenkrechte und die Winkelhalbierende.

Aufgabe 2:
Meister Fischer soll für einen Kinderspielplatz Kletterelemente, wie in Bild 2 zu sehen, herstellen. Dazu ist es erforderlich eine technische Zeichnung zu erstellen. Nach den Angaben aus seinem Notizbuch geht hervor, dass die beiden Seitenteile 1,20 Meter hoch sein sollen und mit fünf gleichmäßig verteilten Rundstäben miteinander verbunden werden sollen.
Das Querschnittsmaß der Seitenteile ist 180 mm × 45 mm.
Der untere Rundstab soll 10 cm Bodenabstand haben, der Abstand nach oben soll 15 cm betragen.

Zeichnen Sie auf Zeichenkarton im Maßstab 1 : 5 die Seitenansicht eines aufrechten Teiles. Ermitteln Sie die Teilungsabstände und bemaßen Sie sie ausreichend.
Runden Sie die oberen Ecken mit einem selbst gewählten Radius ab.

Aufgabe 3:
Die Tischlerei erhält den Auftrag für den Kindergarten mehrere Ablage- und Tischplatten zu fertigen. Die Grundrisse sind im Bild 3 zunächst scharfkantig, eckig skizziert. Wegen der Verletzungsgefahren für die Kinder müssen die Ecken und die Kanten gerundet werden.

Übertragen Sie alle vier Grundrissformen im Maßstab 1 : 10 auf Ihr Zeichenblatt.
Runden Sie alle Ecken in den Zeichnungen 1–3 mit dem angegebenen Radius ab. Für Zeichnung 4 wählen Sie selbst einen geeigneten Radius aus.

Bemaßen Sie alle Zeichnungen normgerecht.

© Verlag Gehlen

4.2 Hilfen zur geometrischen Teilung von Strecken, Winkeln und zum Abrunden

Halbieren einer Strecke AB

Um die Strecke AB in Bild 4 zu halbieren, geht man folgendermaßen vor:

- Um die Endpunkte A und B wird jeweils ein Kreisbogen mit gleichem Radius geschlagen.
- Der Radius muss größer als die halbe Strecke, aber kleiner als die Gesamtstrecke sein.
- Die Kreisbögen kreuzen sich in C und D. Die Verbindung von C und D halbiert die Strecke AB.
- Die Strecke CD bildet die Mittelsenkrechte für die Strecke AB.

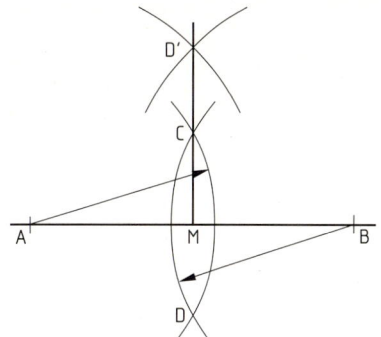

4. Halbieren einer Strecke

Teilen von Strecken in mehrere gleiche Teile

Um die Strecke AB in Bild 5 in acht gleichmäßige Streckenabschnitte zu teilen, wird folgendermaßen vorgegangen:

- Unter einem beliebigen Winkel die Hilfsstrecke AC anlegen.
- Die Streckenlänge so wählen, dass sie ein Vielfaches der Teilungszahl beträgt. Bei acht Streckenabschnitten wählen wir beispielsweise 8 × 15 mm = 120 mm oder 8 × 20 mm = 160 mm.
- Die Streckenabschnitte werden auf der Hilfsstrecke markiert.
- Der Endpunkt C wird mit B verbunden.
- Durch Parallelverschiebung der Strecke BC durch die markierten Streckenabschnitte erhält man auf AB die gleichmäßige Teilung.

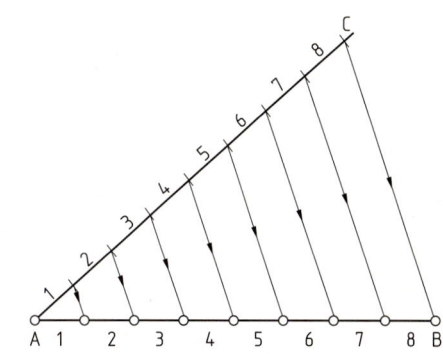

5. Teilen einer Strecke

Bezeichnungen am Winkel

Schneiden oder treffen sich zwei Geraden, entstehen Winkel (Bild 6). Der Schnittpunkt wird Scheitelpunkt S genannt, die anliegenden Geraden nennt man Schenkel des Winkels.
Winkel werden mit griechischen Kleinbuchstaben α, β, χ ... bezeichnet.
Die Größe der Winkel wird in Grad, beispielsweise 30° angegeben.
Ein Vollkreis hat das Maß 360°, ein rechter Winkel 90° und ein echter Gehrungswinkel 45°.

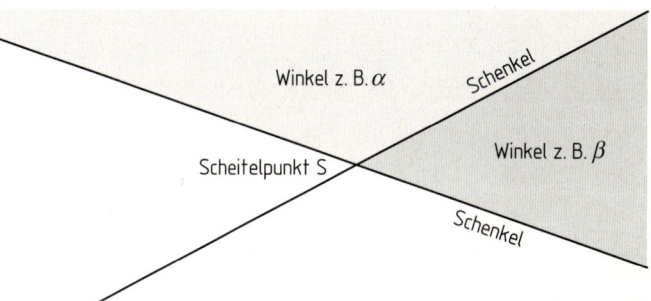

6. Bezeichnungen am Winkel

Halbieren eines Winkels

Die Halbierung eines beliebigen Winkels in Bild 7 erfordert folgendes Vorgehen:

- Im Scheitelpunkt S wird mit einem beliebigen Radius ein Kreisbogen geschlagen, der die beiden Schenkel in A und B schneidet.
- Mit dem gleichen Radius wird um A und B jeweils ein Kreisbogen geschlagen. Es entsteht der Schnittpunkt C.
- Die Verbindung zwischen S und C teilt den Winkel gleichmäßig.

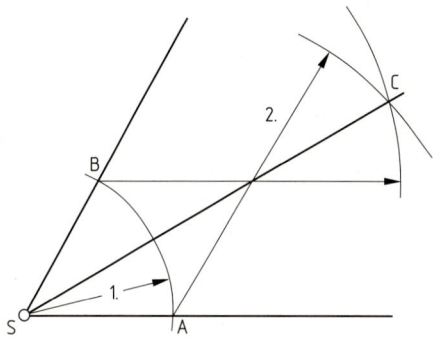

7. Halbieren eines Winkels

Abrunden von Winkeln

Beim Abrunden eines Winkels oder einer Ecke, wie in Bild 8, geht man folgendermaßen vor:

- Man zeichnet in einem beliebigen Abstand R Parallelen zu den Schenkeln des Winkels.
- Der Schnittpunkt M der Parallelen ist der Mittelpunkt des Abrundungsradius.
- Um den Punkt M rundet man die Ecke mit dem Radius R ab.
- Die Verbindung S zu M ist die Halbierende des Winkels.
- Gleichzeitig erhält man die Gehrungslinie der Ecke.

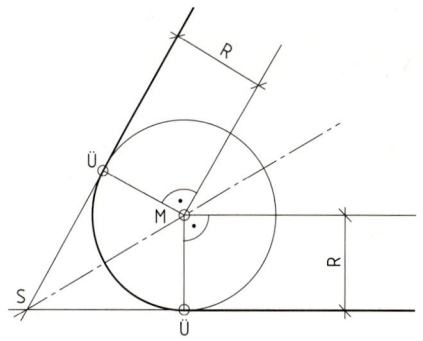

8. Abrunden eines Winkels

© Verlag Gehlen

5 Schnitte und Schraffuren

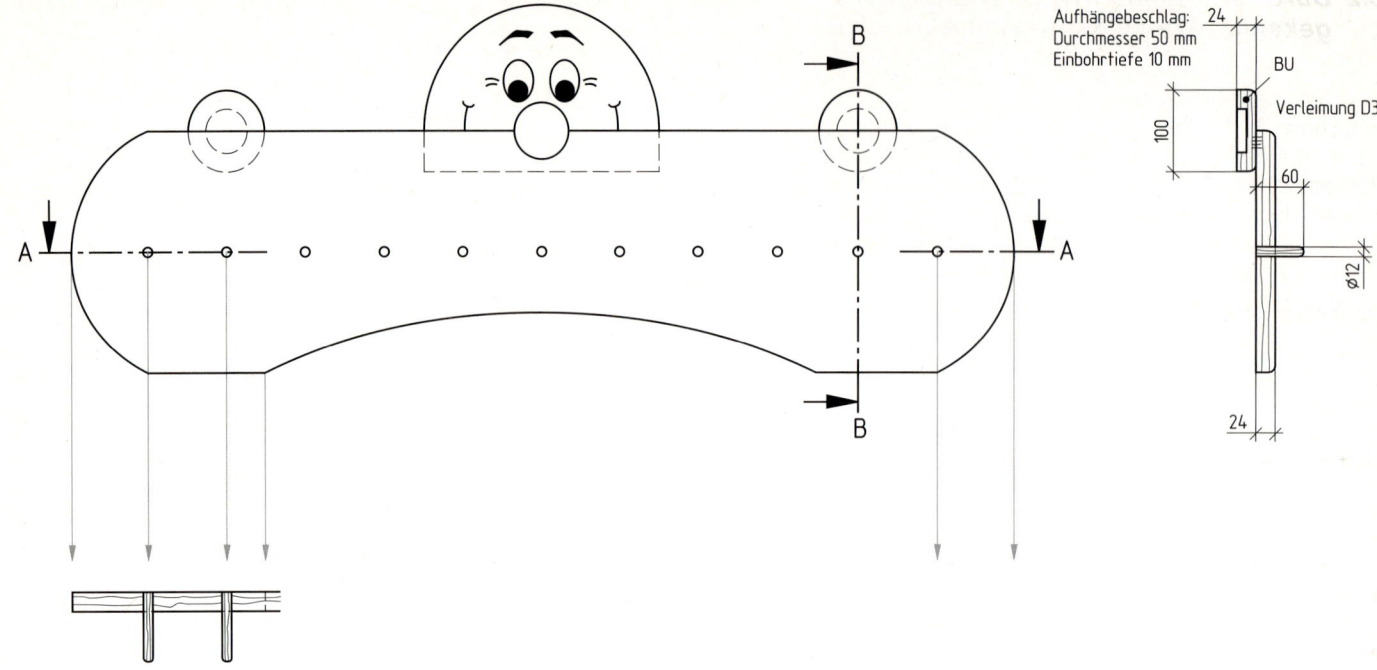

1. Garderobenbrett Ansicht und Schnitt

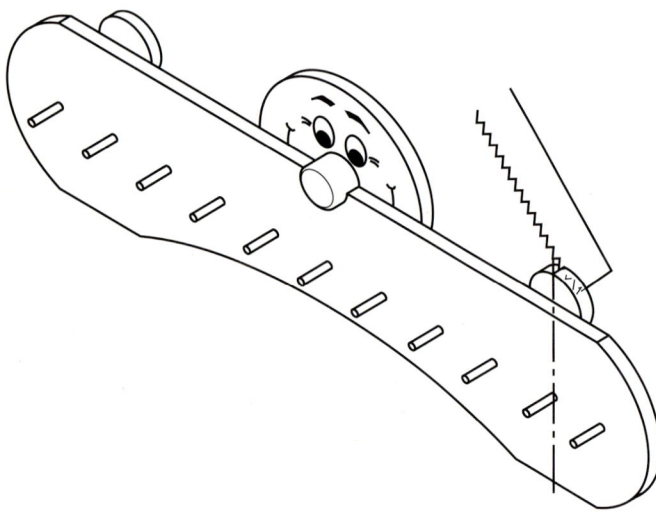

2. Vertikales Durchtrennen des Garderobenbrettes

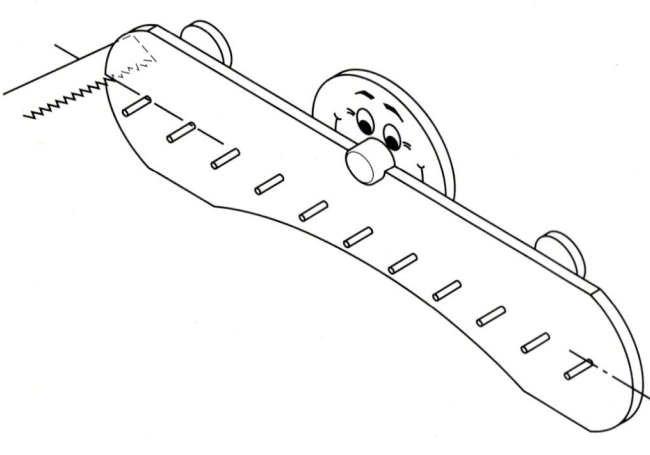

3. Horizontales Durchtrennen des Garderobenbrettes

5.1 Schnittdarstellungen helfen bei der Fertigung

Wir schauen uns noch einmal einen Ausschnitt der Fertigungszeichnung an, die Tischlermeister Fischer für das Garderobenbrett des Kindergartens erstellt hat.
Es fällt auf, dass er das Werkstück nicht nur von außen betrachtet als Vorderansicht gezeichnet hat, sondern daneben weitere Zeichnungen zur Ergänzung angelegt hat.
Er hat das Werkstück gedanklich aufgetrennt (geschnitten) (Bild 2 und 3) und betrachtet die sichtbar werdenden Schnittflächen.

- Schnitte sind gedankliche Auftrennungen des Werkstücks in senkrechter oder waagerechter Richtung.
- Die Schnittebenen werden durch breite Strich-Punktlinien gekennzeichnet.
- Die Blickrichtung auf die Schnittfläche wird durch Pfeile dargestellt.
- Die Schnitte werden durch Großbuchstaben gekennzeichnet. Der Horizontalschnitt A–A betrachtet das Werkstück im Regelfall von oben. (Pfeile beachten!)
Der Vertikalschnitt B–B betrachtet das Werkstück im Regelfall von links. (Pfeile beachten!)
- Schnitte dürfen, an für die Konstruktion nicht wichtigen Stellen, aus Gründen der Platzersparnis unterbrochen werden.

In den Schnitten durch das Garderobenbrett werden Dinge deutlich, die in der Ansicht von außen nicht sichtbar sind oder nicht dargestellt werden:

Materialstärke – Art des Materials – Verbindung der Werkstoffe – Längsholz oder Hirnholz – Durchmesser der Aufhängung – Länge und Durchmesser der Mantelhaken

Aufgabe 1:
Ergänzen Sie den Horizontalschnitt des Garderobenbrettes in Bild 1 in Ihrem Buch. Nutzen Sie dazu die Informationen und Vorgaben aus dem Vertikalschnitt und der Ansicht.

Aufgabe 2:
Tragen Sie in die neben stehende Tabelle die Informationen ein, die im Vertikalschnitt in Bild 1 enthalten sind.

5.2 Durch Schraffuren werden Werkstoffe gekennzeichnet

In technischen Zeichnungen vewendet Meister Fischer, wie Sie in Bild 1 gesehen haben, auch Freihandlinien, diese sind in Bild 5 dargestellt.
Er zeigt damit Leimverbindungen und Schraffuren.

Vollholzschraffuren zeigen den Faserverlauf

Um Vollholz in technischen Zeichnungen deutlich zu kennzeichnen, werden einheitliche Schraffuren verwendet.
Diese können durch Werkstoffkurzzeichen ergänzt werden.
Halten Sie die folgenden Grundregeln beim Schraffieren ein:

- Als Linienart ist die schmale Freihandlinie zu wählen.
- Es wird ein Schraffurabstand von 0,5 d empfohlen, wobei kleinere Schnittflächen enger schraffiert werden können.
- Hirnholzflächen werden mit annähernd 45° bezogen auf den Umriss schraffiert.
- Bei aneinander liegenden Hirnholzflächen wechselt die Schraffurrichtung. Miteinander fest verbundene Teile erhalten die gleiche Schraffurrichtung.
- Längsholzschnittflächen werden parallel zur Faserrichtung schraffiert.

Leim schafft Verbindungen

Geleimte Verbindungen werden, wenn sie vollfugig verleimt sind, durch vier kurze Freihandlinien rechtwinklig zur Leimfuge dargestellt (Bild 7).
Bei einer teilfugigen Leimung wird der Bereich der Leimangabe durch kurze Linien gekennzeichnet.

Aufgabe:
Schraffieren Sie in Bild 8 alle Vollholzschnittflächen und fügen Sie die Leimstriche ein.

	Linienart		
C	Freihandlinie, schmal	0,35	– Schnittflächenschraffur bei Holz und Holzwerkstoffen – Kennzeichnung von Leimfugen
J	Strichpunktlinie, breit	0,7	– Kennzeichnung der Schnittebenen

5. Linienart und Benennung

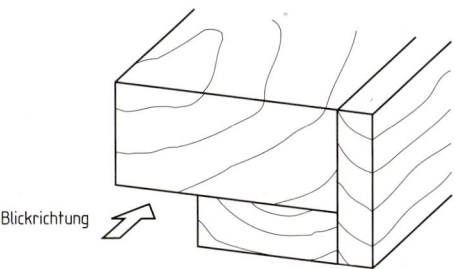

8. Schraffurübung

Nr.	Bedeutung	enthaltene Zusatzinformationen Maße und technische Angaben
1	Materialstärke des Garderobenbrettes	
2	Materialart des Aufhängers	
3	Verbindungsart Aufhänger–Brett	
4	Faserrichtung des Garderobenbrettes	
5	Durchmesser des Aufhängers	
6	Länge und Durchmesser des Mantelhakens	

4. Tabelle zu Aufgabe 1

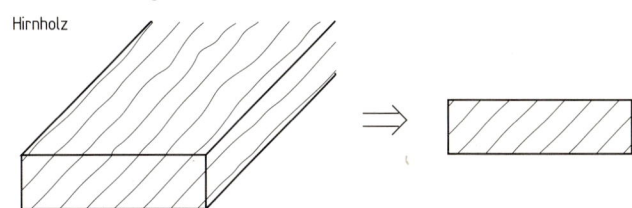
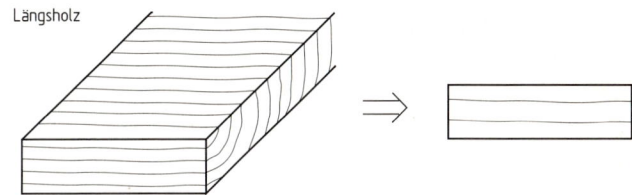

6. Schraffuren von Hirn- und Längsholz

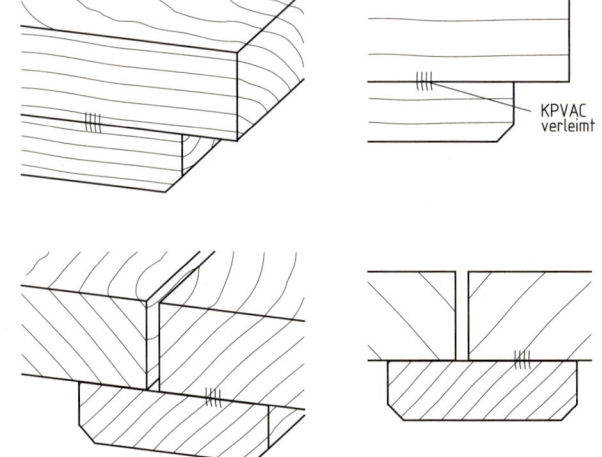

7. Verleimungen

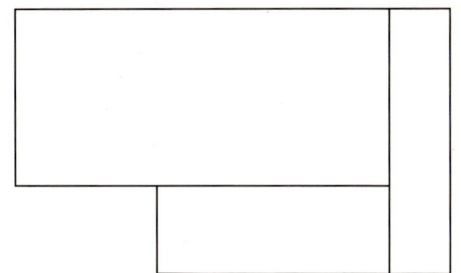

28 Projekt Kindergarten: Schnitte und Schraffuren

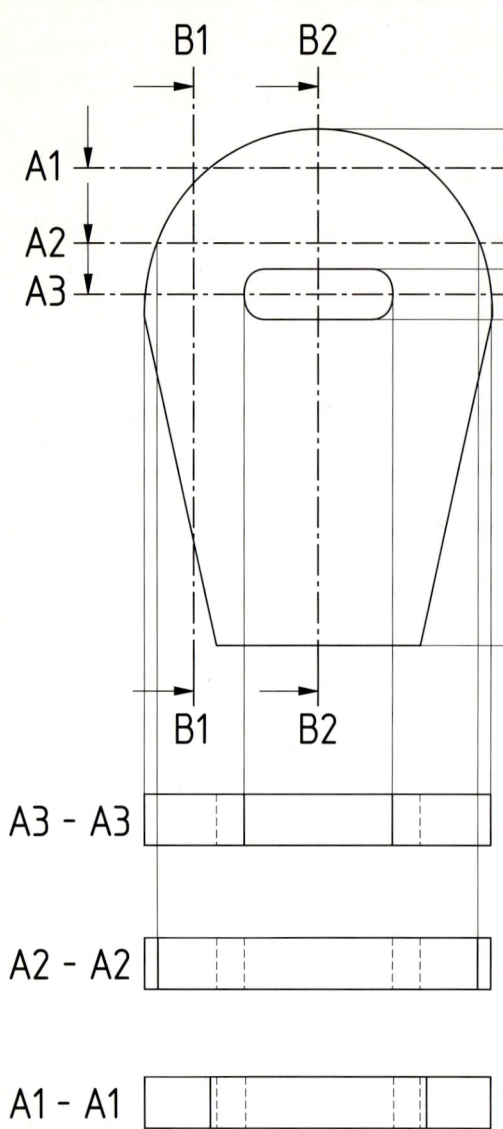

1. Schnitte durch eine Stuhllehne

5.3 Übungsaufgaben zu Schnitt- und Schraffurdarstellungen

Aufgabe 1:
Durch die Stuhllehne in Bild 1 sind zu Übungszwecken drei Horizontalschnitte und zwei Vertikalschnitte dargestellt.
Schraffieren Sie in den vorgegebenen Konturen im Buch die Vollholzschnittflächen.

Aufgabe 2:
In Bild 3 ist ein Phonomöbel dargestellt.
Übertragen Sie die in der Ansicht angegebenen Positionsnummern in die Schnitte A–A und B–B.

Aufgabe 3:
Für das Phonomöbel aus Erle ist eine Materialliste zu erstellen. Die beiden Einlegeböden liegen auf Bodenträgern, alle anderen Verbindungen sind gedübelt.
Füllen Sie im Buch die nebenstehende Materialliste in Bild 2 aus.

Materiallisten erleichtern den Zuschnitt

Pos.	Bezeichnung	Anzahl	Länge mm	Breite mm	Dicke mm
1				480	
2				414	
3				450	
4				434	
5					

2. Materialliste Phonomöbel

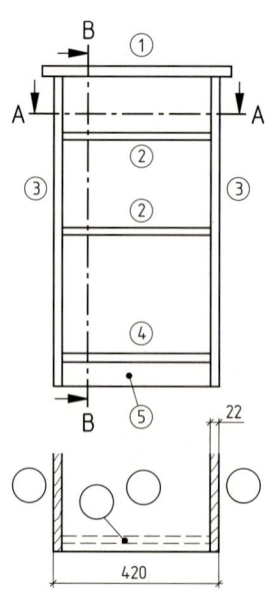
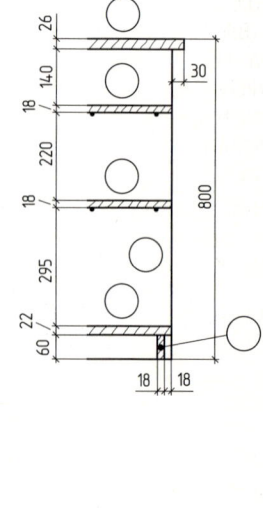

3. Schnitte durch ein Phonomöbel

© Verlag Gehlen

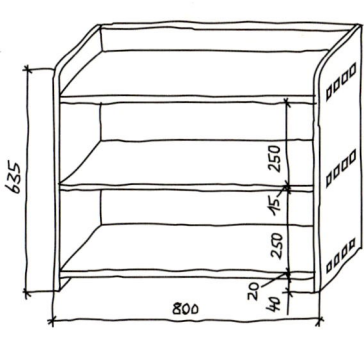
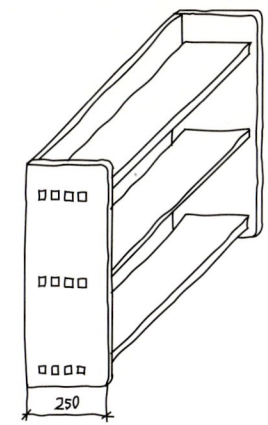

4. Perspektive des Wandregals

5.4 Schnittdarstellungen verdeutlichen die Konstruktion

Zur Unterbringung von Büchern und Spielsachen benötigt der Kindergarten acht kleine Wandregale. Ein Geselle der Tischlerei hat zusammen mit dem Lehrling im Kindergarten die Maße ermittelt, eine grobe Skizze (Bild 4) angefertigt und über Materialien mit der Kindergartenleitung gesprochen.
Da es sich um einfache Möbelstücke handelt, soll der Lehrling den Auftrag möglichst selbstständig bearbeiten.
Zunächst setzt er die Skizzen in eine Zeichnung um, wobei er sich folgende Gedanken macht:

- Gestaltungsdetails
- Verbindungen
- Oberfläche
- Funktion
- Montage

Die Lage des Schnittverlaufs will gut überlegt sein!

Aufgabe 1:
Zeichnen Sie in Bild 4 ins Buch den Verlauf des Horizontal- und Vertikalschnittes in die Perspektive ein.
Bedenken Sie, dass die Schnitte durch konstruktiv wichtige Teile des Möbels führen sollen.
Benutzen Sie dazu die richtige Linienart.

Aufgabe 2:
Der Lehrling hat sich entschieden das Regal folgendermaßen zu konstruieren und zu gestalten:
Für die Verbindung der Seiten mit den Böden wählt er Fingerzapfen (Bild 5). Alle sichtbaren Kanten will er mit einem Radius von 4 mm abgerundet. Er hat sich überlegt, dass es für Kinder ungefährlicher ist, wenn die Seitenflächen oben und unten ebenfalls deutlich gerundet sind. Das will er mit einem Radius von 20 mm erreichen. Er lässt die Böden gegenüber den Seiten vorne um 6 mm zurückspringen, hinten setzt er sie bündig.
Zeichnen Sie nach diesen Angaben die Vorder- und die Seitenansicht des Regals im Maßstab 1 : 10 auf ein Zeichenblatt der Größe DIN A 4.

Aufgabe 3:
In seinen Vorüberlegungen hat sich der Lehrling auch Gedanken über die Oberflächenbeschaffenheit und die Montage der Regale gemacht. Aus ökologischen Gründen wählt er eine Naturhartöloberfläche.
In seiner Zeichnung vermerkt er dies (Bild 7).
Er will die Regale mit einem einfachen Beschlag an der Wand befestigen (Bild 6).

Setzen Sie seine Vorstellungen auf einem DIN-A 4-Blatt in einem Horizontal- und Vertikalschnitt als Teilschnitte um.

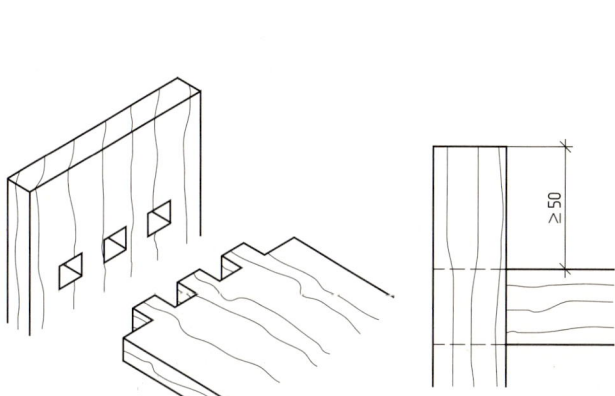

5. Fingerzapfen

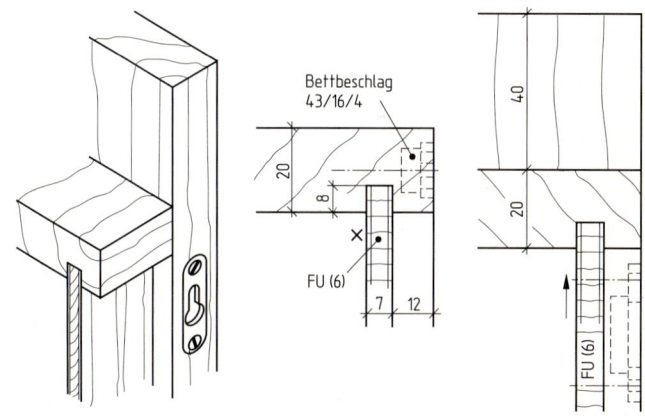

6. Aufhängung des Regals

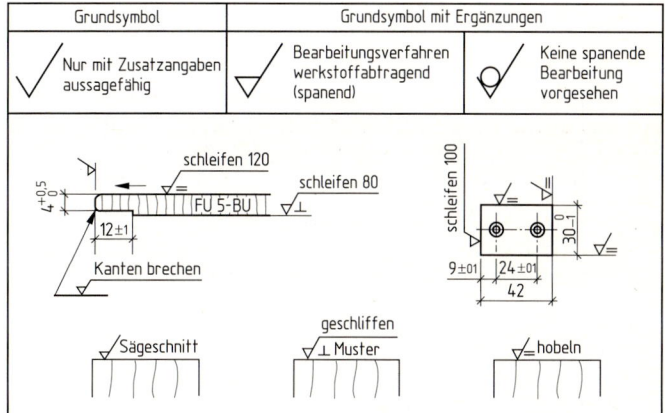

7. Symbole für Oberflächenbeschaffenheit

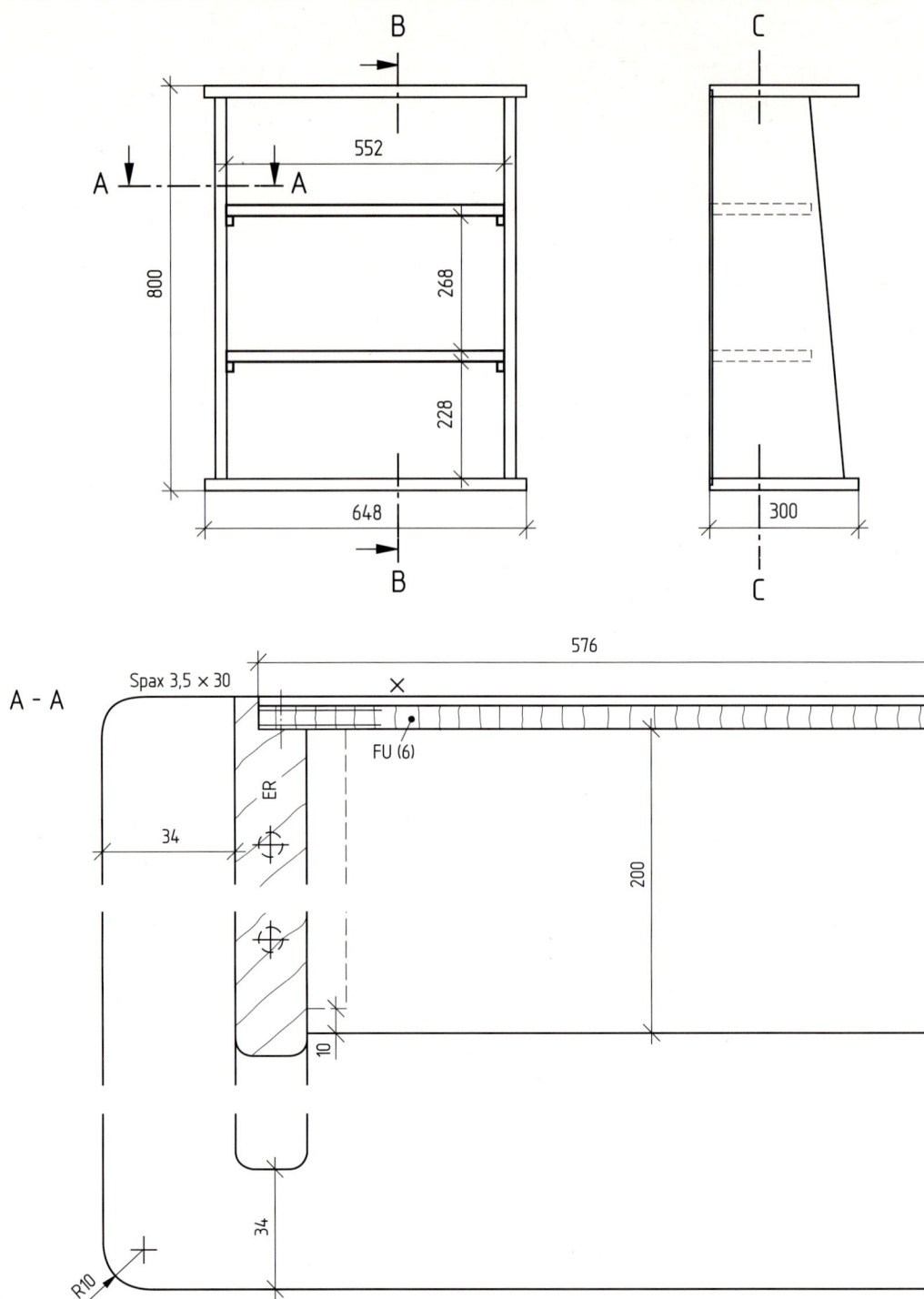

1. Konstruktionszeichnung Wandregal

5.5 Konstruktionszeichnung eines Wandregals

Das Wandregal für den Kindergarten ist von der Tischlerei Fischer in der Darstellung und Anordnung von Ansichten und Schnitten normgerecht nach DIN 919 gezeichnet worden.

Neben dem bekannten Horizontalschnitt A–A und dem Vertikalschnitt B–B hat Herr Fischer noch einen Frontalschnitt angefertigt. Er zeigt den Schnittverlauf parallel zur Front des Möbels. Der Blick geht dabei von der Vorderseite des Möbels in das Korpusinnere.

Aufgabe 1:
Ergänzen Sie in der Ansicht den Frontalschnitt C–C um die Pfeile, die die Blickrichtung darstellen.

Aufgabe 2:
Wie sind folgende Teile miteinander verbunden?

– Seite und unterer Boden

– Rückwand mit Seite

B - B

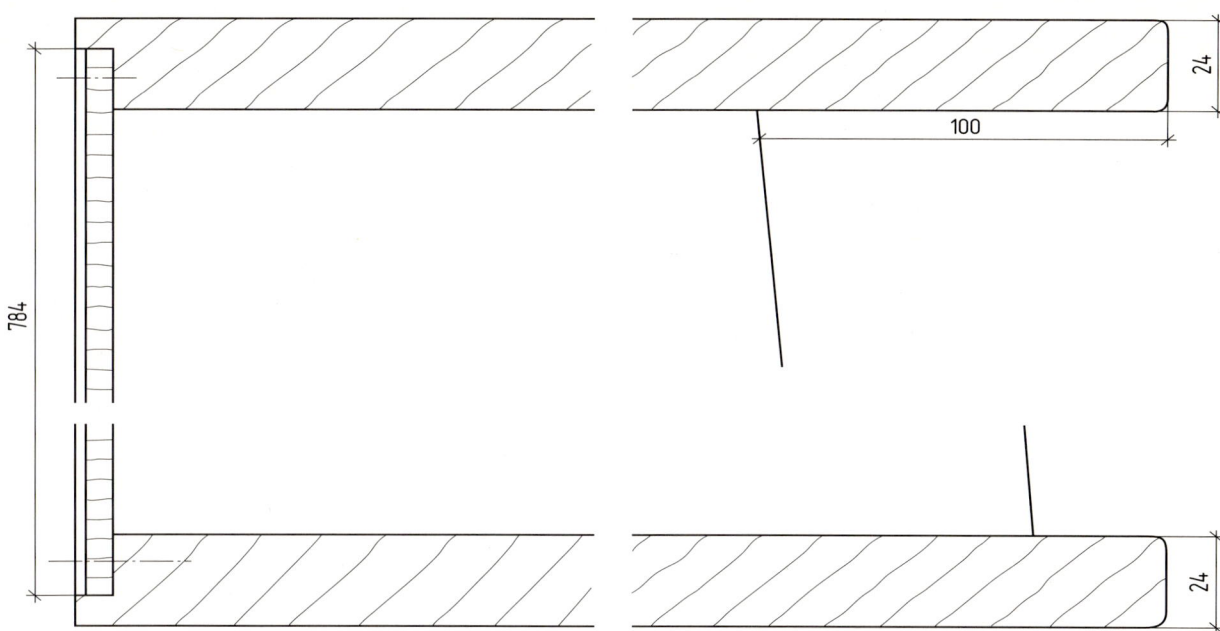

C - C

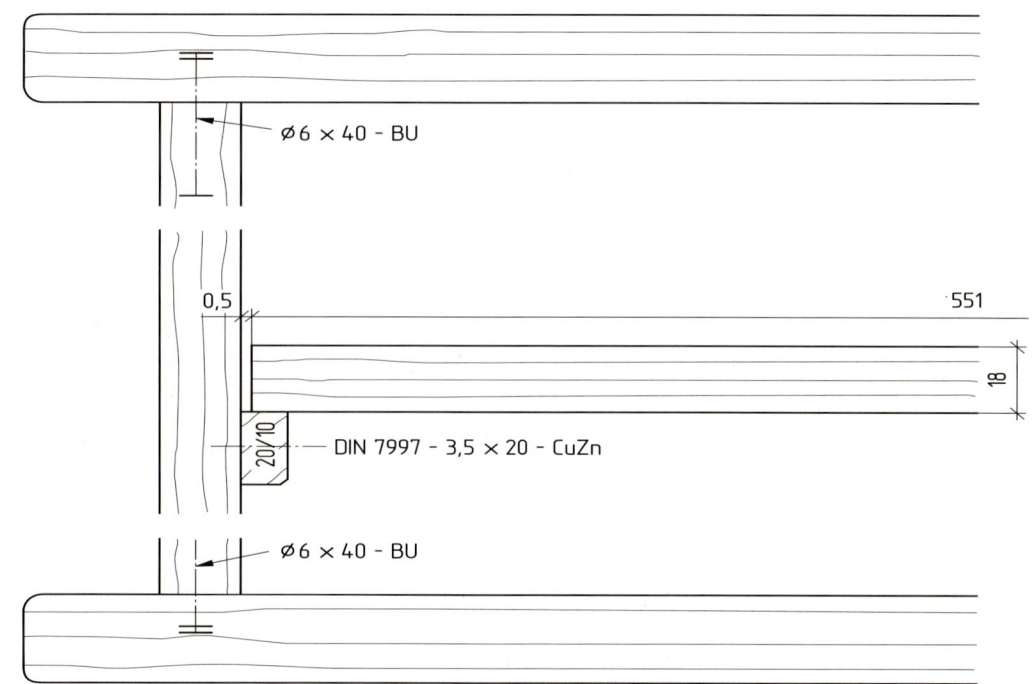

Aufgabe 3:
Ergänzen Sie die Materialliste (Bild 2) anhand der Zeichnung.

Pos.	Bezeichnung	Anzahl	Länge mm	Breite mm	Dicke mm
1	Seiten		752		18
2		2			24
3	Einlegeboden				
4	Trageleisten	4			
5					7
6	Holzdübel				

Aufgabe 4:
Tischlerei Fischer verwendet für die Herstellung des Regals Leimholzplatten aus Erle von 18 und 24 mm Dicke.
Notieren Sie fünf wichtige Arbeitsschritte zur Fertigung des Regals.

_____
_____
_____
_____
_____

© Verlag Gehlen

6 Perspektiven und Dreitafelprojektion

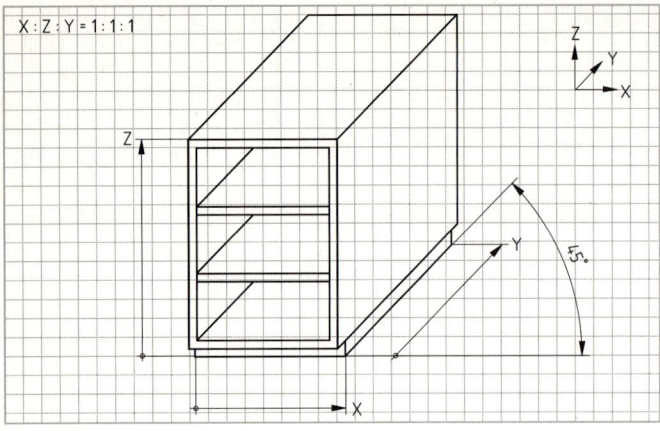

1. Kavalierprojektion 1 : 1 : 1

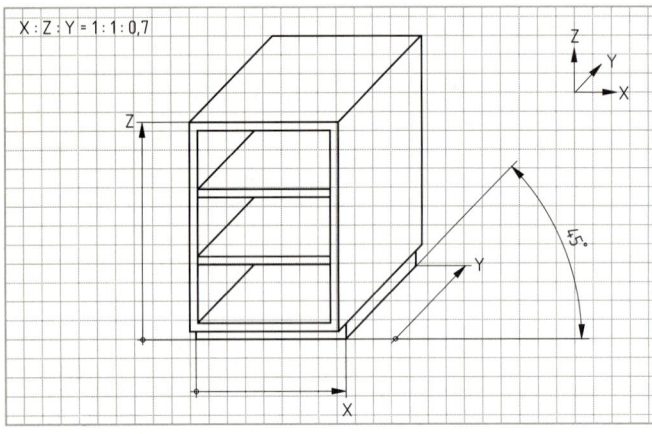

2. Kavalierprojektion 1 : 1 : 0,7

6.1 Perspektivische Darstellungen veranschaulichen das Werkstück

Konstruktionszeichnungen sind für den Anwender eindeutige Fertigungsvorschriften, die ein hohes Maß an Wissen über Normungen erfordern. Kunden verfügen selten über die notwendige Vorstellungskraft die technische Zeichnung zu lesen und darin ihr fertiges Möbel zu sehen.
Für den Kunden ist es daher hilfreich, wenn der Tischler ihm sein Möbel perspektivisch vorstellen kann.
Tischlermeister Fischer demonstriert uns anhand des Wandregals für den Kindergarten drei unterschiedliche Darstellungsmethoden.

- Kavalierprojektion
- Isometrische Projektion
- Dimetrische Projektion

6.2 Kavalierprojektion

Bei dieser Methode zeichnet er zunächst im passenden Maßstab die Vorderansicht. Die Tiefe des Regals stellt er normgerecht unter einem Winkel von 45° unverkürzt dar. Das Möbel erscheint dann jedoch, wie in Bild 1 zu sehen, unverhältnismäßig tief, sodass der Kunde oft keine richtige Vorstellung entwickeln kann. Um diese Wirkung zu vermeiden, hat er in Bild 2 die Tiefe verkürzt dargestellt. Üblich ist es, sie auf 70 % der wahren Größe zu verkürzen.

Seitenverhältnisse:

Breite	Höhe	Tiefe
1	1	1
1	1	0,7

6.3 Isometrische Projektion

Eine sehr gute räumliche Wirkung zeigt uns Herr Fischer mit der in Bild 3 gezeichneten isometrischen Darstellung des Regals.
Hierbei wird die Vorderansicht unter einem Winkel von 30° gezeichnet. Es wirkt so, als ob das Möbel auf die vordere Spitze gestellt wäre. Breite – Höhe – Tiefe verhalten sich zueinander im Verhältnis 1 : 1 : 1.
Zur Vereinfachung verwendet er für diese Darstellung Isometriepapier.

Seitenverhältnisse:

Breite	Höhe	Tiefe
1	1	1

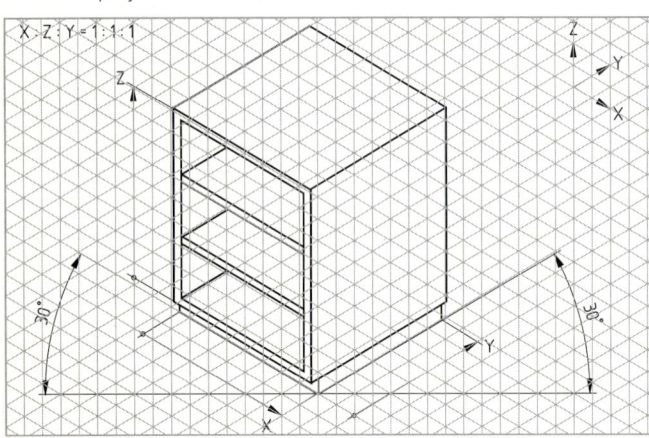

3. Isometrische Projektion

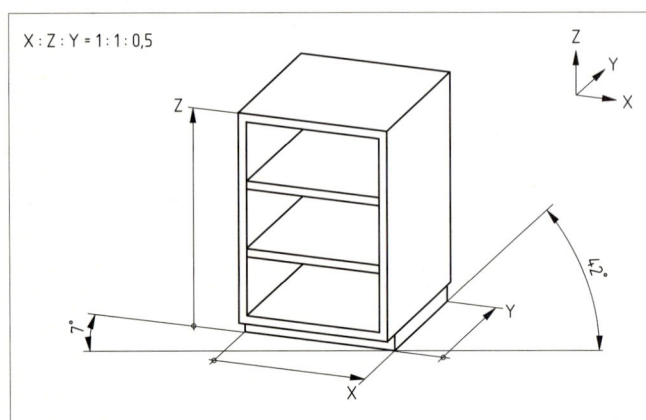

4. Dimetrische Projektion

6.4 Dimetrische Projektion

Zum Abschluss erklärt der Tischlermeister uns noch die wenig gebräuchliche dimetrische Projektion (Bild 4). Er verwendet sie nur, wenn er dem Kunden in der Vorderansicht wichtige Details zeigen will.
Darum wird diese Ansicht um nur 7° gedreht. Die Tiefe wird um die Hälfte verkürzt und unter einem Winkel von 42° gezeichnet.

Seitenverhältnisse:

Breite	Höhe	Tiefe
1	1	0,5

© Verlag Gehlen

6.5 Arbeitsreihenfolge bei der Erstellung einer isometrischen Projektion

An einem einfachen Werkstück, 80 mm × 50 mm × 30 mm, sind die Arbeitsschritte zur Erstellung einer isometrischen Projektion erläutert.
Die Arbeit wird durch die Verwendung eines Zeichenkopfes oder eines spitzwinkligen Dreiecks (30°) erleichtert.

Aufgabe:
Vollziehen Sie die folgenden fünf Arbeitsschritte (Bild 5) auf einem DIN-A4-Blatt nach.
Zeichnen Sie zunächst alle Linien dünn vor.

1. Zeichnen Sie zunächst eine waagerechte Linie beliebiger Länge und legen Sie darauf den vorderen, rechten unteren Eckpunkt A des Werkstücks fest. Tragen Sie von diesem Punkt nach links und rechts unter einem Winkel von 30° zwei Geraden an.

2. Tragen Sie dann auf der linken Geraden die Breite 80 mm des Werkstückes ein. Sie erhalten Punkt B. Legen Sie in den Punkten A und B Senkrechten mit dem Höhenmaß 50 mm an. Sie erhalten die Punkte C und D. Verbinden Sie diese beiden Punkte. Damit haben Sie die Vorderansicht fertig gestellt.

3. Die Seitenansicht von rechts erhalten Sie, indem Sie zunächst auf der rechten Geraden die Tiefe des Werkstücks von 30 mm abmessen und dadurch den Punkt E erhalten. Zeichnen Sie in diesem Punkt eine weitere Senkrechte mit dem Höhenmaß. Sie erhalten F. Verbinden Sie D und F.

4. Um das Werkstück mit der Draufsicht zu ergänzen, verschieben Sie die Strecke CD parallel auf F und die Strecke DF parallel auf C. Sie erhalten den Schnittpunkt G. Damit ist die Draufsicht fertig.

5. Um die verdeckt liegenden Flächen darzustellen, zeichnen Sie die folgenden Kanten mit Strichlinien. Verschieben Sie die Strecke AB parallel auf den Punkt E und die Strecke AE parallel auf den Punkt B. Den Schnittpunkt H verbinden Sie mit Punkt G. Damit ist die isometrische Darstellung des Werkstücks fertig gestellt.

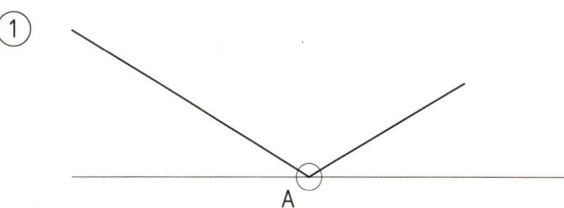

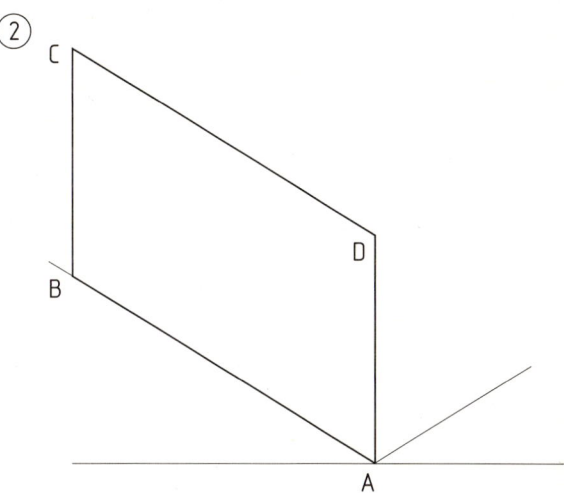

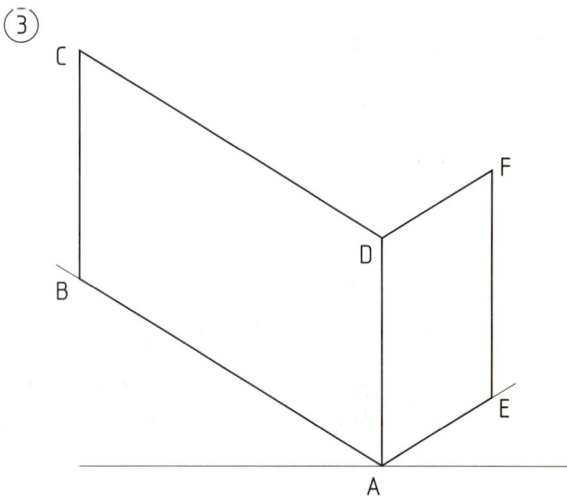

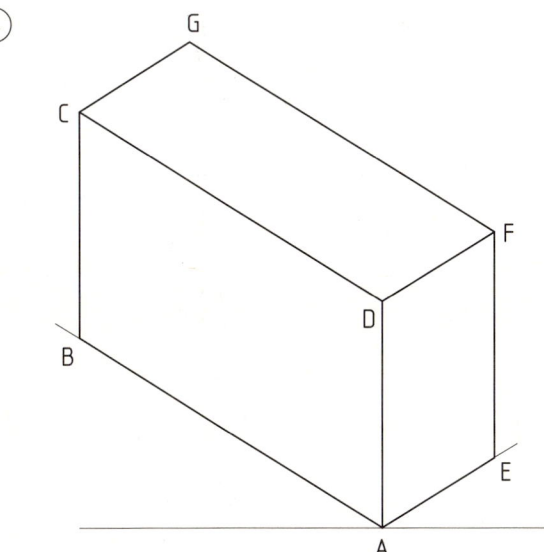

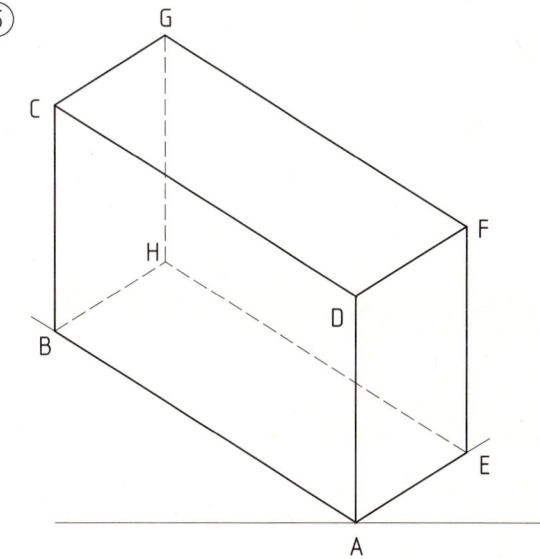

5. Arbeitsfolge Isometrie

6.6 An Rahmenecken lassen sich die Perspektiven gut üben

Der Kunde kann sich eine perspektivisch dargestellte Front leichter vorstellen

Für die Türen der Kindergartenmöbel fertigt der Tischlermeister Fischer häufig die in den Bildern dargestellten Eckverbindungen. Um der Kindergartenleitung einen Eindruck zu vermitteln, zeichnet er die Front der Möbel perspektivisch. Er wählt dazu die isometrische Darstellung.

Gedübelte Verbindungen für einfache Rahmen

Einfache Rahmenecken werden in der Tischlerei Fischer stumpf gedübelt. Als Durchmesser der Dübel wählt Tischler Fischer 6 oder 8 mm und normalerweise eine Länge von 40 mm. Die Dübellöcher setzt er mittig in den Rahmen. Diese Verbindung ist in Bild 1 dargestellt.

Aufgabe 1:
Schraffieren Sie in Bild 1 die Hirnholzflächen farbig und ergänzen Sie die fehlenden unsichtbaren Körperkanten.

Überblattete Rahmenecken sind leicht zu fertigen

Eine weitere einfache Konstruktion einer Rahmenecke stellt die überblattete Eckverbindung dar. Er setzt dazu das Werkstück in der Dicke um die halbe Materialstärke ab, in der Länge um die Rahmenbreite. In Bild 2 ist die Verbindung zunächst zusammengebaut und dann getrennt in das aufrechte und waagerechte Rahmenstück dargestellt.
Damit die gemeinsamen Eckpunkte leichter gesehen werden können, sind sie durch Projektionslinien verbunden.

Aufgabe 2:
Schraffieren Sie in Bild 2 der zusammengebauten Verbindung bei dem aufrechten Rahmenstück die Hirnholzflächen farbig.

Aufgabe 3:
Zeichnen und bemaßen Sie in isometrischer Darstellung auf einem DIN-A4-Blatt beide Rahmenstücke im auseinandergenommenen Zustand. Wählen Sie den Maßstab 1:1.
Beachten Sie dabei, dass in Projektionen Pfeile als Maßlinienbegrenzung geeigneter sind als Schrägstriche.

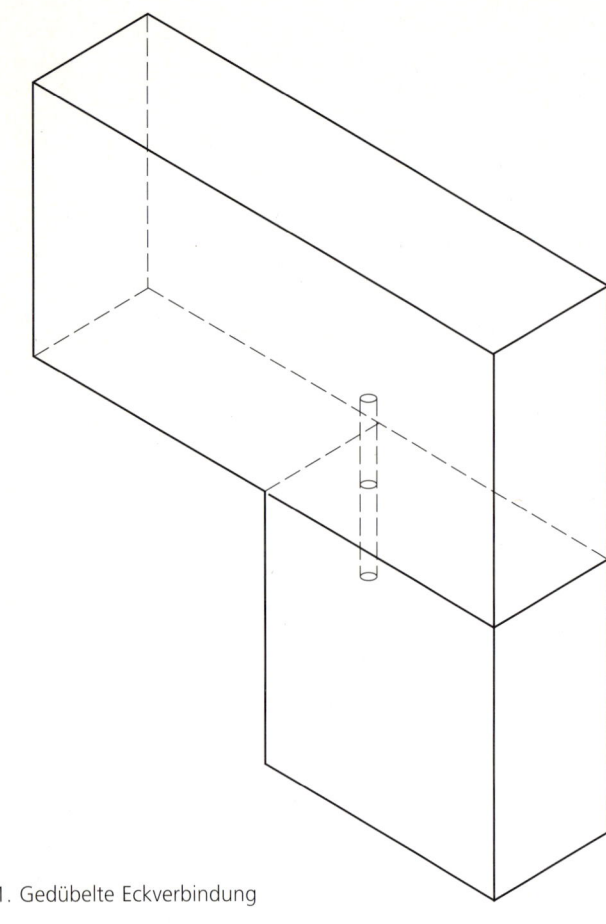

1. Gedübelte Eckverbindung

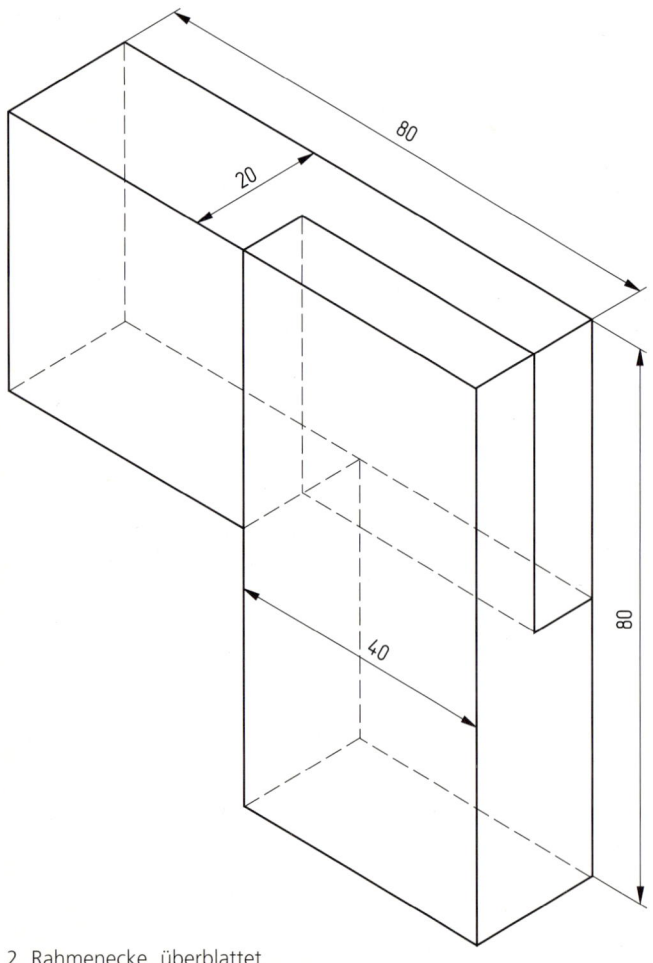

2. Rahmenecke, überblattet

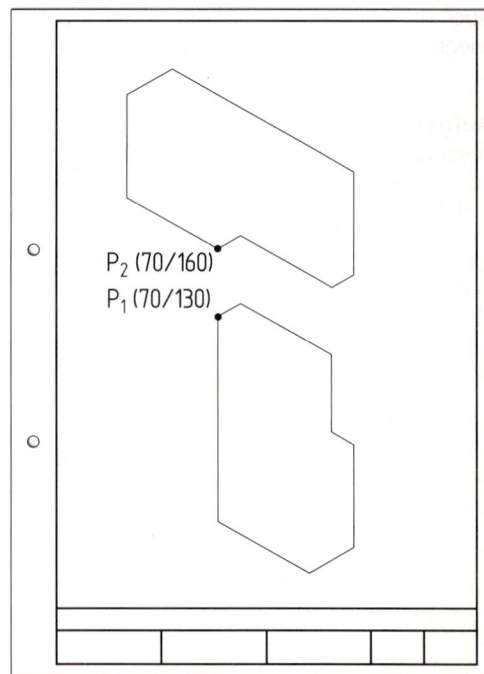

Rahmenecken mit Schlitz- und Zapfenverbindung kosten Mühe

Für anspruchsvollere Rahmenecken, z. B. an Möbeltüren, wählt Tischlerei Fischer die Schlitz- und Zapfenverbindung. Je nach Konstruktion des Möbels stellt er sie in mehreren Varianten her. Als Rahmenbreite hat sich für ihn das Maß 50 mm und als Dicke 21 mm bewährt.

Schlitz und Zapfen, einfach

Am schlichtesten ist die Schlitz- und Zapfenverbindung nicht auf Gehrung gearbeitet und ohne Falz oder Nut, wie sie in Bild 3 dargestellt ist. Zur Einteilung der Schlitz- und Zapfendicke drittelt Meister Fischer die Rahmenstärke.

Aufgabe 4:
Zeichnen Sie in Bild 3 die fehlenden Projektionslinien farbig ein.

Schlitz und Zapfen, mit Außenfalz

In Bild 4 hat Tischler Fischer die Schlitz- und Zapfenverbindung mit einem Außenfalz versehen. Das macht er dann, wenn er Türen in Rahmenbauweise herstellt und für diese Türen einen Anschlag braucht.
Den Außenfalz fertigt er dabei in der Tiefe 2/3 Rahmenstärke und in der Breite bei Möbeltüren zumeist 8 mm.

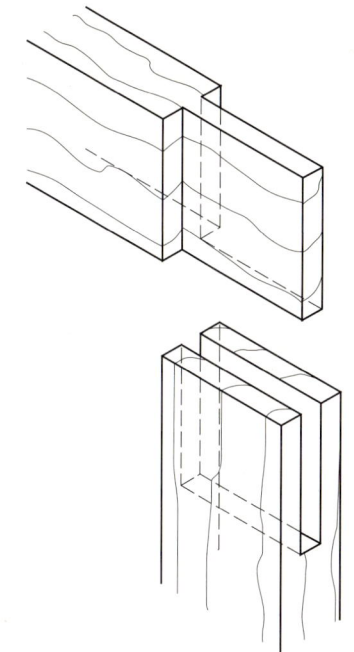

3. Schlitz und Zapfen, einfach

Aufgabe 5:
Zeichnen und bemaßen Sie auf einem DIN-A 4-Blatt in Querlage das aufrechte und das waagerechte Rahmenholz (Bild 4) getrennt in isometrischer Darstellung.
Orientieren Sie sich bei den Maßen und der Positionierung auf dem Blatt an der Vorlage aus Bild 2.

Schlitz und Zapfen, mit Innenfalz

Tür- und Schrankelemente, die in Rahmenbauweise gefertigt werden, erhalten Füllungen in den Rahmen, die aus verschiedenen Werkstoffen bestehen können.
Zur Aufnahme dieser Füllungen kann neben einer Nut auch ein Innenfalz dienen, wie er in Bild 5 zu sehen ist.
Auch diesen Falz konstruiert er 2/3 Rahmenstärke tief und überwiegend 8 mm breit.

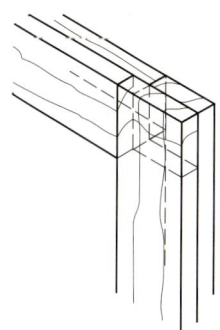

4. Schlitz und Zapfen, mit Außenfalz

Aufgabe 6:
Zeichnen und bemaßen Sie diese Verbindung getrennt, d. h. das aufrechte und das waagerechte Rahmenstück einzeln, auf ein DIN-A 4-Blatt in isometrischer Darstellung.

Schlitz und Zapfen, mit Außenfalz und innenliegender Nut

Teilweise stellt die Tischlerei Fischer auch Rahmen für Türen und Möbelelemente her, die einen Außenanschlag und eine innen liegende Nut für die Füllungen erhalten.
Bei solchen Konstruktionen legt der Tischler die Nut mittig in den Rahmen, wie in Bild 6 deutlich zu sehen ist. Die Nut wird so breit, wie der Zapfen dick ist. Die Tiefe richtet sich nach Art der verwendeten Füllung, zumeist liegt sie bei 8 mm.

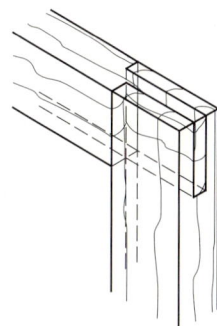

5. Schlitz und Zapfen, mit Innenfalz

Aufgabe 7:
Zeichnen und bemaßen Sie auf einem Zeichenblatt die beiden Rahmenstücke getrennt in isometrischer Darstellung.

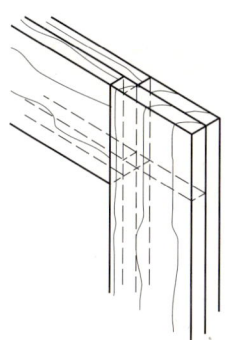

6. Schlitz und Zapfen, mit Außenfalz und innenliegender Nut

© Verlag Gehlen

7 Möbelbauarten

7.1 Möbel für den Kindergarten werden geplant

Es sollen für die Gruppenräume und für die Teeküche Schrankmöbel angefertigt werden. Zuvor macht sich Meister Fischer zusammen mit der Leiterin Gedanken, wie diese Einrichtung aussehen kann.
Dabei legt die Leiterin ihren Schwerpunkt mehr in Richtung Aussehen und Gestaltung der Möbel sowie auf die Funktion und Gebrauchsfähigkeit der Einrichtung.
Meister Fischer macht sich zusätzlich Gedanken über die Konstruktion und Fertigungsmöglichkeiten in seinem Betrieb.

Möbel sind vor allem Gebrauchsgegenstände

Bei der Planung der Möbel ist der spätere Verwendungszweck voranzustellen. Für Möbel der Teeküche stehen andere Anforderungen hinsichtlich der Bedienbarkeit und der Abmessungen im Vordergrund als für die Möbel im Gruppenraum. Die beiden besprechen unter anderem folgende Fragen:

- Wer soll die Möbel benutzen?
  Kinder, Erwachsene
- Was soll in den Möbeln verwahrt werden?
  Tassen, Besteck, Bücher, Spielzeug, Gruppenkasse
- Welchen besonderen Belastungen ist das Möbel ausgesetzt?
  Kratzen, Chemie, Gewicht

Möbel sollen ansprechend aussehen

Neben der Zweckmäßigkeit legt die Leiterin besonderen Wert auf das Aussehen der Möbel.

- Welche Materialien sollen eingesetzt werden?
  Vollholz, Holzwerkstoffe, Kunststoffe, Metalle, Lackierungen
- Welche farbliche Gestaltung ist passend?
  Transparente Lackierungen, bunte Lacke, farbige Beschläge
- Welche Formen und Profile werden gewünscht?
  Rechteckige Formen, abgerundete und geschwungene Konturen

Möbel sollen fachmännisch hergestellt werden

Meister Fischer denkt schwerpunktmäßig über die Konstruktion der gewünschten Möbel nach.

- Welche Verbindungstechniken sind für das Material angemessen?
  Dübel, Zinken, Formfeder, Verleimungen
- Welche Beschläge sind auszuwählen?
  Bänder, Scharniere, Schlösser
- Welche besonderen Belastungen gibt es zu bedenken?
  Gewicht des Schrankinhaltes, Öffnungshäufigkeit der beweglichen Teile

Möbel sollen rationell angefertigt werden

Der Tischlermeister macht sich Gedanken, welche Werkzeuge und Maschinen er für die Herstellung des Möbels einsetzen kann.

Aufgabe:
Ordnen Sie in Tabelle 1 und in Tabelle 2 die wesentlichen Kriterien ein, die für die Funktion, die Gestaltung, die Konstruktion und die Fertigung des jeweiligen Möbels von Bedeutung sind.

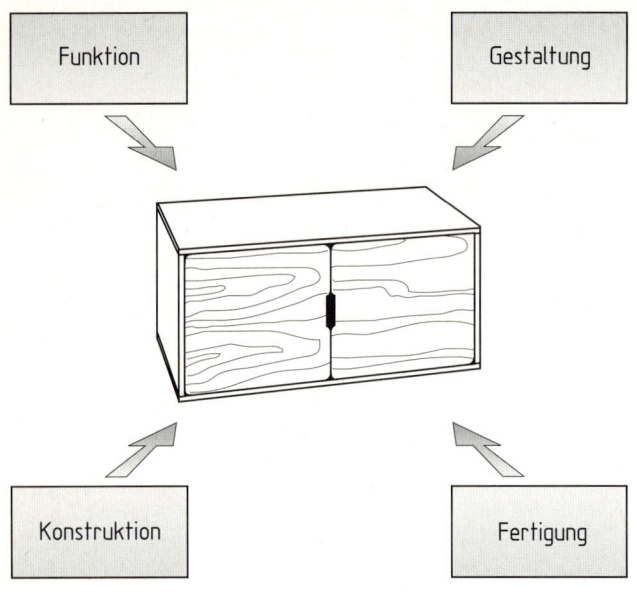

1. Strukturschema Möbel

Teeküchenmöbel	
Funktion	
Gestaltung	
Konstruktion	
Fertigung	

2. Tabelle 1 Teeküchenmöbel

Gruppenraummöbel	
Funktion	
Gestaltung	
Konstruktion	
Fertigung	

3. Tabelle 2 Gruppenraummöbel

© Verlag Gehlen

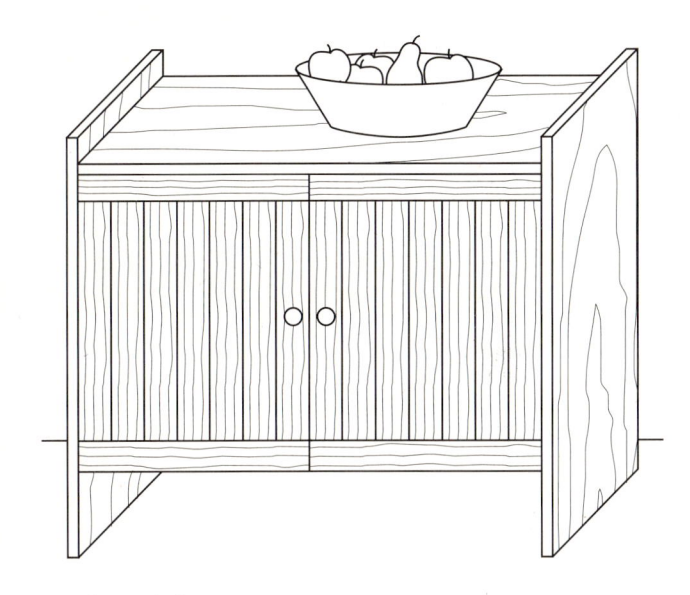

4. Brettbaumöbel

5. Rahmenmöbel

7.2 Möbel lassen sich nach Konstruktion und Material einteilen

Nach dem Gespräch skizziert Tischlermeister Fischer für die Leiterin vier verschiedene Varianten von möglichen Gruppenraummöbeln. Diese unterscheiden sich hinsichtlich des verwendeten Materials und der Konstruktionsart.

Vorschlag 1: Brettmöbel

Er schlägt hiermit in Bild 4 ein Möbel vor, welches ausschließlich aus miteinander verleimten Vollholzbrettern besteht.
Diese ursprünglichste Möbelbauart erfordert hohes handwerkliches Können, weil dem Quellen und Schwinden des Holzes mit geeigneten Verbindungstechniken begegnet werden muss. Der Arbeitsaufwand ist bei dieser Bauart sehr hoch.

Vorschlag 2: Rahmenmöbel

In Bild 5 stellt er ein Möbel der Rahmenbauart vor. Die Vollholzrahmen sind mit Füllungen versehen, die aus Glas, Vollholz oder Plattenmaterial bestehen können.
Quell- und Schwundverhalten des Holzes lassen sich leichter beherrschen. Der Arbeitsaufwand ist im Gegensatz zum Brettbau geringer. Die Fronten wirken nicht so streng wie beim Brettbau. Auch die Gestaltungsmöglichkeiten sind hier vielfältiger.

6. Plattenmöbel

Vorschlag 3: Plattenmöbel

Bei dem Plattenmöbel aus Bild 6 sind für den Korpus beschichtete oder lackierte Holzwerkstoffe verwendet worden. Quellen und Schwinden treten hierbei völlig in den Hintergrund. Rationelles Arbeiten durch entsprechende Verbindungstechniken reduziert den Arbeitsaufwand. Gestaltungswünsche lassen sich hier am leichtesten verwirklichen.

Vorschlag 4: Kombinationsbauart

Häufig lässt sich durch eine Kombination verschiedener Bauarten (Bild 7) gestalterischer Anspruch mit rationeller Fertigung verbinden. Möbel dieser Bauart weisen häufig den Korpus aus Plattenmaterial auf, wogegen die Front in Rahmenbau gehalten ist.

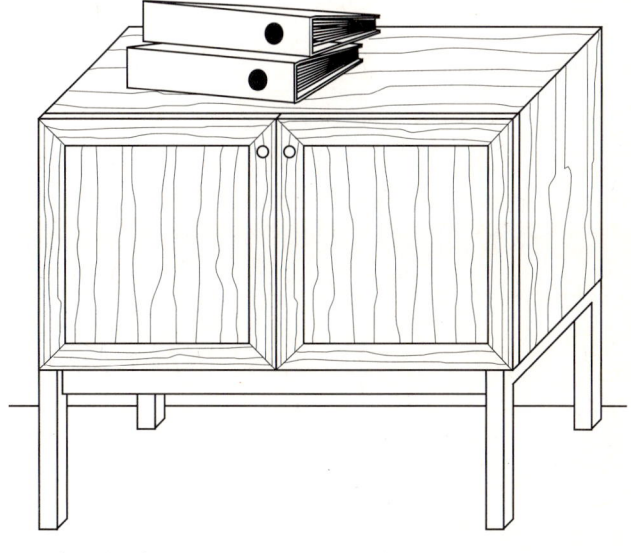

7. Kombinationsbauart

© Verlag Gehlen

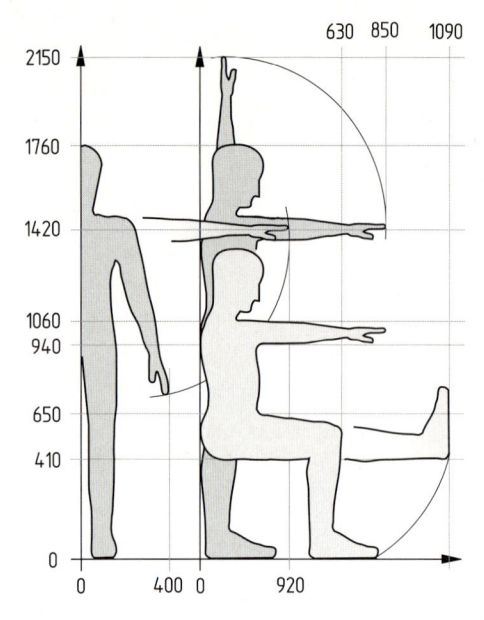

38 Projekt Kindergarten: Möbelbau

7.3 Die menschlichen Abmessungen bestimmen die Maße des Möbels

Zur Sicherung der Funktions- und Gebrauchsfähigkeit von Möbeln müssen die Maße der Benutzer beachtet werden. Tischlermeister Fischer hat sich bei der Planung der Gruppenraummöbel viele Gedanken über die Abmessungen gemacht. Er konnte seine normalen Unterlagen aus Bild 1 nicht verwenden, da die drei- bis sechsjährigen Kinder nach Auskunft der Leiterin nur zwischen 85 cm und 120 cm groß sind.

Aufgabe 1:
Welche Funktionen des Schrankes aus Bild 2 kann das Kind normalerweise nicht nutzen?

_____

_____

Aufgabe 2:
Skizzieren Sie im rechten Teil von Bild 2 einen Aufsatzschrank für den Gruppenraum mit den selben Funktionen wie der linke Schrank, aber in kindgerechter Größe.

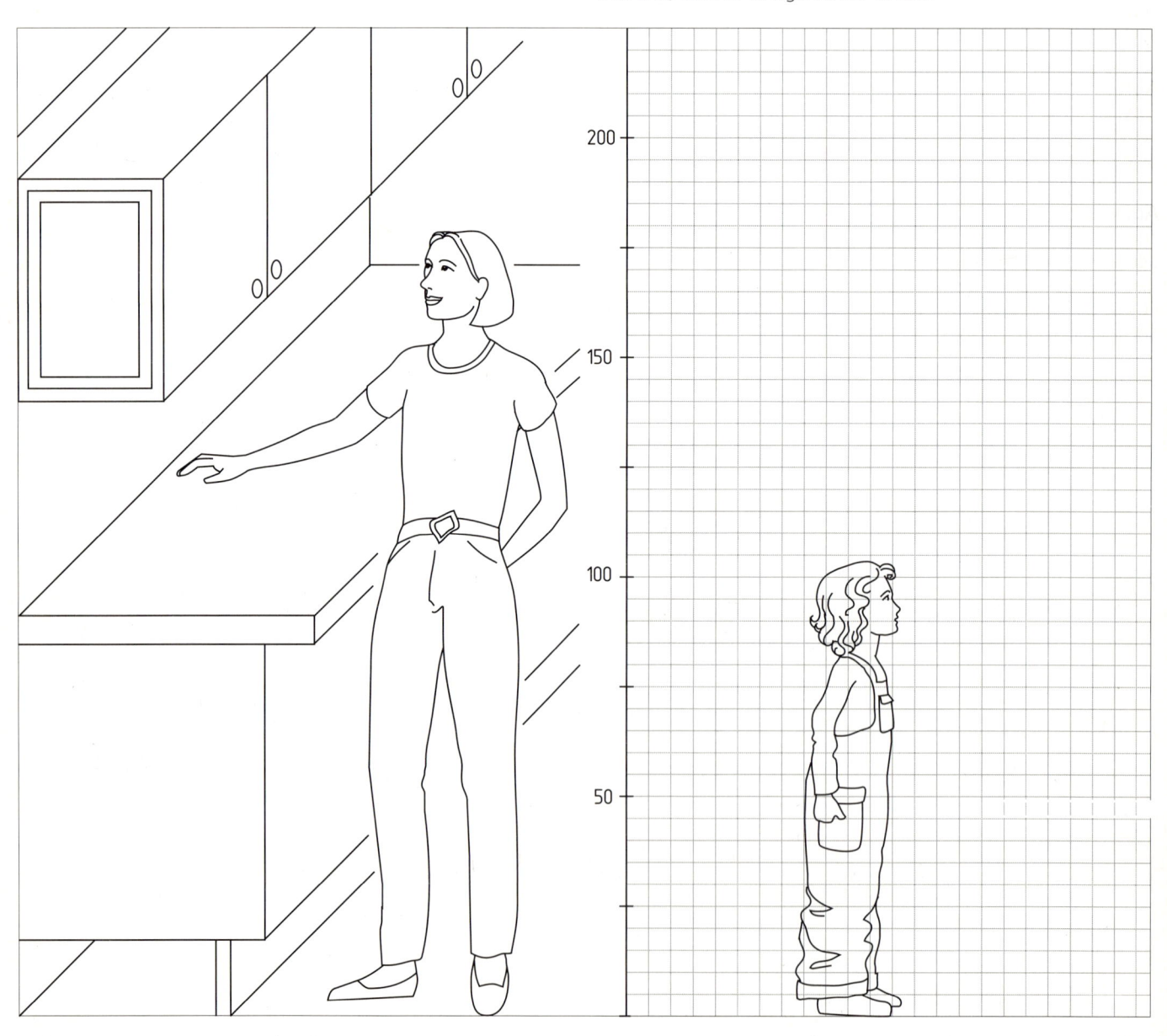

1. Menschliche Körpermaße

2. Planungsraster Gruppenraumschränke

© Verlag Gehlen

7.4 Gefällige Formen lassen sich planen

Proportionen bestimmen die Wirkung des Möbels
Um gefällige Möbel zu gestalten macht Meister Fischer sich Gedanken über die Proportionen. Das Verhältnis von Länge zu Breite bestimmt entscheidend die Wirkung rechteckiger Flächen. Wie in Bild 3 zu sehen, werden verschiedene Proportionen vom menschlichen Auge als harmonisch oder unharmonisch empfunden. Als angenehm hat sich ein Seitenverhältnis von 1:1,6 herausgestellt. Dieses Verhältnis wird „Goldener Schnitt" genannt. Meister Fischer weiß, dass die Wirkung liegender und stehender Rechtecke unterschiedlich ist. Bei liegenden Rechtecken empfindet man mehr Ruhe, stehende dagegen wirken dynamisch.

Die Wirkung eines Profiles hängt von der Blickrichtung ab

Tischlermeister Fischer plant eine Kantenprofilierung um die Möbel optisch ansprechender wirken zu lassen.
Dabei beachtet er, dass die Sichthöhe des Betrachters für die Wirkung eines Profiles entscheidend ist (Bild 4). Er stellt sich bei der Auswahl und Lage der Profile die Blickhöhe der Kinder vor.

Aufgabe 1:
Ordnen Sie in Bild 5 die passenden Profile aus Bild 4 für den Sockel, den Mittel- und den Oberboden zu.

Aufgabe 2:
Entwickeln Sie für das Aufsatzmöbel in Bild 5 einen alternativen Vorschlag zur Frontaufteilung. Der Schrank soll weiterhin mehrere Schubkästen und Türen erhalten.

Aufgabe 3:
Zeichnen Sie auf einem DIN-A4-Blatt im Maßstab 1:10 die Vorder- und die Seitenansicht eines weiteren Aufsatzschrankes mit den Maßen 1300 × 1400 × 400 mm.
Entwerfen Sie im Maßstab 1:1 daneben drei Profile, die für den Sockel und die Böden geeignet erscheinen.

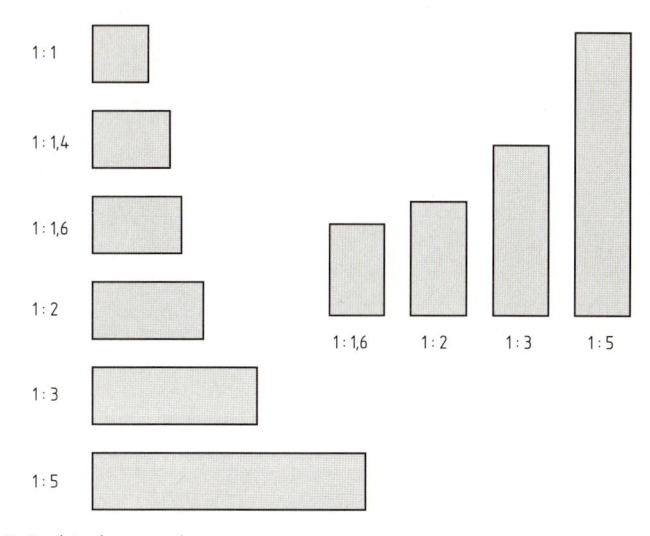

3. Rechteckproportionen

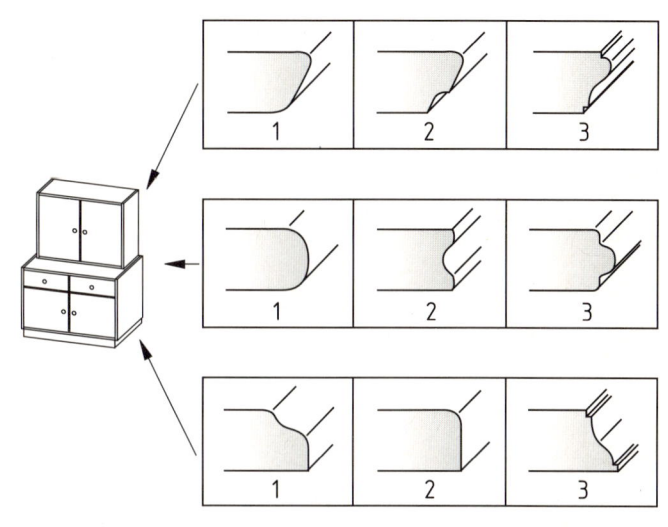

4. Kantenprofile

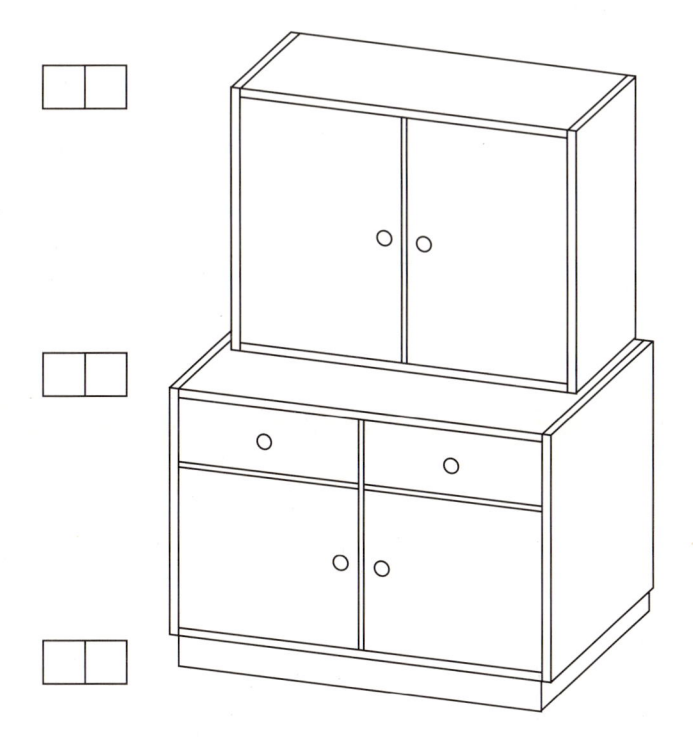

5. Aufsatzschränke für den Gruppenraum

© Verlag Gehlen

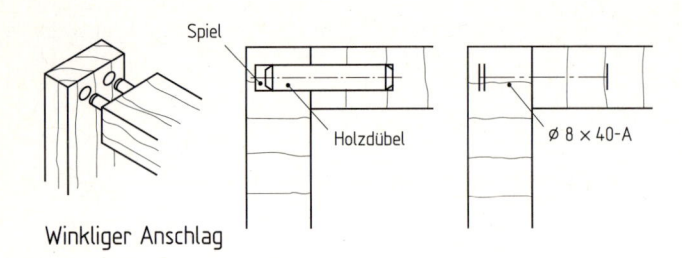

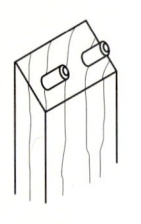

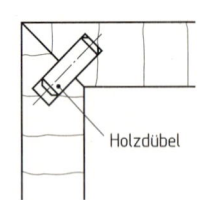

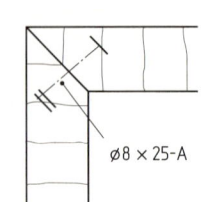

7.5 Vollholzmöbel im Brettbau passen gut zur Kindergarteneinrichtung

Tischlermeister Fischer schlägt vor, Möbel wie Sammlungskästen und Regale im traditionellen Brettbau herzustellen.
Er lässt zu Übungszwecken diese Arbeiten, wie Zinken, Graten, Federn und Dübeln, von seinen Lehrlingen anfertigen.
Das Regal für den Kindergarten wird vom Lehrling selbstständig geplant und hergestellt.

Wie kann der Lehrling die Ecken fachgerecht miteinander verbinden?

- **Dübel**
  Eine häufige Verbindungsmethode, die vor allem über den Einsatz von Dübelautomaten kostengünstig hergestellt werden kann. Die Verbindung kann stumpf oder auf Gehrung hergestellt werden. Wie in Bild 1 gezeigt, kann der Lehrling diese Verbindung in zwei Arten zeichnerisch darstellen. Meister Fischer empfiehlt die verkürzte Darstellungsweise. Dabei wird die Mittelachse des Dübels gezeichnet und am Dübelende des Hirnholzteiles eine der Dübeldicke entsprechende Querlinie als Körperkante dargestellt. Im Langholzteil wird das Spiel des Dübelloches mit gezeichnet.

- **Angeschnittene Feder**
  Eine seltenere Verbindungsmethode ist die Herstellung einer angeschnittenen Feder. Sie erfordert vom Lehrling einen höheren Arbeitsaufwand und lässt sich nicht so universell wie die Dübelung oder die Fremdfeder einsetzen. Die zeichnerische Darstellung wird in Bild 2 gezeigt.

- **Fremdfeder**
  Eine rationellere Fertigungsmethode ist mit dem Einsatz von Furniersperrholzfedern oder mit Formfedern möglich. In der Tischlerei Fischer arbeitet man mit der „Lamello"-Fräse. Diese Verbindung stellt er in Bild 3 dar.
  Gehrungen und Schmiegen lassen sich so vom Lehrling leicht zusammenfügen.

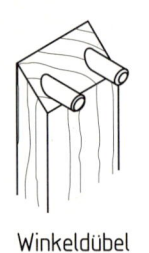

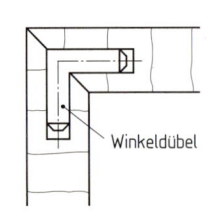

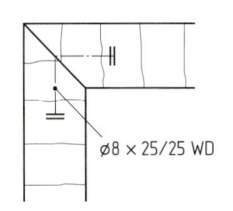

1. Gedübelte Eckverbindung

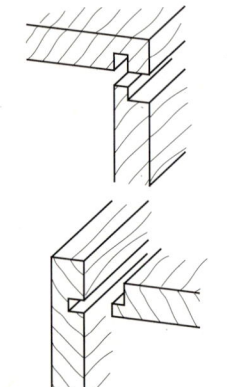

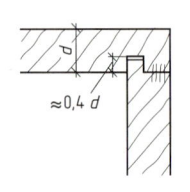

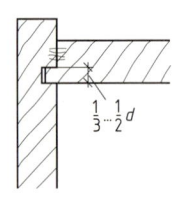

2. Angeschnittene Feder

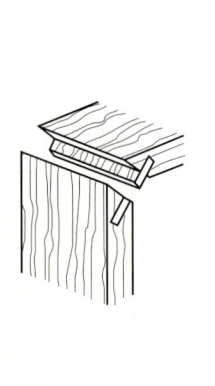

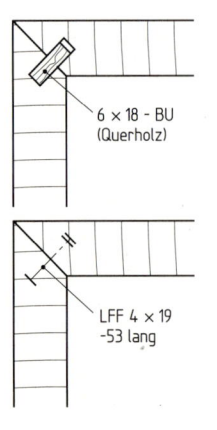

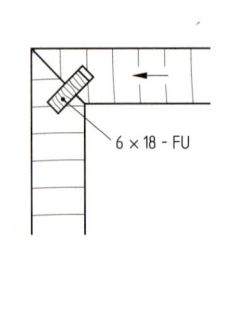

3. Federn

Typ-Nr.		0	10	20
Handelsformen, Beispiele		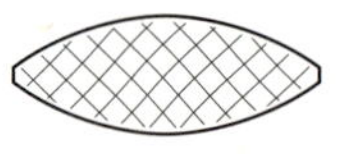		
Länge	l	47	53	56
Breite	b	15	19	23
Dicke	d			
Maschine		Lamellennutfräse		
Nutfräser		⌀100		
Nuttiefe		8	10	12
Form, Werkzeug und Anwendungsbeispiele		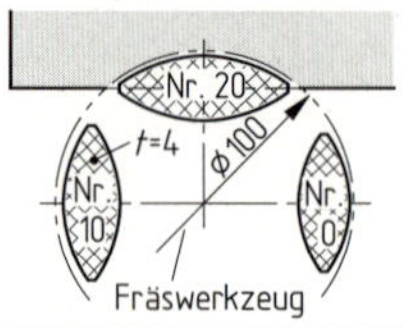		

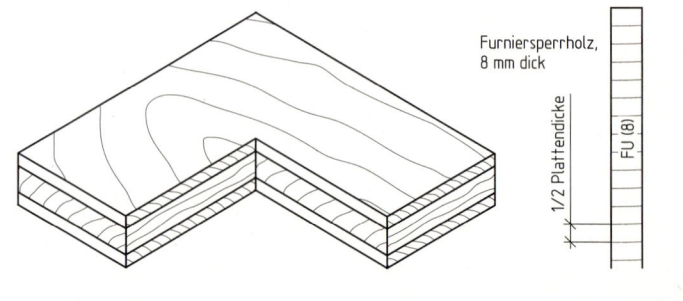

Brettbau

- **Einfache Zinkung**
  Eine besonders formschöne und solide Vollholzeckverbindung stellt die Zinkung dar. Sie ist besonders zeitaufwendig und wird daher nur noch selten hergestellt. Maschinenhergestellte Fingerzinken verkürzen den Arbeitsaufwand.
  Bei der einfachen Zinkung (Bild 4) sind die Zinken und die Schwalben von beiden Seiten sichtbar und können so als Zierde des Möbels wirken.
  Bei Hängeschränken rät der Meister die Schwalben an den Seiten und die Zinken an den Böden zu wählen.
  An Schubkästen empfiehlt er dem Lehrling die Schwalben an den Seiten und für das Vorderstück die halbverdeckten Zinken zu verwenden.
- **Halbverdeckte Zinkung**
  Bei dieser Verbindung ist nur an einer Seite des Möbels die Hirnfläche der Schwalben sichtbar, wie man in Bild 5 sehen kann.
- **Sonderformen**
  Schrägzinken, Gehrungszinken und Schmuckzinken werden im Tischlereibetrieb des Meisters Fischer nur noch ganz selten hergestellt.

Aufgabe 1:
Tragen Sie in die Tabelle (Bild 6) die ausführliche Bezeichnung folgender Verbindungsmittel ein. Als Hilfe benutzen Sie die Informationen des Anhanges.
a) 2x – A – ⌀ 6 × 30 – BU
b) 3x LH – Nr. 20

Aufgabe 2:
Warum empfiehlt der Meister bei Hängeschränken die Böden zu zinken und an den Seiten die Schwalben zu wählen?

Aufgabe 3:
Aus welchem Grunde soll der Lehrling beim Schubkastenvorderstück die halbverdeckte Zinkung wählen?

Aufgabe 4:
Zeichnen Sie in Bild 7 die Zinkenteilung für eine einfache Zinkung und für eine halbverdeckte Zinkung ein. Benutzen Sie dabei eine übliche Teilungsmethode. Stellen Sie die Zinken farbig dar.

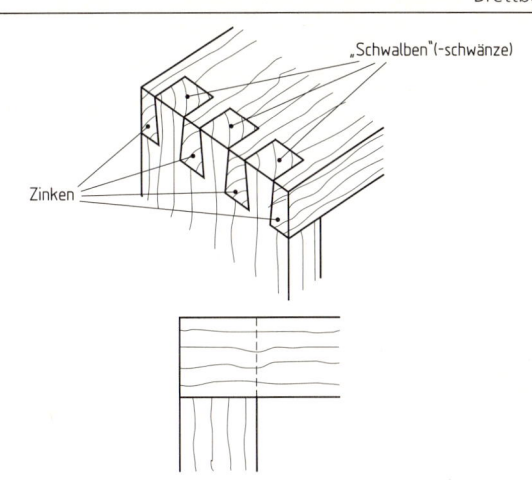

4. Einfache Zinkung

5. Halbverdeckte Zinkung

a	
b	

6. Tabelle zu Aufgabe 1

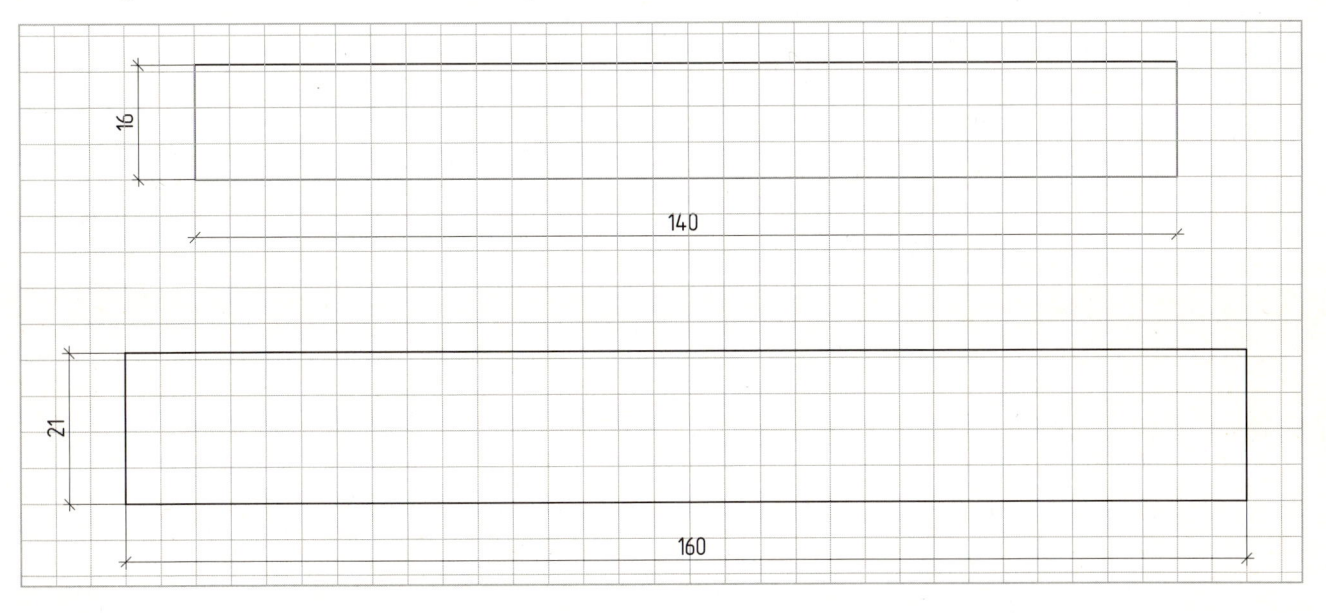

7. Zinkenteilung

© Verlag Gehlen

Projekt Kindergarten: Möbelbau

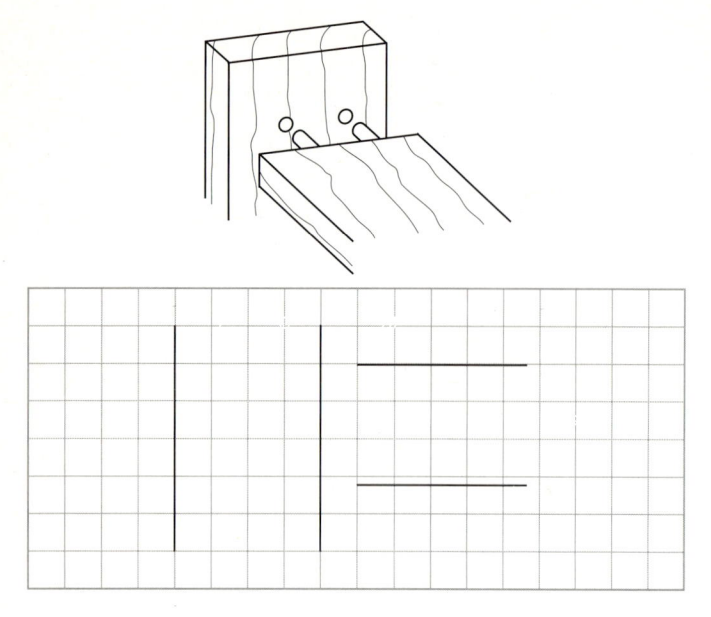

1. Dübelverbindung

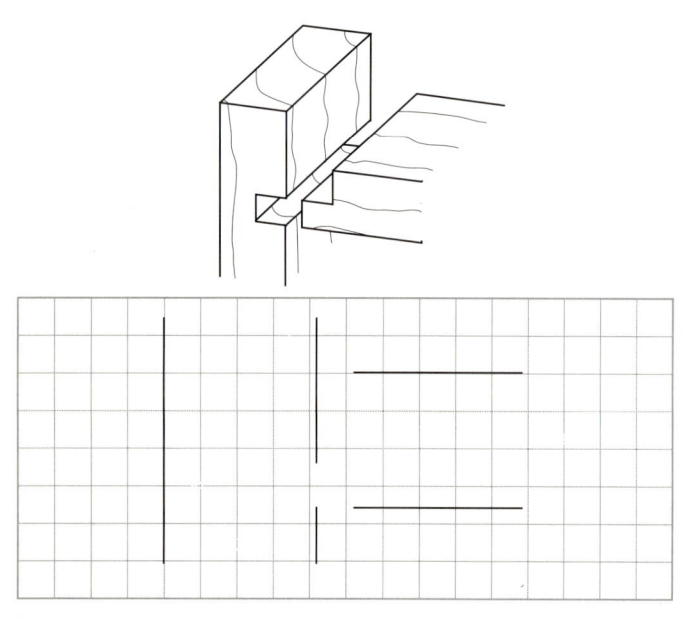

2. Angeschnittene Feder

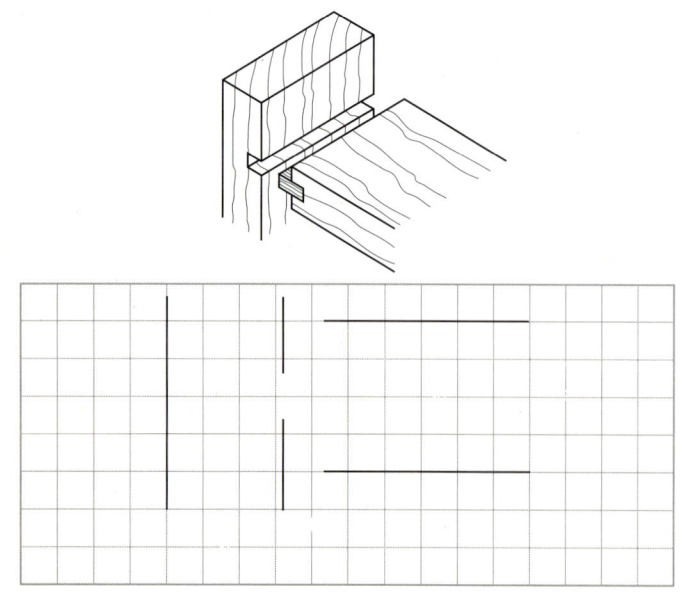

3. Fremdfedern

Wie kann der Lehrling Böden fest in das Regal einbauen?

- **Dübel**
  Die in Bild 1 dargestellte Dübelverbindung kann mit Maschinen rationell gefertigt werden. Im Handbetrieb muss der Lehrling äußerst genau anreißen und bohren können.

- **Angeschnittene Feder**
  Bei der angeschnittenen Feder (Bild 2) ist im zusammengebauten Zustand die Verbindung erkennbar.

- **Fremfeder**
  Damit die Verbindung am fertigen Möbel von außen nicht sichtbar ist, darf die Nutung bei Sperrholzfedern (Bild 3) nicht bis zur Vorderkante durchgehen. Bei Formfedern treten diese Probleme nicht auf und auch hier können beim Zusammenbau die Vorderkanten auf das gewünschte Maß justiert werden.

- **Grat**
  Die sehr arbeitsaufwendige Gratverbindung verhindert das nachteilige Verziehen und Werfen des Vollholzbodens und der Seiten. Der Grat kann als einseitiger oder als zweiseitiger Grat (Bild 4) ausgeführt werden.

Aufgabe 5:
Bei der angeschnittenen Feder liegt die Nut nicht immer nur oben (Bild 2), sondern kann auch unten sein. Nennen Sie den Grund.

Aufgabe 6:
Vervollständigen Sie in den Bildern 1, 2 und 3 die normgerechte Darstellung der Verbindungsmittel. Nutzen Sie dabei Ihre Erfahrungen aus den vorherigen Seiten.

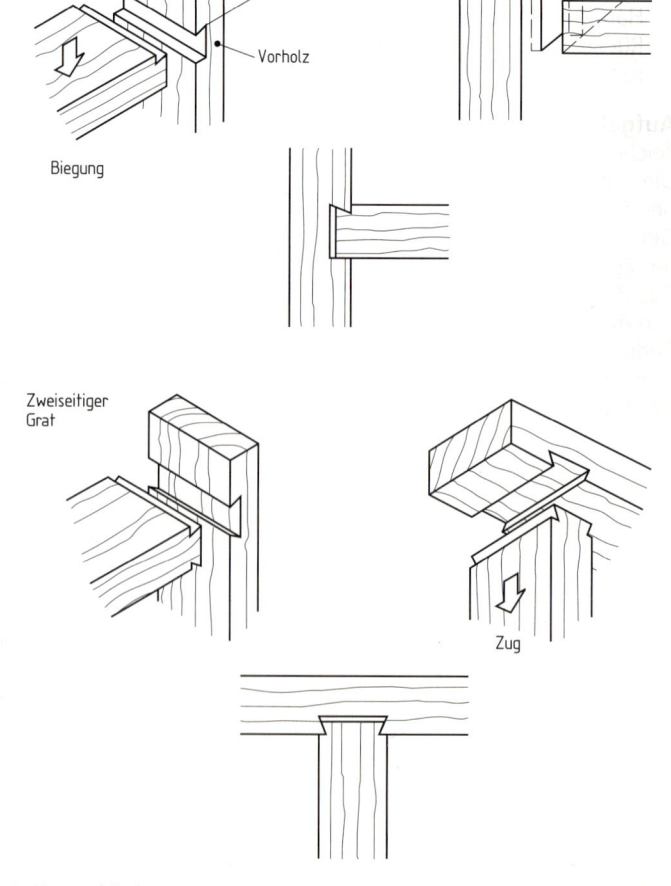

4. Gratverbindung

© Verlag Gehlen

Verbindungsmittel – Möbelteile

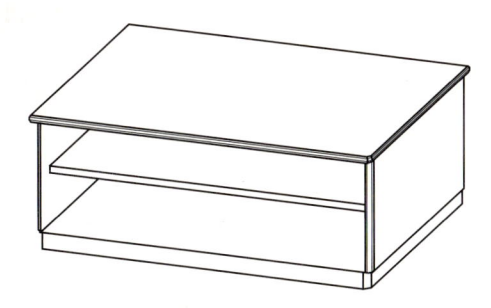

5. Regal aus Buche

Wie kann der Lehrling Einlegeböden in das Regal einbauen?

- **Trageleiste**
  Eine einfache Herstellungsart ist die angeschraubte Trageleiste (Bild 6).

- **Zahnleiste**
  Verstellbare Einlegeböden lassen sich mit angeleimten Zahnleisten (Bild 7) konstruieren.

- **Bodenträger**
  Die Beschlagsindustrie bietet eine Vielzahl von verschiedenen Möglichkeiten (Bild 8) an. Kataloge geben Auskunft über Maße und Anwendungsmöglichkeiten.

Wie kann der Lehrling das Regal so konstruieren, dass es im Winkel bleibt?

- **Rückwand**
  In Bild 9 sind die genutete und die eingefälzte Rückwand dargestellt.

- **Traversleiste**
  Häufig reichen an Regalen und Wandschränken, die keine Rückwand erhalten sollen, Traversleisten (Bild 9) zur Stabilisierung aus.

Aufgabe 7:
Zeichnen und bemaßen Sie normgerecht das Regal aus Bild 5.
Die Hauptzeichnung mit Vorderansicht und Seitenansicht zeichnen Sie auf einem DIN-A 4-Blatt.
Den Vertikalschnitt und den Horizontalschnitt auf einem weiteren Zeichenpapier der Größe DIN A 4.
Das Regal aus Buche hat eine Länge von 1050 mm, eine Höhe von 400 mm und eine Tiefe von 415 mm.
Böden und Seiten sind 20 mm dick. Die Rückwand soll 6 mm dick sein.
Der Mittelboden ist nicht fest eingebaut.

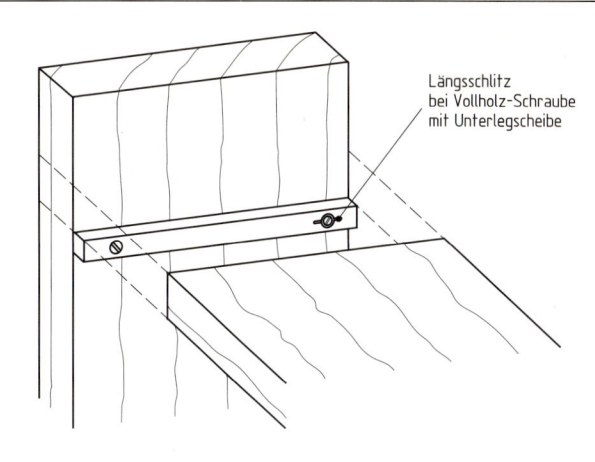

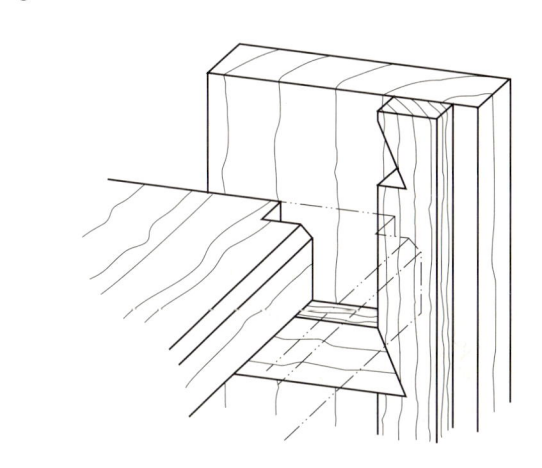

6. Trageleiste (Längsschlitz bei Vollholz-Schraube mit Unterlegscheibe)

7. Zahnleiste

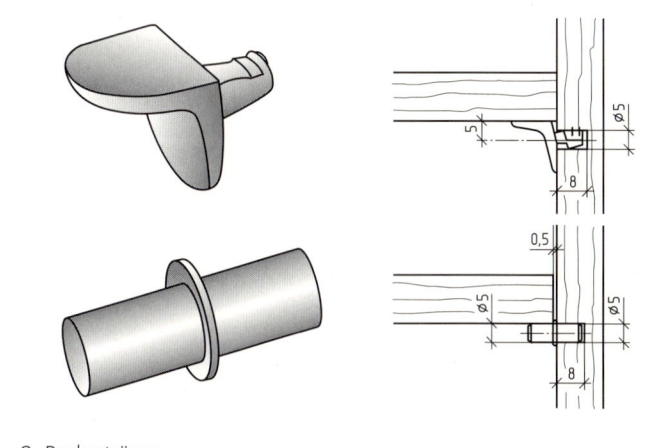

8. Bodenträger

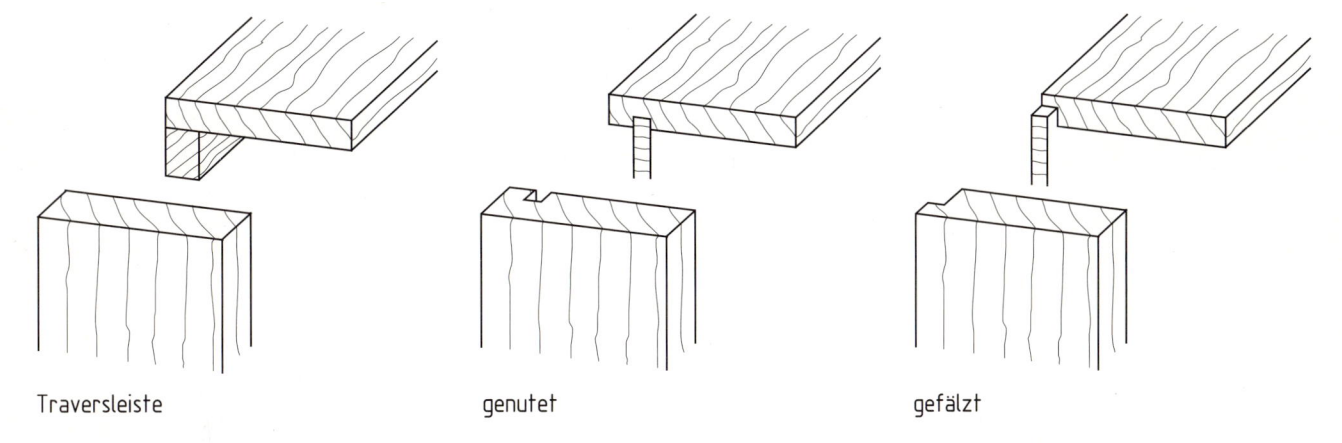

9. Rückwände und Traversleisten (Traversleiste – genutet – gefälzt)

1. Truhe für Spielzeug des Kindergartens

Detail 1

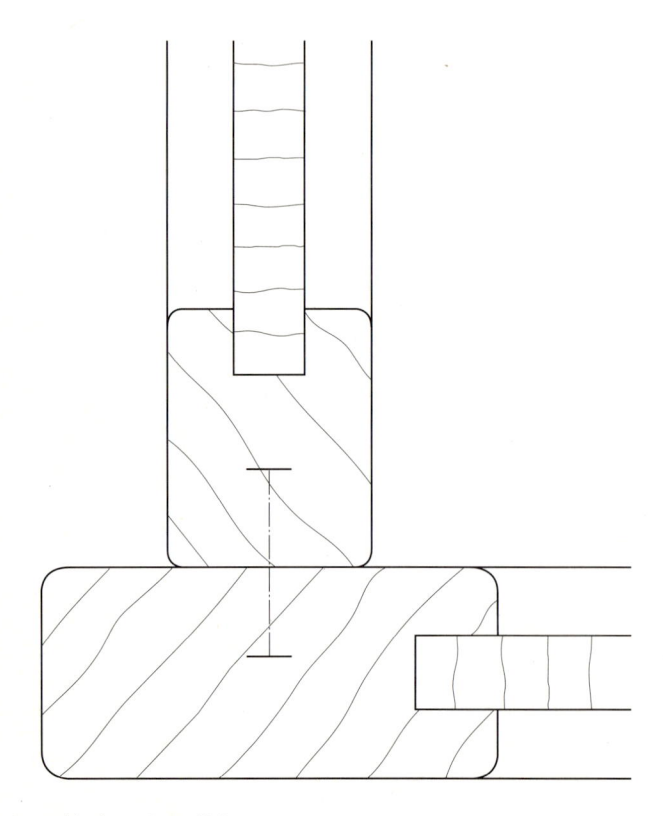

2. Verbindung Front/Seite

7.6 Möbel im Rahmenbau lassen viel Gestaltungsspielraum zu

Auftrag Spielzeugtruhen

Im Kundengespräch zwischen der Kindergartenleitung und dem Tischlermeister hat man sich für die Spielzeugtruhe aus Bild 1 in Rahmenbauweise entschieden.
Bevor mit der Fertigung begonnen werden kann, macht sich Meister Fischer zusammen mit seinen Mitarbeitern Gedanken, wie die Konstruktion der Truhe aussehen kann. Dabei stellt sich heraus, dass an gekennzeichneten Punkten aus Bild 1 besondere Konstruktionsausführungen notwendig sind.
Herr Fischer zeichnet in den Bildern 2, 3 und 4 für die Mitarbeiter die mögliche Lösung dieser Details.

Wie können Front und Seite miteinander verbunden werden?

Der eigentlichen Konstruktion vorangestellt, überlegt sich Meister Fischer, wie die geschlitzten Rahmen der Truhe gestaltet werden sollen.

- **Die Seiten sollen genauso wirken wie die Front**
  Dazu muss er die Rahmenbreite der Seiten soweit verringern, dass sie optisch genauso breit wirken wie in der Front.

- **Die Seiten sollen leicht zurückspringen**
  Tischlermeister Fischer weiß, dass es günstiger wirkt, wenn die Seite der Truhe nicht bündig mit dem Frontrahmen ist, sondern leicht zurückspringt.

- **Welche Verbindungsmittel sind für Front und Seite geeignet?**
  Zur Verfügung stehen ihm die stumpfe Verleimung, die gefederte Verbindung und die Dübelung. Er wählt die Formfeder.

© Verlag Gehlen

Rahmenbau

Wie können Front und Truhenboden miteinander verbunden werden?

Tischlermeister Fischer lässt sich bei der Konstruktion vor allem von technischen Überlegungen leiten.

- **Der Boden soll sich nicht durchbiegen.**

Er geht davon aus, dass der Boden durch den Inhalt der Truhen stark belastet wird.
Der Boden wird daher nicht in Rahmenbauweise gefertigt.
Er wird in diesem Fall den Boden (Bild 3) in einen Falz legen und verringert damit die Durchbiegung.

Welche Möglichkeiten sind für die Rückwandgestaltung sinnvoll?

Für die Rückwandgestaltung ist es wichtig zu wissen, wie das Möbel später im Raum stehen soll.

- **Die Truhe steht nicht frei im Raum.**
  Eine aufwendige Rückwandgestaltung in Rahmenbauweise ist für diesen Auftrag nicht notwendig. Eine einfachere Lösungsmöglichkeit zeigt Bild 4.

- **Die Truhe steht frei im Raum.**
  Es wird daher eine ähnliche Gestaltung gefunden, wie für die Front und die Seite.

Aufgabe 1:
Überlegen Sie, wie eine andere technische Lösung dargestellt werden kann um die Durchbiegung des Bodens zu verhindern. Zeichnen Sie Ihren Entwurf in das Bild 5 ein.

Aufgabe 2:
Die Truhe soll frei im Raum stehen. Skizzieren Sie ein anderes Rückwanddetail in Bild 6.

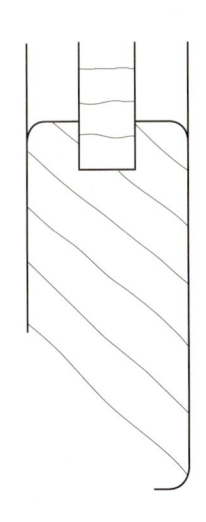

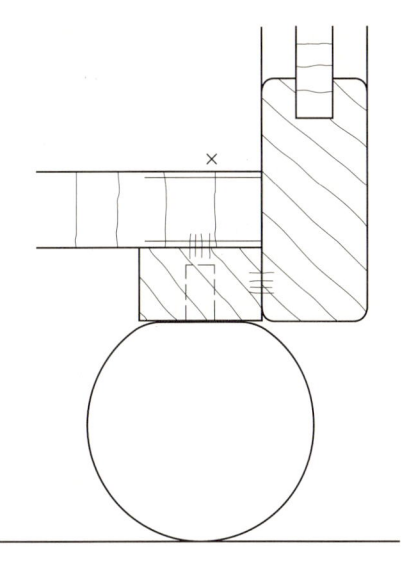

3. Detail Front/Boden

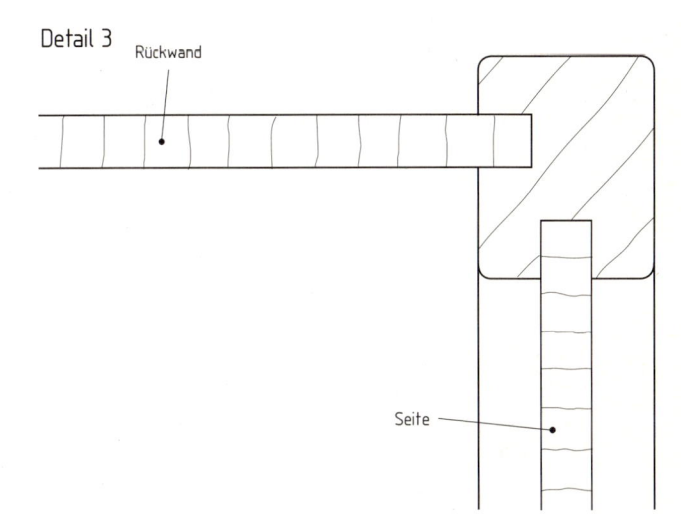

4. Detail Seite/Rückwand

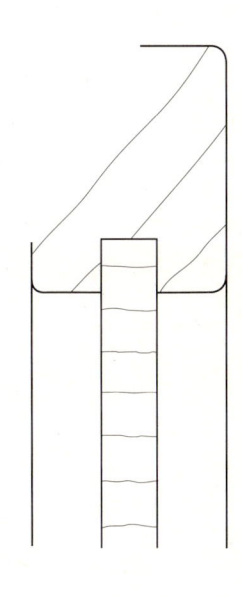

5. Detailentwurf zu Aufgabe 1

6. Detailentwurf zu Aufgabe 2

© Verlag Gehlen

Projekt Kindergarten: Möbelbau

1. Detail Gestaltung Front/Seite

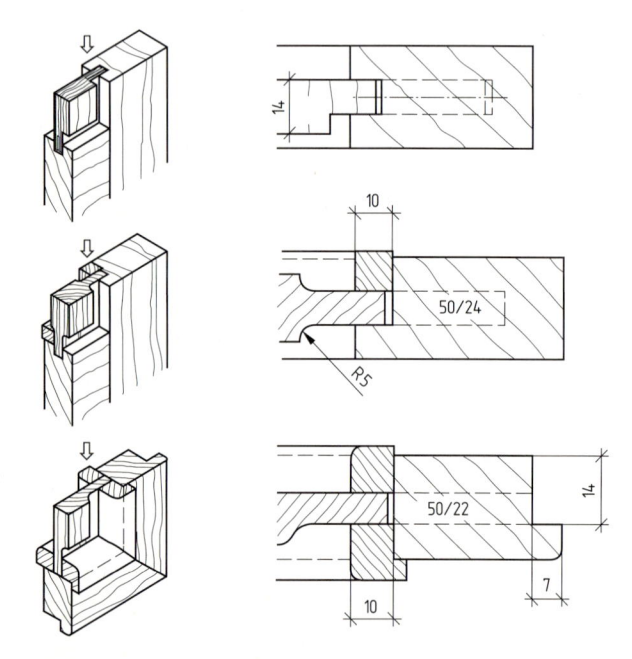

2. Details Füllungsvarianten

Füllungen als wichtiges Gestaltungselement

Das Aussehen der Rahmenmöbel lässt sich durch die Profilierung des Rahmens, durch die Materialauswahl bei der Füllung und ihrer Profilierung in vielfältiger Weise verändern. Meister Fischer zeigt in Bild 2 mehrere Alternativen.

Aufgabe 3:
Vervollständigen Sie den Horizontalschnitt in Bild 1. Überlegen Sie selbst, welche Gestaltungsmöglichkeiten sich für den Rahmen und für die Füllung anbieten.

Aufgabe 4:
Zeichnen Sie auf einem DIN-A 4-Blatt die drei Ansichten der Kirschbaumtruhe aus Bild 3. Auf einem weiteren Zeichenblatt zeichnen Sie den Horizontalschnitt.
Die Truhe soll frei im Raum stehen und mit Deckel zu öffnen sein. Die Truhe hat einen Rahmenquerschnitt von 50 × 24 mm. Die Füllungen sind ebenfalls in Kirsche.
Planen Sie selbst die Profilierung des Rahmens und der Füllung und wählen Sie eine geeignete Aufnahmemöglichkeit für die Füllung. Fehlende Maße und Konstruktionsdetails sind selbst zu wählen.

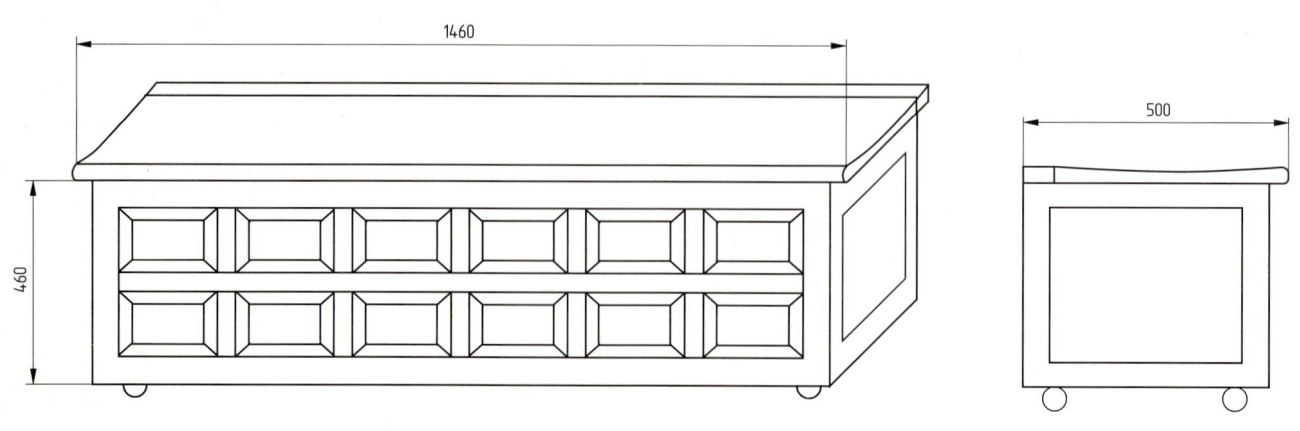

3. Truhe zu Aufgabe 4

© Verlag Gehlen

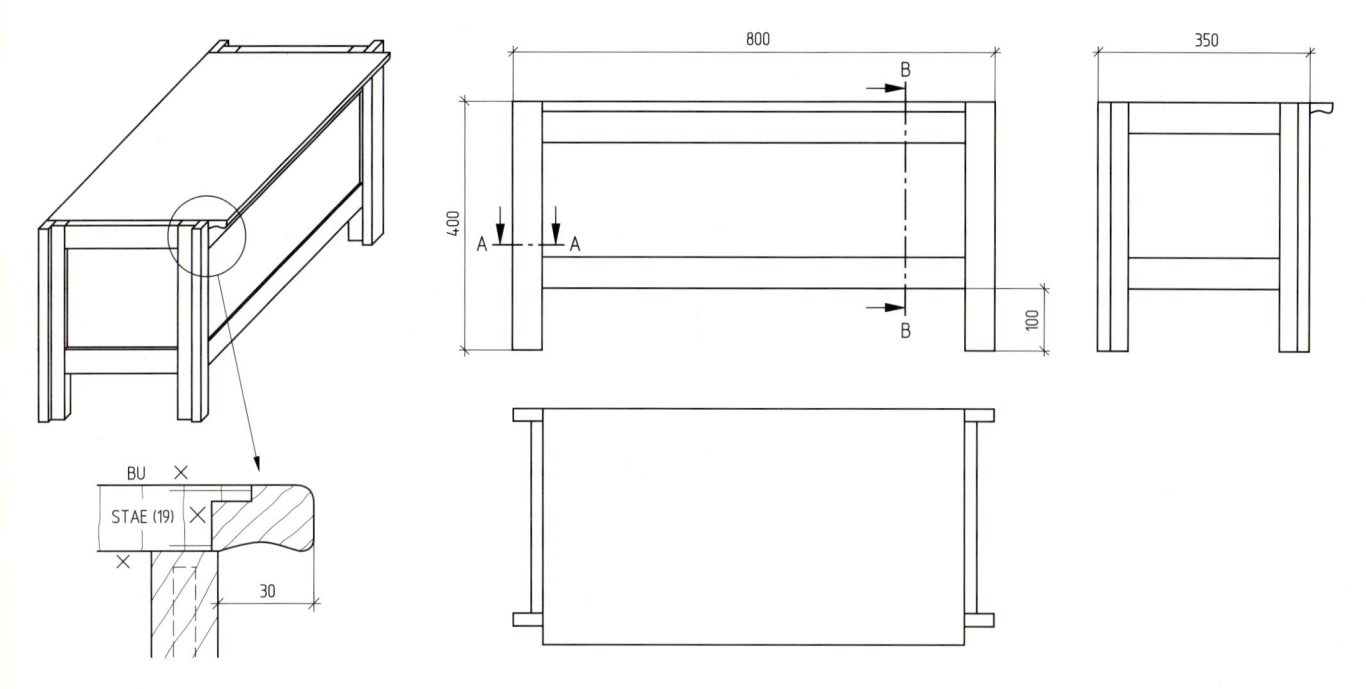

Füllungen und Scharniere 47

4. Truhe zu Aufgabe 5

Wie kann der Truhendeckel bewegt werden?

Tischlermeister Fischer wählt für die Truhe des Kindergartens einfache Lappenbänder (Bild 5).

Die Scharniere werden nicht überdehnt, da die Truhe an einer Wand steht.

Andere Möglichkeiten für frei im Raum stehende Truhen können aus den Beschlagskatalogen entnommen werden. Sie zeigen auch Lösungen, wenn der Deckel in verschiedenen Positionen festgehalten werden soll.

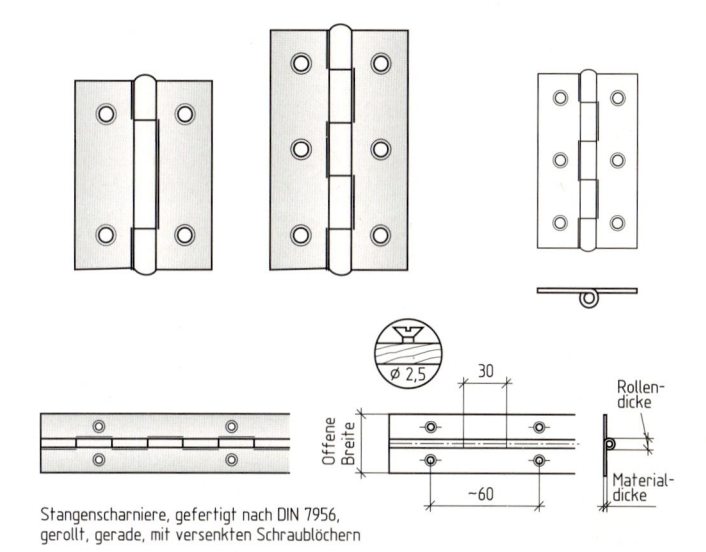

Aufgabe 5:
Zeichnen Sie auf einem DIN-A 4-Blatt die Ansichten der Truhe aus Bild 4.

Auf einem weiteren Zeichenblatt zeichnen Sie den Horizontal- und den Vertikalschnitt und fertigen Sie eine Materialliste an.

Die Truhe ist aus Buchenholz gefertigt. Die Rahmen haben das Querschnittsmaß von 48 × 21 mm.

Verwenden Sie eine in Bild 5 dargestellte Scharnierart.

Stangenscharniere, gefertigt nach DIN 7956, gerollt, gerade, mit versenkten Schraublöchern

5. Scharniere für Truhendeckel

Aufgabe 6:
Ein weiterer Kunde der Tischlerei Fischer vergibt den Auftrag für eine Eichentruhe.

Planen und entwerfen Sie eigenständig diese Büchertruhe, die mitten im Raum plaziert werden kann.

Halten Sie sich bei den Maßen an die Vorgaben aus Bild 6; in der Gestaltung sind Sie frei.

Machen Sie sich Gedanken über eine Innenaufteilung der Truhe, die den Nutzwert des Möbels erhöht.

Stellen Sie die Truhe perspektivisch und in den drei Ansichten auf einem DIN-A 4-Blatt dar. Zeichnen Sie den Horizontalschnitt und den Vertikalschnitt auf einem weiteren Zeichenblatt. Fertigen Sie eine Materialliste an.

6. Eichentruhe

© Verlag Gehlen

8 Drehtüren

1. Drehtüren

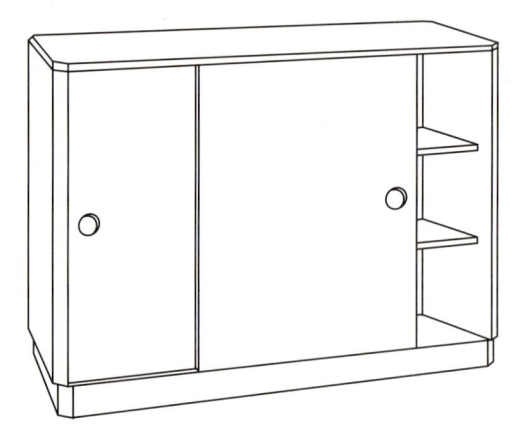

2. Schiebetüren

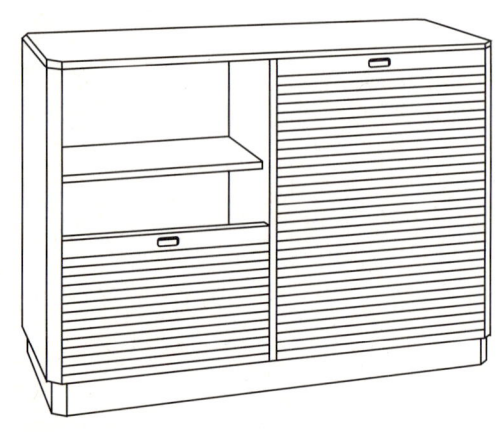

3. Jalousien

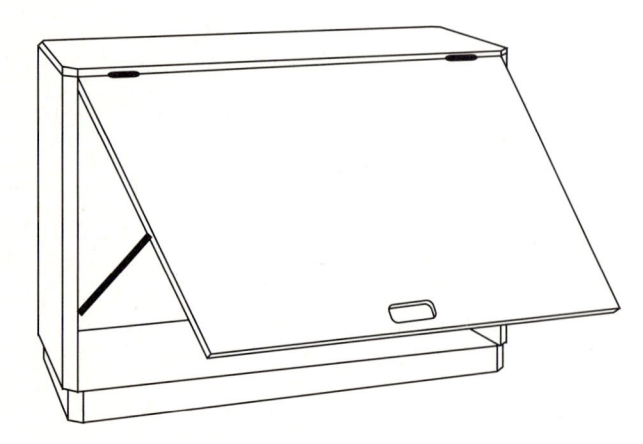

4. Klappen

8.1 Bewegliche Fronten erhöhen die Nutzbarkeit des Möbels

Bei der Truhe ist über den Einbau eines beweglichen Deckels eine Einschränkung in der Nutzung konstruiert worden.

Aufgabe 1:
Nennen Sie die Einschränkungen, die ein Möbel wie die Truhe mit beweglichem Deckel haben kann.

_____
_____
_____
_____
_____
_____
_____

Andere Öffnungsmöglichkeiten machen ein Möbel funktioneller

- **Drehtüren**
  Die häufigste Art Möbelfronten beweglich zu konstruieren, sind die in Bild 1 dargestellten Drehtüren.
  Die große Beschlagsvielfalt gestattet umfangreiche Öffnungsvarianten.

- **Schiebetüren**
  Auch große Möbeltüren (Bild 2) lassen sich so mit geeigneten Beschlägen leicht bewegen.

- **Jalousien**
  Die im Regelfall aufwendigste Art bewegliche Fronten zu konstruieren. Sie sind als Vertikaljalousie (Bild 3) oder als Horizontaljalousie herzustellen.

- **Klappen**
  Bei speziellen Verwendungsmöglichkeiten lassen sich Möbelfronten (Bild 4) als Klappen konstruieren.

Aufgabe 2:
Finden Sie zu den folgenden Möbeln die Ihrer Meinung nach günstigsten Möglichkeiten die Front beweglich zu konstruieren. Tragen Sie Ihre Lösung in die Tabelle ein und begründen Sie diese.

Aktenschrank	
Küchenhänge-schrank	
Barfach	
Hifi-Rack	

5. Tabelle zu Aufgabe 2

© Verlag Gehlen

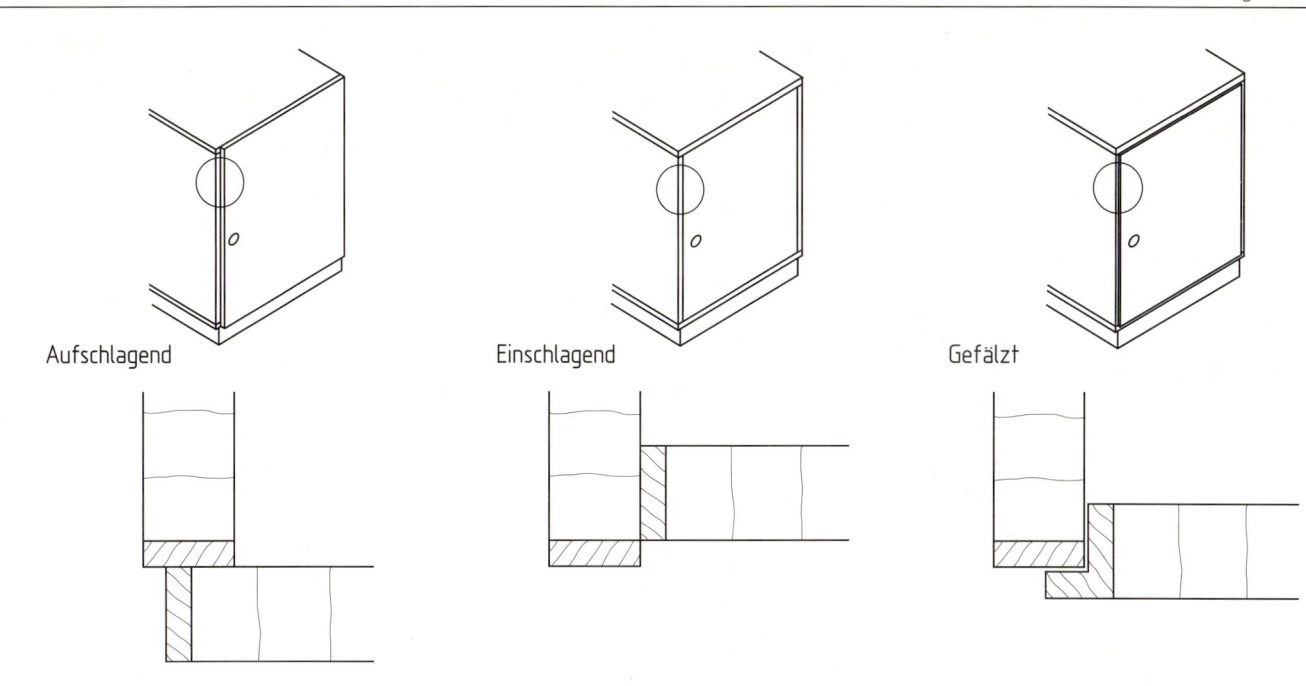

Anschlagarten

Aufschlagend Einschlagend Gefälzt

6. Anschlagsarten

Drehtüren können am Möbelkorpus unterschiedlich montiert sein

- **aufschlagend**
  Möbeltüren, die vor die Kanten der Seiten und der Böden schlagen (Bild 6), werden auch als vorschlagend bezeichnet.
- **einschlagend**
  Einschlagende Möbeltüren können als vorspringend oder als zurückspringend konstruiert werden (Bild 6).
- **gefälzt**
  Gefälzte Möbeltüren (Bild 6) schlagen gegen die Korpuskanten und gleichzeitig in den Korpus hinein.

Diese Anschlagarten lassen sich mit dem vielfältigen Angebot der Beschlagshersteller, die unterschiedlich geeignete Beschläge anbieten, umsetzen. Beschlagskataloge geben darüber Auskunft. Eine Auswahl wird in Bild 8 als Systemskizze dargestellt.

Türen müssen oft verschlossen werden können

Für den Türverschluss eignen sich unter anderem die in Bild 8 dargestellten Schlossarten.

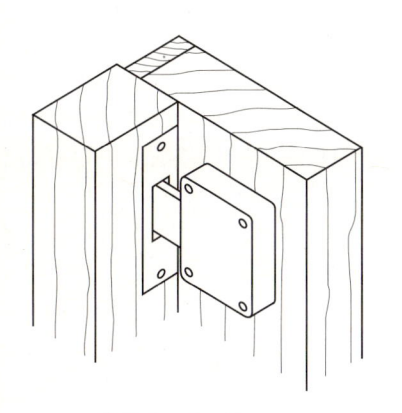

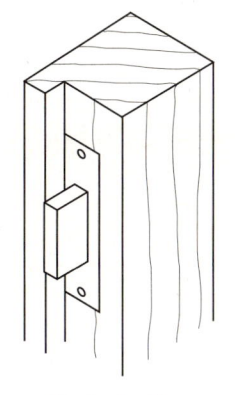

Gerades Band
Anschlag für voll stumpf einschlagende oder aufschlagende Türen. Der Bandkegel sitzt genau auf der Mitter beider Lappen.

Kröpfung L1
Anschlag für stumpf aufschlagende Türen. Schwenkbereich der Tür 270 Grad. Die Kröpfung besitzt eine inneneliegende Rolle.

Kröpfung B
Anschlag für zurückliegende Türen. Ein Lappen ist um Materialstärke gekröpft.

Kröpfung C
Kröpfung C entspricht der Kröpfung B, führt jedoch zu vorstehenden Türen.

Kröpfung D
Anschlag für überfälzte Türen mit ungleich langen Lappen (verkürzter Lochlappen).

Aufschraubschloss Einsteckschloss

7. Schlossvarianten für Möbeltüren

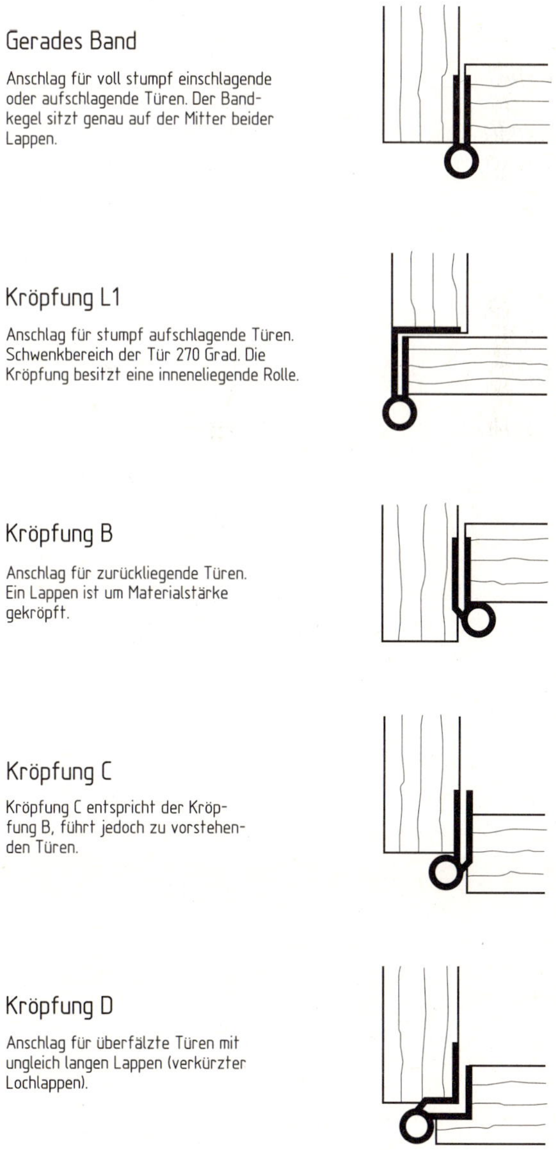

8. Systemzeichnung Beschläge für Drehtüren

© Verlag Gehlen

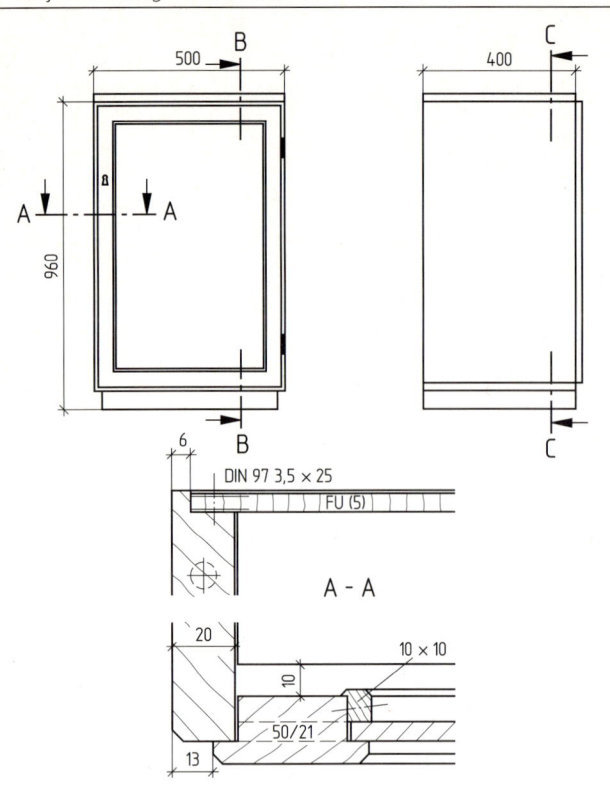

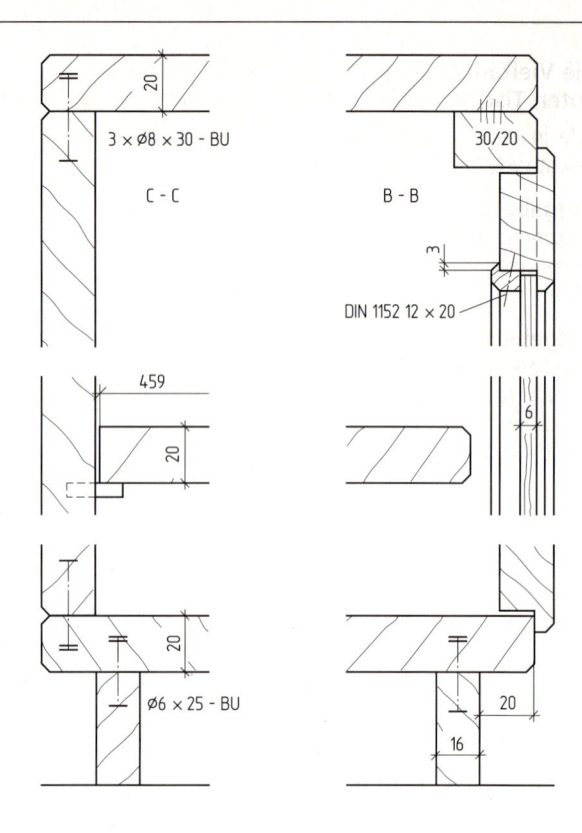

1. Fertigungszeichnung Schrank mit Rahmentür

Pos	Bezeichnung	Material	Anzahl	Länge	Breite	Dicke
01	Seiten		2	860	400	19
02	Böden		2	500		19
03	Rückwand		1			6
04	Fachboden		1			
05	Furnier Rückwand					–
06	Sockel	KB	lfm			
07	Türrahmen		lfm			
08	Türfüllung	KB				
09	Füllungsleisten		lfm			

2. Materialliste zu Aufgabe 4

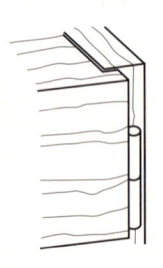

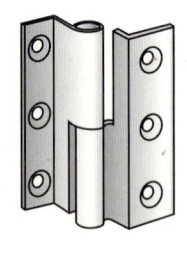

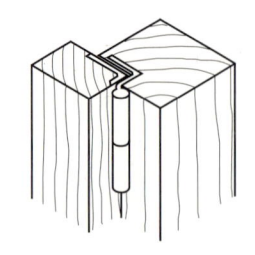

3. Winkelband Kröpfung D

8.2 Drehtüren mit Winkelband müssen präzise gearbeitet werden

Wenn Tischlermeister Fischer Möbeltüren konstruiert, die weitgehend staubdicht sein sollen, wählt er die vorgefälzte Variante (Bild 1).
Diese Anschlagsart gerade an Rahmentüren ist zwar sehr aufwendig, aber die gute Tischlerarbeit weiß der Kunde zu schätzen. Da die Winkelbänder keine Nachstellmöglichkeit haben, muss sehr genau gefertigt werden. Meister Fischer stellt dazu häufig einen originalgetreuen Aufriss her, von dem er alle wichtigen Maße abgreifen kann.

Aufgabe 1:
In welcher Bauart wird das gezeigte Möbel gefertigt?

_____
_____

Aufgabe 2:
Wie ist bei diesem Möbel die Rückwand mit dem Korpus verbunden?

_____
_____

Aufgabe 3:
Womit werden Seiten und Böden verbunden?

_____
_____

Aufgabe 4:
Vervollständigen Sie die nebenstehende Materialliste in Bild 2 mit den Angaben der Fertigungszeichnung.

© Verlag Gehlen

Gefälzte Drehtüren mit Winkelbändern 51

Die Vielfalt der Lösungsmöglichkeiten zeichnen einen guten Tischler aus.

Wie in der Tischlerei Fischer die Details am Schrank aus Bild 1 gelöst werden, zeigen die Bilder 4, 6 und 8.

Aufgabe 5:
Skizzieren Sie zu den dargestellten Details aus der Fertigungszeichnung jeweils eine andere Konstruktionsmöglichkeit in den Bildern 5, 7 und 9.

Aufgabe 6:
Erstellen Sie von dem vorgegebenen Schrank aus Bild 1 eine komplette Fertigungszeichnung, in die Sie Ihre Detailänderungen einplanen. Beachten Sie, dass die Abmaße und Bauart des Möbels nicht verändert werden dürfen.

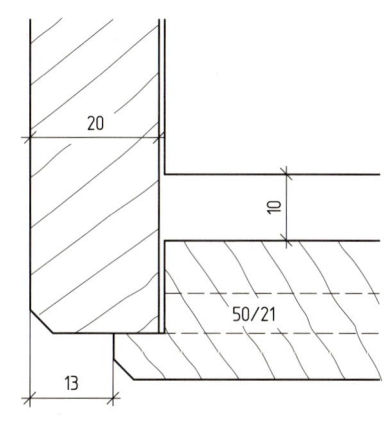

4. Vorgabe Profilierung Rahmentür und Korpusvorderkante

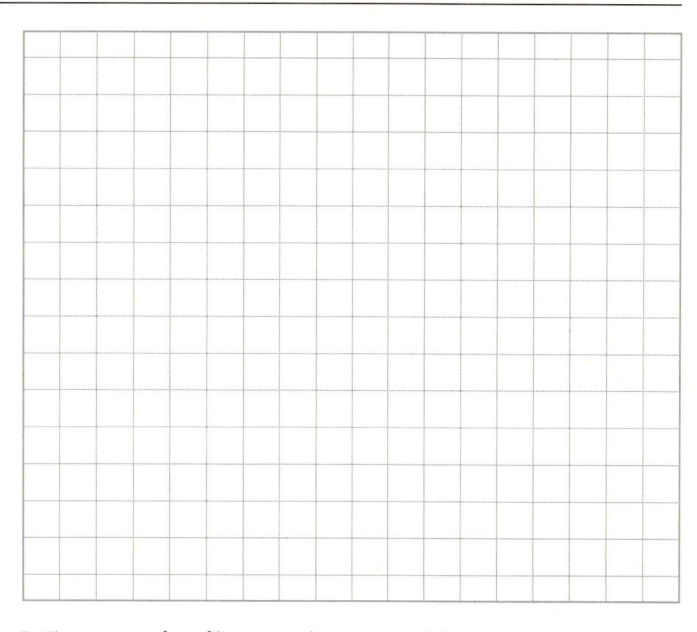

5. Eigenentwurf Profilierung Rahmentür und Korpusvorderkante

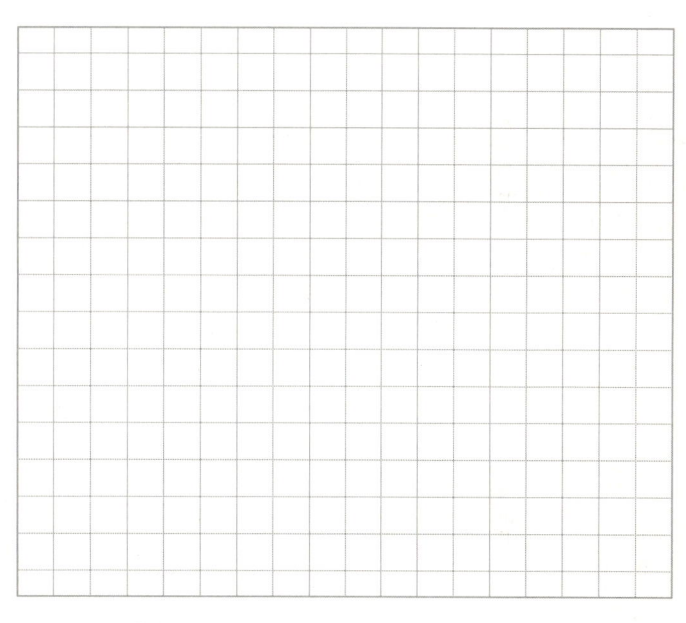

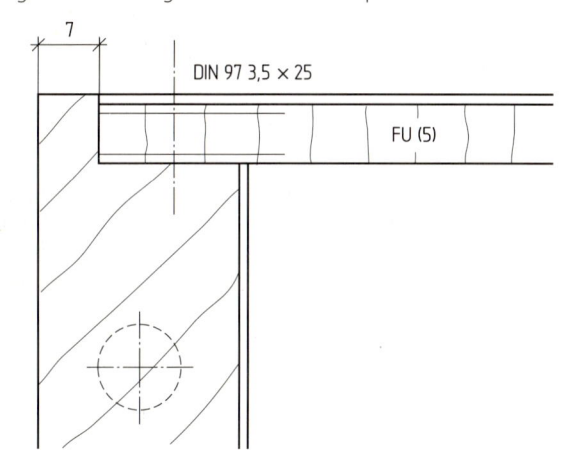

6. Vorgabe Detail Rückwand – Korpus

7. Eigenentwurf Detail Rückwand/Korpus

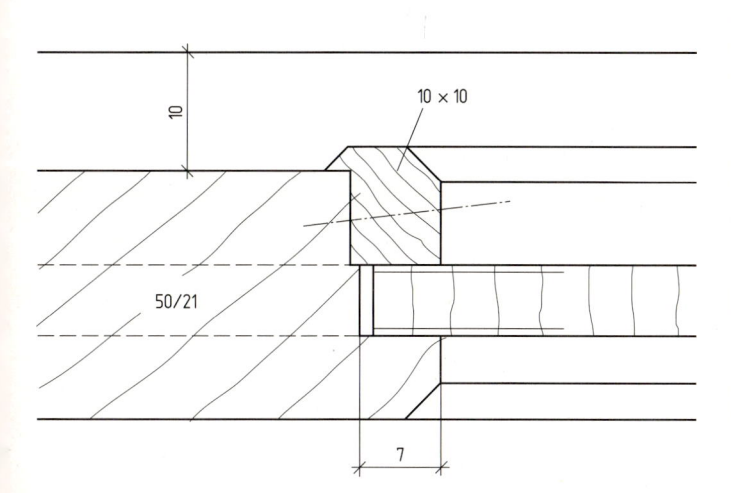

8. Vorgabe Gestaltung der Füllung

9. Eigenentwurf Gestaltung der Füllung

© Verlag Gehlen

52 Projekt Kindergarten: Drehtüren

Holzwerkstoff-schraffur allgemein

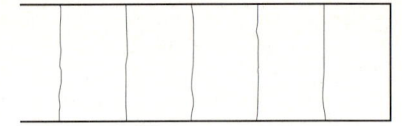

Stäbchensperrholz Mittellage längs

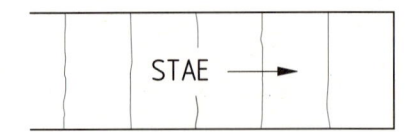

Stäbchensperrholz 19 mm Rohdicke, Mittellage Hirnholz, beidseitig Eiche furnier

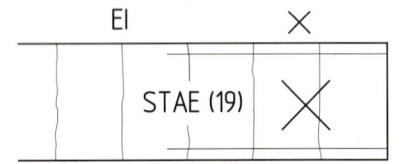

Furniersperrholz, 6 mm Rohdicke, Anleimer überfurniert, beidseitig Erlefurnier

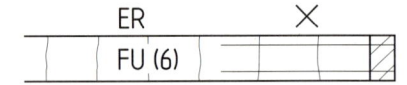

1. Holzwerkstoffe

8.3 Drehtüren lassen sich mit Einbohrbändern rationell anschlagen

Wenn in der Tischlerei Fischer kostengünstigere Möbel angefertigt werden sollen, werden diese häufig aus beschichteten Holzwerkstoffen gefertigt.
Dazu stehen in der Tischlerei unter anderen die in Bild 1 gezeigten Werkstoffe zur Verfügung.
Die Türen dieser Möbel werden oft mit Einbohrbändern (Bild 7) angeschlagen.

Wie werden furnierte Holzwerkstoffe dargestellt?

Tischlermeister Fischer verwendet als Plattenmaterial häufig Stäbchensperrholz, STAE, und Furniersperrplatten, FU.
Fast immer werden diese Platten furniert. Diese Angaben muss er für seine Mitarbeiter in der technischen Zeichnung genau festhalten.

- Alle Holzwerkstoffe werden schraffiert.
- Die genaue Plattenart kennzeichnet er durch genormte Abkürzungen.
- Die Richtung der Mittellage der STAE und des Furniers kennzeichnet er mit Symbolen wie Kreuz oder Pfeil.
- Werden die Platten furniert, stellt er das mit einer dünnen Begleitlinie ebenfalls dar. Weil sich nach dem Furnieren die Fertigdicke verändert, wird die Rohdicke des Holzwerkstoffes in Klammern mit angegeben.
- Die Platten erhalten einen Kantenschutz aus Vollholz. Meistens wird der Anleimer überfurniert. In diesem Falle geht die Begleitlinie durch den Anleimer.

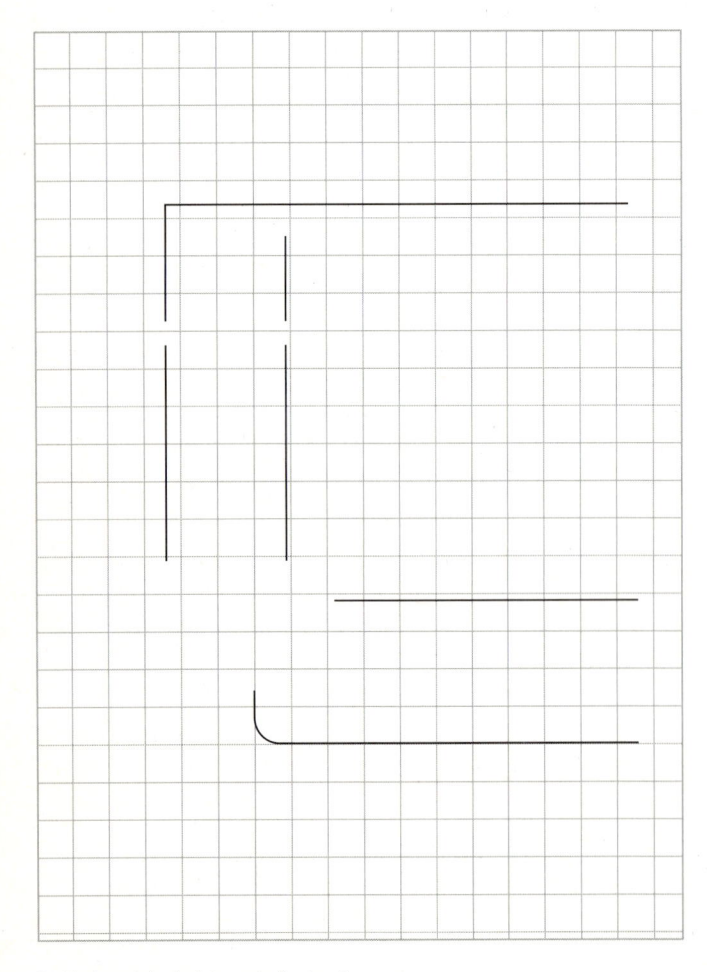

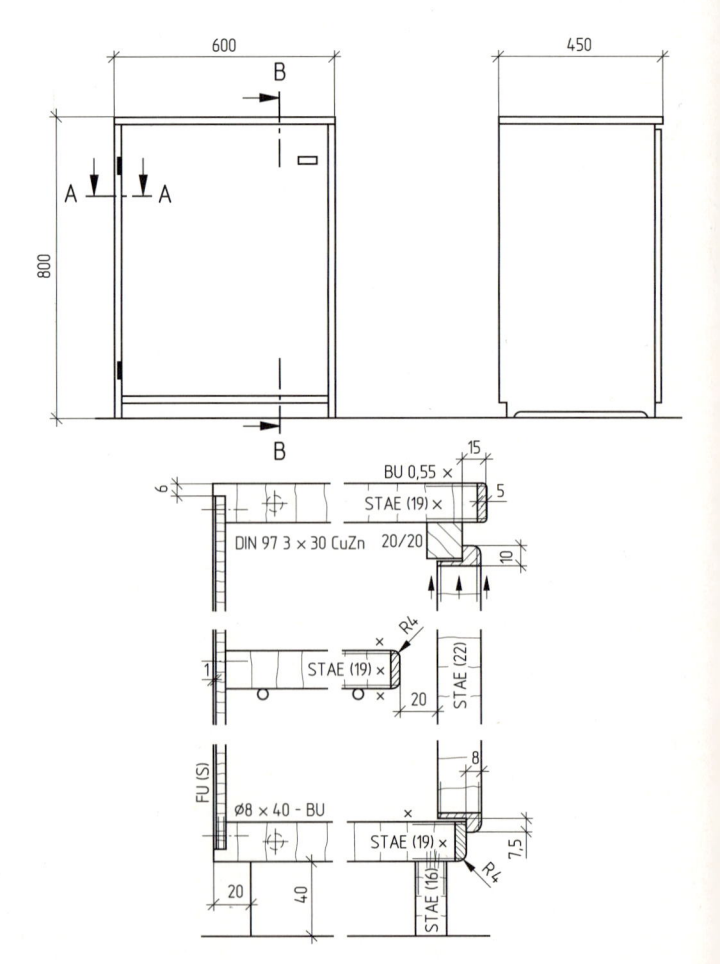

2. Horizontalschnitt zu Aufgabe 2

3. Fertigungszeichnung Schrank mit Plattentür

© Verlag Gehlen

Gefälzte Drehtüren mit Einbohrbändern 53

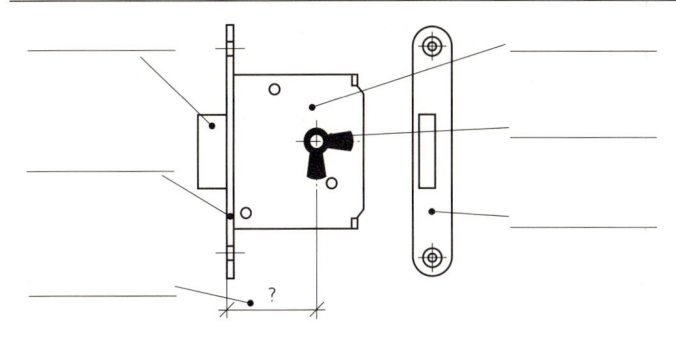

4. Einsteckschloss – Begriffe

Aufgabe 1:
Ordnen Sie bei dem oben stehenden Einsteckschloss aus Bild 4 die angegebenen Begriffe den markierten Einzelheiten zu.

- Stulp
- Schlosskasten
- Nuss
- Riegel
- Dornmaß
- Schließblech

Aufgabe 2:
Vervollständigen Sie unter Verwendung der Angaben aus der Fertigungszeichnung in Bild 2 den Horizontalschnitt A–A in Bild 3.
Planen Sie die Verwendung von Einbohrbändern und Einsteckschloss ein.

Aufgabe 3:
Vervollständigen Sie die Materialliste in Bild 5.

Aufgabe 4:
Bei der Anfertigung des Möbels fallen unter anderem die im Bild 6 genannten Arbeitsgänge an.
Ordnen Sie diese in Bild 6 durch Nummerierung in der richtigen zeitlichen Reihenfolge.

Aufgabe 5:
Erstellen Sie eine Fertigungszeichnung des vorgestellten Möbels mit Hauptzeichnung, Vertikal- und Horizontalschnitt.
Informationen zu den Beschlägen finden Sie in Bild 7 und 8. Die Abmaße des Möbels sollen unverändert bleiben.

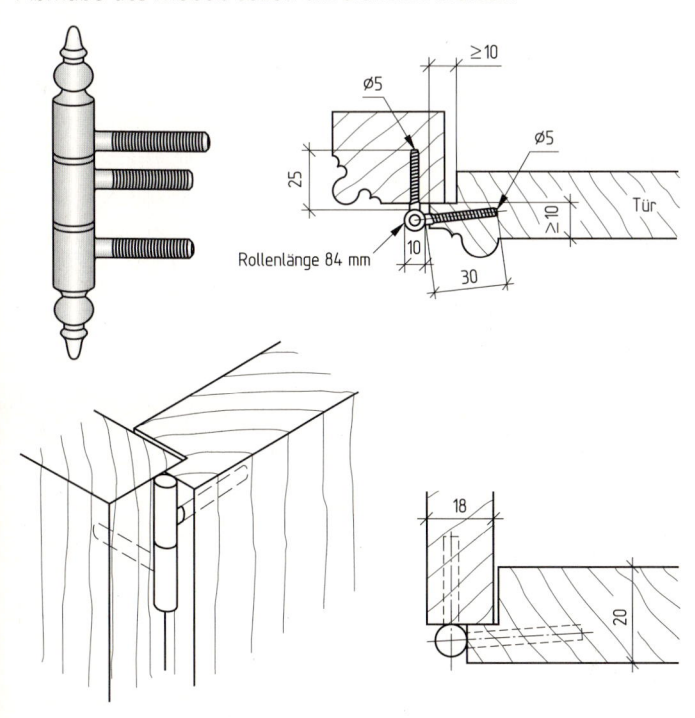

Pos	Bezeichnung	Material	Anzahl	Länge	Breite	Dicke
01	Seiten					
02	Oberboden					
03	Unterboden					
04	Fachboden					
05	Tür					
06	Sockelblende					
07	Rückwand					
08	Furnier Seiten					
09	Furnier Oberboden					
10	Furnier Unterboden					
11	Furnier Fachboden					
12	Furnier Tür					
13	Furnier Rückwand					
14	Furnier Sockelblende					
15	Anleimer 19 mm		lfm			
16	Anleimer 22 mm		lfm			

5. Materialliste zu Aufgabe 3

Ablaufnummer	Arbeitsgang – Tätigkeit
	Furnieren aufleimen
	Rückwand einpassen
	Lackieren
	Anleimer aushobeln
	Fälze und Profile fräsen
	Plattenzuschnitt
	Zeichnung erstellen
	Beschläge montieren
	Kanten anleimen
	Materialliste erstellen
	Furniere zusammensetzen
	Endkontrolle
	Korpus verleimen
	Konstruktionsbohrungen anbringen

6. Arbeitsablaufplan

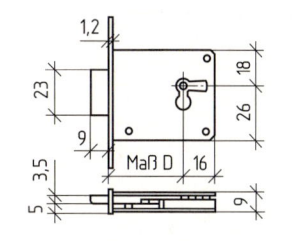

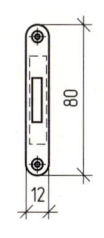

7. Einbohrband

8. Einsteckschloss

© Verlag Gehlen

8.4 Einschlagende Drehtüren erfordern bestimmte Bänder

Der Schrank im Kindergartenbüro soll dicht schließen

Die Tischlerei Fischer hat den in Bild 1 dargestellten Schrankkorpus mit einer Tür anzufertigen. Der Kunde wünscht eine einschlagend, leicht zurückspringende Rechtstür, die mit Zylinderbändern angeschlagen werden soll.

Aufgabe 1:
Unterscheiden Sie eine Rechts- und Linkstür.

Aufgabe 2:
Wie groß ist der Versatz zwischen Türfläche und Korpus bei einer solchen Konstruktion zu wählen?

Aufgabe 3:
Welche Zylinderbänder aus Bild 3 können sie verwenden?

Aufgabe 4:
Vervollständigen Sie den in Bild 2 vorgedachten Türanschlag.

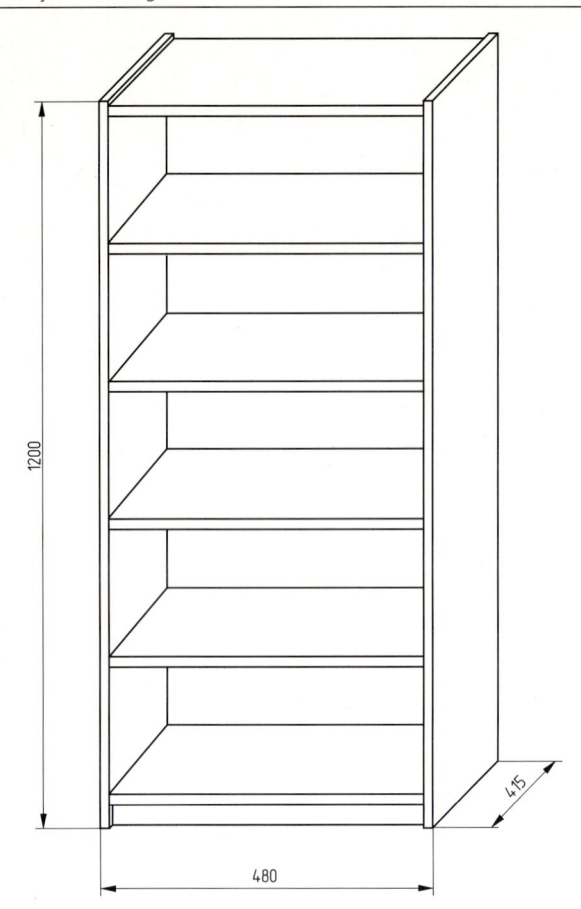

1. Perspektive Schrankkorpus

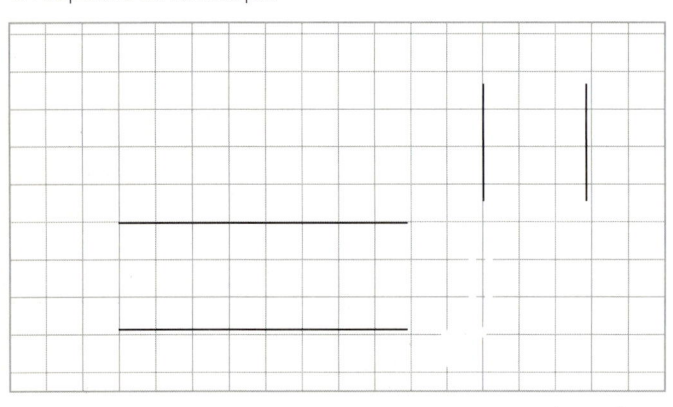

2. Entwurf Türanschlag

Möbelbänder, aus gezogenem Messing-Profilmaterial

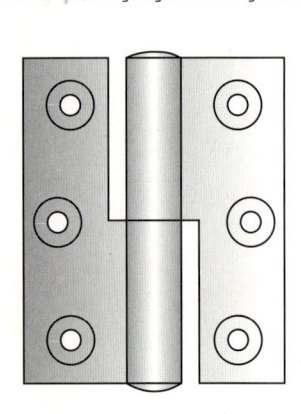

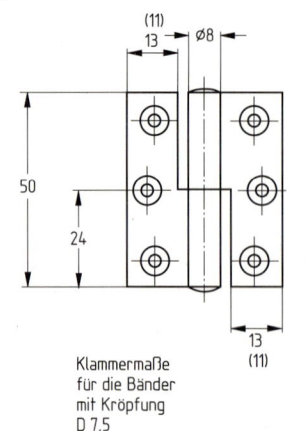

Klammermaße für die Bänder mit Kröpfung D 7,5

Rollenlänge 50 mm Ausführung: Messing			Bestell-Nummer matt vernickelt	poliert
Gerade		links	321.30.635	321.30.831
		rechts	321.30.626	321.30.822
Fuge 1,0 mm				
Kröpfung B		links	321.30.632	321.30.838
		rechts	321.30.623	321.30.829
Fuge 0,6 mm				
Kröpfung C		links	321.30.639	321.30.835
		rechts	321.30.620	321.30.826
Fuge 0,6 mm				
Kröpfung D 7,5		links	321.30.633	321.30.839
		rechts	321.30.624	321.30.820
Falztiefe 7,5 mm	Fuge 0,6 mm			
Abpackung				20 Stück

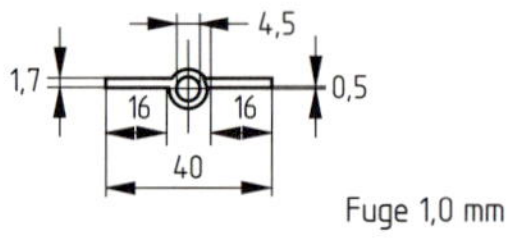

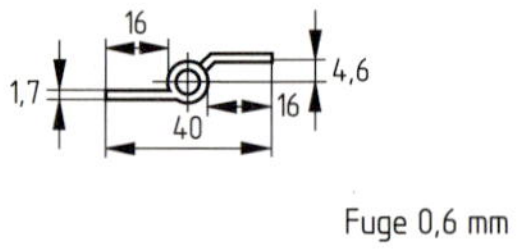

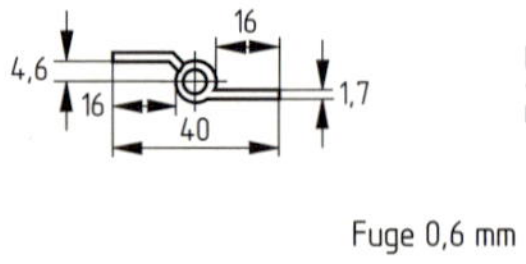

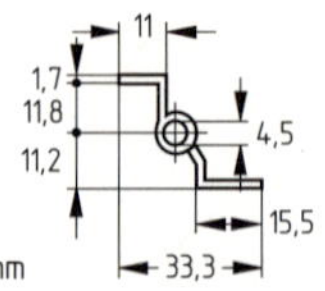

3. Auszug aus einem Beschlagskatalog

© Verlag Gehlen

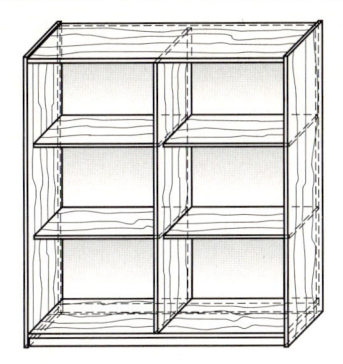

Einschlagende Drehtüren mit Zylinderbändern 55

4. Vorderansicht Korpus, Mittelseite ohne Front-Perspektive

Ein neuer Auftrag

Einige Monate später soll die Einrichtung des Kindergartenbüros ergänzt werden. Die Tischlerei Fischer erhält den Auftrag zwei doppelflügelige Schränke zu liefern, die exakt zu den bisher gelieferten Möbeln passen. Die Fuge zwischen den beiden Türen schließt er mit einer Anschlagleiste.
Natürlich sollen auch die Türen die gleiche Größe wie bei den Einzelschränken haben.

Aufgabe 5:
Erstellen Sie eine Fertigungszeichnung mit Hauptzeichnung und allen erforderlichen Schnitten für den Schrank aus Bild 4 mit stumpf einschlagenden Drehtüren.
Ermitteln Sie die für die Produktion notwendigen Materialien und füllen die nebenstehende Materialliste (Bild 5) aus.

Aufgabe 6:
Warum müssen für die rechte und linke Tür des Schrankes in Bild 4 unterschiedliche Zylinderbänder verwendet werden?

_____
_____

Aufgabe 7:
Entwickeln Sie einen Mittenanschlag für diesen Schrank. Skizzieren Sie Ihren eigenen Vorschlag in Bild 7.

Pos	Bezeichnung	Material	Anzahl	Länge	Breite	Dicke

5. Materialliste

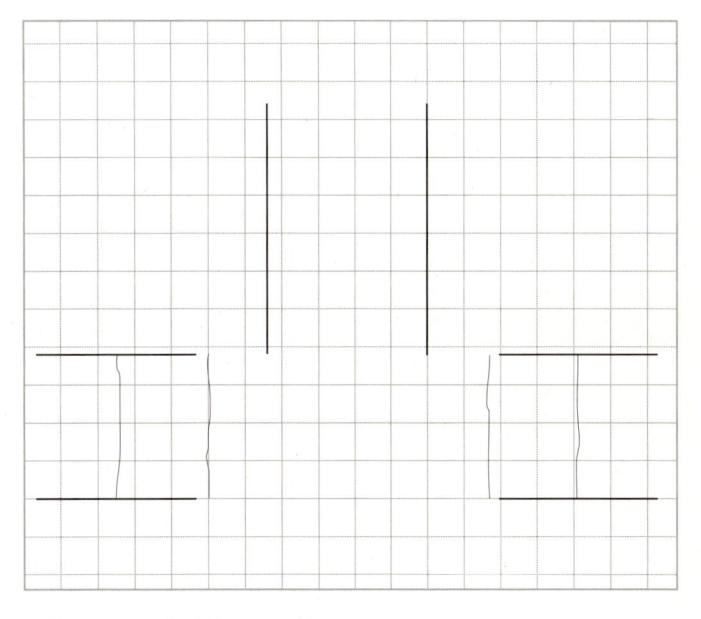

6. Mittenanschlag – Lösungsvorschlag

7. Eigenentwurf – Mittenanschlag

© Verlag Gehlen

56 Projekt Kindergarten: Drehtüren

8.5 Aufschlagende Drehtüren für die Teeküche

Die Teeküche wird erweitert

Die Teeküche des Kindergartens soll mit einem weiteren Oberschrank ergänzt werden, der zur Aufbewahrung von Tassen, Gläsern und Tellern dienen soll. Neben der Küchenzeile ist zuletzt ein Unterschrank, zweitürig 1 000 mm breit und 500 mm tief, von der Tischlerei Fischer geliefert worden. Dabei sind aufschlagende Türen verwendet worden.
Die Kindergartenleitung bittet um einen Entwurf für den Hängeschrank.

Aufgabe 1:
Welche Informationen braucht der Tischler, bevor er mit dem Entwurf beginnen kann?

_____
_____
_____
_____
_____
_____

Aufgabe 2:
Entwerfen Sie unten in Bild 2 einen Vorschlag zur Frontgestaltung des Hängeschrankes für die Teeküche.

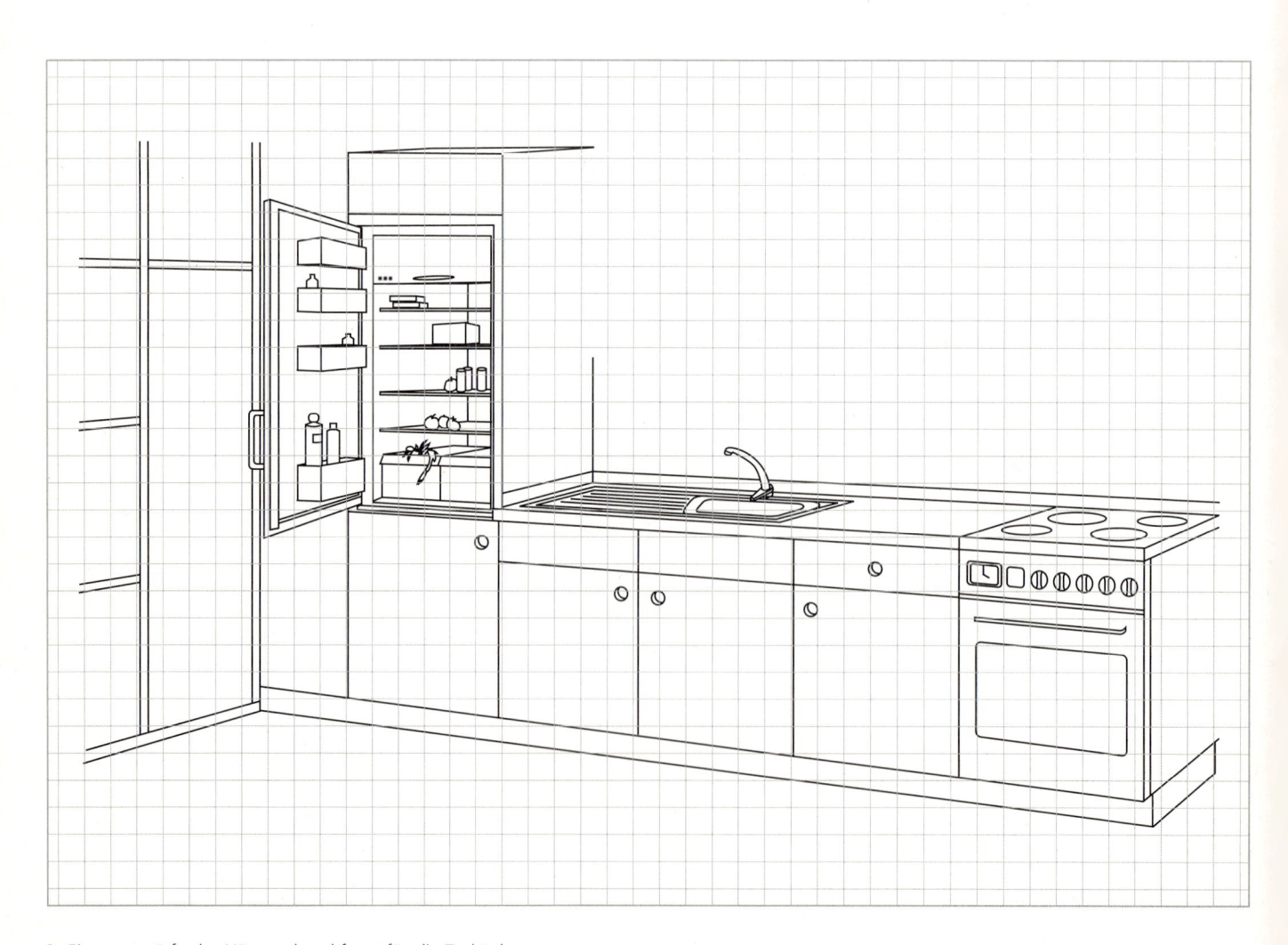

1. Durcheinander in der Teeküche

2. Eigenentwürfe der Hängeschrankfront für die Teeküche

© Verlag Gehlen

Wie kann das Geschirr im Schrank vor Staub geschützt werden?

Aufgabe 3:
Wo kann Staub und Dreck in den Hängeschrank gelangen?

_____
_____
_____

Aufgabe 4:
Skizzieren Sie in Bild 3 eine Möglichkeit den Schrank bei diesem Türanschlag einigermaßen staubdicht zu verschließen.

Die linke Tür muss festgehalten werden!

Nicht alle doppeltürigen Schränke werden mit einer Mittelseite konstruiert. Falls sie fehlt, muss eine Lösung wie in Bild 4 gefunden werden, die die Türen daran hindert ungewollt aufzuschwingen.
Nur eine festgestellte linke Tür bildet in dieser Situation den Türanschlag für die rechte Tür und schafft eine Möglichkeit diese auch zu verschließen.

Der Hängeschrank soll durch einen Fachboden unterteilt werden.

Der Innenraum von Schränken wird zumeist durch einen Fachboden oder Einlegeboden unterteilt um mehr Stellfläche zu gewinnen. Sie müssen an den Seiten mit Beschlägen wie aus Bild 5 befestigt werden.
Je nach Funktion des Möbels kann es sinnvoll sein, die Böden fest oder verstellbar zu konstruieren.

Aufgabe 5:
Welche Materialien eignen sich gut für die Fertigung von Fachböden?

_____
_____
_____

Aufgabe 6:
Nach welchen Gesichtspunkten würden Sie die Materialien auswählen?

_____
_____
_____

Aufgabe 7:
Fassen Sie Ihren Entwurf aus Bild 2 in eine vollständige Fertigungszeichnung, erstellen Sie eine Materialliste und legen Sie einen Arbeitsablaufplan an.
Folgende zusätzliche Informationen und Vorgaben stehen Ihnen zur Verfügung:
Korpus und Türen sind damals aus kieferfurnierter Tischlerplatte gefertigt worden. Die Türen wurden mit Zylinderbändern angeschlagen und mit Magnetschnäppern zugehalten. Es sollen Gläser mit einer Höhe von 20 cm aufbewahrt werden. Der Schrank ist 1 500 mm breit, 500 mm hoch und 350 mm tief zu konstruieren.

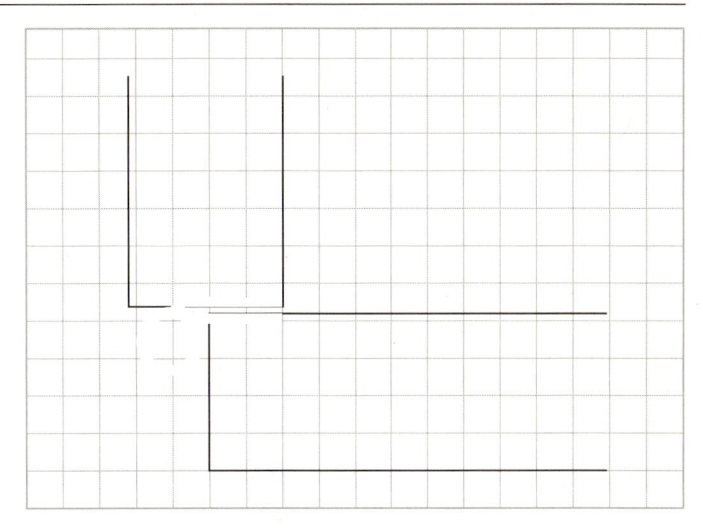

3. Eigenentwurf zur Staubdichtigkeit

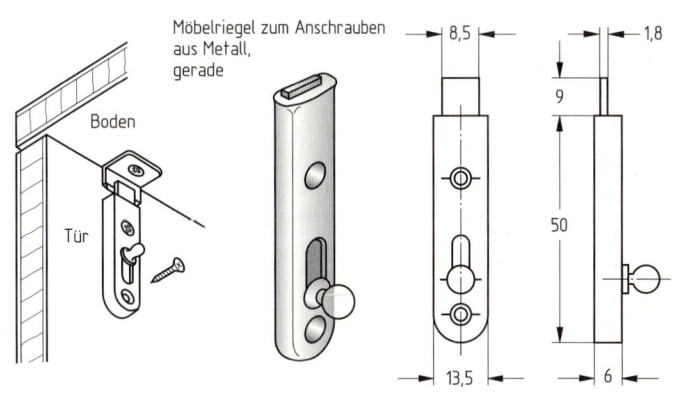

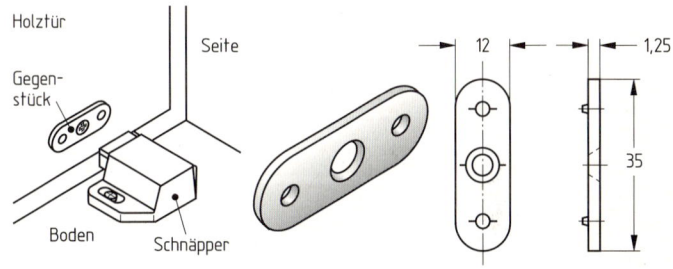

4. Verschlussmöglichkeiten ohne Mittelseite

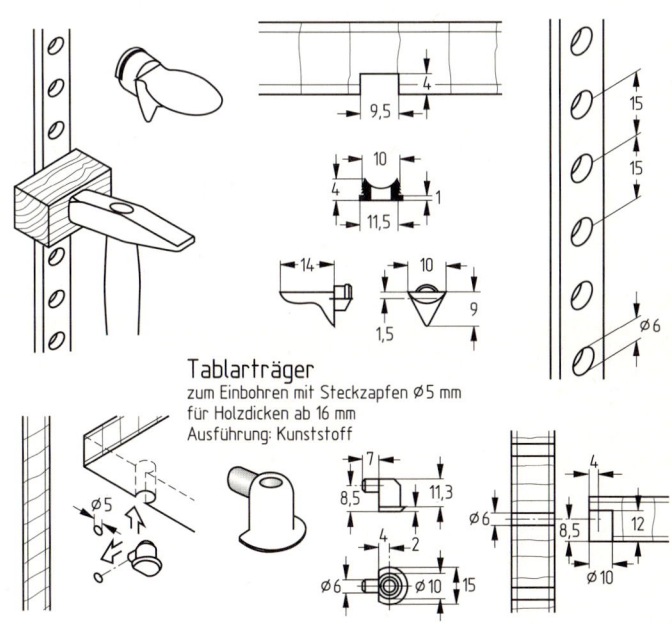

5. Fachboden – Einbaumöglichkeiten

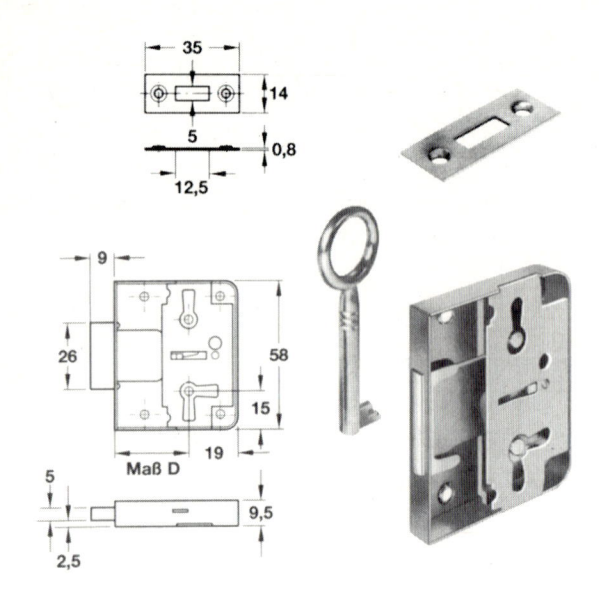

1. Aufschraubschloss

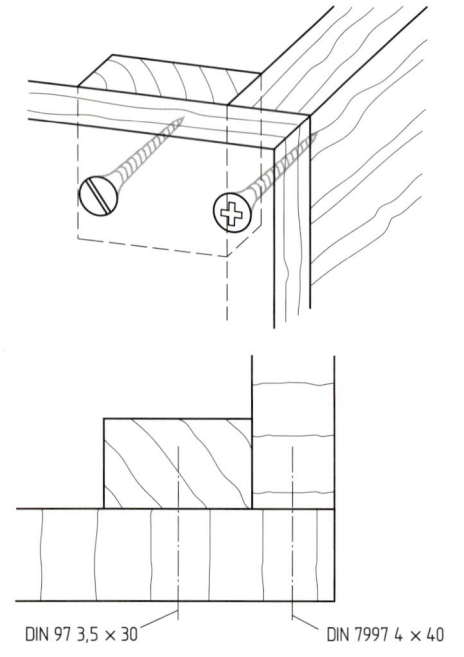

2. Schraubendarstellung

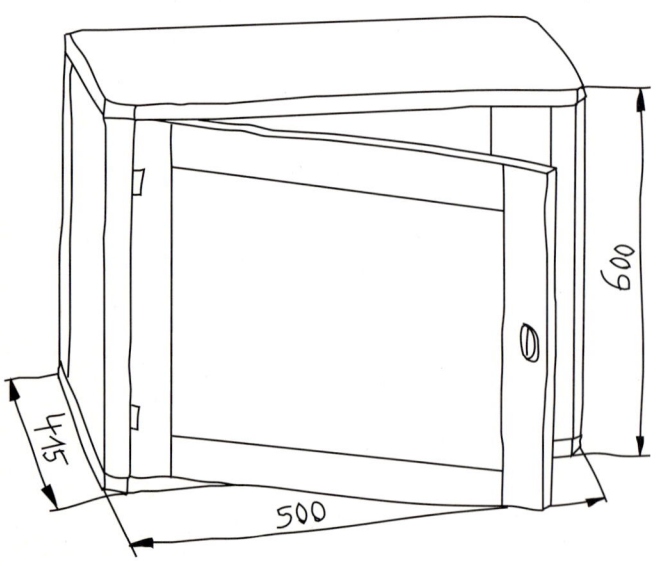

3. Hängeschrank für das Büro von Frau Schröder

8.6 Übungsaufgaben zu Möbeln mit Drehtüren

Aufschraubschlösser sparen Arbeitszeit

Am schnellsten lassen sich Möbeltüren mit Aufschraubschlössern anschlagen. Der Schlosskasten wird auf die Innenseite der Tür geschraubt. Ein Schließblech im Korpus hält den Riegel. Bei zweiflügeligen Türen ohne Mittelwand muss die linke Tür durch einen Riegel fixiert werden. Beschlaghersteller fertigen viele Varianten, diese lassen sich aus den Beschlagkatalogen entnehmen. Die technische Darstellung dieser Schlossart ist in Bild 1 exemplarisch dargestellt.

Beschläge müssen befestigt werden

Für die Befestigung der Beschläge wie Schlösser und Türbänder aber auch für Rückwände verwendet Tischlermeister Fischer meistens die bislang nicht genormten Spanplattenschrauben mit Kreuzschlitz.
Seltener verwendet er Schlitzschrauben.
In der technischen Zeichnung werden beide Schraubentypen gleich dargestellt, lediglich die Benennung lässt den genauen Schraubentyp erkennen, wie man in Bild 2 an zwei Schraubentypen sehen kann.
Wenn eine Verbindung später nicht wieder gelöst werden muss, verwenden die Mitarbeiter der Tischlerei Fischer auch Drahtstifte. Deren zeichnerische Darstellung weicht von denen der Schrauben nicht ab. Auch hier ist nur über die Benennung der Stifttyp zu ersehen.

Schränke für das Leiterinnenzimmer müssen verschließbar sein

Aufgabe 1:
Die Leiterin wünscht für ihr Büro einen eintürigen Hängeschrank aus Buche um Personalpapiere darin aufzubewahren. Dieser Schrank muss natürlich verschließbar sein.
In Bild 3 ist als Ideenskizze der Entwurf dargestellt. Entwickeln Sie diese Vorstellung weiter.
Versehen Sie diesen Schrank mit einem Aufschraubschloss, die Aufhängung des Schrankes stellen Sie ebenfalls dar. Die Tür soll einschlagend konstruiert werden.

Skizzieren Sie zunächst Ihre Vorstellung freihändig möglichst als Perspektive.
Zeichnen Sie auf einem DIN-A 3-Blatt die drei Hauptansichten und den Horizontal- sowie den Vertikalschnitt.

Die Aufteilung eines DIN-A 3-Blattes mit Zeichenrand und Schriftfeld sehen Sie in Bild 4.

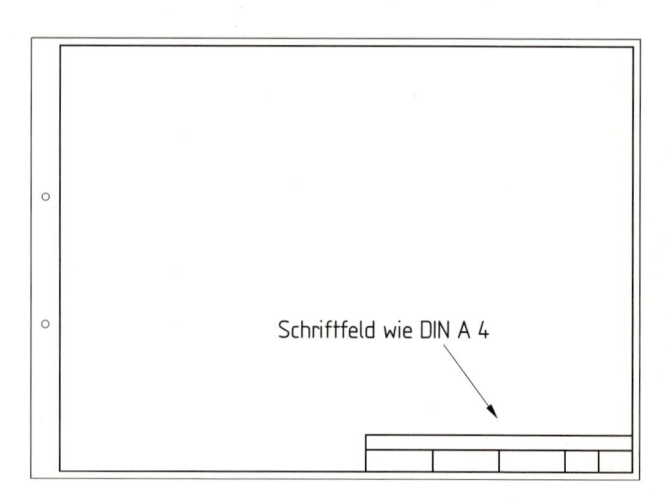

4. Zeichenrand und Schriftfeld auf DIN A 3

Wie kann der untere Abschluss eines Möbels aussehen?

Schränke, die direkt auf den Fußboden gestellt werden und Schubkästen oder Türen haben, müssen vom Boden abgesetzt sein, damit die Beweglichkeit der Teile möglich ist.
In der Tischlerei Fischer löst man dieses Problem häufig mit Sockeln, Sockelblenden oder Möbelfüßen.
Für die Schränke im Leiterinnenzimmer kommen nur die in Bild 6 gezeigten Möglichkeiten in Betracht.

- **Komplettsockel**
  Bei dieser Lösung fertigt Tischlermeister Fischer einen kompletten Sockelrahmen, auf dem der Korpus befestigt wird.

- **Sockelblende**
  Hierbei werden die Seiten des Korpus bis auf den Boden geführt. Zwischen den Vorderkanten der Seiten und unter dem Boden befestigt Meister Fischer eine Blende.

Aufgabe 2:
Entwickeln Sie passend zum Hängeschrank aus Aufgabe 1 einen Unterschrank, der ebenfalls mit einer verschließbaren Tür versehen werden soll. Sehen Sie als unteren Abschluss eine Sockelblende vor.
Skizzieren Sie wiederum Ihren Entwurf freihändig. Bild 5 gibt Ihnen dazu Anregungen.
Zeichnen Sie auf einem DIN-A 3-Blatt die drei Hauptansichten und den Horizontal- sowie den Vertikalschnitt.

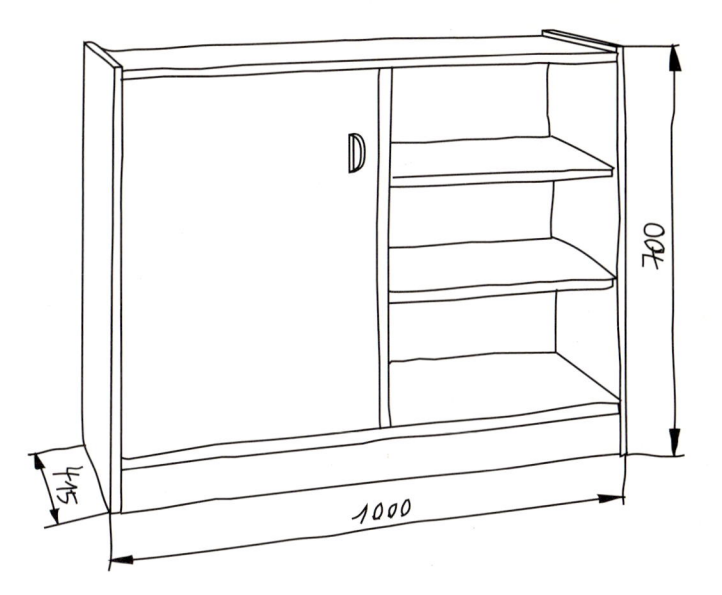

Bilderbücher im Materialschrank

Den Kindern stehen in einem verschließbaren Schrank (Bild 7) Bilderbücher zur Verfügung.
Der Schrank hat eine Rahmentürfront mit Acrylglasfüllung. Die zeichnerische Darstellung von Glas und bruchfestem Kunstglas ist in Bild 8 gezeigt.

Aufgabe 3:
Entwickeln Sie Ihre eigene Vorstellung über das Aussehen dieses Schrankes, wobei Sie sich bei den Maßen und der Form am gezeigten Möbel aus Bild 7 orientieren.
Stellen Sie Ihren Entwurf als freihändige Skizze möglichst perspektivisch dar.
Die drei Hauptzeichnungen legen Sie auf einem DIN-A 3-Blatt an. Den Horizontalschnitt und den Vertikalschnitt skizzieren Sie zunächst auf einem Skizzierpapier vor um ihn später auf das Zeichenblatt DIN A 3 zu plazieren.

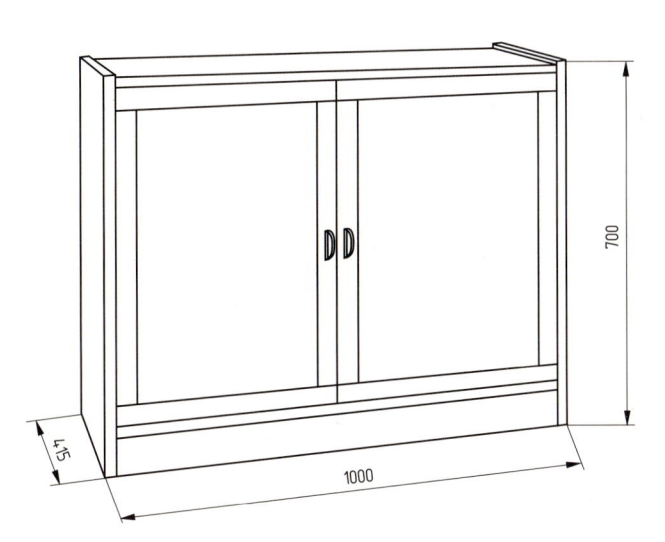

5. Unterschrank im Leiterinnenzimmer

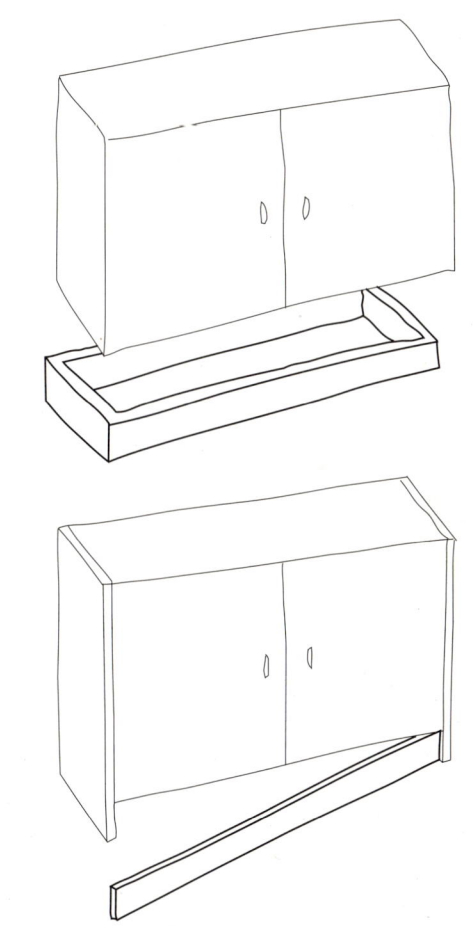

6. Sockel und Sockelblende

7. Materialschrank

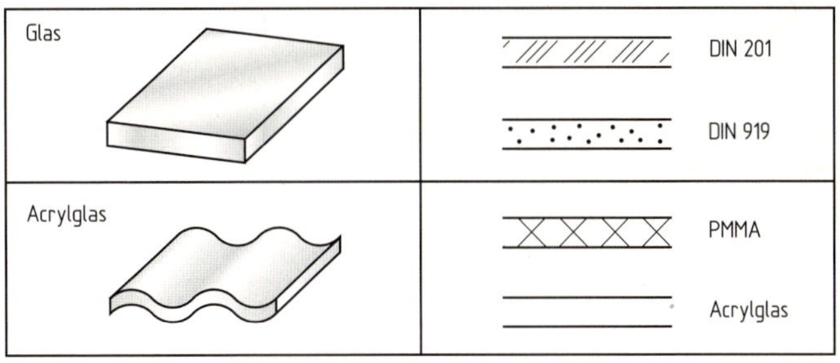

8. Schraffur von Glas und Acrylglas

© Verlag Gehlen

9 Schiebetüren

9.1 Schiebetüren helfen manchmal Unfälle zu vermeiden

Hängeschränke und Unterschränke im Umkleideraum

Bei der bisherigen Einrichtung des Umkleideraumes ist es bisweilen vorgekommen, dass Kinder sich an den geöffneten Drehtüren die Köpfe stießen und häufig auch die Drehbeschläge ausbrachen.

Der Tischlermeister gibt der Leiterin den Hinweis, dass Möbeltüren, die als Schiebetüren gearbeitet werden, weit weniger gefährlich sind als Drehtüren, vor allem wenn der Raum so schmal ist wie im Umkleideraum des Kindergartens.

Schiebetürenkonstruktion in der Tischlerei Fischer

Tischlermeister Fischer fertigt Möbel mit Schiebetüren vor allem in den zwei, in Bild 2 und 3, gezeigten Varianten.

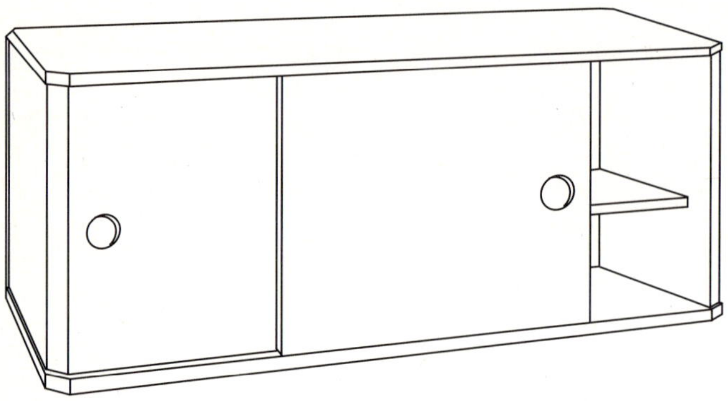

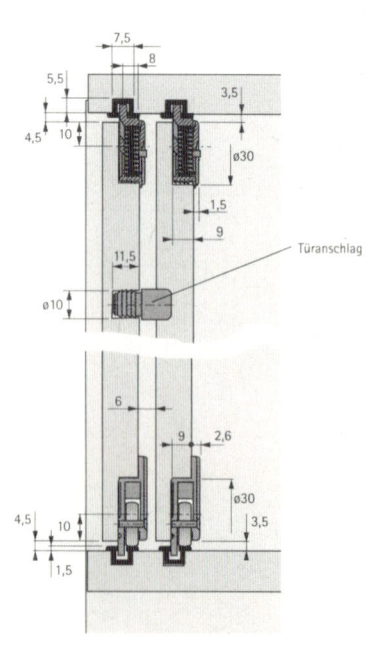

1. Schiebetürenschrank

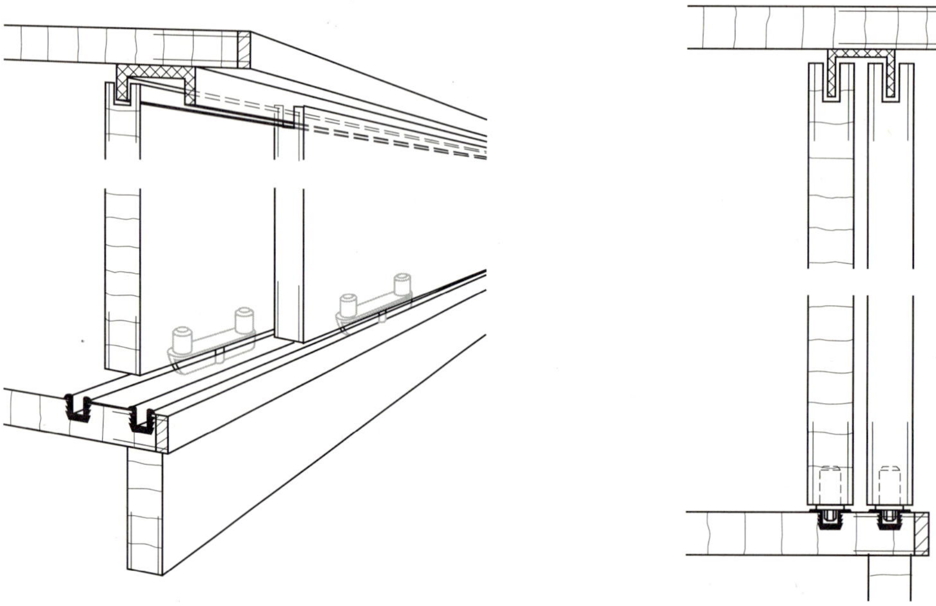

2. Schiebetür mit Schiene und Gleiter

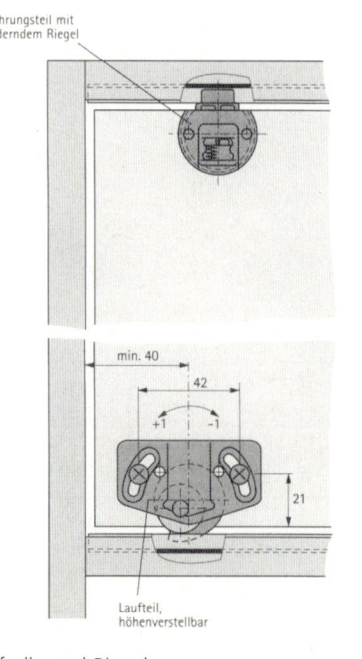

3. Schiebetür mit Laufrolle und Riegel

© Verlag Gehlen

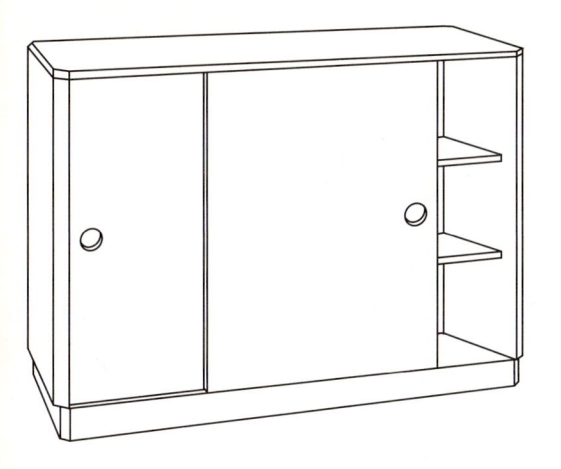

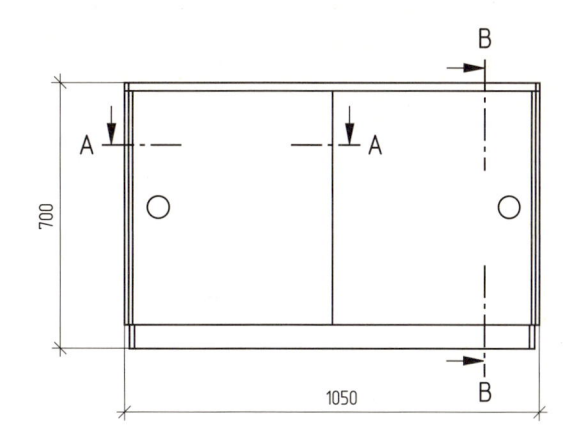

Schiebetür-Konstruktionen

4. Unterschrank für den Umkleideraum

Aufgabe 1:
Zeichnen Sie auf einem DIN-A 3-Blatt die beiden Ansichten und den Vertikal- sowie den Horizontalschnitt des Unterschrankes mit Schiebetüren aus Bild 4.
Die STAE-Platten des Korpus und der Türen sind 19 mm dick und mit Buche furniert.
Konstruieren Sie die Schiebetürführung mit dem System Schiene und Gleiter.
Die Türen sollen in der Ansicht gleich breit aussehen. Die hintere linke Tür hat eine Überdeckung von 20 mm.
Es sind zwei verstellbare Einlegeböden mit einzuplanen.
Die Rückwand ist eingenutet und aus FU (6) hergestellt.
Alle nicht genannten Konstruktionsdetails sind fachgerecht selbst zu wählen.
Stellen Sie eine Materialliste auf.

Nicht alle Schiebetüren laufen leicht

In Bild 5 zeigt uns Meister Fischer, wie sich das Format einer Schiebetür auf die Gängigkeit auswirken kann.

Aufgabe 2:
Entwerfen und zeichnen Sie passend zum Unterschrank der Aufgabe 1 einen Hängeschrank zur Aufnahme von Kleidung.

Aufgabe 3:
Entwerfen Sie zum Materialschrank des Gruppenraumes (Bild 7) ein passendes Schiebetürmöbel. Der vorhandene Materialschrank hat die Abmaße 900 × 1800 × 415 mm.
Stellen Sie die Hauptzeichnung und die notwendigen Schnittdarstellungen zeichnerisch dar.

Schiebetürgriffe wollen gut überlegt sein

In Bild 6 ist eine Auswahl geeigneter Schiebetürgriffe dargestellt. Über Beschlagskataloge lässt sich diese Auswahl noch erweitern.

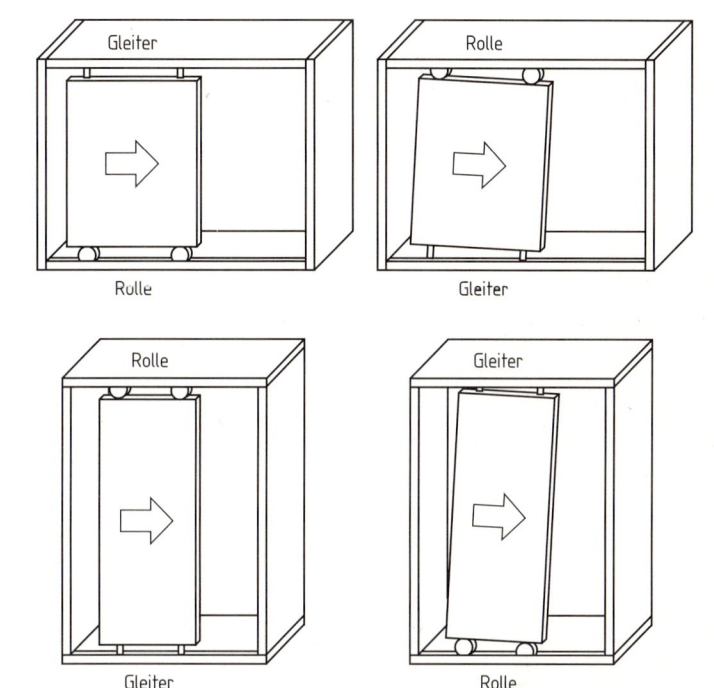

5. Schiebetürformate

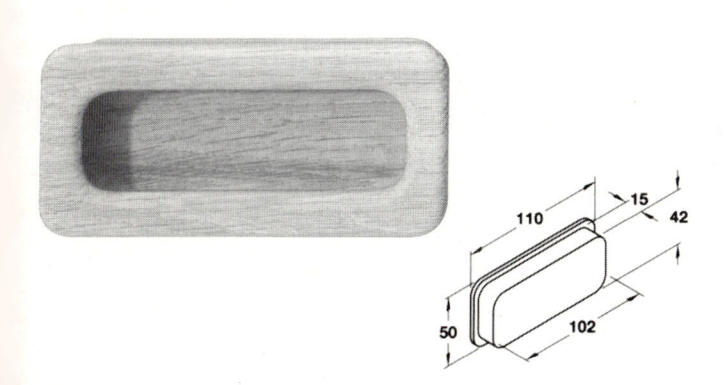

6. Schiebetürgriffe

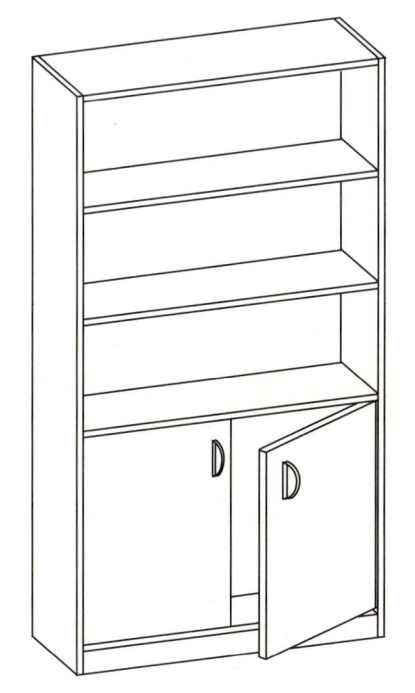

7. Materialschrank

© Verlag Gehlen

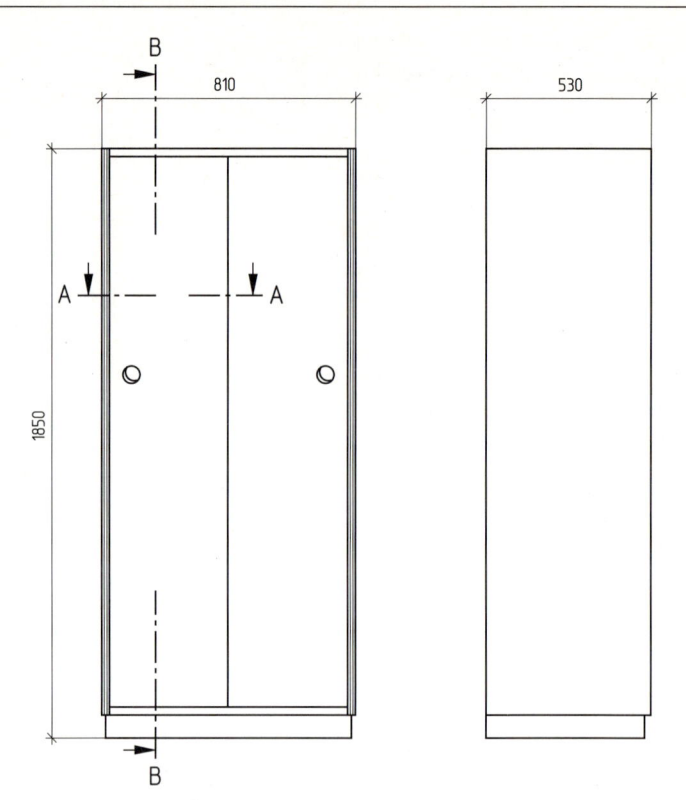

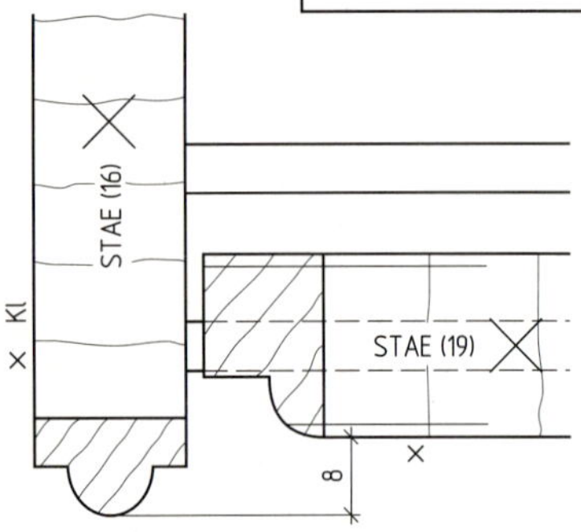

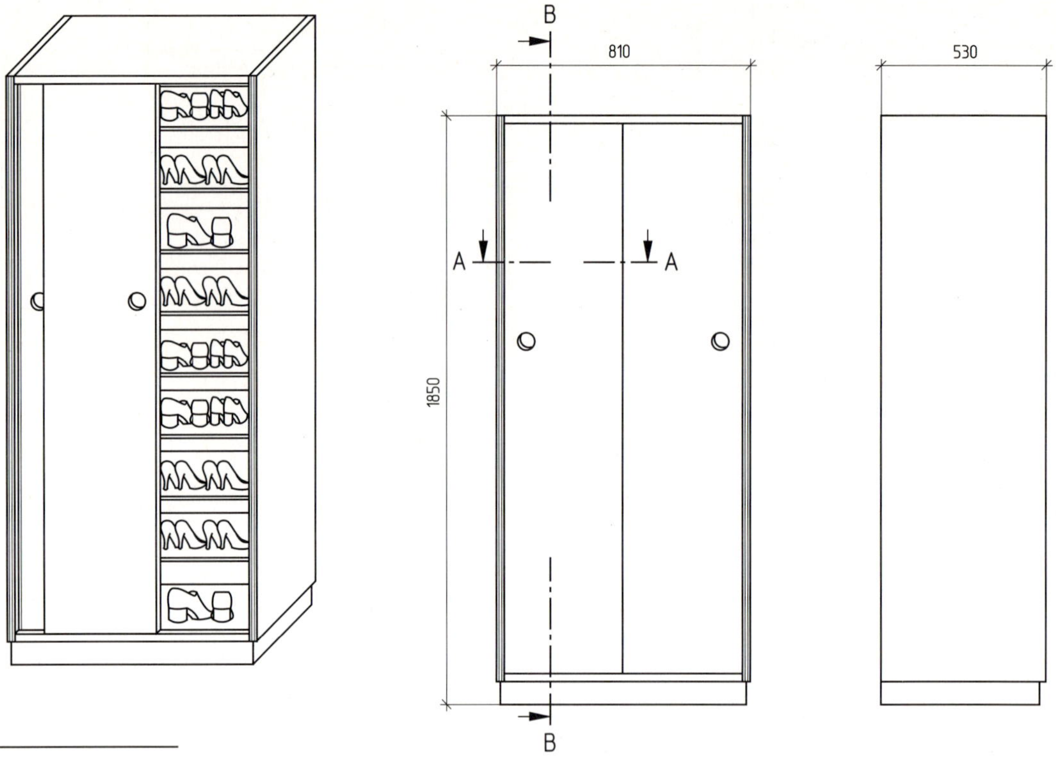

1. Schuhschrank Umkleideraum

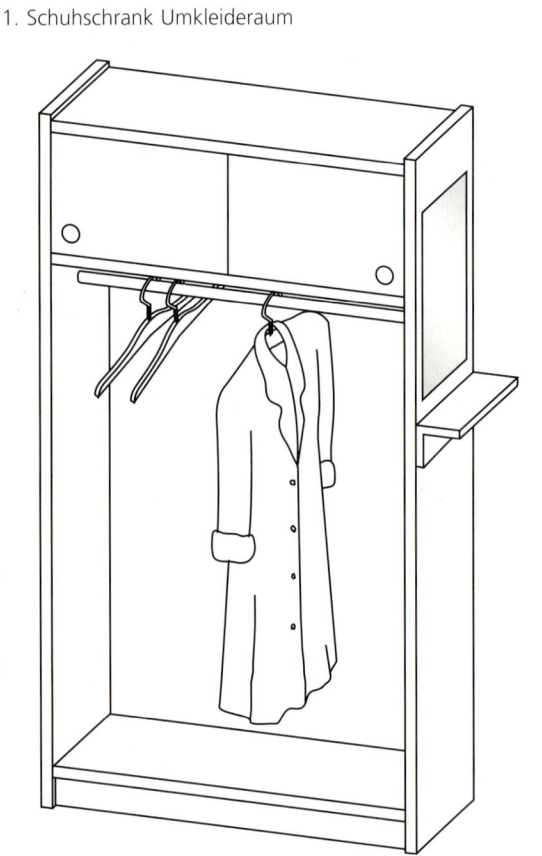

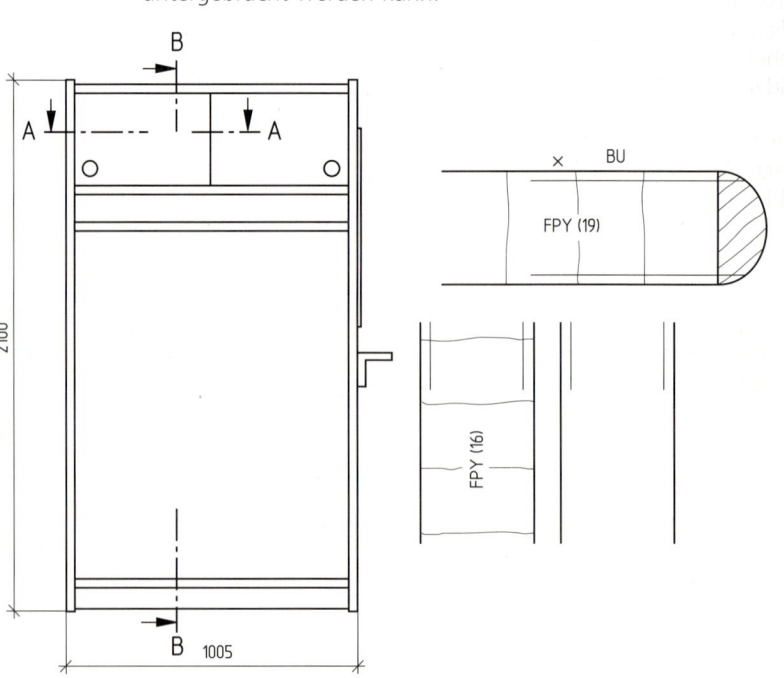

2. Garderobenschrank für den Personalraum

9.2 Übungsaufgaben zu Möbeln mit Schiebetüren

Aufgabe 1:
Stellen Sie den Schuhschrank aus Bild 1 mit den erforderlichen Ansichten auf einem DIN-A 3-Blatt dar. Die Schiebetüren sind extrem lang; wählen Sie aus Beschlagskatalogen geeignete Beschläge zur Führung. Finden Sie heraus, ob es Beschläge zur Aufnahme der Schuhe im Beschlaghandel gibt.

Aufgabe 2:
Zeichnen Sie den Garderobenschrank mit oben liegenden Schiebetüren und Garderobenstange sowie Spiegel und Ablage. Wählen Sie über Beschlagskataloge die geeigneten Beschläge. Überlegen Sie, wie der Spiegel befestigt werden kann. Sehen Sie eine ausreichende Tiefe des Schrankes vor, damit Garderobe gut untergebracht werden kann.

Übungs- und Gestaltungsaufgaben

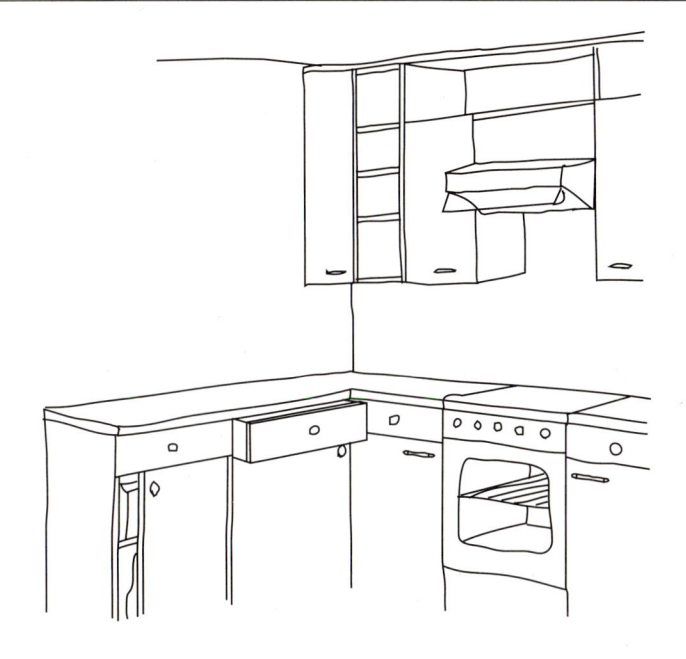

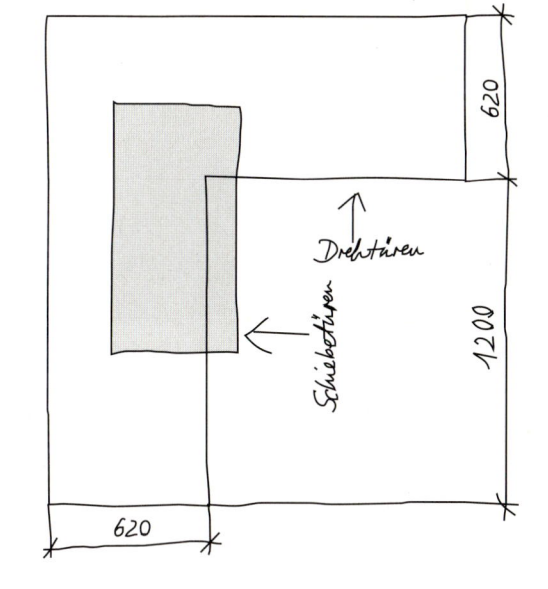

3. Küchenmöbel als Ecklösung

Aufgabe 3:
Zeichnen Sie die notwendigen Ansichten des Kücheneckschrankes auf ein DIN-A4-Blatt.
Die beiden linken Türen konstruieren Sie als Schiebetüren, die anderen Türen sollen als einschlagende Drehtüren gefertigt werden. Achten Sie darauf, dass die Ansichten der Fronten ähnlich wirken. Auch die Ecke des Schrankes soll voll genutzt werden können. Beschläge entnehmen Sie den Katalogen.
Die Buchenvollholzarbeitsplatte ist 40 mm dick. Der Korpus und die Fronten sind aus furnierter STAE (19) gearbeitet.
Zeichnen Sie den grau hinterlegten Bereich des Eckschrankes als Horizontalschnitt.

Aufgabe 4:
Entwerfen und zeichnen Sie normgerecht einen Medienschrank für das Besprechungszimmer des Kindergartens. Er soll zur Aufnahme von Kameras, Fernseher und Videorecorder dienen. Zusätzlich muss die Hifi-Anlage plaziert werden können. Für die Wiedergabemedien ist ebenfalls ein geeigneter Platz vorzusehen. Sehen Sie Ganzglastüren vor, ein passender Beschlag ist in Bild 4 dargestellt.

Ermitteln Sie die Maße der Gerätschaften, die in dem Schrank Platz finden sollen, und tragen Sie diese in die Tabelle aus Bild 5 ein.

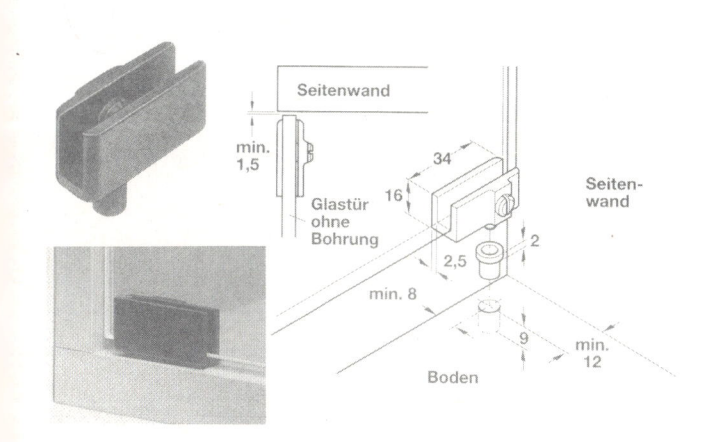

4. Ganzglastürbeschläge

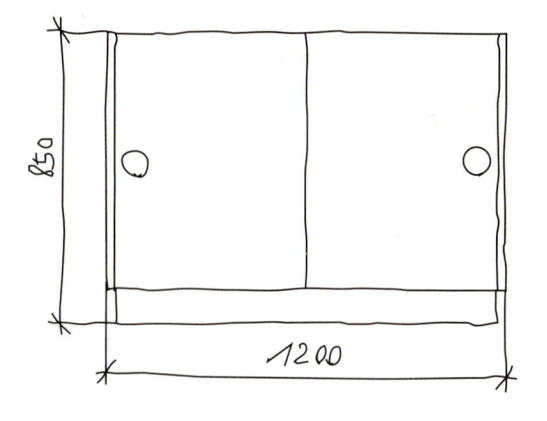

5. Tabelle zu Aufgabe 4

Gerät	Maße		
	Breite	Höhe	Tiefe
(Fernseher)			
(Videorecorder)			
(Hifi-Anlage)			
(Kamera)			
(Lautsprecher)			
(Kassetten)			

10 Schubkästen

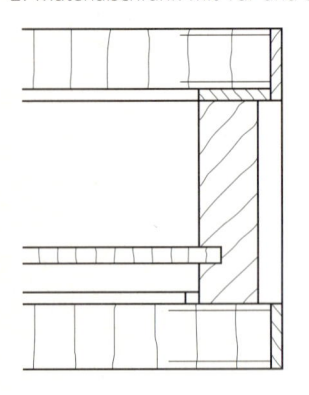

10.1 Schubkästen helfen den Schrankinhalt zu ordnen

In den Gruppenräumen des Kindergartens stellt sich häufig das Problem, dass Spielzeuge, Bücher, Malzeug und andere Gegenstände ungeordnet in den Regalen und auf dem Fußboden liegen gelassen werden, wie man in Bild 1 sehen kann.
Spielzeugkisten stehen im Wege, werden nicht geordnet weggestellt. Daher wird der Wunsch an die Tischlerei Fischer herangetragen, Möbel mit Schubkästen für die Gruppenräume zu entwerfen und zu konstruieren.
Ausgiebige Gespräche zwischen der Leiterin und dem Tischlermeister waren notwendig um unter anderem zu klären:

- Welche Gegenstände sollen in den Schubkästen verwahrt werden?
- Wie groß dürfen die Schubkästen werden, damit sie noch von Kindern betätigt werden können?
- Wie sollen die Schubkästen aussehen, damit sie zu den vorhandenen Möbeln passen?

1. Unordnung im Gruppenraum

Schubkästen sollen in der Front genauso wirken wie Türen

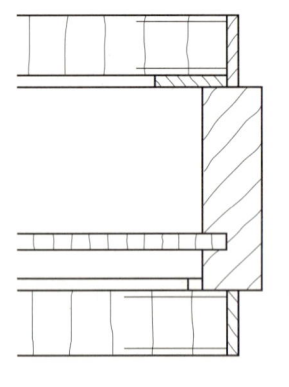

Während der Entwurfsphase überlegt der Tischler, welche gestalterischen Grundsätze bei der Kombination von Möbeltüren und Schubkästen zu beachten sind. Dabei ist ihm der gemeinsam gleiche Anschlag wichtig. Er teilt dabei nach Lage zur Möbelfront die Schubkästen genauso ein wie Möbeltüren. Seine Lösung wird in Bild 2 gezeigt.

2. Materialschrank mit Tür und Schubkästen

einschlagend	gefälzt	aufschlagend
Vorderstück liegt zwischen den Korpuskanten	Vorderstück mit Blende	Vorderstück stößt gegen die Korpuskanten

Aufgabe 1:
Tragen Sie in das Bild 3 die jeweils zutreffenden Anschlagarten ein.

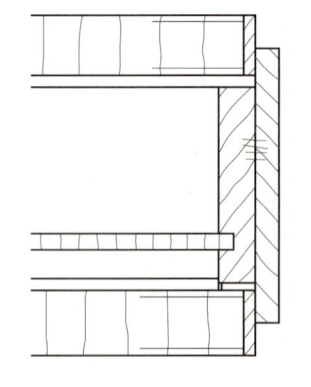

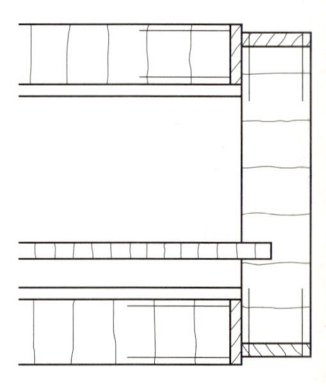

3. Anschlagarten

Einzelteile des Schubkastens 65

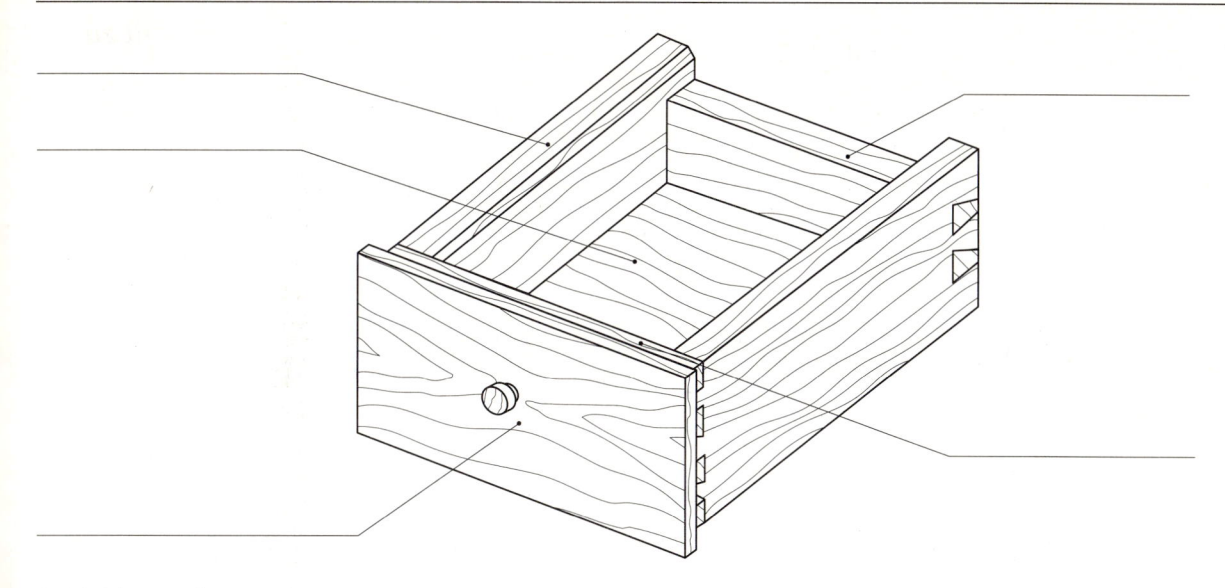

4. Schubkastenteile

Aus welchen Einzelteilen wird der Schubkasten hergestellt?

Der Tischler fertigt den Schubkasten aus folgenden Einzelteilen an: Blende, Vorderstück, Seiten, Hinterstück und Schubkastenboden.
Die Blende hat die Aufgabe die Eckkonstruktion zu verdecken und als Anschlag zu dienen.
Die Seiten führen den Schubkasten und bilden zusammen mit dem Vorderstück, dem Hinterstück und dem Boden den Kasten. Damit der Schubkasten aus dem Gehäuse gut geführt werden kann sind geeignete Griffe (Bild 5) anzubringen.

Aufgabe 2:
Tragen Sie in Bild 4 die Einzelteile des Schubkastens ein.

Aufgabe 3:
Klären Sie mithilfe des Fachbuches folgende Fragen zu Bild 7 und tragen Sie Ihre Lösung auch in die Tabelle 6 ein.
1. Wie wird der Schubkastenboden gehalten, wie ist er befestigt?
2. Warum ist das Hinterstück schmaler als die Seiten?
3. Wozu dienen die Fasen an den Seiten?
4. Wie tief ist der Boden eingenutet und in welcher Entfernung von der Seitenunterkante liegt er?
5. Wo werden die Zinken, wo die Schwalben angearbeitet?

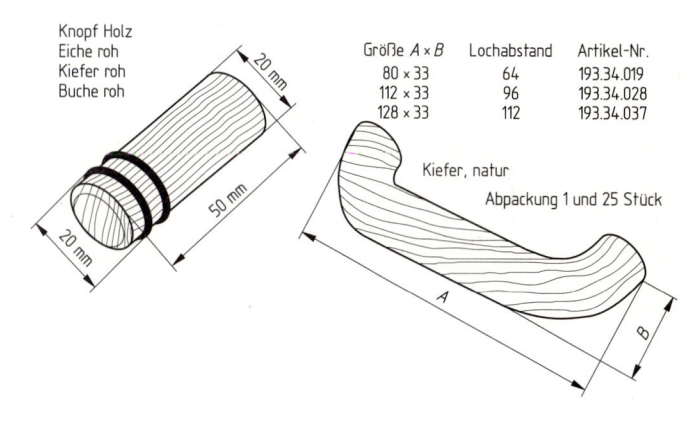

Knopf Holz
Eiche roh
Kiefer roh
Buche roh

Größe A × B	Lochabstand	Artikel-Nr.
80 × 33	64	193.34.019
112 × 33	96	193.34.028
128 × 33	112	193.34.037

Kiefer, natur
Abpackung 1 und 25 Stück

5. Schubkastengriffe

1	
2	
3	
4	
5	

6. Tabelle zu Aufgabe 3

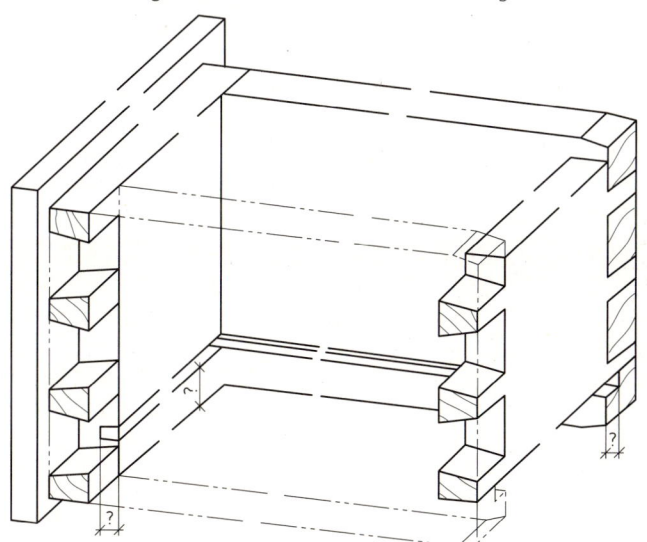

7. Konstruktionsdetails

© Verlag Gehlen

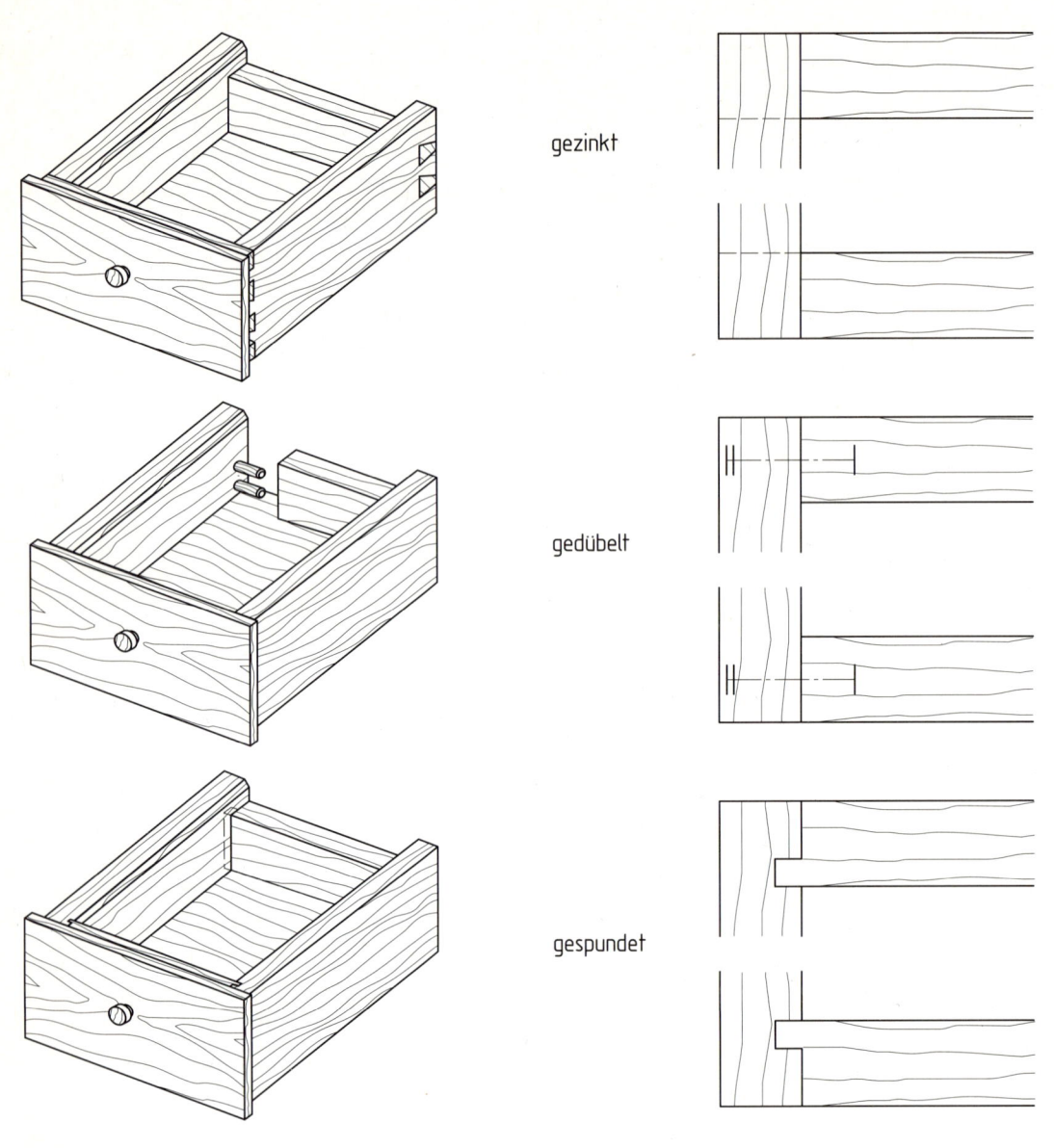

Projekt Kindergarten: Schubkästen

gezinkt

gedübelt

gespundet

1. Schubkasteneckverbindungen

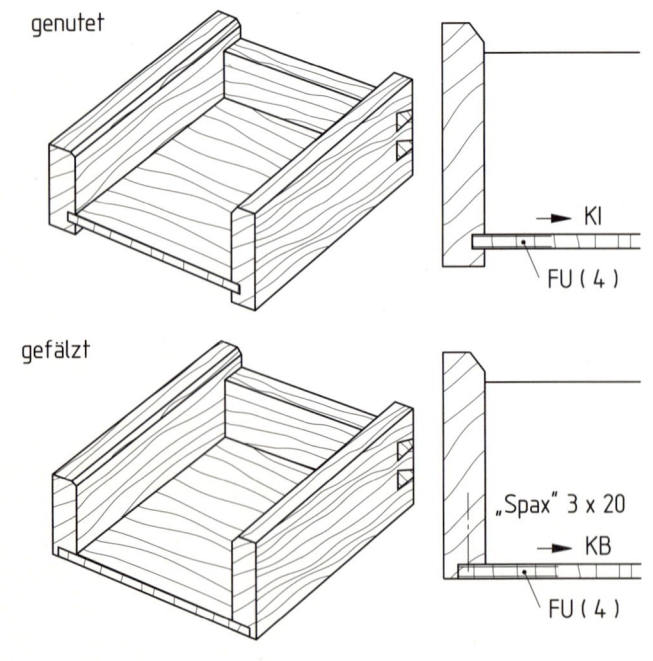

genutet

gefälzt

→ Kl
FU (4)

„Spax" 3 x 20
→ KB
FU (4)

2. Schubkastenbodenkonstruktionen

10.2 Verbindungen am Schubkasten

In der Tischlerei Fischer fertigt man Schubkästen, deren Eckverbindungen häufig entweder gedübelt oder gespundet werden. Lehrlinge der Tischlerei fertigen zu Übungszwecken auch von Hand gezinkte Schubkästen an. Eine sehr arbeitsaufwendige und daher kostspielige Technik die für einige hochwertige Möbel auf besonderen Kundenwunsch eingesetzt wird.
Die zeichnerische Darstellung dieser Verbindungen sind in Bild 1 gezeigt.

Der Schubkastenboden trägt die Last!

Der Schubkastenboden wird bei Fischers in aller Regel in Nuten gehalten. Dabei fertigt man das Hinterstück schmaler an, wie in Bild 2 oben zu sehen ist, um den Boden nach dem Verleimen des Kastens einzuschieben und mit Schrauben befestigen zu können. Mitunter wird auch aus Rationalitätsgründen das Hinterstück mitgenutet und der Boden beim Verleimen miteingesetzt.
Bei Kästen, die wenig Last aufnehmen müssen, wird der Boden in einen Falz gelegt und mit Schrauben befestigt (Bild 2 unten).

Klassische Führung 67

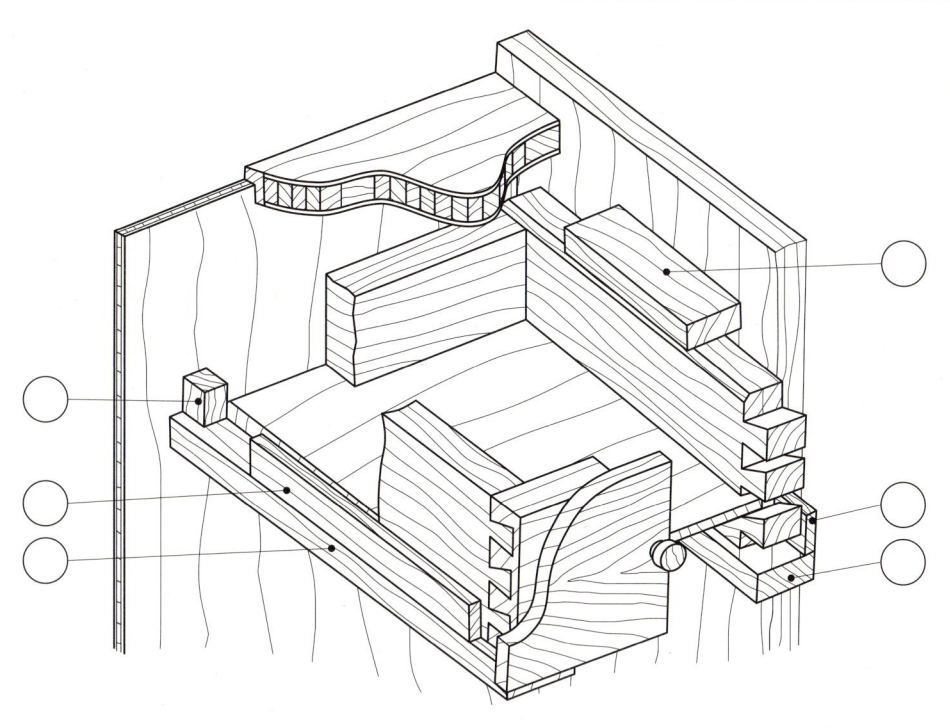

3. Schubkasten mit Klassischer Führung

10.3 Schubkästen müssen bewegt werden

Die Klassische Führung

Die traditionelle Führungsmethode für Schubkästen ist in der Tischlerei Fischer die Klassische Führung. Sie besteht aus

- 1. Laufleiste
  Eine am Korpus befestigte Leiste, auf der die Schubkastenseiten gleiten.
- 2. Streichleiste
  Am Korpus und an der Laufleiste befestigte Leiste, die den Schubkasten seitlich führt.
- 3. Kippleiste
  Am Boden und am Korpus befestigte Leiste, die den Schubkasten oben führt und damit ein Kippen verhindert.
- 4. Stoppklotz
  Damit der Schubkasten nicht gegen die Rückwand des Korpus schlägt, wird der Stoppklotz eingesetzt. Dieser soll Spiel zur Rückwand haben.

Aufgabe 1:
Übertragen Sie in den Frontalschnitt des Bildes 4 und in den Horizontalschnitt des Bildes 5 die in Bild 3 dargestellte Nummerierung der Einzelteile der Klassischen Führung.

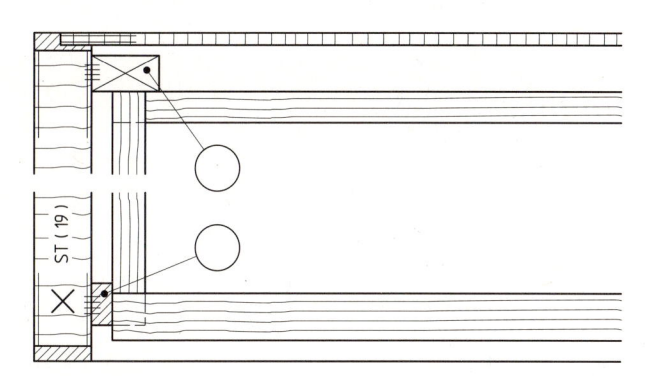

5. Horizontalschnitt

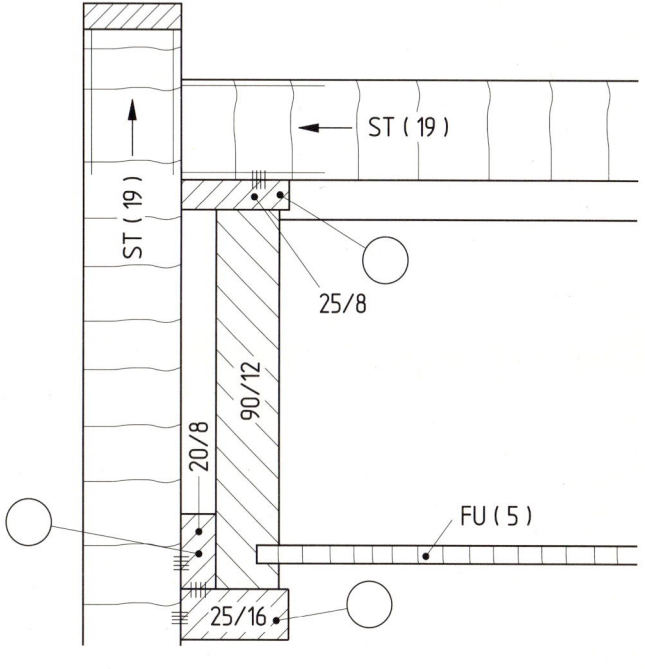

4. Frontalschnitt

© Verlag Gehlen

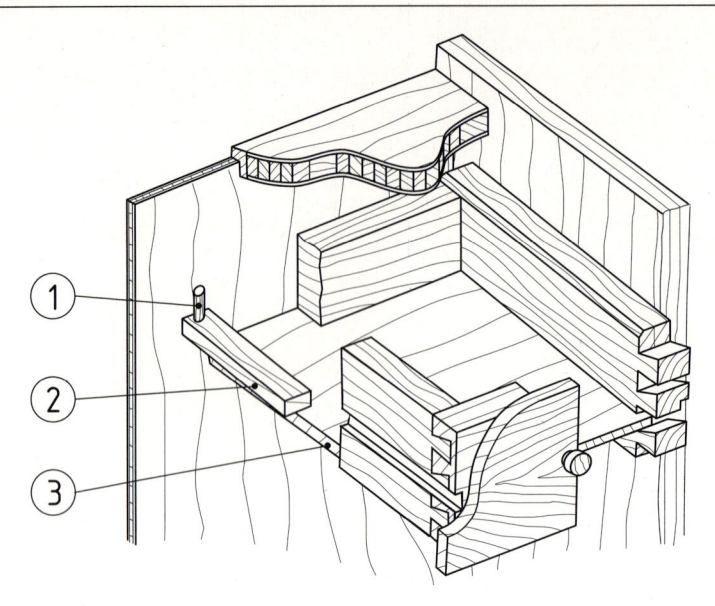

Projekt Kindergarten: Schubkästen

1. Schubkasten mit Nutleistenführung

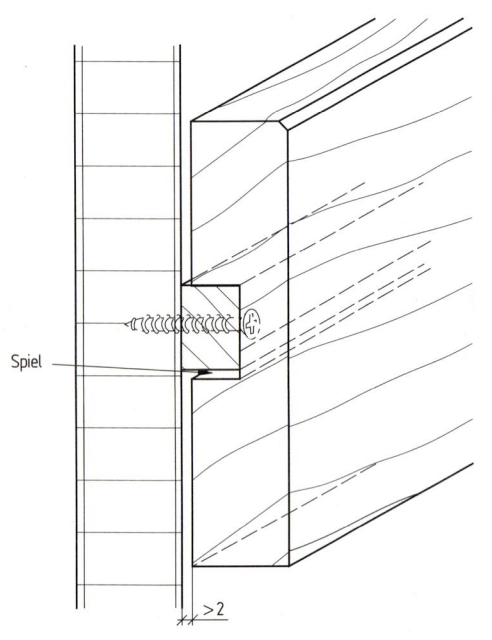

2. Nutleistendetail

Die Nutleistenführung

Fertigungstechnisch einfacher und damit häufig kostengünstiger kann Tischlerei Fischer die in Bild 1 gezeigte Nutleistenführung kalkulieren.

- 1. Nutleiste
  Eine am Korpus befestigte Leiste, die den Schubkasten trägt, ihn seitlich führt und ein Kippen verhindert.

- 2. Genutete Seite
  Die Seiten des Schubkastens werden entsprechend der Nutleiste eingenutet. Auf der oberen Nutwange hängt und läuft der Schubkasten. Nutgrund und untere Wange sollen frei sein.

- 3. Stoppdübel
  Damit auch bei dieser Konstruktion der Schubkasten nicht gegen die Rückwand schlägt, setzt Tischlermeister Fischer einen Stoppdübel auf die Nutleiste. Er achtet wiederum auf ausreichendes Spiel zur Rückwand.

Aufgabe 2:
Übertragen Sie die Nummerierung der Einzelteile aus Bild 1 in die Leerfelder in den Bildern 3 und 4.

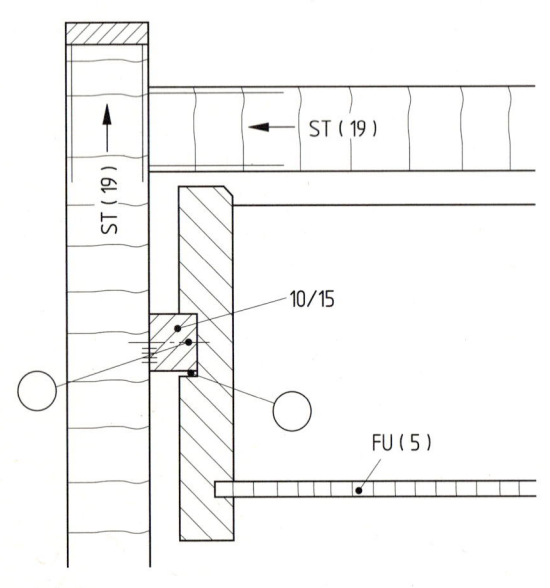

3. Frontalschnitt

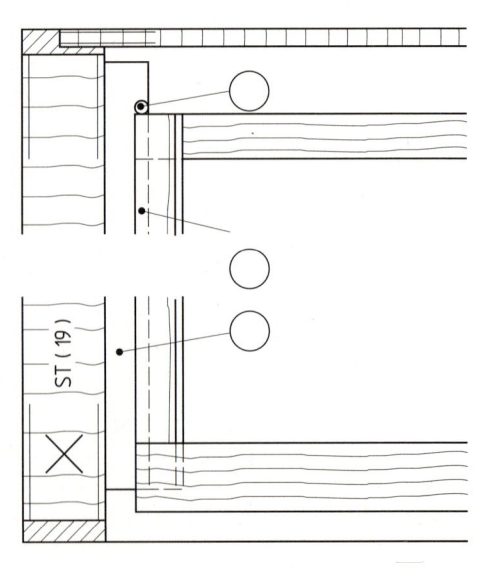

4. Horizontalschnitt

© Verlag Gehlen

Wie kann die Blende oder das Doppel am Vorderstück befestigt werden?

Viele außen sichtbare Schubkästen werden mit einer Blende oder einem Schubkastendoppel versehen. Diese kann mit dem Vorderstück des Schubkastens (Bild 5) verbunden werden.
Dabei muss der Tischler die Besonderheiten des Vollholzes beachten.

Ein Schubkastenmöbel für den Gruppenraum

In den Gruppenräumen des Kindergartens werden zunächst Schubkastenmöbel zur Aufbewahrung von Malzeug wie Papier, Tuschkästen, Stifte und Pinsel gebraucht.
Tischlermeister Fischer hat dafür an den in Bild 6 gezeigten Entwurf gedacht.

Aufgabe 3:
Ergänzen Sie den in Bild 7 vorgedachten Vertikalschnitt im Buch.

Aufgabe 4:
Kennzeichnen Sie im Buch in Bild 7 in den drei Schnitten alle dargestellten gleichen Möbelteile in der gleichen Farbe. Beispielsweise kennzeichnen Sie alle Nutleisten grün.

Aufgabe 5:
Übertragen Sie die Ansichten und alle 3 Schnitte normgerecht auf ein DIN-A 3-Blatt. Ergänzen Sie die fehlenden Maße fachgerecht.

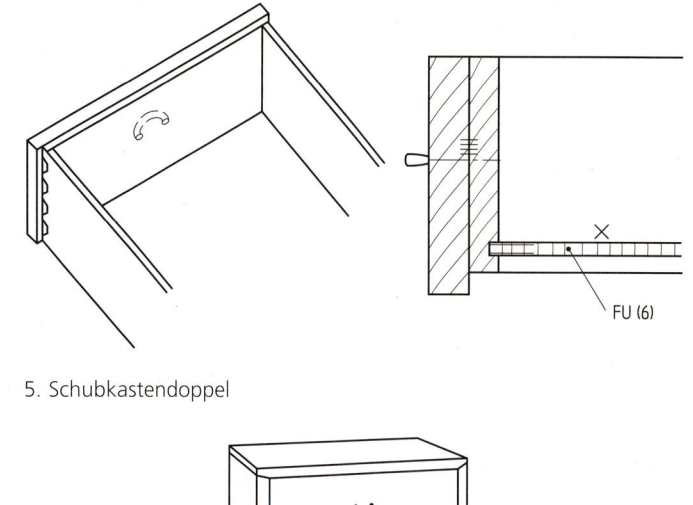

5. Schubkastendoppel

6. Schubkastenmöbel für das Malzeug

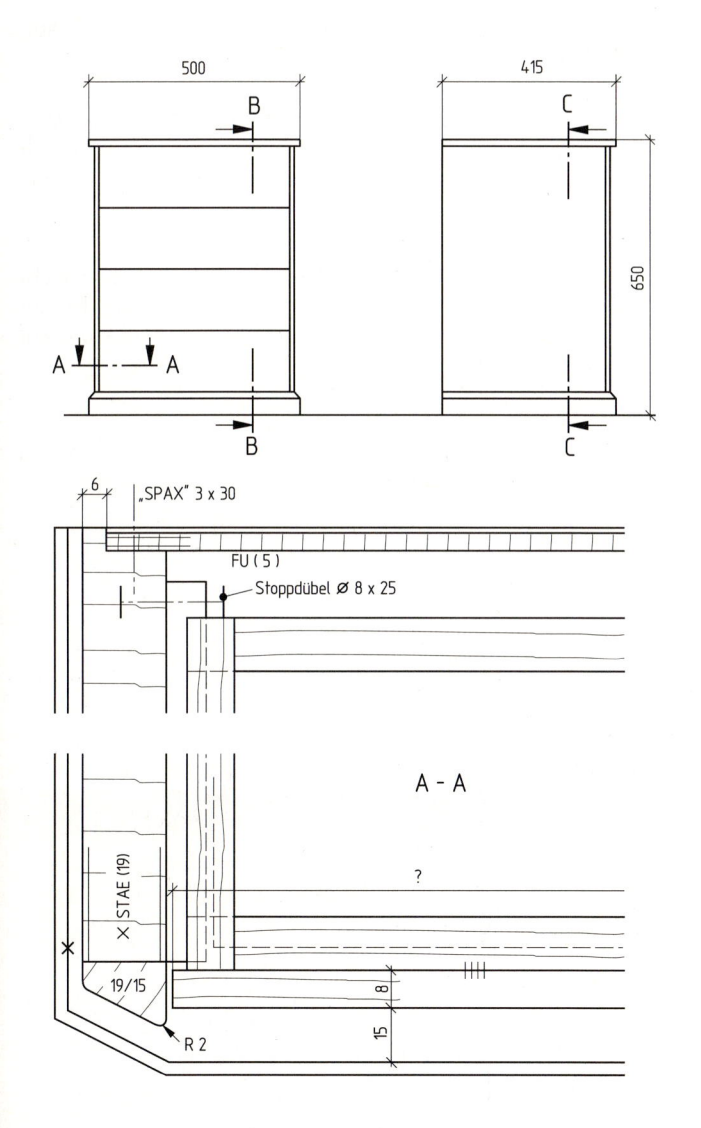

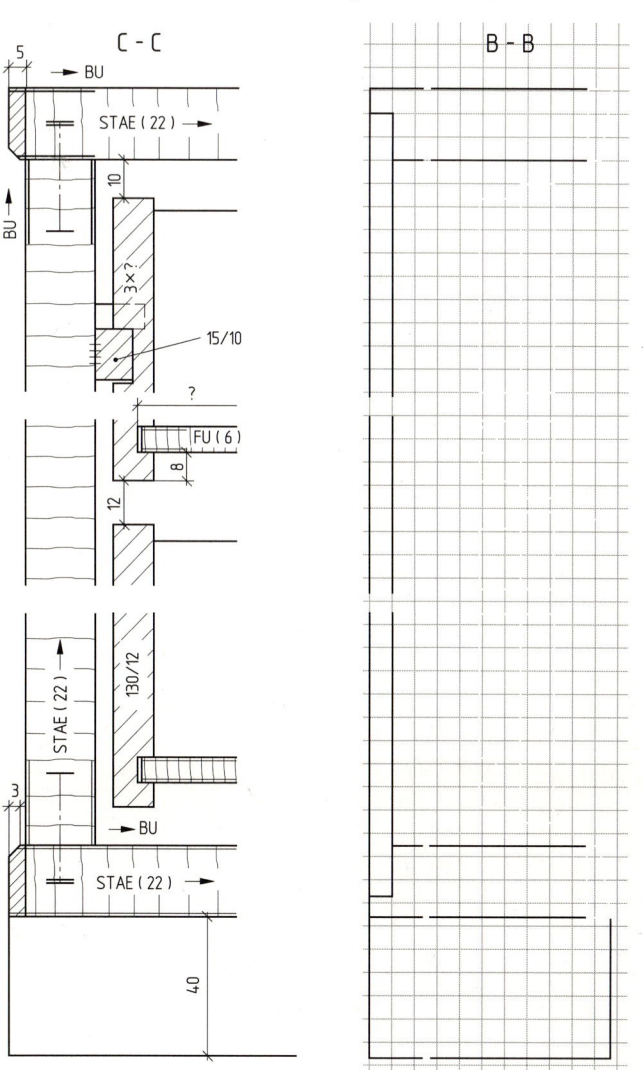

7. Fertigungszeichnung Schubkastenmöbel

© Verlag Gehlen

70 Projekt Kindergarten: Schubkästen

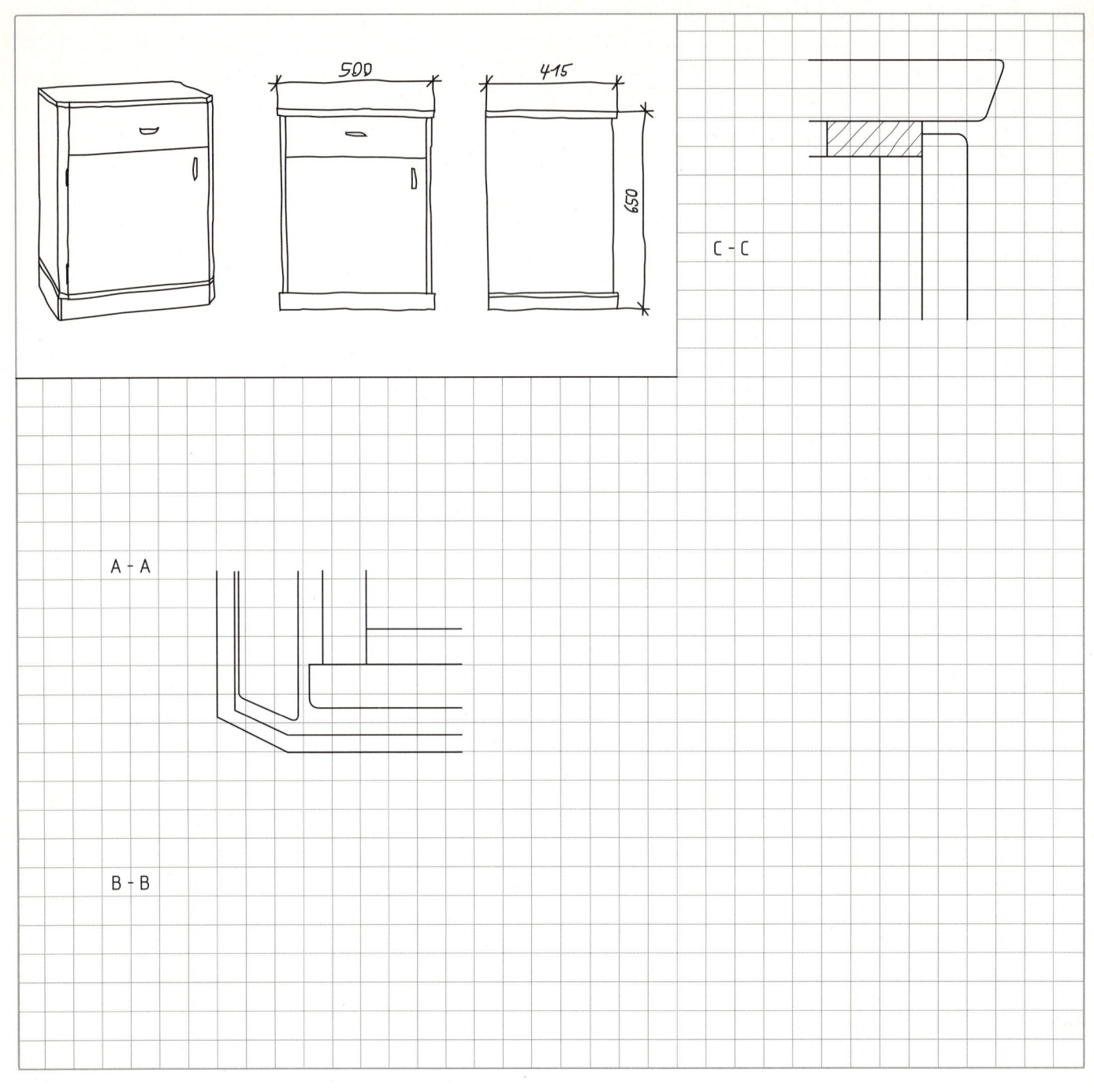

1. Materialschrank mit Tür und Schubkästen

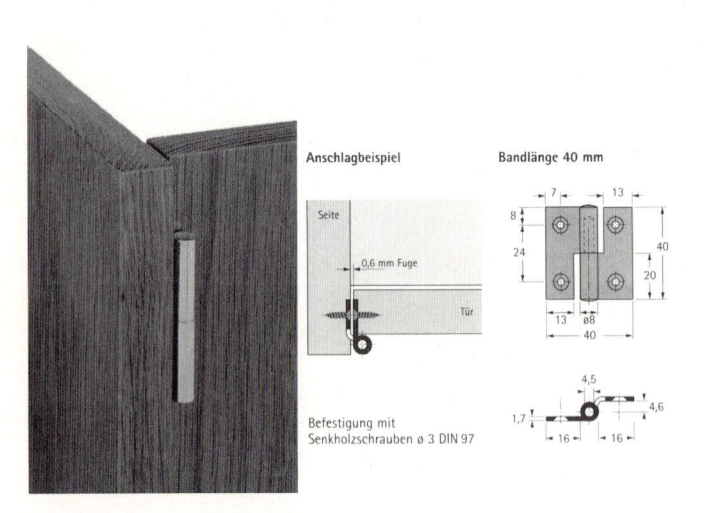

2. Beschläge für den Materialschrank

10.4 Möbel mit Schubkästen und Türen lassen sich vielfältig nutzen

Neben dem Materialschrank für das Malzeug, der nur Schubkästen hatte, sollen jetzt noch weitere Schränke hergestellt werden, die über Tür und Schubkästen verfügen.
Die obere Schublade soll mit einem Aufschraubschloss abschließbar sein, damit die Gruppenkasse sicheren Platz findet.
Als Bänder werden die in Bild 2 dargestellten Zylinderbänder der Kröpfung B genutzt.

Aufgabe 1:
Vervollständigen Sie in Bild 1 den Vertikal- und den Horizontalschnitt um die Klassische Führung.

Aufgabe 2:
Zeichnen Sie die Ansichten und die drei Schnitte auf ein DIN-A 3-Blatt.

© Verlag Gehlen

Innenliegende Schubkästen

3. Schrank mit innenliegenden Schubkästen

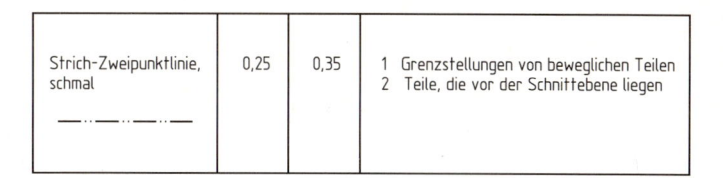

Strich-Zweipunktlinie, schmal	0,25	0,35	1 Grenzstellungen von beweglichen Teilen 2 Teile, die vor der Schnittebene liegen

4. Linienart und Benennung

Schubkästen hinter Möbeltüren

Mitunter ist es sinnvoll die Schubläden hinter einer Möbeltür anzubringen, wie in Bild 3 dargestellt. Dabei muss der Tischlermeister bei der Planung der Möbel darauf achten, dass die Schublade bei einer um 90° geöffneten Tür bedienbar ist. Dazu ermittelt er den Drehpunkt der Tür und stellt mit einem Zirkel die Öffnungsstellung der Tür bei 90° dar. Diese Position zeichnet er mit einer Strich-2-Punkt-Linie (Bild 4).

Aufgabe 3:
Welche Gründe können dafür ausschlaggebend sein die Schubkästen so zu platzieren?

___

Aufgabe 4:
Ermitteln Sie in Bild 5 die Grenzstellung der Tür und stellen Sie fest, ob der Schubkasten herausgezogen werden kann. Wenn das nicht der Fall sein sollte, verschieben Sie die Schubkastenseite auf die richtige Position. Stellen Sie diese farbig dar und tragen Sie das Maß der Nutleistenbreite ein.

Aufgabe 5:
Zeichnen Sie den in Bild 6 dargestellten Schrank in den Ansichten und den drei Schnitten normgerecht auf einem DIN-A 3-Blatt. Der Schrank soll zur Aufbewahrung von Zeichenpapier dienen und 5 innenliegende Schubläden erhalten.
Orientieren Sie sich bei der Konstruktion am vorliegenden Horizontalschnitt, übernehmen Sie die Maße aus Bild 1.

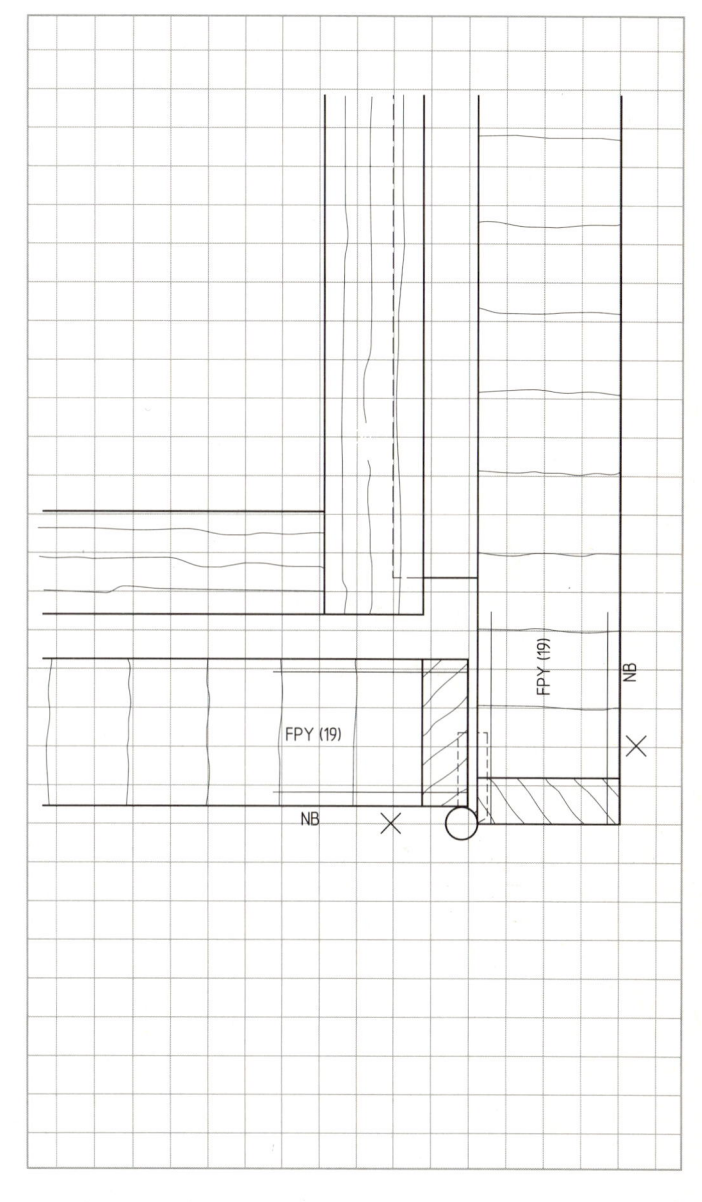

5. Vorlage zu Aufgabe 4

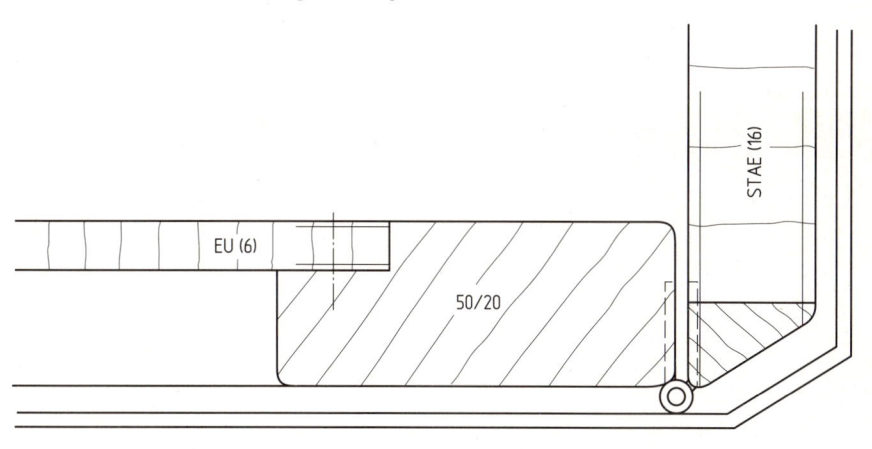

6. Schrank für Zeichenmaterial

© Verlag Gehlen

1. Papierschrank

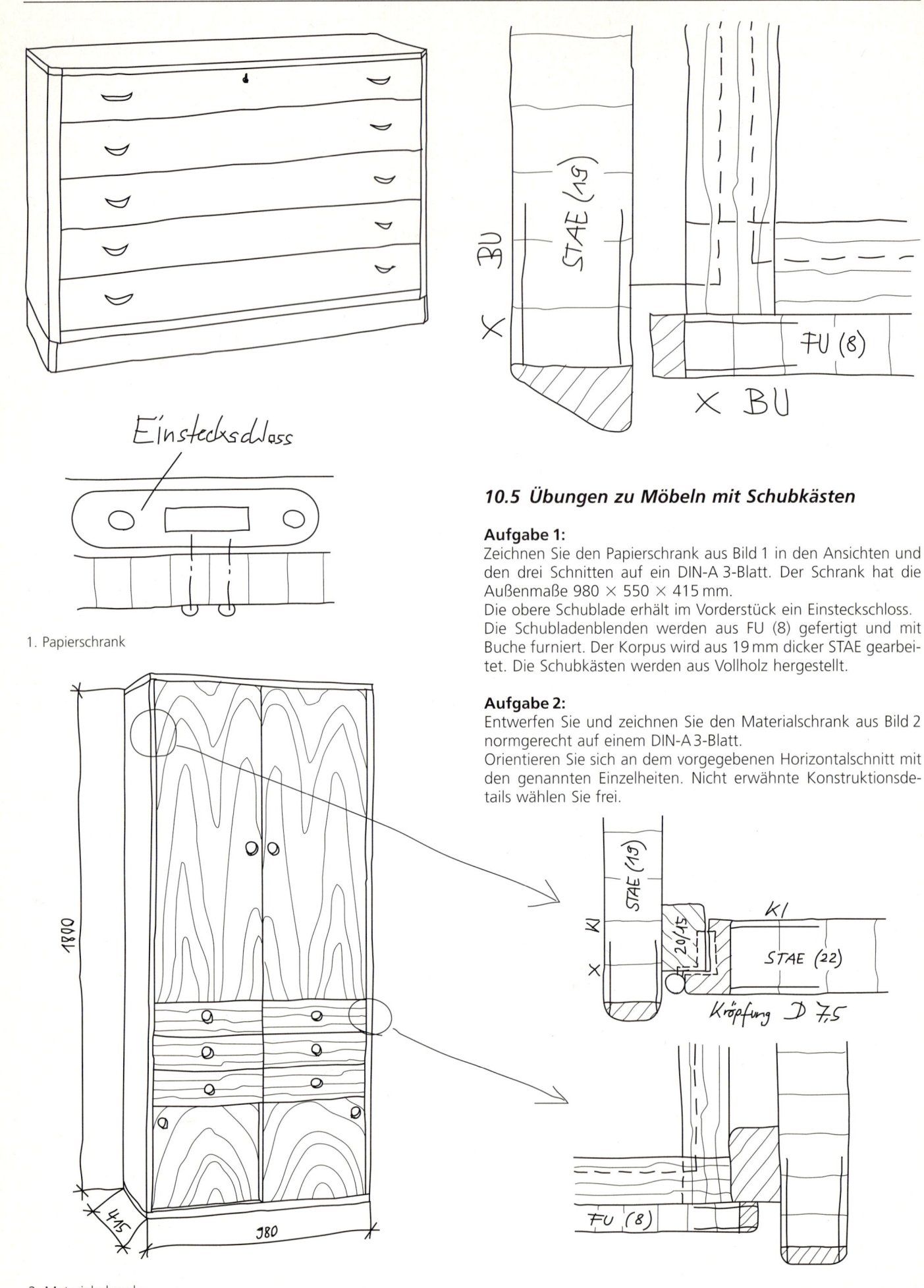

2. Materialschrank

10.5 Übungen zu Möbeln mit Schubkästen

Aufgabe 1:
Zeichnen Sie den Papierschrank aus Bild 1 in den Ansichten und den drei Schnitten auf ein DIN-A 3-Blatt. Der Schrank hat die Außenmaße 980 × 550 × 415 mm.
Die obere Schublade erhält im Vorderstück ein Einsteckschloss.
Die Schubladenblenden werden aus FU (8) gefertigt und mit Buche furniert. Der Korpus wird aus 19 mm dicker STAE gearbeitet. Die Schubkästen werden aus Vollholz hergestellt.

Aufgabe 2:
Entwerfen Sie und zeichnen Sie den Materialschrank aus Bild 2 normgerecht auf einem DIN-A 3-Blatt.
Orientieren Sie sich an dem vorgegebenen Horizontalschnitt mit den genannten Einzelheiten. Nicht erwähnte Konstruktionsdetails wählen Sie frei.

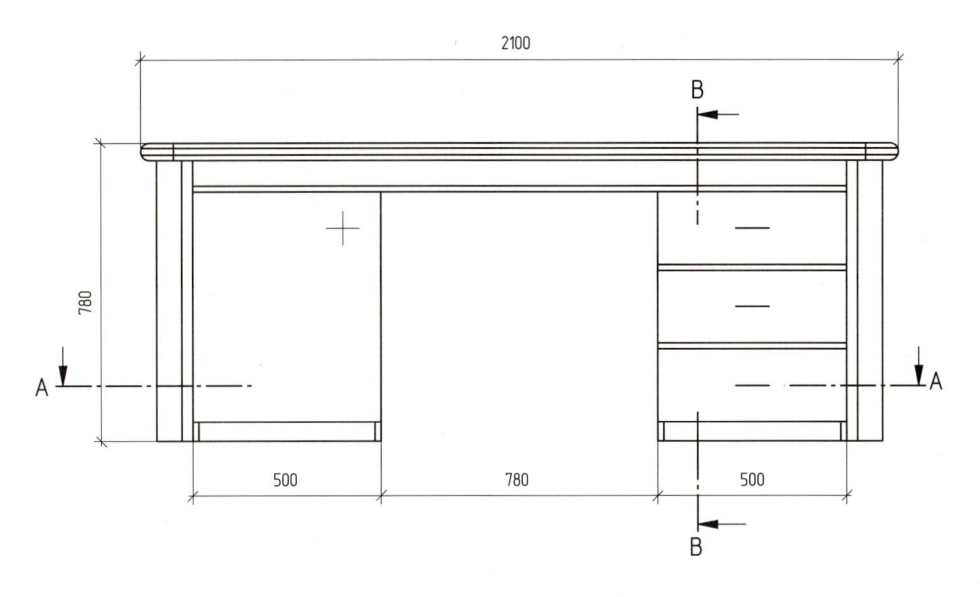

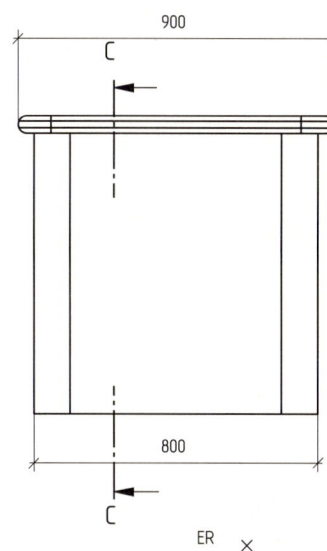

3. Schreibtisch

Aufgabe 3:
Konstruieren und zeichnen Sie den Schreibtisch in Erle (Bild 3) für das Zimmer der Leiterin. Hinter der linken Tür sollen 5 Schubkästen platziert werden. Das Detail des Profiles übernehmen Sie.

Aufgabe 4:
Entwerfen und zeichnen Sie normgerecht einen PC-Arbeitsplatz. Es sollen Monitor, Rechner, Tastatur, Maus und Drucker untergebracht und bedient werden können. Für Schreib- und Zeichenarbeiten ist ebenfalls Platz vorzusehen. Tragen Sie die Gerätemaße in die Tabelle in Bild 5 ein.
Der in Abbildung 4 dargestellte Schreibplattenauszug eignet sich hervorragend zur Aufnahme der Tastatur.

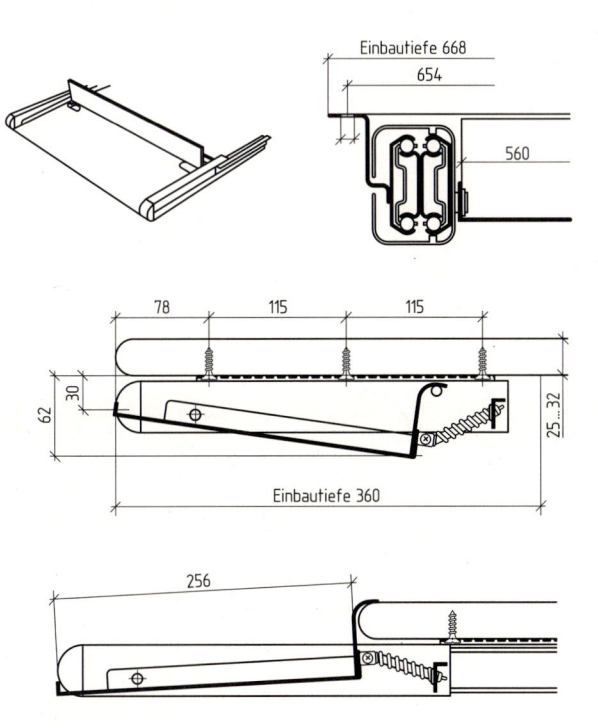

Gerät	Maße		
	Breite	Höhe	Tiefe
Monitor			
Rechner			
Tastatur			
Maus			
Drucker			

4. Tastaturauszug

5. Tabelle Gerätemaße

© Verlag Gehlen

11 Zeichnungslesen

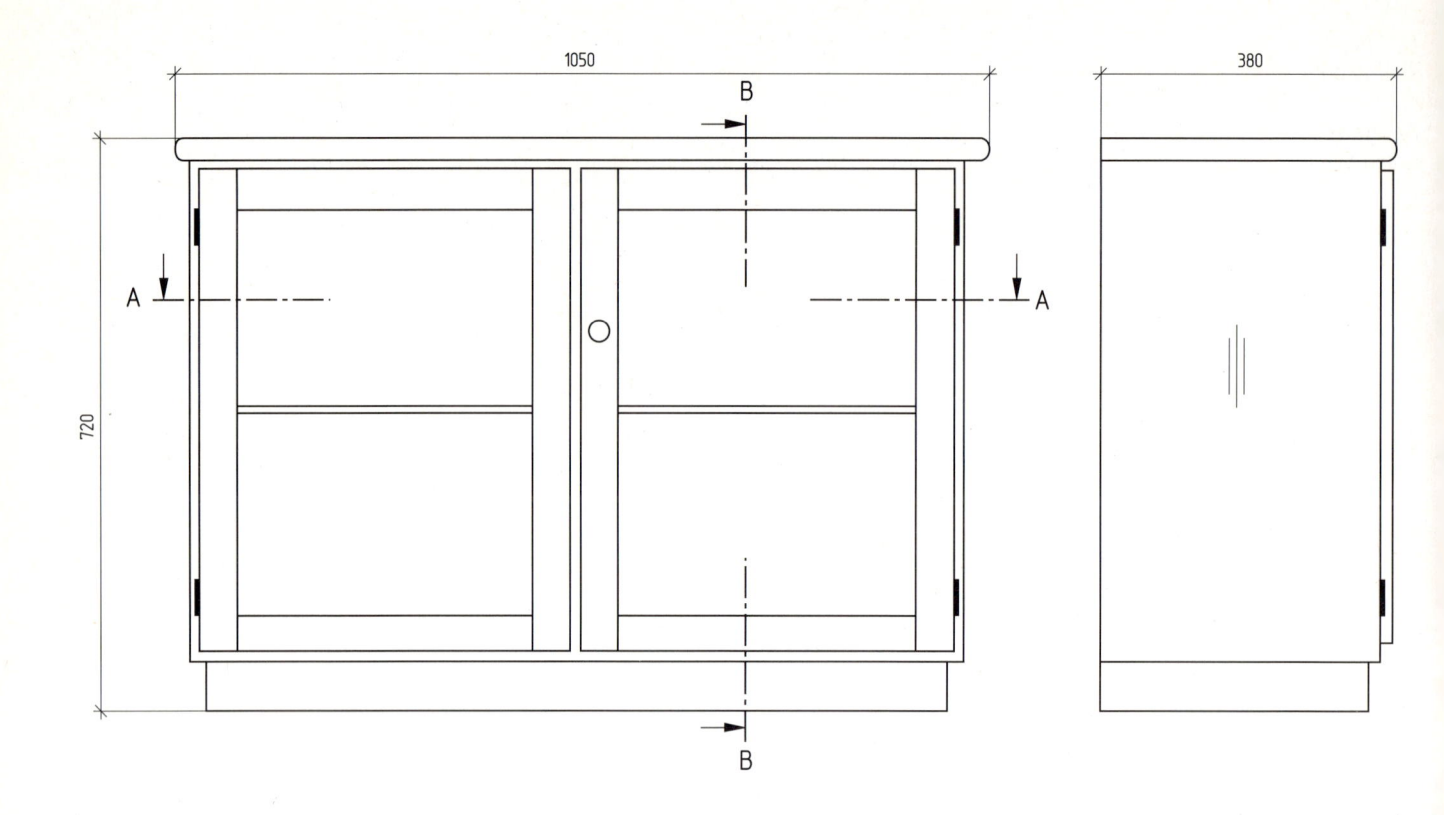

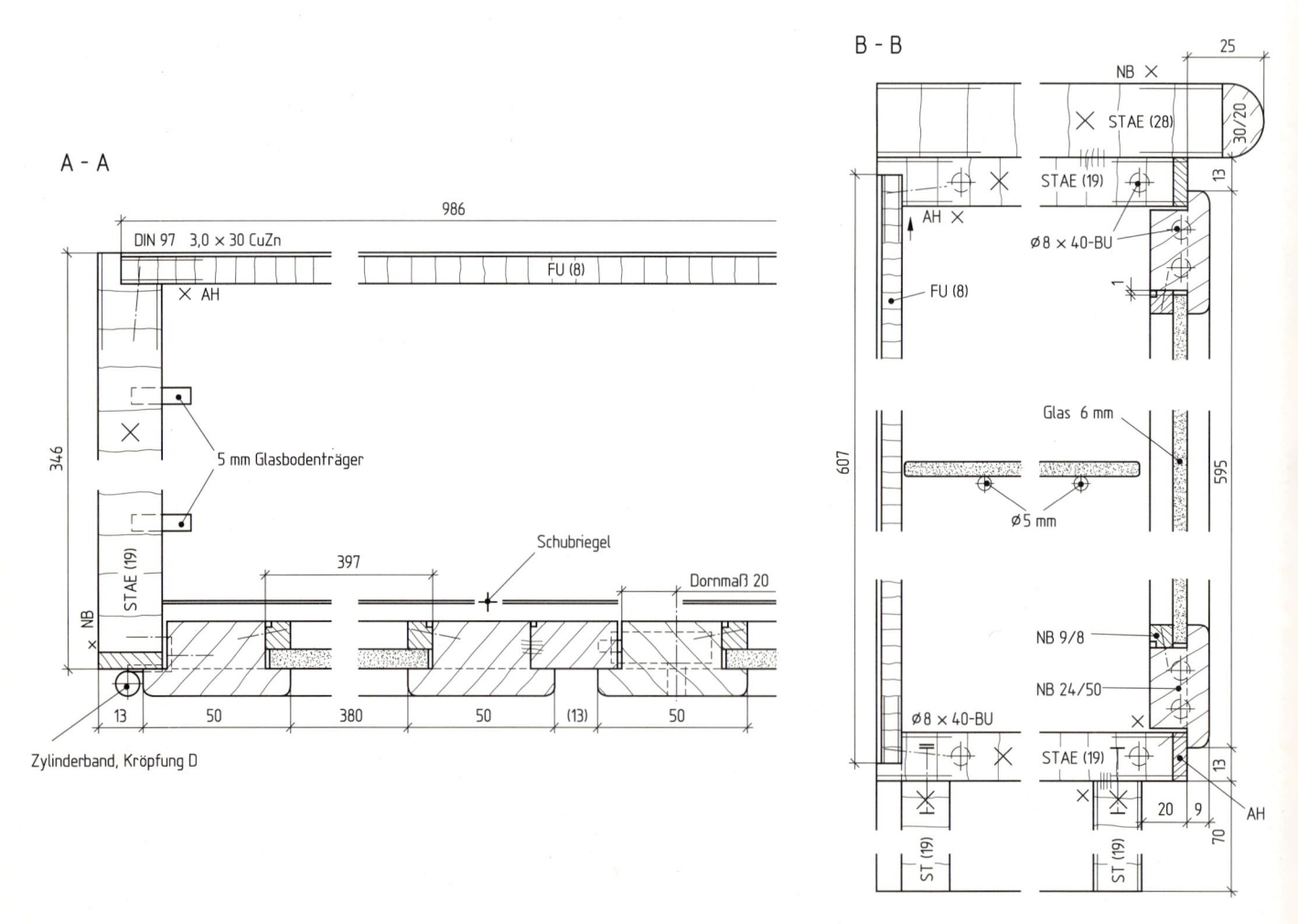

1. Ausschnitt aus einer Fertigungszeichnung

11.1 Anrichte in Nussbaum

Aus der Produktion der Firma Fischer ist in Bild 1 eine Anrichte in Nussbaum dargestellt.

Aufgabe:
Lesen Sie die Zeichnung und tragen Sie Ihre Lösungen ein.

1. In welcher Bauart ist das Möbel gefertigt?

2. Um welche Anschlagsart handelt es sich bei den Türen?

3. Erklären Sie das Konstruktionsprinzip des Mittenanschlages.

4. Nennen Sie die Beschläge, die die Türen verschließen.

5. Mit welcher Bandart sind die Türen angeschlagen?

6. Aus welchem Trägermaterial sind nebenstehende Möbelteile angefertigt? Geben Sie die Abkürzung und die ausführliche Bezeichnung an.

7. Mit welcher Holzart ist der Korpus von innen furniert?

8. Nennen Sie die Reihenfolge beim Furnieren und Anleimen.

9. Geben Sie die Richtung des Furnieres an.

10. Wie sind die nebenstehenden Teile miteinander verbunden? Nennen Sie die Abkürzung und die ausführliche Beschreibung des Verbindungsmittels.

11. Tragen Sie die Fertigmaße in die untenstehende Tabelle ein.

Bezeichnung	Anzahl	Material	Länge	Breite	Dicke
Türen					
Türfüllungen					
Rückwand					
Platte					
Seiten					

Lösungen:

1. Bauart: _____

2. Anschlagsart: _____

3. Mittenanschlag: _____

   _____

4. Türbeschläge: _____

   _____

5. Bandart: _____

6. Korpusseiten: _____

   Rückwand: _____

7. Innenfurnier: _____

8. Platte:

   erst _____ dann _____

   Unterboden:

   erst _____ dann _____

9. Furnierrichtung:

   Seiten im Schnitt A–A: _____

   Platte im Schnitt B–B: _____

   Rückwand im Schnitt A–A: _____

10. Rückwand mit dem Korpus:

    _____

    _____

    Böden mit den Seiten:

    _____

    _____

    Sockel mit dem Unterboden:

    _____

    _____

© Verlag Gehlen

76 Projekt Kindergarten: Zeichnungslesen

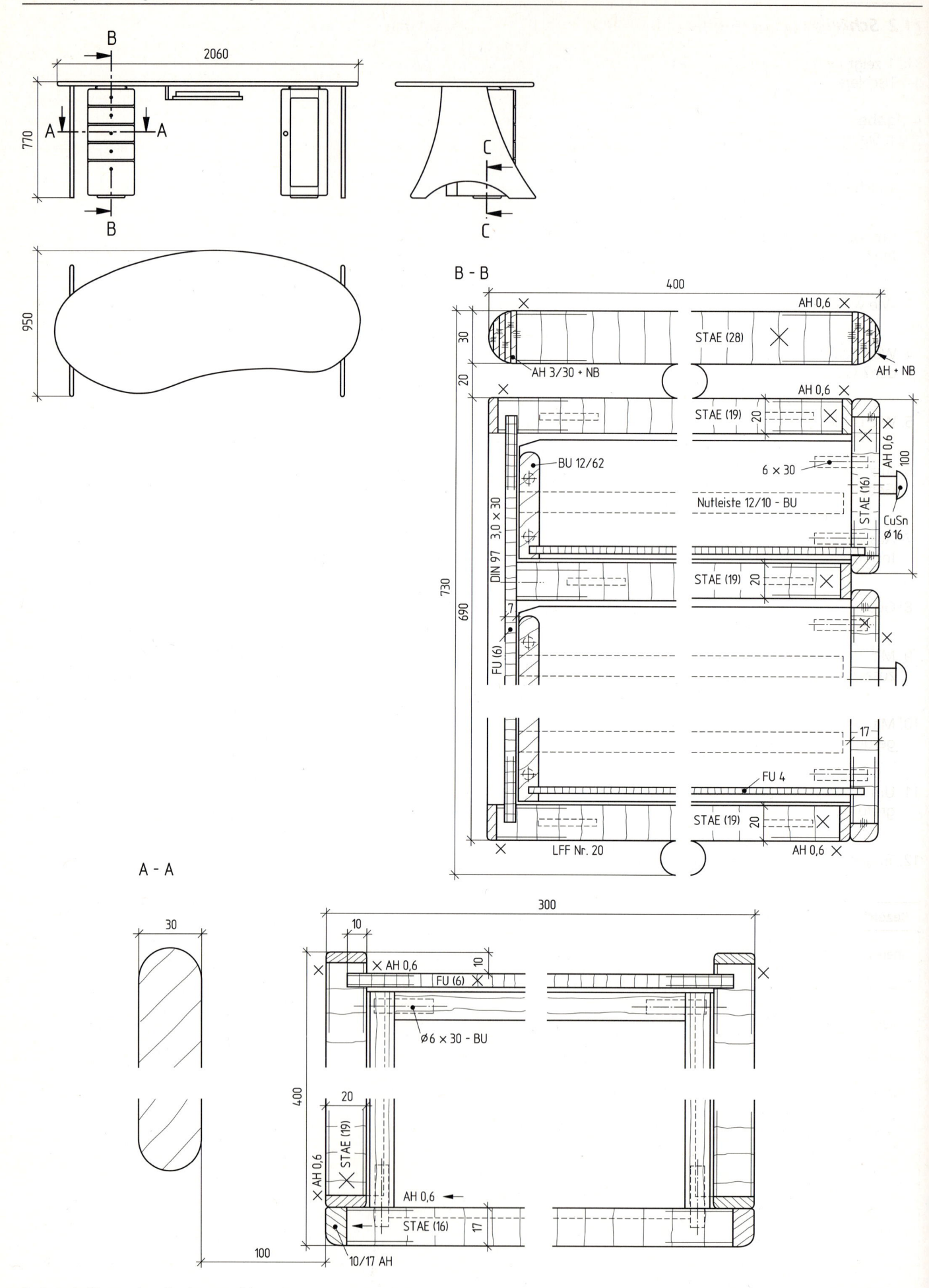

1. Ausschnitt aus einer Fertigungszeichnung

11.2 Schreibtisch in Vogelaugenahorn

Bild 1 zeigt einen repräsentativen Schreibtisch für einen Kunden der Tischlerei Fischer.

Aufgabe:
Lesen Sie die Fragen und tragen Sie Ihre Lösungen ein.

1. Welche Schnittführungen sind dargestellt?

2. Um welche Anschlagart handelt es sich bei den Schubkästen?

3. Wie wird die Schubkastenführung bezeichnet?

4. Wodurch sind die Schubkastenecken miteinander verbunden? Geben Sie die genaue Bezeichnung an.

5. Wie ist der Schubkastenboden befestigt?

6. Aus welchem Material wird der Schubkasten hergestellt? Geben Sie die Abkürzung und die genaue Bezeichnung an.

7. Aus welchem Material bestehen die nebenstehenden Möbelteile des Korpus?

8. Geben Sie die Reihenfolge beim Furnieren und Anleimen an.

9. Mit welchem Verbindungsmittel werden die Korpusteile zusammengehalten?

10. Mit welchem Radius werden die Schubkastenvorderkanten gerundet?

11. Um welches Material handelt es sich bei den Schubkastengriffen?

12. Tragen Sie die Fertigmaße in die Tabelle ein.

Lösungen:

1. A–A: _____
   B–B: _____
   C–C: _____

2. Anschlagart: _____

3. Führung: _____

4. Verbindungen: _____

5. Befestigung: _____

6. Seiten: _____
   Vorderstück: _____
   Boden: _____
   Führungsleisten: _____

7. Seiten: _____
   Platte: _____
   Anleimer Schubkästen: _____

8. Korpusseiten: _____

9. Verbindungsmittel: _____

10. Radius: _____

11. Material: _____

Bezeichnung	Anzahl	Material	Länge	Breite	Dicke
oberes Schubkastenhinterstück					
oberes Schubkastenvorderstück					
Rückwand					
Ober-/Unterboden					
Laufböden					

2. Tabelle

12 Planungsfahrplan Möbelbau

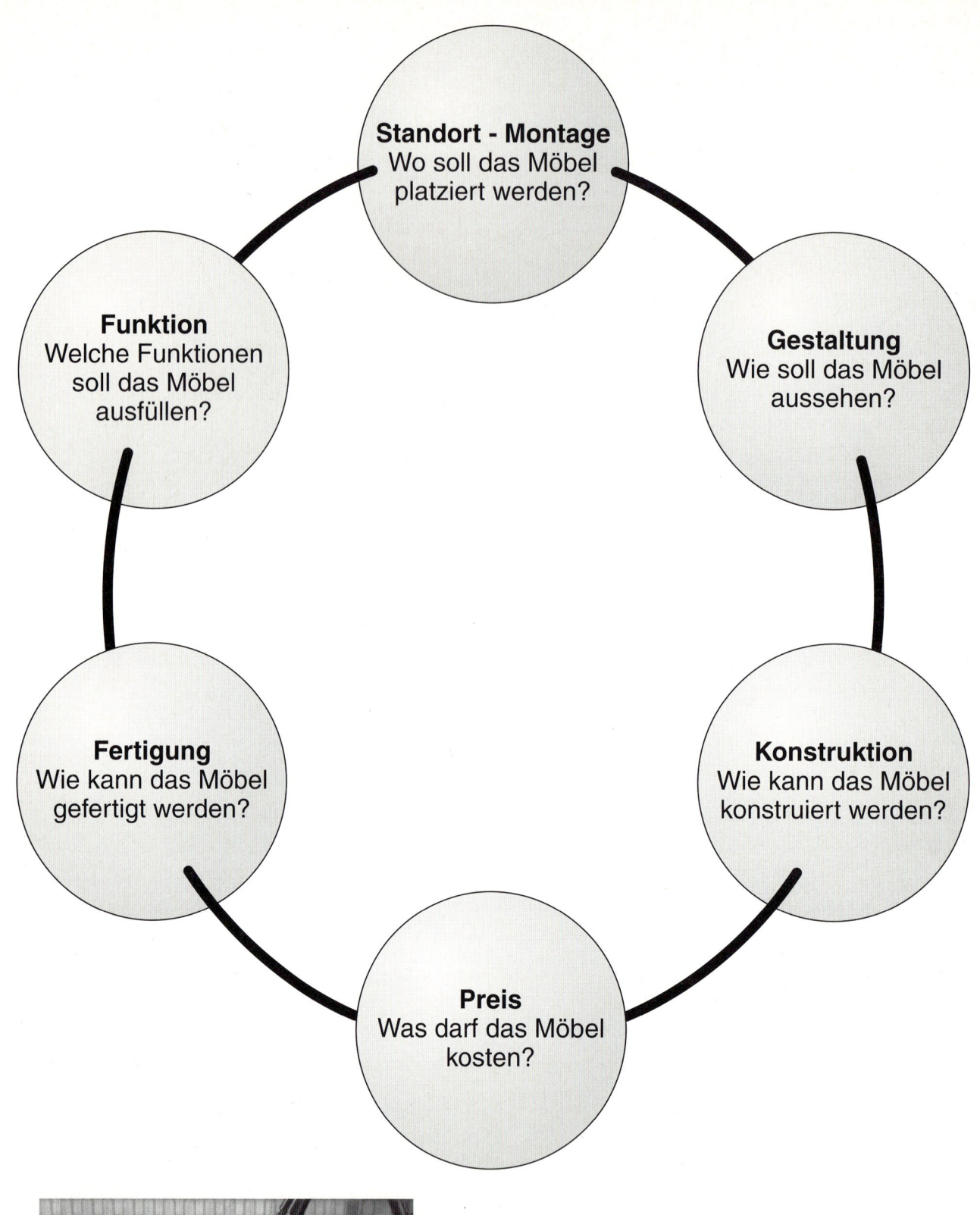

Standort - Montage
Wo soll das Möbel platziert werden?

Gestaltung
Wie soll das Möbel aussehen?

Konstruktion
Wie kann das Möbel konstruiert werden?

Preis
Was darf das Möbel kosten?

Fertigung
Wie kann das Möbel gefertigt werden?

Funktion
Welche Funktionen soll das Möbel ausfüllen?

1. Auftragserfassung

12.1 Die Auftragserfassung

Schon bei der Auftragserfassung, die meistens mit einem Ortstermin verbunden ist, sind unter anderem die in Bild 1 dargestellten Fragen zu klären.
Keiner dieser Punkte kann für sich allein betrachtet werden. Alle Fragen sind untereinander und voneinander abhängig, stehen in einem Zusammenhang.
Am Beispiel eines Schlüsselkastens werden wir die Planung eines Möbels nachvollziehen.

© Verlag Gehlen

Der Schlüsselkasten

Welche Funktionen soll das Möbel ausfüllen?	→	Das Möbel soll zur geordneten Aufbewahrung von ca. 70 Schlüsseln verschiedener Größe dienen.
Wo soll das Möbel platziert werden?	→	Das Möbel soll im Flur neben der Garderobe an der Wand hängen.
Wie soll das Möbel aussehen?	→	Das Möbel soll zu der Kiefernholzgarderobe passen und nicht zu groß sein. Es soll mit einer Tür versehen werden, die aber nicht abschließbar sein muss.
Wie soll das Möbel konstruiert werden?	→	Das Möbel soll aus Vollholz gebaut werden und wird daher als Eckverbindung Zinken erhalten. Die Tür wird mit Zapfenbändern angeschlagen und stumpf einschlagend konstruiert.
Wie soll das Möbel gefertigt werden?	→	Holz und Beschläge für das Möbel sind in der Werkstatt vorhanden. Besondere Maschinen oder Werkzeuge sind für diese Arbeit nicht erforderlich. Ein Lehrling kann zu Übungszwecken diesen Auftrag, vor allem die zeitaufwendige Zinkung, selbstständig ausführen.
Was darf das Möbel kosten?	→	Kleinmöbel dieser Art sind für eine Tischlerei kaum kostendeckend zu kalkulieren. Nur durch den rationellen Einsatz von Material, Maschinen und Personal kann ein für den Kunden annehmbarer Preis ermittelt werden.

Aufgabe 1:
Beantworten Sie stichwortartig die folgenden Fragen und tragen Sie Ihre Antworten in Bild 2 ein.

1. Erläutern Sie, inwiefern sich Preis und Gestaltung beeinflussen können.

2. Inwiefern hat der Standort eines Möbels Einfluss auf die Gestaltung?

3. Erläutern Sie die Abhängigkeit zwischen der Wahl der Konstruktion und der Fertigung.

Aufgabe 2:
Diskutieren Sie, ob bei der Planung eines Möbels zunächst nur die Gestaltung und dann erst die Funktion eine Rolle spielt oder ob es eher umgekehrt ist. Tragen Sie Stichworte in Bild 3 ein.

2. Antworten zu Aufgabe 1

3. Stichworte zu Aufgabe 2

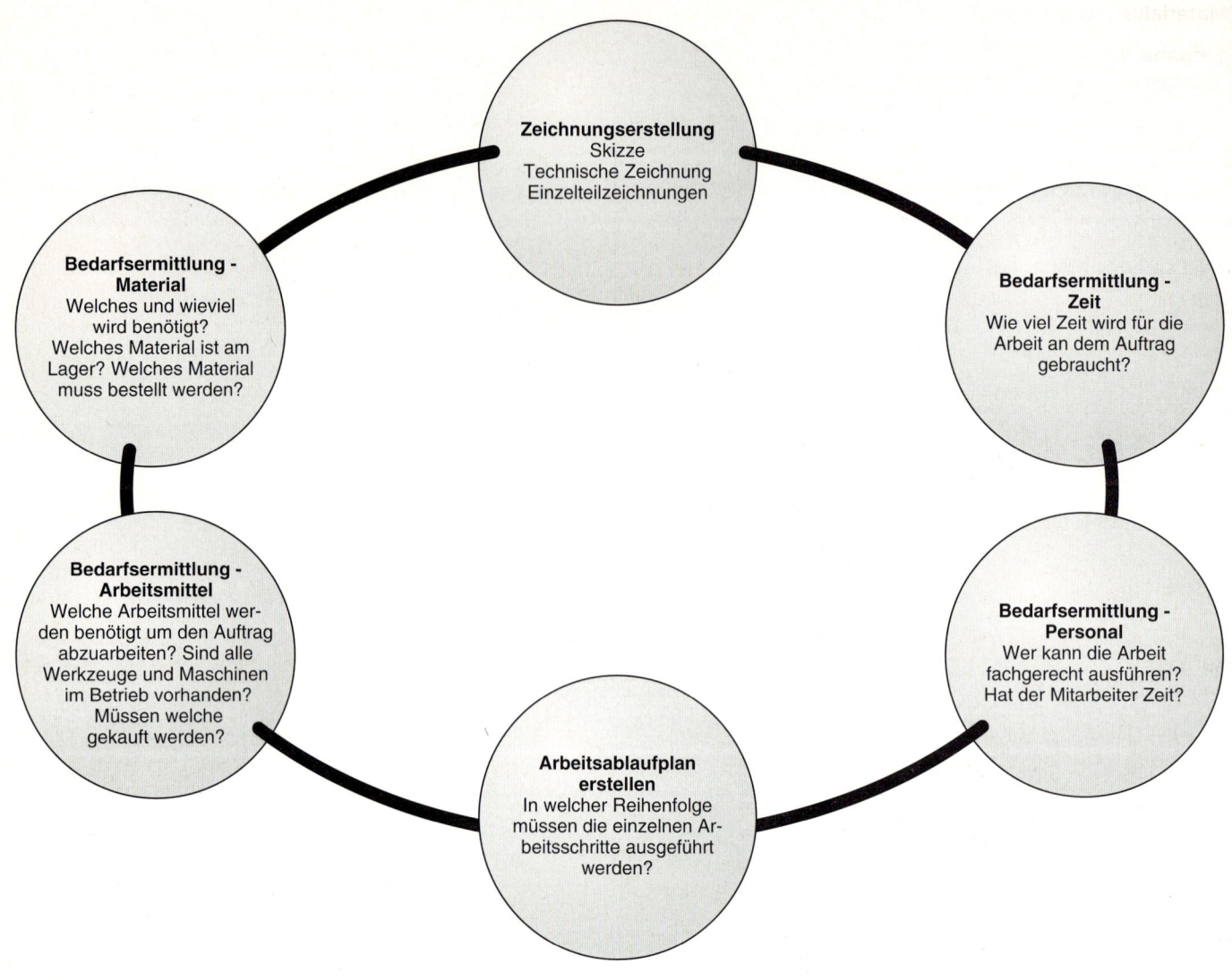

Projekt Kindergarten: Planungsfahrplan Möbelbau

Zeichnungserstellung
Skizze
Technische Zeichnung
Einzelteilzeichnungen

Bedarfsermittlung - Material
Welches und wieviel wird benötigt? Welches Material ist am Lager? Welches Material muss bestellt werden?

Bedarfsermittlung - Zeit
Wie viel Zeit wird für die Arbeit an dem Auftrag gebraucht?

Bedarfsermittlung - Arbeitsmittel
Welche Arbeitsmittel werden benötigt um den Auftrag abzuarbeiten? Sind alle Werkzeuge und Maschinen im Betrieb vorhanden? Müssen welche gekauft werden?

Bedarfsermittlung - Personal
Wer kann die Arbeit fachgerecht ausführen? Hat der Mitarbeiter Zeit?

Arbeitsablaufplan erstellen
In welcher Reihenfolge müssen die einzelnen Arbeitsschritte ausgeführt werden?

1. Netzwerk Fertigungsplanung

12.2 Die Planung der Fertigung

Nachdem der Kunde das Angebot akzeptiert hat, treten bei der Vorbereitung der Fertigung des Schlüsselkastens obige Fragen auf, die der Fachmann sinnvoll beantworten muss.

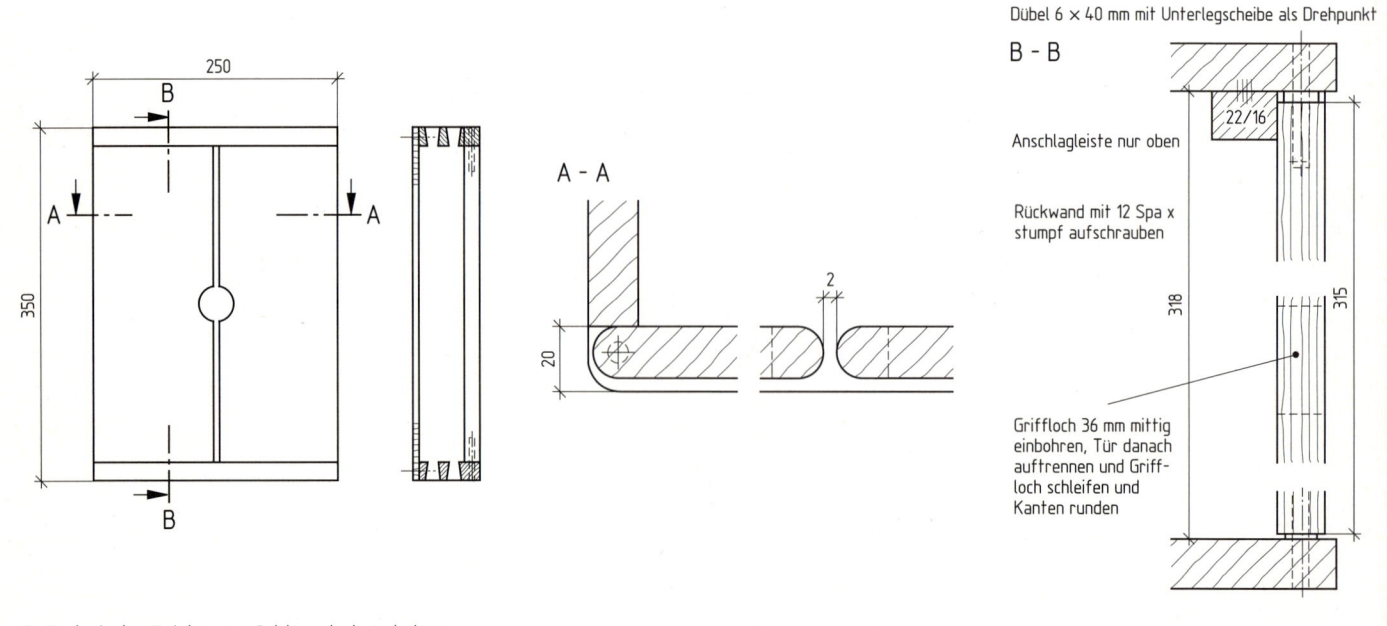

Dübel 6 × 40 mm mit Unterlegscheibe als Drehpunkt

B - B

Anschlagleiste nur oben

Rückwand mit 12 Spa x stumpf aufschrauben

Griffloch 36 mm mittig einbohren, Tür danach auftrennen und Griffloch schleifen und Kanten runden

2. Technische Zeichnung Schlüsselschränkchen

Materialliste Schlüsselbrett

Aufgabe 1:
Ergänzen Sie die unten stehende Materialliste mithilfe der technischen Zeichnung aus Bild 2.

Pos.	Bezeichnung	Material	Anzahl	Länge	Breite	Dicke
1	Seiten	Kl	2			16
2	Böden	Kl	2		100	16
3	Türen	Kl	2		122	16
4	Anschlagleiste	Kl	1	228	22	16
5	Rückwand	FU	1	349	249	5
6	Zapfenband	CuZn	2			
7	Rückwandschrauben 2,5 × 25	Spax	12			

3. Materialliste Schlüsselschrank

Aufgabe 2:
Tragen Sie mithilfe erfahrener Mitarbeiter die kalkulatorischen Arbeitszeiten in die Tabelle ein.

Tätigkeit	Zeit			
	Bankraum		Maschinenraum	
	Facharbeiter	Helfer	Facharbeiter	Helfer
Zeichnung und Materialliste erstellen				
Materialeinkauf erledigen und Arbeitsablaufplan erstellen				
Holzauswahl und Grobzuschnitt				
Abrichten, Fügen				
Dicke aushobeln				
Breitenverleimung für Türen				
Längen- und Breitenzuschnitt				
Korpus anreißen und zinken				
Alle Teile innenseitig schleifen				
Rundungen fräsen, Griffloch bohren				
Kanten brechen, nachschleifen				
Korpus zusammenbauen, Anschlagleiste montieren				
Von außen verschleifen				
Tür anschlagen und Rückwand einbauen				
Oberfläche ölen				
Summe				

4. Arbeitsablaufplan Schlüsselkasten

© Verlag Gehlen

12.3 Planungsaufgaben

Aufgabe 1:
Für den Kindergarten soll der Lehrling mehrere 2-stufige Tritte planen und herstellen.
Die Kinder sollen damit auch an höhere Regale und Schränke gelangen können.
Entwickeln Sie anhand des gezeigten Planungsfahrplanes „Möbelbau" die

- perspektivische Entwurfsskizze,
- die Technische Zeichnung,
- die Materialliste und den
- Arbeitsablaufplan für dieses Möbel.

Konstruktionshilfe:

Das Möbel soll aus Vollholz gefertigt werden.

Ermitteln Sie die günstigste Tritthöhe und Auftrittbreite des Möbels.

Wählen Sie ausbildungsrelevante Verbindungsarten.

Versuchen Sie einen kindgerechten Entwurf zu entwickeln!

Aufgabe 2:
In der Tischlerei Fischer soll für einen Kunden ein Hängeregal angefertigt werden. Der Kunde will dieses Regal auf seiner Diele platzieren. Er äußert den Wunsch, dass neben dem Telefon auch der Anrufbeantworter und die Telefonbücher gut Platz finden.
Eine Beleuchtung soll mit integriert werden. Die Diele hat eine weitere Möblierung, die in der Holzart Eiche rustikal gehalten ist.

Planen Sie das Möbel vollständig durch.

1. Gestaltungsbeispiel: 2-stufiger Tritt

2. Gestaltungsbeispiele für Hängeregale

Planungsaufgaben

Aufgabe 3:
Für die Unterbringung von 80 CDs und 40 Videokassetten soll für einen Kunden in der Tischlerei Fischer ein Schränkchen aus Lärchenholz angefertigt werden.
Der Kunde legt auf modernes Design großen Wert, das zu seiner sonstigen hochwertigen Einrichtung passt.

Planen Sie für diesen Kunden ein passendes Möbelstück.

Aufgabe 4:
Für den Spielplatz des Kindergartens sollen mehrere Sitzgelegenheiten und Tische angefertigt werden.
Es sollen 12 Kinder Platz finden.

Planen Sie für den Spielplatz diesen Auftrag!

3. Gestaltungsentwürfe Medienschränkchen

4. Gestaltungsbeispiele für Sitzgruppen

13 Präsentation und Gestaltung

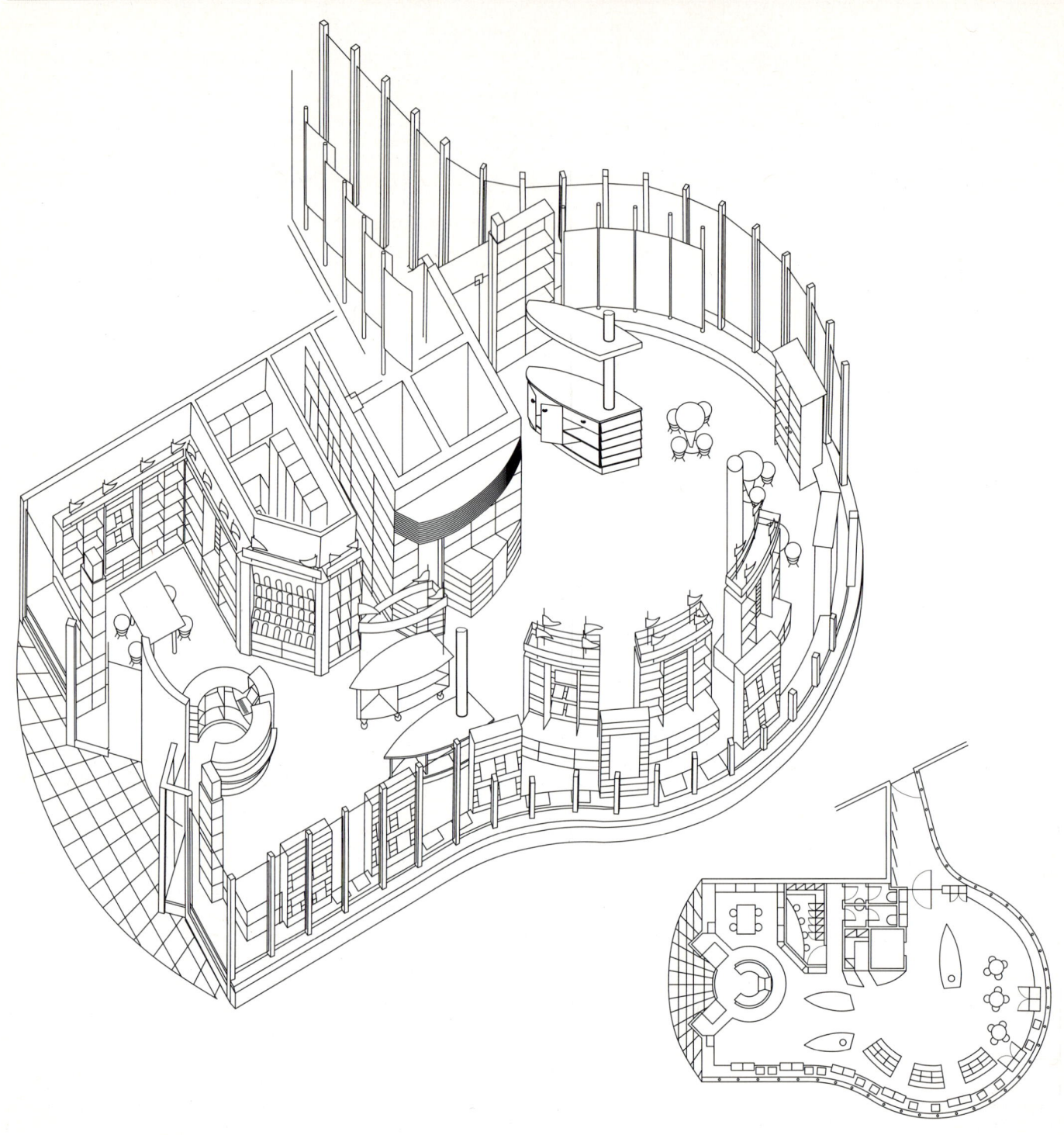

1. Präsentationszeichnung eines Buchladens

2. Grundriss des Buchladens

13.1 Auf die Präsentation kommt es an

Der „Tante-Emma-Laden" ist heute nur noch vereinzelt aufzufinden. Denn der Besuch eines Ladens ist nicht mehr nur durch einen konkreten Kaufwunsch begründet. Der Kunde möchte beraten werden, er nimmt sich Zeit und hält sich nicht nur kurz in einem Geschäft auf. Der so genannte Einkaufsbummel bekommt eine neue Bedeutung. Dieses Verhalten hat natürlich auch einen Einfluss auf unsere Tätigkeit als Ladenbauer. Die Aufgaben der Ladengestaltung werden dadurch noch vielfältiger.
Nicht nur die ursprüngliche Aufgabe einer gelungenen Warenpräsentation will beachtet werden, sondern der Besucher soll durch ein interessantes und attraktives Einrichtungskonzept zum Kauf angeregt werden und zum Wohlfühlen. Denn wo man sich wohlfühlt, geht man auch gerne wieder hin.

Die Planung und Einrichtung eines Ladens gehören sicherlich zu den reizvollsten Aufgaben eines Tischlers. Kann er hierbei doch mit seiner Ladengestaltung (wenn es nicht in den Händen eines Architekten liegt) alle Möglichkeiten seines gestalterischen und technischen Könnens beweisen.
Einheitliche Vorstellungen von Form, Farbe, Material und Oberfläche gibt es nicht. Jeder Laden soll ein unverwechselbares Ambiente ausstrahlen, um auf seine Weise seine ausgewählte Zielgruppe anzusprechen.
Allerdings ergeben sich durch unterschiedliche Nutzungen unterschiedliche funktionelle und gestalterische Anforderungen an die Ladeneinrichtung, vom Fußboden über die Möblierung bis zu den Wänden, der Decke und den Farb- und Lichtwirkungen.

© Verlag Gehlen

Funktionsbereiche im Laden, Präsentationszeichnung 85

3. Ansicht einer Regalabwicklung im Buchladen

Verkaufen ist nicht alles!

In einem Geschäft wird nicht „nur" verkauft, es sollten noch andere Tätigkeiten stattfinden, wenn der Geschäftsführer einen Kundenstamm gewinnen und halten will. Von einem Automobilhaus erwarten Sie natürlich auch mehr als den Verkauf.

Aufgabe 1:
Überlegen Sie, welche unterschiedlichen Funktionsbereiche Sie in Abbildung 1 erkennen. Ergänzen Sie die Tabelle in Abbildung 4 und legen Sie die Bereiche in der Zeichnung farbig an.

Aufgabe 2:
Markieren Sie in der Präsentationszeichnung die Teile mit unterschiedlichen Farben, welche Sie auch in dem Grundriss erkennen können.

Aufgabe 3:
Was würden Sie sich außer den Gegebenheiten wünschen, um den Kunden und Geschäftsinhaber zufrieden zu stellen? Bearbeiten Sie diese Aufgabe in der Abbildung 5.

Funktionsbereich	Farbe	Anforderungen	Vorschläge/Anregungen

4. Tabelle zur Aufgabe 1

Funktionsbereich	Anforderungen	Vorschläge – Anregungen

5. Tabelle zur Aufgabe 3

© Verlag Gehlen

Projekt Ladenbau: Präsentation und Gestaltung

1. Apotheken müssen ein scheinbar unübersehbares Sortiment an Medikamenten bevorraten

2. Nicht nur kaufen, vorher probieren, der Kunde soll die Möglichkeit haben SEINEN Wein zu finden

13.2 Die Gestaltung unterliegt der Nutzung

Unterschiedliche Nutzungen ergeben unterschiedliche funktionelle und gestalterische Anforderungen an die Ladeneinrichtung. Möblierung, Wand-, Fußboden-, Deckenausführung sowie Farbgebung und Lichteinwirkungen müssen mit bedacht werden.
Die Gestaltung der Einrichtung sollte auf den Kundenkreis zugeschnitten sein.

Aufgabe 1:
In Bild 1 und 2 sind Beispiele zweier Ladeneinrichtungen gezeigt, welche sich stark voneinander unterscheiden.

Überlegen und notieren Sie in der Tabelle, welche Unterschiede in Nutzung, Einrichtung und Wirkung deutlich werden.

Aufgabe 2:
Informieren Sie sich zum nächsten Unterrichtstag über Ladeneinrichtungen in Ihrer Umgebung. Stellen Sie dann in tabellarischer Form (ähnlich Bild 2) ein Ihrer Meinung nach gelungenes Einrichtungskonzept vor.

Aufgabe 3:
Beschreiben Sie einen Laden, den Sie *nicht* ansprechend finden und machen Sie Vorschläge, um dieses Geschäft einladender zu gestalten ohne die gesamte Einrichtung auszutauschen!

Nutzung	Apotheke	Weinfachgeschäft
Umfang des Warenangebotes		
Unterbringung der Waren		
Präsentation		
Materialauswahl		
Farbauswahl		
Licht Beleuchtung		
Atmosphäre Wirkung		
Ihre Beurteilung zur Einrichtung		

2. Tabelle zur Aufgabe 1: Abhängigkeit zwischen den Gestaltungsentscheidungen und der Nutzung

© Verlag Gehlen

13.3 Methodisches Planen erleichtert die Gestaltung

Da der ehemalige Kunde, Herr Liber, auf eine erfolgreiche Zusammenarbeit mit der Tischlerei zurückblicken kann, in welcher Sie zur Zeit ausgebildet werden, bekommen Sie frühzeitig Einblicke in die Planung: Ein neues Geschäft soll eingerichtet werden.
Für einen freigewordenen Geschäftsraum im Innenstadtbereich einer mittelgroßen Stadt werden verschiedene Nutzungsmöglichkeiten diskutiert.
Ausgehend von der Größe der Räumlichkeiten (Bild 4), aber auch aufgrund der Bedarfsanalyse im Einzelhandel des umgebenden Innenstadtbereichs werden drei Ladenkonzepte in Erwägung gezogen:

Buchladen	Juwelier (Goldschmiede)	Jeansmoden

Ein von Ihnen zu entwickelnder Gestaltungsansatz soll die Entscheidung erleichtern.

Aus den vorgeschlagenen Nutzungsmöglichkeiten werden sich für die Ladeneinrichtung und die Geschäftsausstattung deutliche Unterschiede ergeben. Entscheidungen hinsichtlich der Einrichtung, z. B. Ladenbausysteme oder Einzelmöbel, der Materialauswahl, wie Kombinationen Holz/Metall oder Hightech-Design, der Fußboden- und Wandverkleidung und der Beleuchtung müssen gründlich durchdacht werden. Hierfür kann wiederum das Strukturschema Entscheidungshilfe leisten.

Aufgabe 1:
Bilden Sie Arbeitsgruppen, die ein Strukturschema (Anforderungsprofil) erstellen.
Welche spezifischen Anforderungen werden an jedes einzelne Ladenkonzept gestellt? – Beachten Sie dazu als Anregung die Abbildungen 5 und 6!

Aufgabe 2:
Halten Sie die Ergebnisse in Form einer Wandzeitung fest und diskutieren Sie über die Ergebnisse.

13.4 Materialproben erleichtern die Gestaltungsüberlegungen

Sicherlich ist ein möglichst präzises Strukturschema eine wichtige Planungshilfe für die Funktionalität einer Ladennutzung. Gute Freihandskizzen von Ansichten und perspektivische Darstellungen sind für den Entwurfsvorgang unerlässlich. Im Laden- und Innenausbau spielt neben den konstruktiven Lösungen die abgestimmte Material- und Farbauswahl eine äußerst wichtige Rolle. Durch die Auswahl der geeigneten Materialien, Materialkombinationen, Farben und Oberflächen werden wichtige psychologische Wirkungen erzielt, die für den Verkaufserfolg positiv genutzt werden können.

Aufgabe:
Überlegen Sie, welche Materialien für zwei der genannten Nutzungen geeignet sein könnten. Versuchen Sie entsprechende Werkstoffproben zu sammeln und erstellen Sie eine Materialkollage (Bild 7). Beschränken Sie sich auf den Bereich Möbel, Farbe, Wand.

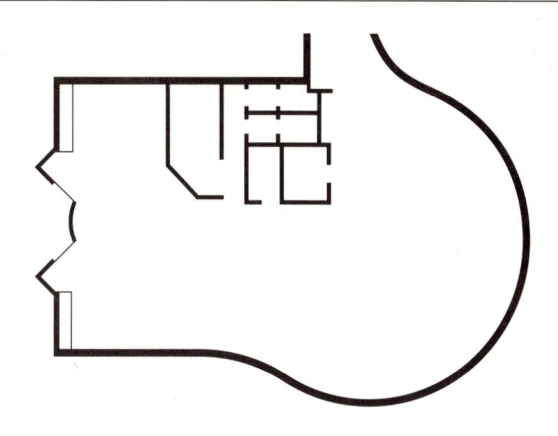

4. Größe und Zuschnitt eines freigewordenen Ladenlokals lassen verschiedene Nutzungen zu

Anforderungen an Ladenkonzept/Anforderungsprofil			
Materialauswahl	Design	Konstruktion	Technik
Holz	Innovativ	Systembau	Ver-, Entsorgung
Kunststoff	Modern	Klassische Verbindung	Kassenanschlüsse
Metall	Hightec		EDV
Glas	Zeitlos		
Stein	Nostalgie		
Stoff			

5. Zur Vorstellung des Arbeitsergebnisses wird häufig die Metaplantechnik genutzt

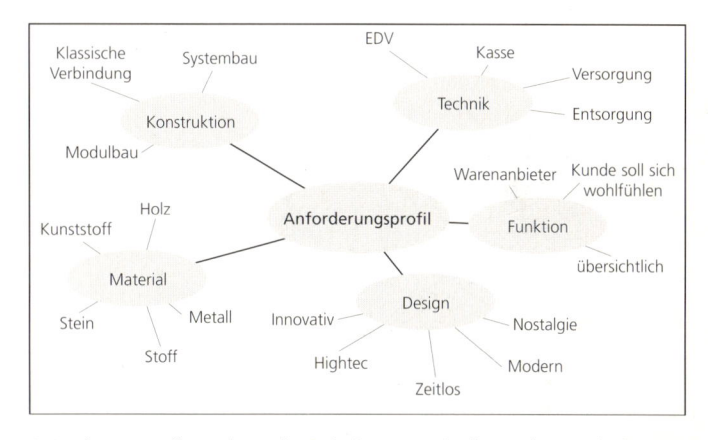

6. In der Darstellungsform der Mind-Map-Technik werden auch die Verbindungen unterschiedlicher Funktionen und Anforderungen dargestellt

7. Abgestimmte Materialcollagen verdeutlichen die spätere Raumwirkung

© Verlag Gehlen

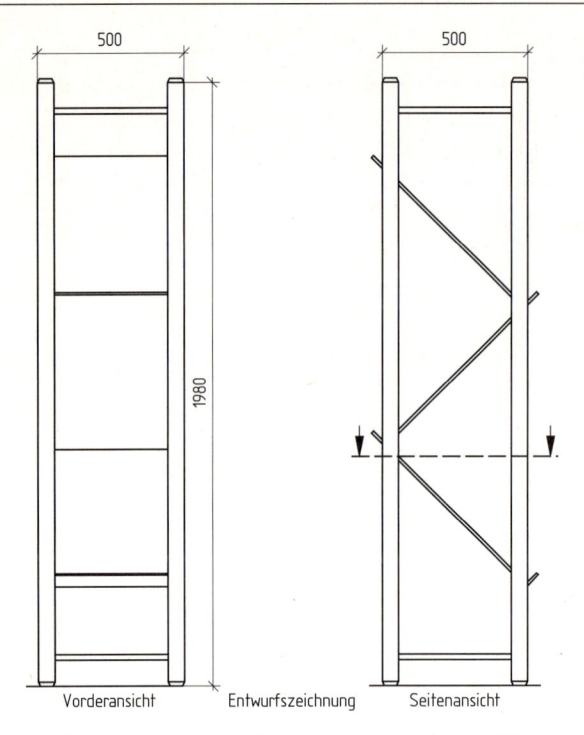

88 Projekt Ladenbau: Präsentation und Gestaltung

1. Entwurfszeichnung eines Illustriertenregals als zweidimensionale Ansicht

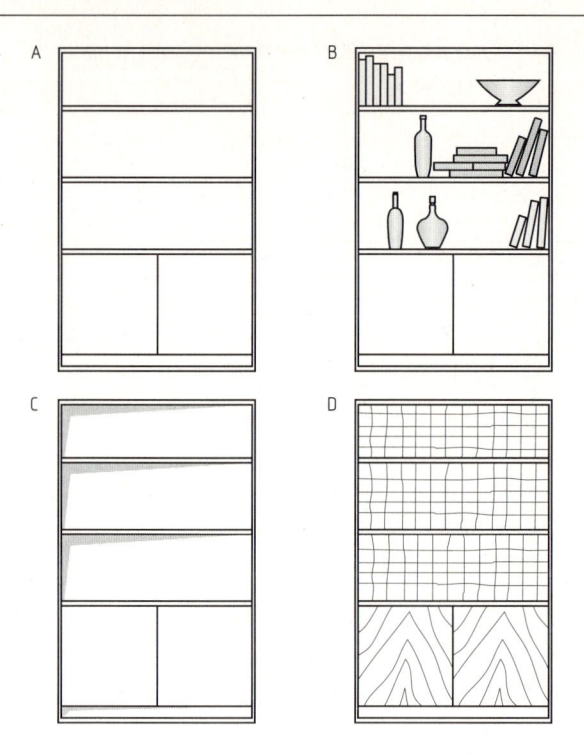

2. Darstellungsbeispiele am Möbelstück

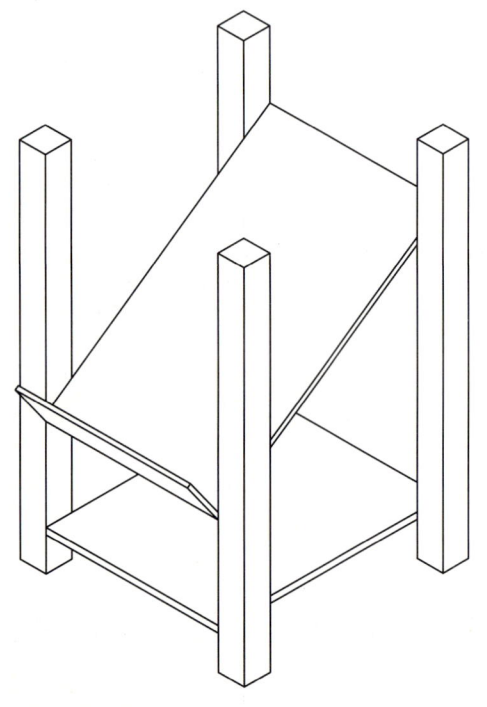

3. Die räumliche Darstellung erleichtert die Vorstellung von der Form des Entwurfs

4. Holzstrukturbeispiel und Gegenstände

13.5 Darstellungsmöglichkeiten von Einrichtungen

Herr Liber, der zur Überzeugung gekommen ist, dass die Stadt einen neuen Buchladen bekommen muss, entwickelt zur Zeit mit Ihrem Meister ein neues Buchladenkonzept.
Bei der Zeichnung in Bild 1 kann sich jeder Tischler denken, was er bauen soll, aber Herr Liber besitzt kein räumliches Vorstellungsvermögen und wird mit der Zeichnung wenig anfangen können. Legt man Herrn Liber aber eine isometrische Darstellung vor, wie sie in Bild 3 zu sehen ist, wird er schnell wissen, worauf er sich bei Vertragsabschluss einlässt.

„Tuning" von Ansichten

Eine normale Ansicht, so wie sie in Bild 2 (A) zu sehen ist, lässt den Betrachter oft im Unklaren, Tiefenversprünge können schlecht erkannt werden. Mit kleinen Skizzen kann man die Nutzung des Möbels unterstreichen (B). Durch Schattenkanten wird einfallendes Licht simuliert und eine Tiefenwirkung erzeugt (C). Um das Möbel noch ansprechender darstellen zu können, besteht die Möglichkeit Oberflächen zu betonen: Eine Holzstruktur kann angedeutet werden oder Farben werden in die Ansicht gebracht (D).
Oft sind es nicht nur die Möbel, die einer Inneneinrichtung ein ansprechendes Ambiente verschaffen, sondern auch die Gegenstände, die sich außer den Möbeln im Raum befinden (Bild 4).
Damit sich Herr Liber über die wahre Größe des Möbels bewusst ist, kann man eine Person neben dem Objekt skizzieren. Es reicht, wenn lediglich die grobe Silhouette gezeichnet wird, denn es geht ausschließlich um die Proportion vom Menschen zum Möbel/Werkstück.

Aufgabe 1:
Geben Sie der Regalwand in Abbildung 5 eine Tiefenwirkung und versuchen Sie die Regale mit den Accessoires einer Buchhandlung so zu bestücken, dass erkennbar wird, wozu dieses Möbel gedacht ist! Vergleichen Sie anschließend in kleinen Gruppen Ihre Ergebnisse und besprechen Sie diese.

© Verlag Gehlen

Auf die richtige Präsentation kommt es an

Herr Liber, unser Kunde, möchte den Rummel der Fußgängerzone vor seinem Buchgeschäft nutzen und zusätzlich einige Illustrierte auslegen, um Leute, die eigentlich vorbeigehen wollen, zum Kaufen und zu einem Blick in sein Geschäft anzuregen. Er stellt sich dazu ein Regalsystem vor, wie es in Bild 1 und 3 zu sehen ist. Er hat dieses Möbel auf einer Messe gesehen und möchte vier Stück davon in einer Reihe aufstellen. Dieses Illustriertenregal steht frei vor dem Geschäft und kann von beiden Seiten bedient und eingesehen werden. Herr Liber bittet Ihren Meister nun dieses Möbel zu fertigen, möchte aber vorher einen Eindruck davon gewinnen, wie dieses Regal in einer Reihe aussehen kann.

Aufgabe 2:
Fertigen Sie eine isometrische Darstellung dieses Regalmöbels an, die Herrn Liber die Gestaltung verdeutlicht. Deuten Sie auch den Raum an, in dem sich das Möbel befinden wird. Verwenden Sie dazu ein Zeichenblatt im DIN-A 3-Format.

Aufgabe 3:
Skizzieren Sie in eine Vorderansicht eine „räumliche Ansicht" und vergleichen Sie in der Klasse Ihre Ergebnisse untereinander. Wählen Sie dazu die Tafelansicht Ihres Klassenraumes. Verwenden Sie auch hier ein Zeichenblatt im DIN-A 3-Format.

13.6 Weitere Möglichkeiten der Präsentation

In Tischlereien mit einem CAD-Arbeitsplatz stehen einem zur Präsentation der Werkstücke bessere Möglichkeiten zur Verfügung. Im 3D-Bereich kann man das Werkstück um sich selber rotieren lassen, als wenn der Betrachter selbst um das Möbel gehen würde. Dieses erfordert allerdings einen zeitlichen Arbeitsaufwand, den man nicht unterschätzen darf.
Es besteht auch die Möglichkeit, dass den Oberflächen Farben oder sogar verschiedene Holzstrukturen zugewiesen werden können.

Geht man bei Produktionen von hohen Stückzahlen aus, kann es durchaus sinnvoll sein vor der eigentlichen Fertigung ein Muster zu erstellen, um jeglichen Zweifel auszuräumen. Dies hat auch den Vorteil, dass etwaige Fehler oder Schwierigkeiten rechtzeitig erkannt und gegebenenfalls ausgeräumt werden können. Am Muster können auch Materialvariationen eingesetzt werden, die bei der Materialauswahl eine Hilfe sein können.

> **Merke:**
> Achten Sie bei einer Präsentation immer darauf, was mit dem Möbel geschehen soll und stellen Sie das Möbel nicht über seinen eigentlichen Zweck. Die Geschäftsleute, bei denen Ihre Möbel zum Einsatz kommen, möchten in erster Linie die Waren an den Mann bringen und in zweiter Linie kann das Möbel zur Geltung kommen.

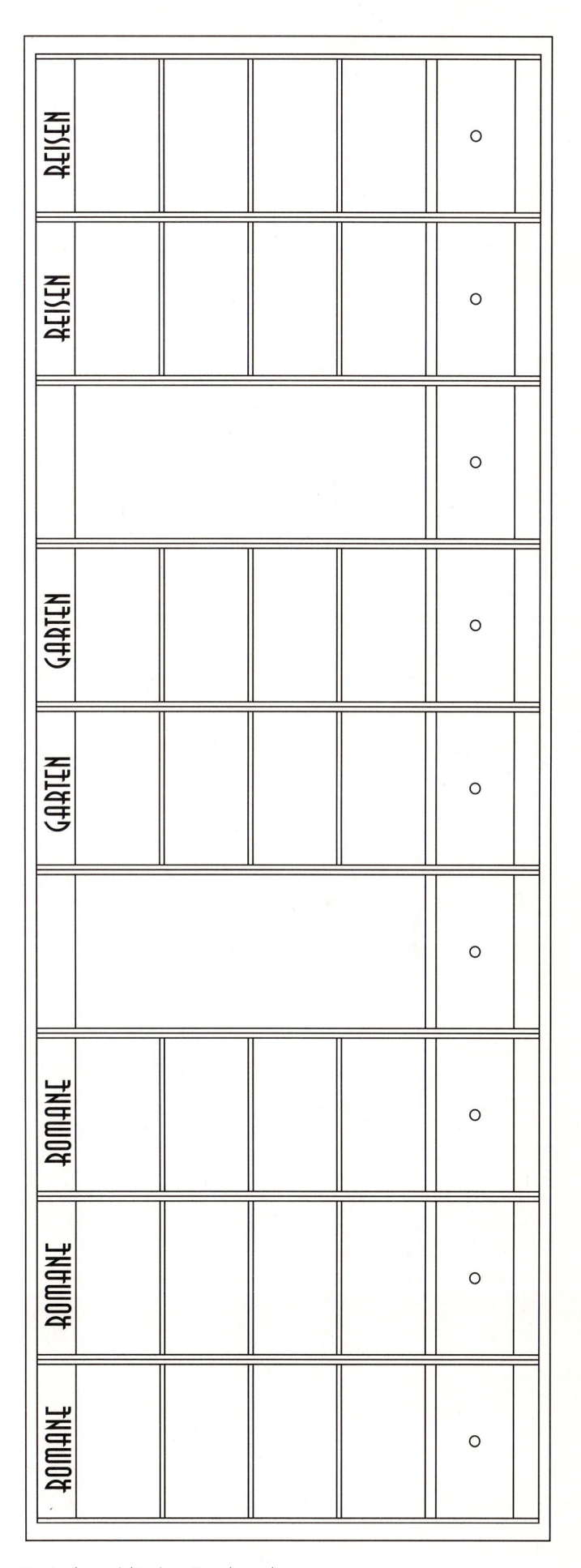

5. Vorderansicht einer Regalwand

14 Der Computer in der Werkstatt

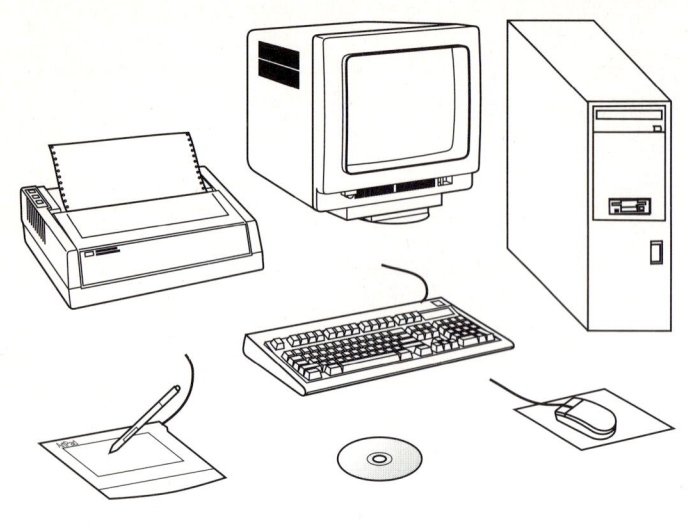

14.1 CAD-Programme erleichtern die dreidimensionale Darstellung

Auch in Tischlereien ersetzt zunehmend der Bildschirm das Zeichenbrett. Anstelle der Erarbeitung von arbeitsreichen und aufwendigen Skizzen ermöglicht ein CAD-System (Computer Aided Design = computerunterstütztes Zeichnen) neben der Konstruktionsarbeit weitere interessante Möglichkeiten. Beispielsweise können bereits beim ersten Kundenkontakt verschiedene Planungsmöglichkeiten simuliert werden. Schon während des Beratungsgesprächs können individuelle Möblierungsmöglichkeiten, unterschiedliche Betrachtungsperspektiven und sogar alternative Oberflächengestaltungen am PC vorgestellt werden.

Einfache Perspektiven am PC zeichnen

Bereits einfache zweidimensionale CAD-Programme, bei denen ursprünglich das Hauptaugenmerk auf eine normgerechte Fertigungszeichnung gelegt wurde, ermöglichen perspektivische Darstellungen. Die Konstruktionsmöglichkeiten beschränken sich dabei auf Parallelprojektionen, die allerdings schnell zu zeichnen sind.

Verschiedene CAD-Programme bieten Isometriewerkzeuge an, mit deren Hilfe ein leichter Übergang vom 2D- zum 3D-Bereich möglich ist. Diese verändern das Raster und beeinflussen die Darstellung von Kreisen, Bögen und Rechtecken auf isometrische Gesetzmäßigkeiten.

Darstellungen von 3D-Modellen

Bei CAD-Programmen, die mit dreidimensionalen Koordinatenformaten realistische Modelle erstellen, steigt das Leistungsvermögen. Ist der Gegenstand erst einmal im Rechner erfasst, kann daraus jeder Schnitt und jede Perspektive abgeleitet werden (Bild 3).

Für die Darstellungsmöglichkeiten halten diese Programme unterschiedliche Auswahlmöglichkeiten bereit. Für die Darstellung von Schrägbildern oder Parallelperspektiven stellt man sich den Betrachter im Raum vor und gibt dessen Koordinaten ein. Daraufhin wird das 3D-Bild so dargestellt, wie es erscheinen würde, wenn man es vom eingesetzten Standort betrachtet.
Über so genannte dynamische Ansichten können Bilder erzeugt werden, die unseren Sehgewohnheiten entsprechen. Die Bildeinstellung einer dynamischen Ansicht kann mit der Bildauswahl einer Kamera verglichen werden, die sich durch den Abstand vom Ziel und der gewählten Brennweite ergibt. Vergleichen Sie dazu die Abbildung 4.

Aufgabe 1:
Zeichnen Sie eine Parallelperspektive mit dem vorhandenen CAD-Programm. Wählen Sie dazu das Illustriertenregal von der vorherigen Seite!

Aufgabe 2:
Informieren Sie sich über die Leistungsfähigkeit der CAD-Software an Ihrer Schule (Abbildung 5).

Name des CAD-Systems an Ihrer Schule: _____

1. Arbeitsmittel eines CAD-Arbeitsplatzes

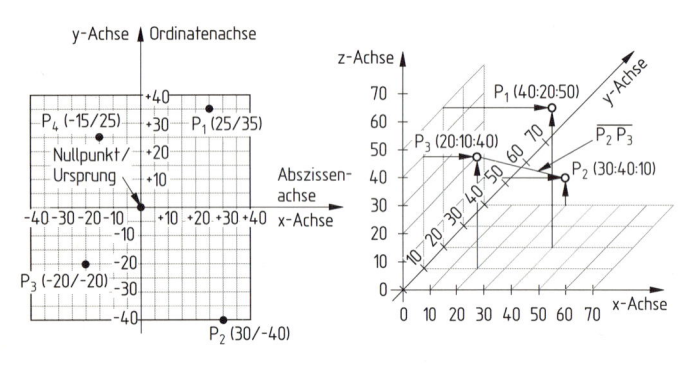

2. Koordinatensystem in der Ebene und im Raum

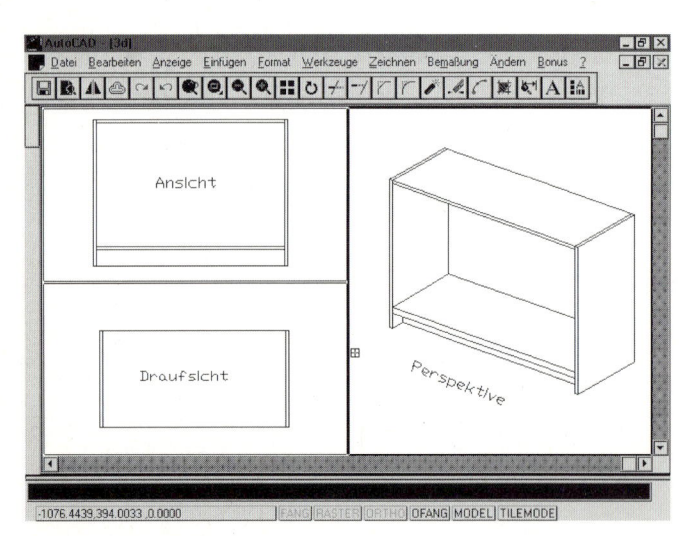

3. Mit Isometriewerkzeugen lassen sich in kurzer Zeit räumliche Darstellungen von Möbeln erzeugen

Wahl der Brennweite und Abstand zum Objekt	Darstellung/Wirkung
Geringer Abstand und kurze Brennweite (Weitwinkel)	Enger Raum wird geräumig, kleine Gegenstände mächtiger, leichte Verzerrungen möglich
Großer Abstand und lange Brennweite (Teleobjektiv)	Tiefeneindruck verschwindet, Entfernungen werden gerafft dargestellt.

4. Wichtig: Die Grundsätze der Fotografie sind zu beachten

Ergebnis	3D-Zeichnung	Rotation/Filme	Materialzuweisungen	Bedienerfreundlichkeit
Positiv				
Negativ				

5. Was leistet das SchulCAD-System?

© Verlag Gehlen

Darstellung von 3D-Modellen, Perspektive, Leistungsmerkmale der CAD-Software 91

Grundriss	Architekt
Konstruktionsdetail	Kunde
Stückliste	Werkstatt
Präsentationszeichnung	Meister

6. Welche Abbildung gehört zu welchem Personenkreis?

Aus der Zeichnung werden fotorealistische Bilder

Bei dem derzeitigen rasanten Entwicklungstempo der CAD-Software könnten Kundenaussagen wie „Das hab ich mir aber anders vorgestellt" zukünftig ausgeschlossen werden. Denn der Kunde erkennt im Vorfeld die Raumwirkung: Die Farbgestaltung kommt zur Geltung und Holzarten können der Oberfläche zugewiesen werden. Selbst Lichteinwirkungen und die damit anfallenden Schatten können gezeigt werden.

Aufgabe 3:
Auf dieser Seite sehen Sie unterschiedliche Abbildungen (Bild 7–10), die sich alle auf ein Projekt beziehen.
Ordnen Sie in Bild 6 die Personenkreise den entsprechenden Abbildungen zu.

Aufgabe 4:
Diskutieren Sie die Problematik, die der Kunde beim Studieren des Grundrisses in Bild 9 haben wird, und kennzeichnen Sie die fraglichen Bereiche.

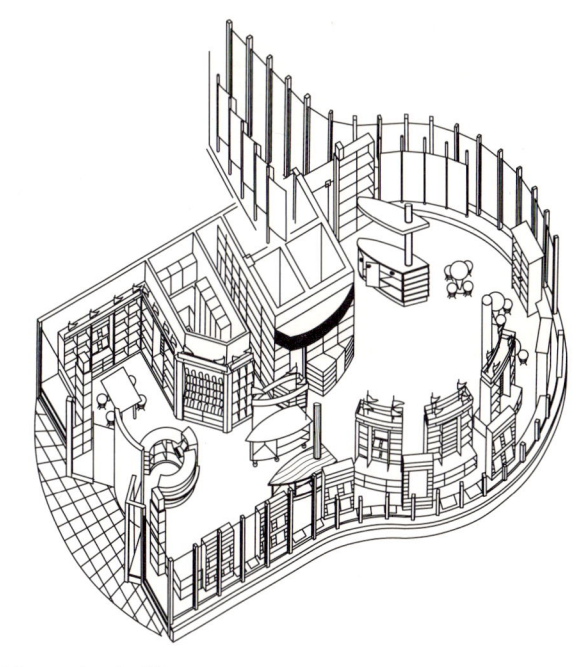

14.2 2D-Zeichnungen für die Fertigung

In den meisten Betrieben wird größtenteils im 2D-Bereich gearbeitet und nur selten der 3D-Körper geschnitten um für die Fertigung zum wichtigen Vertikal- oder Horizontalschnitt zu gelangen.

Die Vorteile des Zeichnens am Bildschirm gegenüber dem Zeichenbrett liegen klar auf der Hand:
- kein Radieren von falsch gezeichneten Linien mehr,
- arbeiten mit Layern (Folien/Schichten), die bei Bedarf einzeln ausgedruckt werden können,
- Umwandlung der Linie in eine Fräskontur im Bereich der CNC-Technik (CAD/CAM),
- das Aufbewahren der Zeichnung in Dateiform,
- das verschicken der Zeichnung übers Internet,
- exakte Maßermittlung der Projektelemente, da in der Regel im Maßstab 1 : 1 gezeichnet wird.

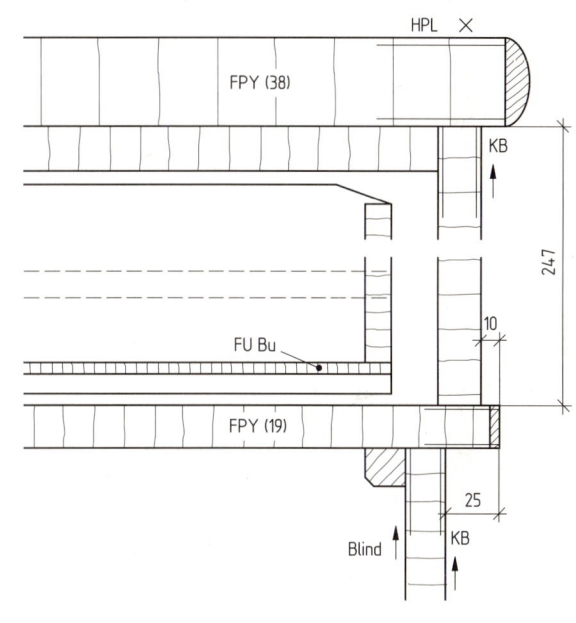

Aufgabe:
Die Ausstattung mit CAD-Programmen in den Betrieben ist sehr uneinheitlich, weil die verschiedenen Programme unterschiedliche Kunden ansprechen. Laden Sie sich die Zeichnung aus der Aufgabe 1 auf eine Diskette und versuchen Sie diese Zeichnung auf dem CAD-Programm in Ihrem Ausbildungsbetrieb aufzurufen! Bitten Sie Ihren Meister dabei um Hilfestellung! – Berichten Sie zum nächsten Unterrichtstag über Ihren Erfolg oder die Probleme, die sich dabei ergeben!

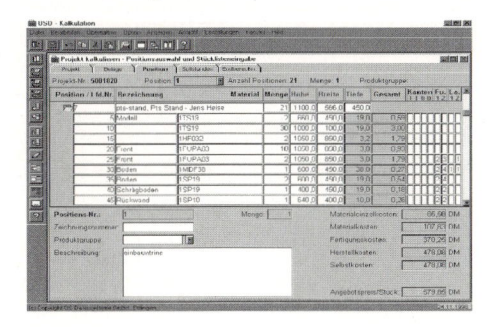

7. Präsentation in 3D

8. Konstruktionsdetail vom Tresenaufsatz

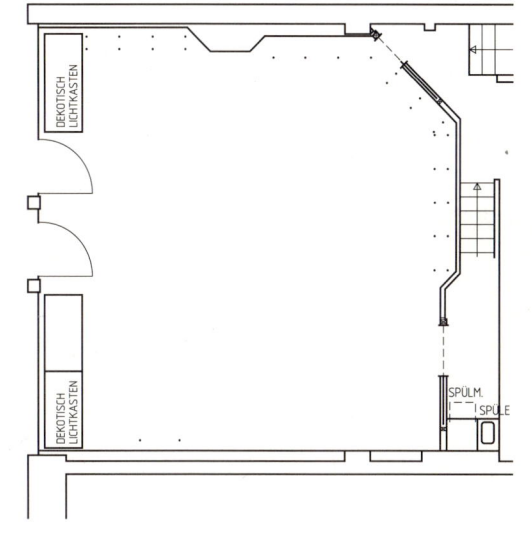

9. Grundriss eines Ladens

10. Schnittstelle (Übergang) zu gängigen Branchenprogrammen z. B. Stücklisten für den Zuschnitt

© Verlag Gehlen

1. Beispiel für Inkrementalbemaßung

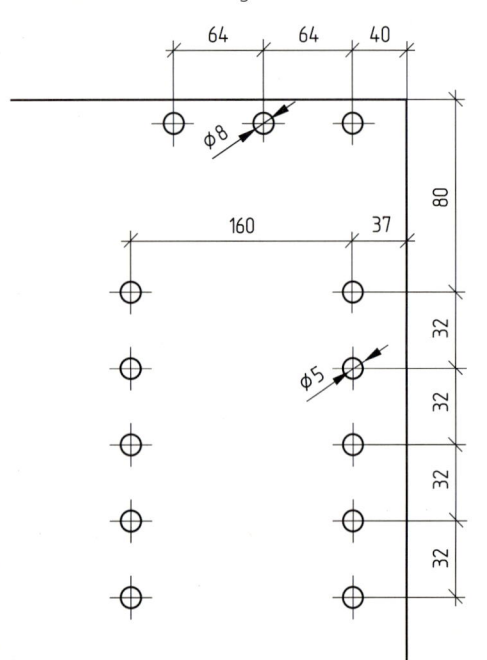

2. Beispiel für Absolutbemaßung

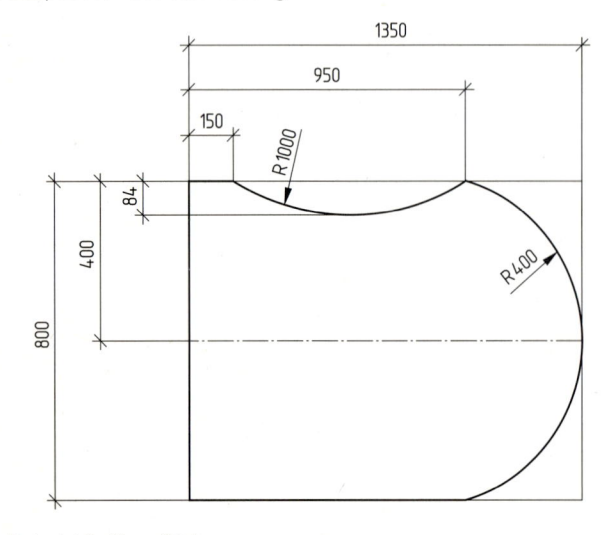

3. Beispiel Freiformfläche

14.3 CNC-gerechte Bemaßung

Der Rechner mit seinen Funktionen und Möglichkeiten ist kaum noch wegzudenken. Sie finden die Geräte am Arbeitsplatz der Arbeitsvorbereitungen, eigentlich bei der gesamten Auftragsabwicklung. Selbst in der Werkstatt: An der CNC-Anlage, Zuschnittanlage, Trockenkammern usw.

Diese Geräte erleichtern uns viele Aufgaben (denken muss man aber immer noch). In der individuellen Möbelfertigung/Ladeneinrichtung erspart uns die CNC-Maschine die eine oder andere Schablone/Modell. Diese Geräte machen aber nichts anderes als unsere herkömmlichen Maschinen, man muss es dem Gerät nur entsprechend „deutlich sagen". Und dazu sind Zeichnungen mit rechnerisch exakten Bemaßungen notwendig. Es werden in der Regel zwei Bemaßungsarten verwendet.

Inkrementalbemaßung (Zuwachsbemaßung/Kettenbemaßung)

Bei dieser Bemaßungsart beziehen sich alle Maße auf den vorherigen Punkt. Man misst also die Abstände zwischen den verschiedenen Koordinaten.

Vorteil:
- es muss beim Schreiben des Programmes nur die hinzukommende Strecke programmiert werden und wird deshalb gerne beim System 32 verwendet; auch bei Werkstücken mit einer Fülle an Koordinatenpunkten nimmt man diese Variante, damit die Übersicht erhalten bleibt.

Nachteil:
- wird ein falsches Maß beim Programmieren benutzt, werden sich alle anderen Maße um dieses Maß verschieben,
- Fehler bei der Programmierung sind schlecht zu finden.

Absolutbemaßung (Bezugsbemaßung)

Bei dieser Bemaßungsvariante beziehen sich alle Maße auf einen Punkt, den Werkstücknullpunkt. Dazu wählt man am besten den Punkt, der später in der Fertigung am CNC-Zentrum auf dem Maschinentischnullpunkt liegt, weil dann das Schreiben des Programmes leichter fällt.

Vorteil:
- durch Änderungen einzelner Maße ändert sich eben nur das betreffende Maß und nicht die anderen,
- man kann beim Programmieren anhand der Koordinaten immer genau erkennen, wo man sich gerade befindet.

Da häufig alle Teile eines Schrankes auf dem Bearbeitungszentrum gefertigt werden, ist es notwendig Zeichensätze zu erstellen, auf denen alle Elemente des Möbels CNC-gerecht vermaßt sind.

Freiformfläche ohne exakte Bezugskante

Damit das Werkstück gefertigt wird, muss es an eine Bezugskante gelegt werden, um die Toleranzgefahr zu verringern.
Dazu wählen wir eine rechteckige Form, aus der wir unsere Freiform fräsen.

> **Überlegung:**
> Bei größeren Serien ist die Überlegung sinnvoll, sich nur eine Schablone für das Fräsen an der Tischfräsmaschine am Bearbeitungszentrum zu erstellen.
> Denn bei der Tischfräsmaschine können andere Schnittgeschwindigkeiten gefahren werden, wobei bessere Schnittgüten erzielt werden. Außerdem ist der Stundenverrechnungssatz der Tischfräsmaschine wesentlich günstiger als die des Bearbeitungszentrum.

Inkremental- uns Absolutbemaßung, Freiformflächenbemaßung 93

Aufgabe:
Die in Bild 4 abgebildeten Seiten B = 330 mm H = 659 mm D = 19 mm sollen am CNC-Zentrum gebohrt werden.
Damit die Person am CNC-Zentrum zügig arbeiten kann, fertigen Sie die dazugehörige Bemaßung an. Bemaßen Sie die Zeichnung der Seiten in Bild 4 mit Absolutbemaßung und in Bild 5 mit Inkrementbemaßung. Die Seiten wurden nach dem System 32 gefertigt, das auf Seite 98 und folgenden vorgestellt wird.

Merke:
1. Werden bei einem Werkstück nicht nur Außenkonturen gefräst, sondern auch Taschen, wird nicht in voller Materialdicke gearbeitet. Dieses ist unbedingt auf der Zeichnung zu vermerken oder man legt dazu eine andere Ansicht bzw. Schnitt an (man bedenke aber den Aufwand).
2. Beim Festsetzen des Werkstücknullpunkts muss immer darauf geachtet werden, dass die Toleranzmöglichkeiten nicht am Werkstücknullpunkt liegen.

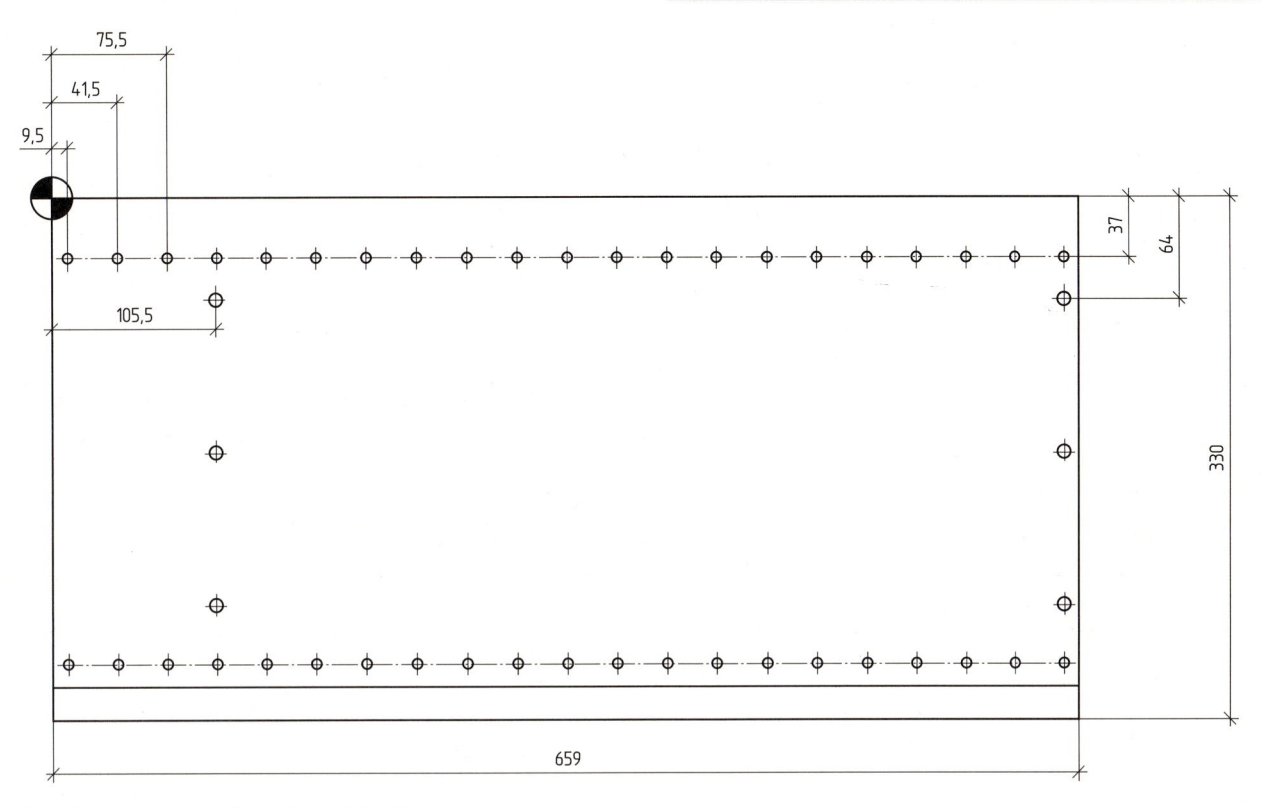

4. Schreibtischplatte – Absolutbemaßung (M 1:5)

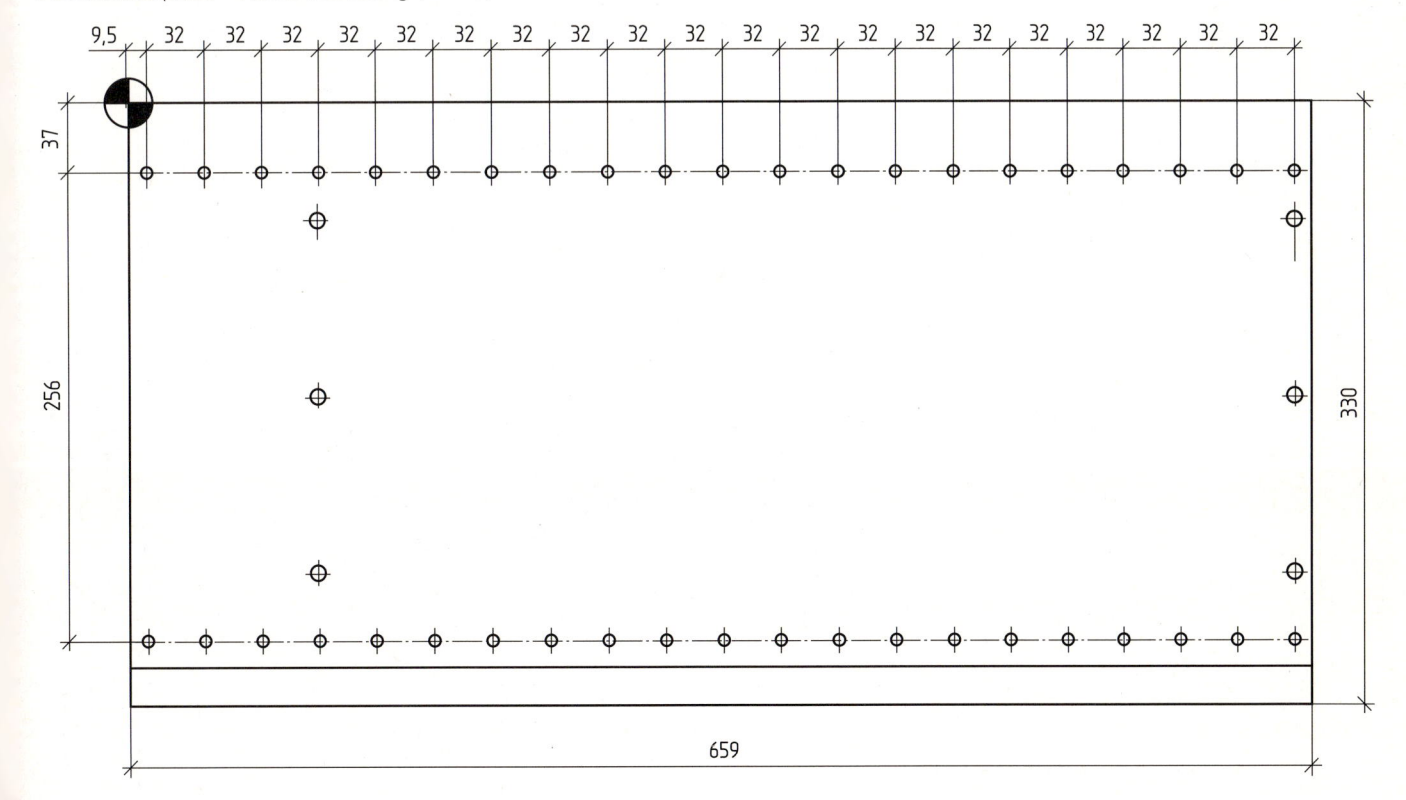

5. Schreibtischplatte – Inkrementbemaßung (M 1:5)

© Verlag Gehlen

15 Ladenbau

Gebiete	Vorschläge der rationellen Fertigung
Beschläge	
Konstruktion	
Maße	
Materialauswahl	
Gebäude-/ Raumanschluss	
Maßtoleranzen	

1. Überlegung zur rationellen Fertigung

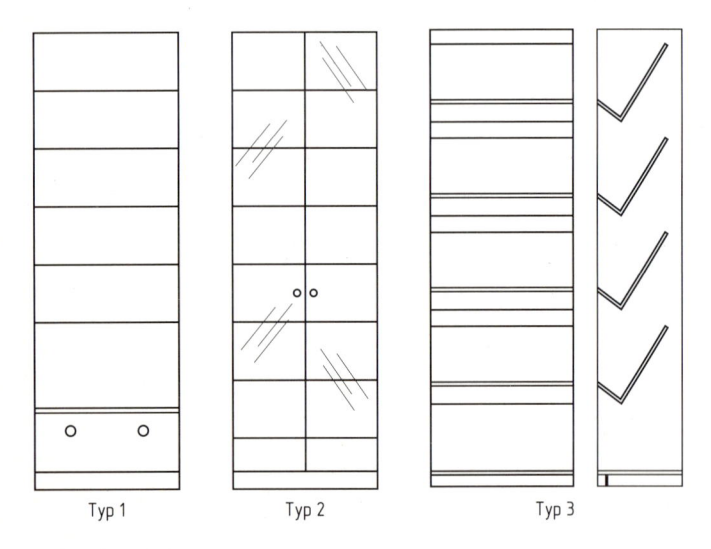

2. Regaltyp 1–3

Stückliste	Beachtenswertes
1. Projektelemente (Seiten, Böden, Fronten, etc.) 2. Kanten 3. Oberflächen (Furnier, HPL, Lack, etc.) 4. Beschlagliste 5.	1. Decken- und Bodenanschluss 2. Kabelführungen 3. Montage (Werkstatt oder Baustelle) 4. Ist ein Transport möglich? 5.

3. Inhalte einer Stückliste und Hinweise zur reibungslosen Fertigung

15.1 Entwurfsmöglichkeiten im Buchladen

Nachdem Sie bereits eingangs die Funktionen eines Buchladens geklärt haben, ist es jetzt an der Zeit an den Entwurf zu gehen. Häufig übernehmen Architekten oder Designer die Aufgabe der Gestaltung. Leider explodieren dabei häufig die Produktionskosten, weil der Architekt „nur" die Gestaltung im Auge hat. Sie als Tischler können beides: Gestalten und dabei auf die Konstruktion achten.

Aufgabe 1:
Entwerfen Sie eine Regalwand, die aus drei Typen bestehen soll.
- Anforderungen an Typ 1:
  Offenes Regal, im unteren Bereich einen Schubkasten für die Aufbewahrung von Büchern.
- Anforderungen an Typ 2:
  Regal mit abschließbaren Glastüren für das Antiquariat.
- Anforderungen an Typ 3:
  Offenes Regal mit Schräglagen zur Präsentation von Zeitschriften und Büchern.

Diese Regaltypen sollen nebeneinander aufgestellt werden können. Geben Sie diesem Regalsystem den nötigen Pfiff, denn Herr Liber möchte kein Möbel von der „Stange"!
Lösen Sie diese Aufgabe in kleinen Gruppen und präsentieren Sie Ihre Ergebnisse in der Klasse!

Aufgabe 2:
Bei der Lösung der vorhergehenden Aufgabe haben Sie die Schwierigkeiten eines Systemmöbels kennengelernt. Um eine rationelle (lat. Ratio = Vernunft) Fertigung realisieren zu können sind einige Dinge von Bedeutung. Ergänzen Sie die Tabelle in Abbildung 1.

> Tip:
> Fragen Sie hierzu auch Ihren Meister/Ausbilder im Betrieb.

Entwurf des Bestsellermöbels

In der Buchhandlung werden natürlich auch die aktuellsten Bestseller verkauft. Darum wird ein Möbel zur Ausstellung dieser Bücher benötigt. Dieses Möbel ist als Blickfang zu verstehen, denn Herr Liber erhofft sich hohen Umsatz bei den Bestsellern. Jeder Kunde soll sein Augenmerk auf diese Ware werfen „müssen".
Eine Notwendigkeit bei diesem Möbel ist der Stauraum, der im unteren Bereich vorhanden sein soll. Außerdem sollte das Möbel von allen Seiten, also „rundum", einzusehen sein.

Aufgabe 3:
Konstruieren Sie das Möbel so, dass eine Beleuchtung durch Einbaustrahler möglich ist (denken Sie dabei an die Entstehung von Wärme). Führen Sie das Möbel in gedämpfter Buche aus.
Beachten Sie auch hier wieder die Konstruktion. Fertigen Sie deshalb eine Stückliste mit allen notwendigen Materialien an. Zur Hilfestellung ist es sinnvoll sich die Abbildung 3 anzuschauen.

Aufgabe 4:
Damit Ihnen beim Fertigen keine Fehler unterlaufen, erstellen Sie einen Arbeitsablaufplan, in dem Sie chronologisch alle Arbeitsschritte auflisten. (Vergleichen Sie auch Abschnitt 15.5.)

Aufgabe 5:
Überlegen Sie in der Gruppe, welche Arbeitsgänge Sie vermeiden können und trotzdem das gewünschte Ergebnis erzielen.

© Verlag Gehlen

15.2 Materialklärungen

Unser zukünftiger Buchladenbesitzer, Herr Liber, stellt sich für die waagerechten Flächen, die hoher Beanspruchung ausgesetzt sind (Tresenoberfläche, Ablagen, etc.), ein abriebfestes Material vor. Die Kanten sollen über die ganze Materialdicke gerundet werden.

Aufgabe 1:
Es gibt verschiedene Anbieter solcher Materialien auf dem Markt. Informieren Sie sich über solche Produkte. Listen Sie dazu die Eigenschaften auf und stellen Sie die Vor- und Nachteile gegenüber.

Aufgabe 2:
Erstellen Sie einen Vertikalschnitt durch den Verkaufstresen Abbildung 6 und konstruieren Sie ihn so, dass er mit dem geringsten Zeitaufwand gebaut werden kann. Die Materialien und Bemaßungen werden von Ihnen normgerecht dargestellt. Schlagen Sie dazu auch in Ihren Fachbüchern nach.

Objektbeschreibung:
Als „Topblatt" (Oberboden) wünscht sich Herr Liber ein abriebfestes Material, das farblich im Kontrast zur furnierten Buche stehen soll. In der Front verläuft die Furniermaserung waagerecht. Fünf Aufdopplungen, getrennt durch eine metallene, etwa 15 mm breite Fuge, bestimmen das Bild. Weiter befindet sich in der Front eine Taschenablage, die aus dem gleichen Material hergestellt werden soll, wie das Blatt. Verkäuferseitig werden Schubkästen gewünscht und im unteren Bereich ein abschließbares Fach.

Oberflächen gehören zur Gestaltung!
Da Sie bei Ihren Möbelbauten, auch bei unserem Buchladen, die Oberflächen gestalten und fertigen, ist es wichtig, einiges über Farben und Oberflächen zu wissen.
Häufig lösen bei uns Farben verschiedene Gefühle, Wirkungen oder Reaktionen aus. Dunkle Farben lassen einen Raum wärmer erscheinen, als er tatsächlich ist: Man verbindet mit manchen **Farben** Erlebnisse.

> **Merke:**
> Ein Raum wird klar und ruhig, wenn wenige Farben und Materialien miteinander kombiniert werden.
> Das Produkt, das im Laden verkauft wird, muss eine Verknüpfung zu den gewählten Farben haben. Die Farben dürfen aber nicht zu aufdringlich sein, denn die Ware soll im Vordergrund stehen.

Aufgabe 3:
Schreiben Sie hinter die Farben in Bild 4, was oder welche Gefühle Sie mit diesen Farben verbinden.
Sind die Einflüsse der Farben bekannt, kann die gestaltende Person bewusst Einfluss auf den Raum nehmen und trägt damit auch eine gewisse Verantwortung. Deshalb ist es wichtig, dass der Gestalter sein Wissen durch entsprechende Literatur vertieft. Auch **Holzarten** üben eine bestimmte Wirkung aus. Man verbindet mit ihnen Unterschiedliches (Bild 5).

> **Wichtig:**
> Es ist toll, schöne Oberflächen herstellen zu können. Sie als Tischler können auch stolz darauf sein. Dort, wo die Oberflächen sichtbar sind, macht es auch Sinn. Aber was ist mit Innenseiten, Regalböden, Rückwänden hinter Türen? Oft lässt der Tischler hierbei die gleichen Regeln gelten wie bei den Fronten. Eine fertig furnierte oder gar eine melaminharzbeschichtete Spanplatte spart erheblich an Material und Zeit. Der Kunde wird genau so glücklich sein und noch glücklicher, wenn die Rechnung entgegen seinen Erfahrungen günstiger ausfällt. Beachten Sie dieses bereits bei der Planung und bei der Erstellung der Stückliste.

Farbe	Assoziation
Rot	Liebe, Herbst, STOP,
Blau	
Grün	
Weiß	
Schwarz	

4. Assoziationen zu Farben

Holzart	Assoziation
Eiche	wertvoll warm deutsch
Nussbaum	bedrückend kostbar gediegen
Buche	hart preiswert gesund
Mahagoni	englisch nobel warm
Fichte	jugendlich freundlich für Kinder geeignet

5. Assoziationen zu Holzarten

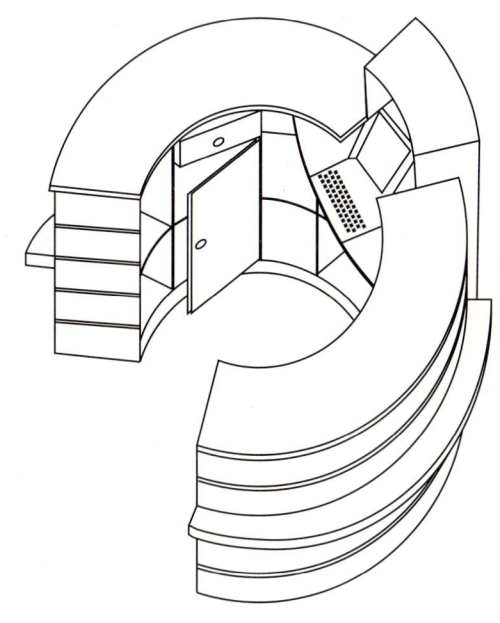

6. Darstellung des Verkaufstresens

© Verlag Gehlen

15.3 System 32 – auch im Buchladen?

Dieses System ist bei einer rationellen kostengünstigen Fertigung kaum noch wegzudenken. Viele Holzbearbeitungsmaschinen sind auf das System 32 ausgerichtet. Bei richtigem Einsatz des Systems 32 können Beschläge wie Topfscharniere, Bodenträger, Schrankaufhänger, Schlösser, Führungen für Auszüge gut eingesetzt werden. Dadurch fällt das lästige „Basteln" am Werkstück weg und die Fertigung rechnet sich wieder.

> **Merke:**
> Beim System 32 werden die Bohrungen für die Beschläge und die Bohrungen der Reihenlochbohrung so eingesetzt, dass man von einer konstruktiven Zusammengehörigkeit sprechen kann.

Folgende Punkte sind zu beachten:
- Der Achsenabstand der einzelnen Bohrungen beträgt 32 mm oder ist durch 32 teilbar, wie zum Beispiel ein Bügelgriff mit 96er Achsabstand.
- Der Abstand der Vorderkante des Korpus bis zur Achse der Lochreihe beträgt 37 mm.
- Der Durchmesser der Bohrungen beträgt 5 mm.
- Der Achsabstand der senkrechten Reihenlochbohrungen beträgt ein Vielfaches von 32.
- Der Abstand des ersten Loches der senkrechten Lochreihe beträgt eine halbe Plattendicke.
- Man erhält zwei identische Bohrbilder und zwei identische Teile, wenn man beachtet, dass die Abstände der ersten und letzten Bohrung der Lochreihe zur Seitenober- bzw. Seitenunterkante gleich sind.

Wendet man dieses System konsequent an, ist man bei den Korpusaußenmaßen in geringen Grenzen maßgebunden.
Sie merken, dass es notwendig ist, dieses System zu kennen. Teile dieses Systems wenden Sie bereits täglich in Ihrem Ausbildungsbetrieb an, ohne es vielleicht zu bemerken.

Aufgabe 1:
Tragen Sie in die Tabelle 1 die Teile ein, bei denen das System 32 Verwendung findet, und beschreiben Sie, wo Sie diese Beschläge in Ihrem Ausbildungsbetrieb eingesetzt haben.

Aufgabe 2:
Lesen Sie sich in den Beschlagkatalogen die Ausführungen zum System 32 sorgfältig durch.

Aufgabe 3:
Ergänzen Sie auf der rechten Seite die Maße, sodass Sie mit der abgebildeten Korpusseite im System 32 bleiben.

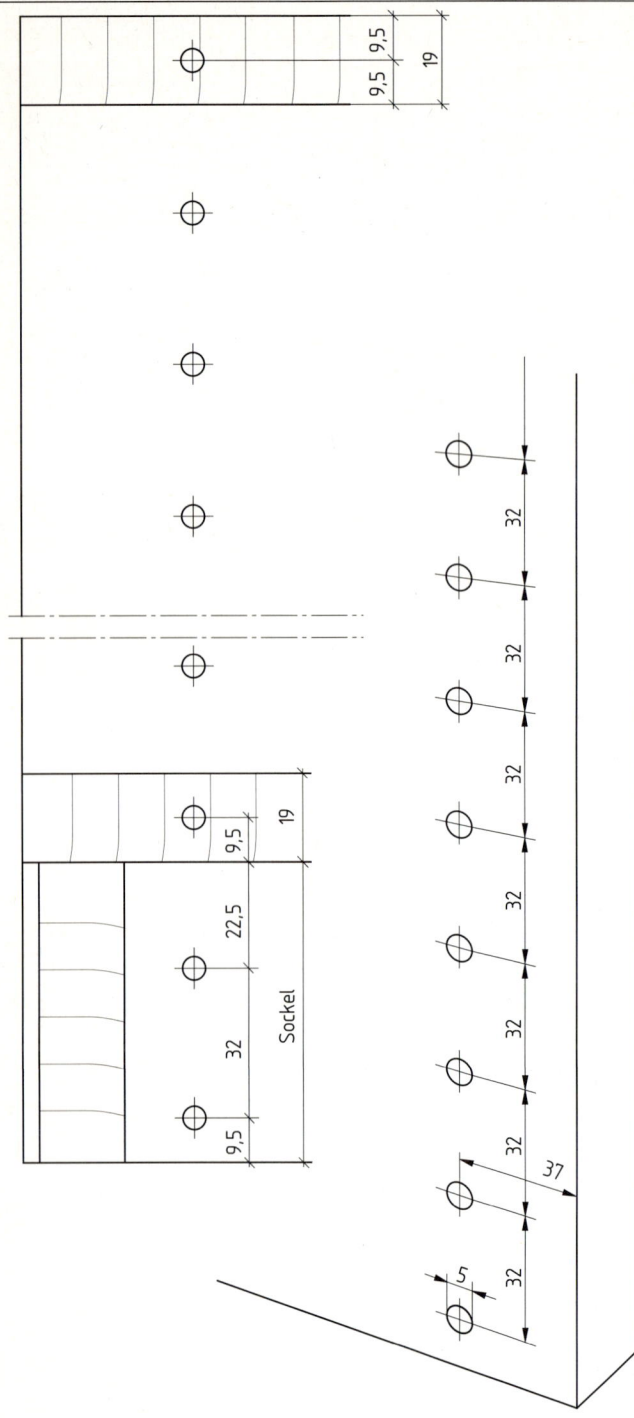

1. Das angewandte System 32

Beschläge	Verwendung in Ihrem Ausbildungsbetrieb
Topfscharnier mit Kreuzmontageplatte	Fronttür einer Küchenzeile/Schrankwand für das Meisterbüro

2. Tabelle zur Aufgabe 1

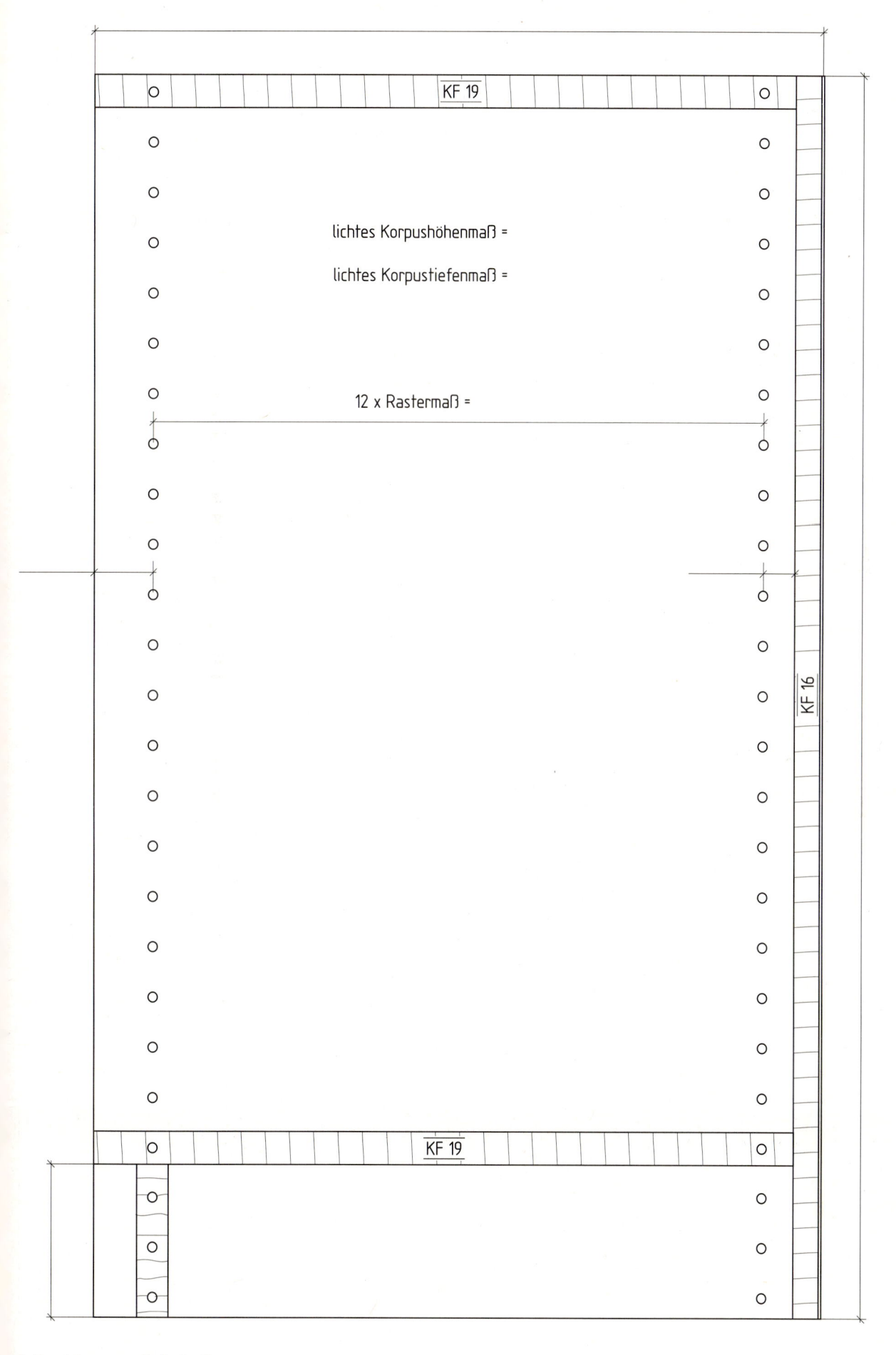

Korpusabhängigkeit beim System 32, Grundsystematik 97

KF 19

lichtes Korpushöhenmaß =

lichtes Korpustiefenmaß =

12 x Rastermaß =

KF 16

KF 19

3. Ihre Lösung zur Aufgabe 3

© Verlag Gehlen

15.4 Umgang mit der Tabelle zur Ermittlung der Korpusseitenmaße

Wie auf der vorherigen Seite bereits erwähnt, ist man bei der konsequenten Anwendung des Systems 32 bei den Seitenmaßen in Höhe und Tiefe in Grenzen maßgebunden:

X/Y = ein Vielfaches von 32
B = Lochabstand von der Seitenober- bzw. Seitenunterkante zur Dübelmitte für Oberboden und Unterboden

Bei einer Bodenstärke von 19 mm ist B = 9,5 mm, bei einer Bodenstärke von 16 mm ist B = 8 mm usw.

> Berechnung der Korpusseiten:
> Höhe = X + 2 × B
> Breite = Y + 2 × 37 mm

Beispielrechnung:
Ein Kunde wünscht sich einen Einbauschrank mit den Außenmaßen Höhe = etwa 2200 mm, Tiefe = 645 mm bei einer Breite von 3800 mm. Wobei die Breite keine wichtige Rolle spielt, denn in der Breite sind wir beim System 32 nicht maßgebunden. Wir wählen eine fertigfurnierte Spanplatte mit einer Materialdicke von 19 mm.
Für das Maß X wird aus der Tabelle der Wert 2176 mm gewählt. Wir kommen also auf eine Seitenhöhe von
2176 mm + 2 × 9,5 mm = **2195 mm**

Für das Maß Y wählen wir aus der Tabelle den Wert 576 mm und kommen damit auf eine Seitentiefe von
576 mm + 2 × 37 = **650 mm**
Herr Liber, unser zukünftiger Ladenbesitzer, möchte in den hinteren Bereich seines Geschäftes eine Vitrine stellen. Diese soll zerlegbar sein, damit Herr Liber seinen Raum schnell, für z. B. Seminare und Vorlesungen umgestalten und Platz schaffen kann. Auf den Oberboden soll ein Kranzprofil gesetzt werden, damit hebt sich dieser Schrank von den anderen Möbeln ab und wird mehr zum Blickfang. Die Ausführung soll in Buche sein (siehe Bild 1, Abschitt 15.5).
Die gewünschten Außenmaße der Vitrine (über alles):
Höhe = 2100 mm; Breite 950 mm; Tiefe 420 mm

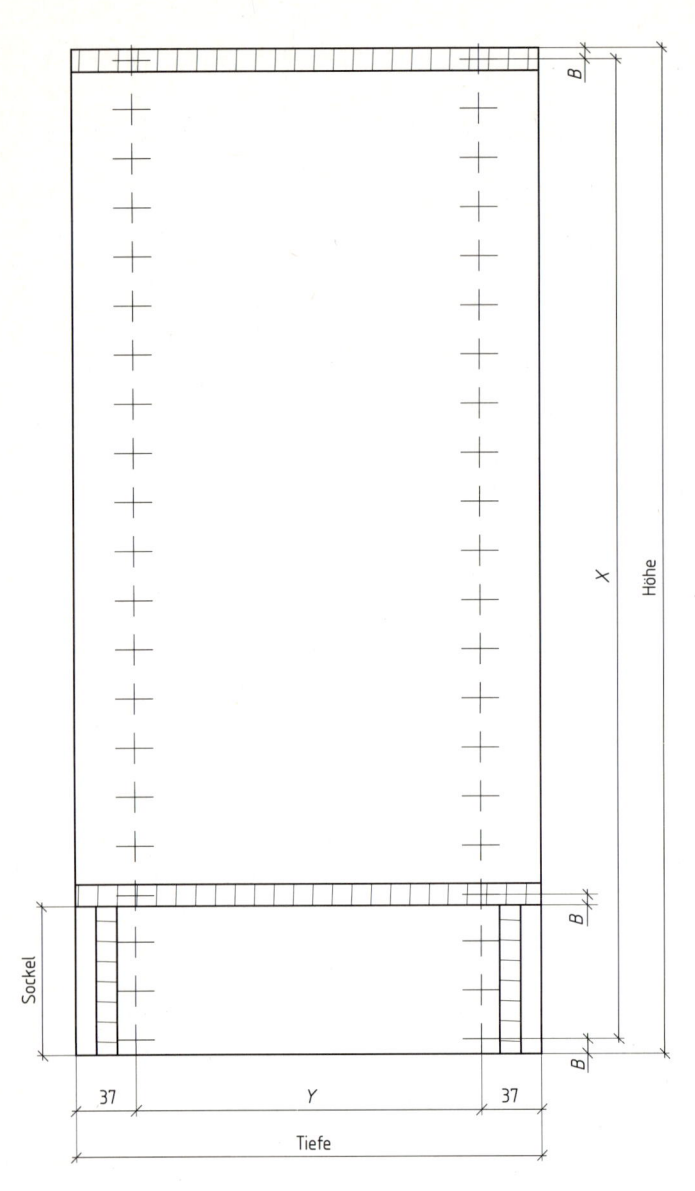

1. Schema für die Berechnungen im System 32

Einer/Zehner	0	1	2	3	4	5	6	7	8	9
0	0	32	64	96	128	160	192	224	256	288
1	320	352	384	416	448	480	512	544	576	608
2	640	672	704	736	768	800	832	864	896	928
3	960	992	1024	1056	1088	1120	1152	1184	1216	1248
4	1280	1312	1344	1376	1408	1440	1472	1504	1536	1568
5	1600	1632	1664	1696	1728	1760	1792	1824	1856	1888
6	1920	1952	1984	2016	2048	2080	2112	2144	2176	2208
7	2240	2272	2304	2336	2368	2400	2432	2464	2496	2528
8	2560	2592	2624	2656	2688	2720	2752	2784	2816	2848
9	2880	2912	2944	2976	3008	3040	3072	3104	3136	3168

2. Tabelle zur Ermittlung der Seitenmaße

Korpusabhängigkeit beim System 32, Grundsystematik 99

Wichtig:
Der Vorzug für den Tischler liegt klar auf der Hand: Die linke und die rechte Seite sind vom Bohrbild absolut identisch, damit fällt das „Spiegeln" der Bohrbilder weg.

Aufgabe 1:
Konstruieren Sie die Vitrine nach den Wünschen von Herrn Liber. Gehen Sie dabei streng nach dem System 32 vor. Fertigen Sie eine Vorderansicht und eine Seitenansicht sowie einen Horizontalschnitt und Vertikalschnitt. Das Kranzprofil proportionieren Sie so, dass es ein „rundes" Bild ergibt. Die Profilierung wählen Sie **nie** nach Lust und Laune! Richten Sie sich nach den vorhandenen Profilmessern in Ihrem Betrieb.
Konstruieren Sie die Zeichnung auf einem Zeichenpapier des Formats A2!

Aufgabe 2:
Damit Sie rechtzeitig die Glastüren vom Glaser bekommen, skizzieren Sie die Glastüren so, dass der Glasermeister genau erkennen kann, wie er die Türen zu fertigen hat. Wählen Sie dazu die Beschläge aus den gängigen Beschlagkatalogen aus.
Die Tür muss abschließbar sein. Skizzieren Sie diese Tür auf der rechten Seite (Bild 3) und tragen Sie in das entsprechende Feld (Bild 5) die Beschläge mit Anzahl und Bestellnummern ein. Beim Skizzieren kommt es nicht auf zeichnerisches Können, sondern auf die exakte Bemaßung an.

4. Scharnier für Glastüren im System 32

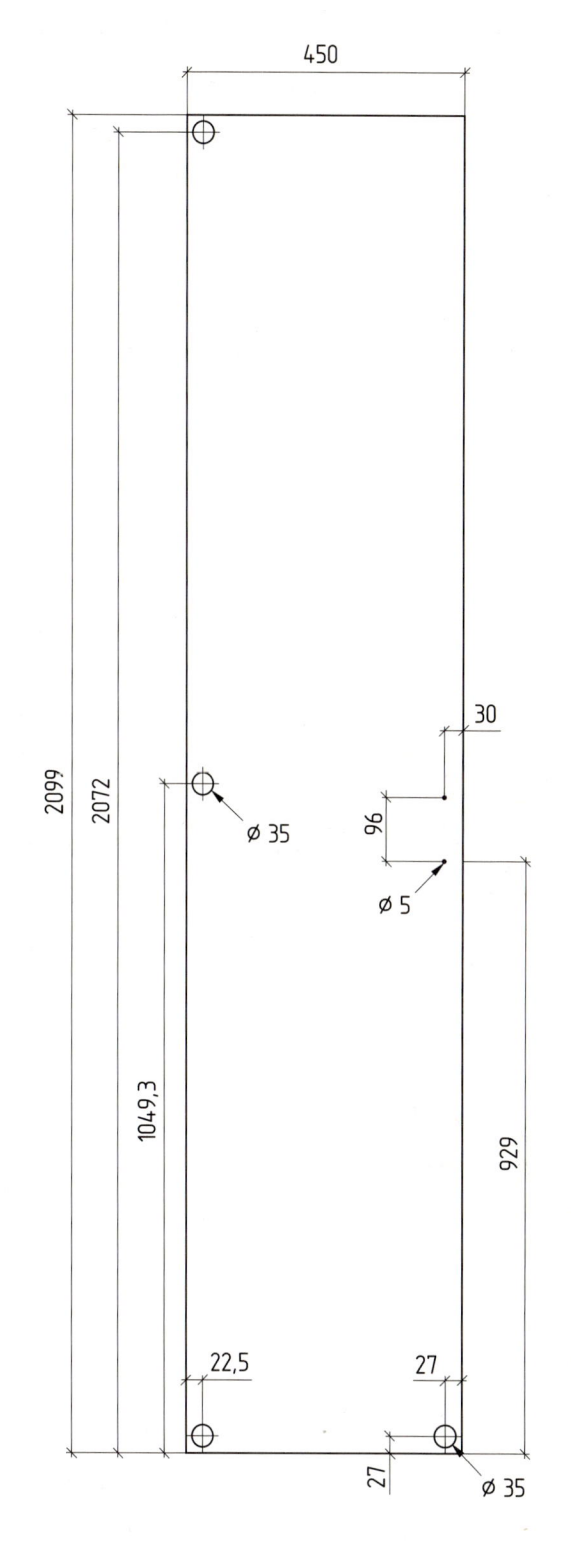

3. Zeichnung für Aufgabe 2

Anzahl	Art des Beschlages	Hersteller/Bestellnummer

5. Tabelle für Aufgabe 2

© Verlag Gehlen

15.5 Arbeitsablaufplanung

Da Sie den Vitrinenschrank nun durchgeplant haben, ist es an der Reihe, diesen Schrank zu fertigen.

Aufgabe 1:
Legen Sie auf der rechten Seite die Stückliste mit allen Materialien an. Geben Sie auch in die entsprechenden Stellen die **Kantenmaterialien** und die **Oberflächenbehandlung** ein.

Beim Bearbeiten der Aufgabe 1 bemerkten Sie sicherlich, dass es nicht immer einfach ist alle Dinge „nur so" mal eben hinzuschreiben. Häufig fallen einem die einen oder anderen Fehler in der Zeichnung auf, die dann zu beheben sind. Damit Sie beim Fertigen nicht lange überlegen müssen, welchen Schritt Sie als nächstes auszuführen haben, ist es notwendig eine **Arbeitsablaufplanung** zu erstellen.

Wie geht man dabei vor?

Stellen Sie sich jedes einzelne Element des Möbels (Anleimer, Beschläge, Plattenwerkstoffe …) vor. Schreiben Sie die Elemente auf und überlegen Sie sich, wie komme ich nun zu diesem Teil und was werde ich damit machen (z. B. Anleimer aushobeln → Anleimer an Platte leimen →). Schreiben Sie dann alle Arbeitsschritte zu jedem Teil auf, sodass am Ende das Werkstück fertig sein müsste. Sie werden schnell merken, dass sich viele Arbeitsschritte ähneln oder gleich sind. Es gilt nun, wenn möglich, alle gleichen Arbeitsschritte zusammenzufassen, zu bündeln (z.B. der Zuschnitt der Schubkastenseiten wird mit dem Zuschnitt der Seiten zusammengefasst). Sicher werden Sie merken, wenn Sie im Betrieb auch so vorgehen, dass Sie schneller zum Ergebnis kommen als beim „Durcheinanderarbeiten".

Aufgabe 2:
Erstellen Sie eine Arbeitsablaufplanung für die Vitrine im System 32. Benutzen Sie dazu die Tabelle in Bild 2. Gehen Sie dabei chronologisch vor (benutzen Sie am besten einen Bleistift) und halten Sie sich an die obigen Anweisungen.

1. Beispiel der vielfältigen Materialien und Arbeitsschritte am Beispiel der Vitrine

Arbeitsschritt	Arbeitsplatz	Projektelement
Zuschneiden der Plattenwerkstoffe	Plattensäge	Korpusteile, Einlegeböden, Sockelstück

2. Arbeitsablaufplanung

Arbeitsablaufplanung, Stücklistenbearbeitung 101

Kunde Anton Liber Comicstraße 52 27356 Rotenburg	Projektnummer 9F551215	Zeichnungsnummer SO51255506 SO51255607 SO51255608	Bearbeiter Meister Lampe	Datum 20. Januar 1999

	Kantenliste		Belagsliste (HPL und Furnier)		Oberfläche
1		1		1	
2		2		2	
3		3		3	
4		4		4	
5		5		5	

Bezeichnung	St	Material	Länge l	Breite b	Kante				Belag		OF*	
					l	l	b	b	u	o	o	u

* OF = Oberfläche

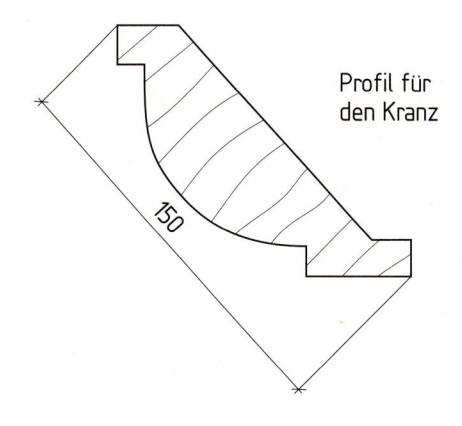

Profil für den Kranz (150)

3. Stückliste für die Aufgabe 1

© Verlag Gehlen

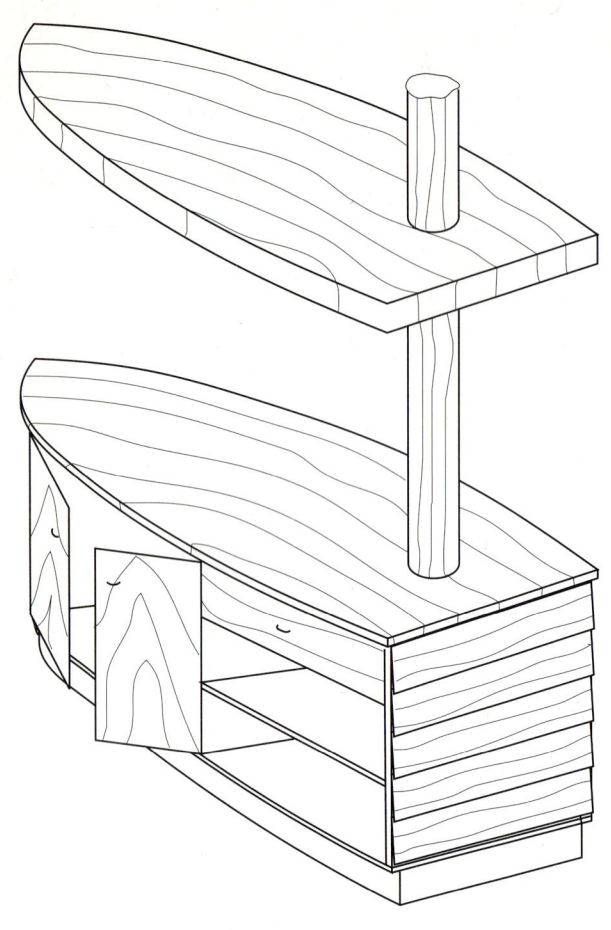

15.6 Verbindungen im Korpusbau

Herr Liber möchte den Infostand nochmal durchsprechen und sucht dazu nochmals das Gespräch mit Ihrem Meister!

Kundenseitig stellt er sich eine gebogene Beplankung aus sich überlappenden gebogenen Paneelen vor. Aus Kostengründen soll der Innenbereich aus melaminharzbeschichteter Spanplatte hergestellt werden. Über diese Konstruktion sollen Sie sich Gedanken machen; Herr Liber wünscht sich einen Schubkasten mit Vollauszug, darunter ein offenes Fach mit einem verstellbaren Einlegeboden. Rechts neben diesem Fach befinden sich zwei durch Türen verschließbare Fächer, die zur Aufbewahrung eines Computers dienen sollen.

Aufgabe 1:
Überlegen Sie sich eine Konstruktion mit kostengünstiger Fertigung und suchen Sie die Beschläge aus den gängigen Beschlagkatalogen heraus. Denken Sie daran, dass hierbei das System 32 verwandt werden soll. Fertigen Sie den Horizontalschnitt und zwei Vertikalschnitte auf einem DIN-A 3-Zeichenpapier an.

Aufgabe 2:
1. Machen Sie sich Gedanken über die unterschiedlichen Korpusverbindungen, die Sie in der vorigen Aufgabe eingesetzt haben.
2. Fertigen Sie zur nächsten Unterrichtsstunde die auf der rechten Seite aufgelisteten Eckverbindungen an (Schenkel 300 mm, Höhe 120 mm bei einer Dicke von 16 mm). Wählen Sie die Materialien, welche Ihnen dazu am sinnvollsten erscheinen.
3. Füllen Sie die Tabelle auf der **rechten Seite** aus (lesen Sie dazu auch das Tabellenbuch zum Thema Verbindungen).

Aufgabe 3:
Tauschen Sie sich in Gruppen über die unterschiedlichen Verbindungen aus und gehen Sie dabei auch auf die unterschiedlichen Betriebsmittel in Ihren Ausbildungsbetrieben ein, denn die Art der Verbindung hängt letztlich auch von den vorhandenen Betriebsmitteln ab. Berichten Sie über das Fertigen der Verbindungsecke in Aufgabe 2.

Aufgabe 4:
In den Aufgaben 2 und 3 haben Sie sicherlich die Zinkenverbindung angeschnitten. „Reißen" Sie in Abbildung 2 die Zinken so an, wie Sie dieses auch in der Werkstatt machen würden.
Vergleichen Sie die Methoden der Schulkollegen und bestimmen Sie die Ihrer Meinung nach einfachste. Fragen Sie hierzu auch Ihren Meister und Altgesellen im Ausbildungsbetrieb.

> **Überlegung:**
> Ein häufiges Thema stellt auch der Unterbau eines Tresens dar. Denn der Fußboden ist oftmals uneben.
> Dann geht der Tischler mit Keilen und Unterlegstücken an die Arbeit und richtet in mühevoller Kleinarbeit den Sockel aus.
> Sollten Sie schon einmal eine Küche aufgestellt haben kennen Sie sicherlich die höhenverstellbare Sockelfüße. Diese Sockel kosten einen geringen Geldbetrag, sind stabil und sparen Arbeit.
> Was meinen Sie, lohnt es sich diese Überlegung in die Konstruktion des Verkaufstresen einfließen zu lassen?

1. Darstellung des Infostandes

Schwalbenstück — Zinkenstück — M 1:2

2. Anreißen der Zinken und Schwalben

Eckverbindungen: Einsatzort, Haltbarkeit, Betriebsmittel   103

Eckverbindungen im Korpusbau	Formfeder	Gehrung	Sperrholzfeder	Zinken	Dübel	Formfeder + Schraube
benötigte Betriebsmittel						
Haltbarkeit (machen Sie einen kleinen Test)						
Ästhetik (Ihre persönliche Meinung)						
Zeitaufwand in Minuten						
Einsatzort Begründung für diese Verbindung						
Materialaufwand/ Materialwahl						
Freihandskizze des Verbindungsmittels						

3. Eckverbindungen im Korpusbau

© Verlag Gehlen

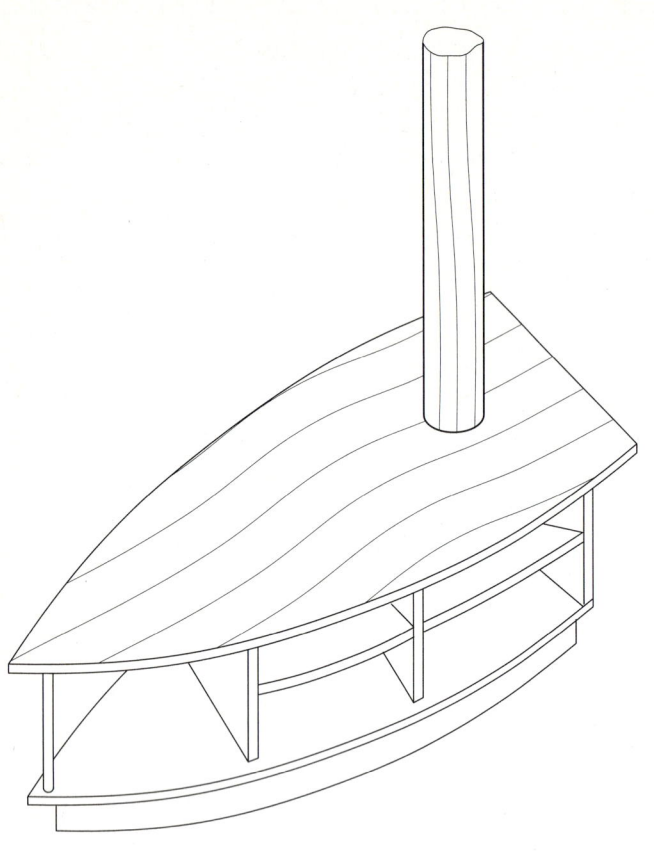

15.7 Bogenförmige Ausstellungstische

Um die Präsentationsfläche seines Bücherladens zu vergrößern und um eine statisch notwendige Stahlbetonsäule (Bild 1) zu kaschieren und zu integrieren, wünscht Herr Liber eine Ablagemöglichkeit um diese Säulen herum. Damit sie sich dem Gesamtbild des Ladens anpasst, ist eine bogenförmige Form sinnvoll. Die Säulenverkleidung soll gefertigt werden, Sie müssen dafür die Bögen konstruieren.

Aufgabe 1:
Sammeln Sie die nötigen Informationen über Bogenkonstruktionen aus Ihren Fachbüchern und sprechen Sie in der Klasse darüber.

Aufgabe 2:
Fragen Sie auch in Ihrem Betrieb nach, wie dort die Bögen konstruiert und gegebenenfalls aufgerissen werden.
Tragen Sie die Konstruktionsschritte in die unten abgebildete Tabelle (Bild 3) chronologisch für einen Segmentbogen ein.

Aufgabe 3:
Nehmen Sie sich das Oberblatt des Informationstresens vor. Setzen Sie dafür die Eckpunkte im Maßstab 1 : 20 auf der rechten Seite fest: Die Außenmaße des Oberbodens betragen Länge = 1 600 mm × Breite = 700 mm.

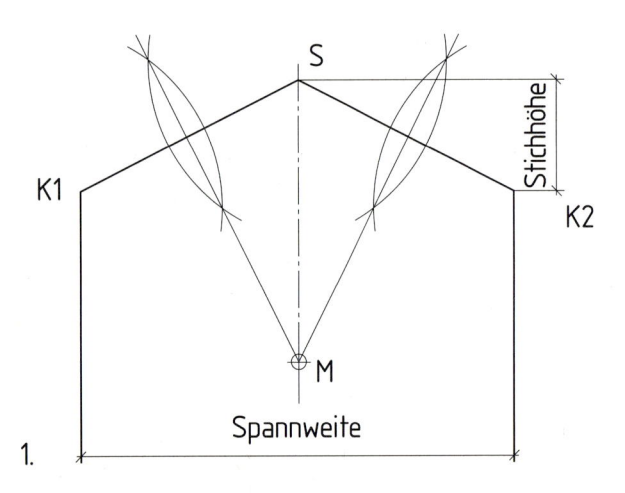

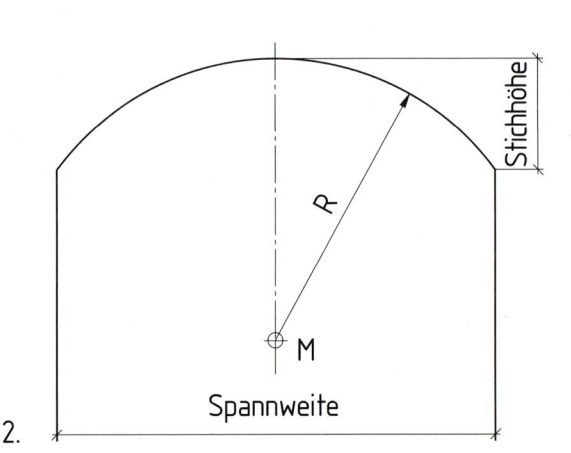

1. Darstellung der Säulenverkleidung

2. Konstruktion eines Segmentbogens

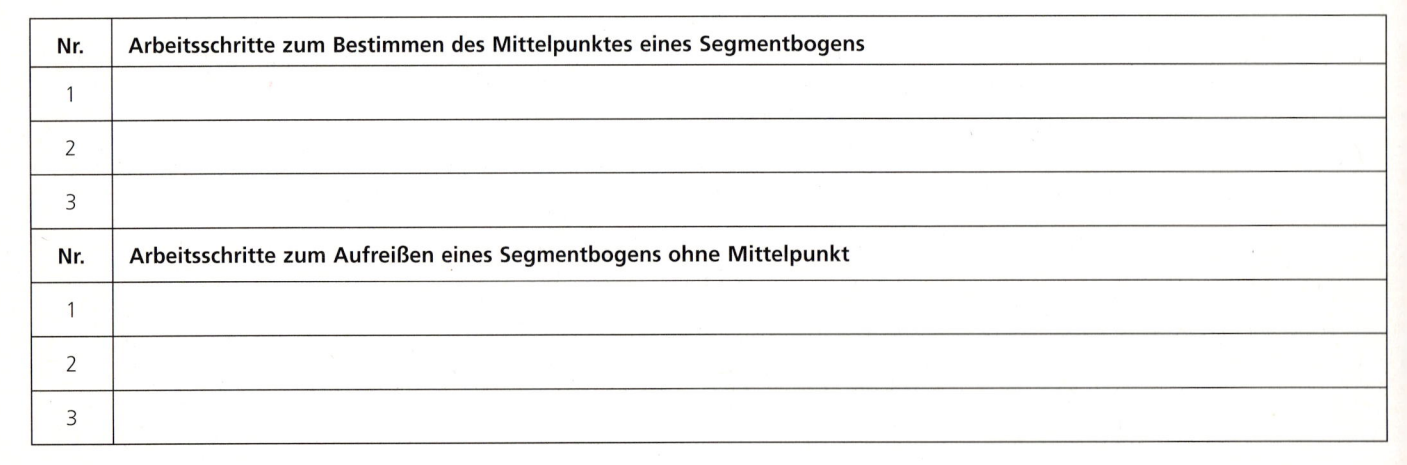

Nr.	Arbeitsschritte zum Bestimmen des Mittelpunktes eines Segmentbogens
1	
2	
3	
Nr.	Arbeitsschritte zum Aufreißen eines Segmentbogens ohne Mittelpunkt
1	
2	
3	

3. Tabelle zur Aufgabe 3

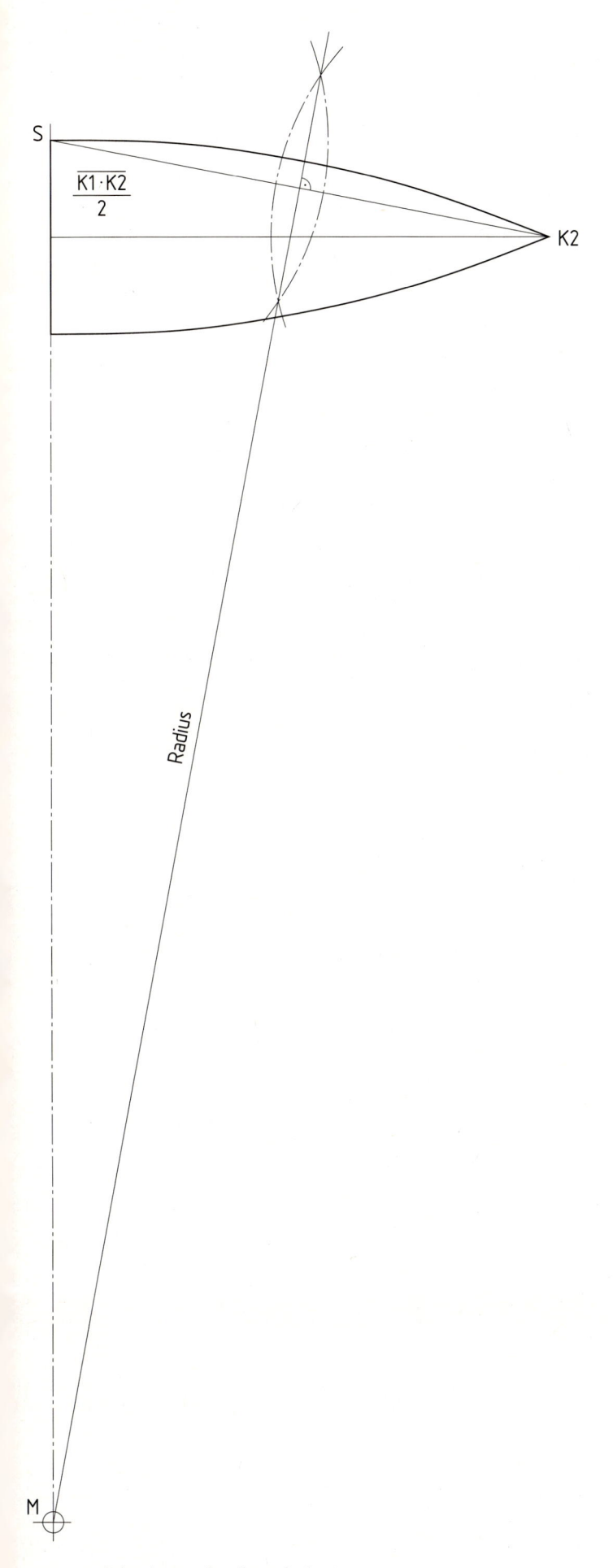

Bogenkonstruktionen

S

$\dfrac{\overline{K1 \cdot K2}}{2}$

K2

Radius

M

4. Konstruktionslösung für die Aufgabe 3

Konstruktionsmaterial:
Tischlerspan 19 mm

Sperrholz

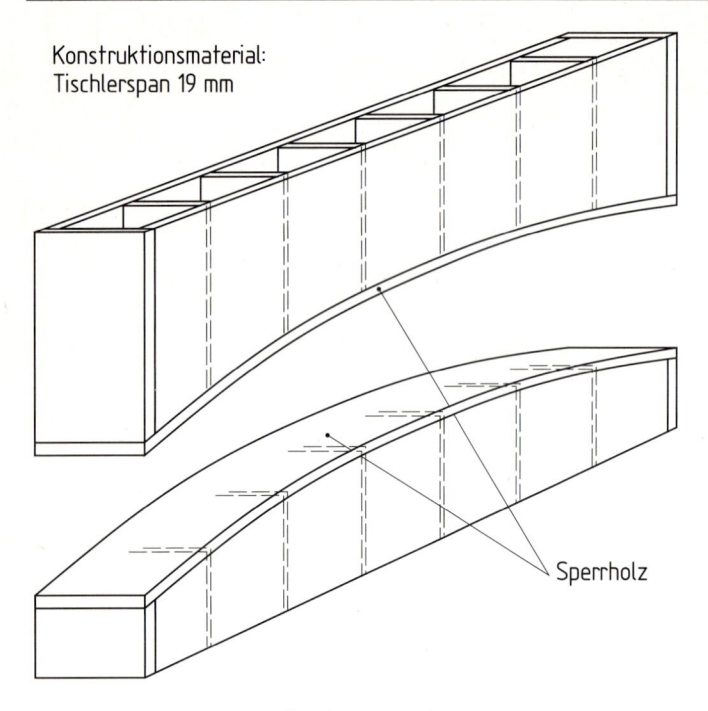

1. Ihr Vorschlag: Schablone für die Formverleimung

2. Beispiel einer Formverleimung mit Schablone und Gegenstück

15.8 Formverleimung/Schablonenbau

Die gebogene Holzbeplankung des Informationsstandes stellt Sie vor fertigungstechnische Probleme. Es werden in einer Projektbesprechung mehrere Vorschläge unterbreitet. Man kommt zum Schluss, dass eine Formverleimung die sinnvollste Alternative ist, denn es handelt sich um ein dickes Material, das eine Schiffsbeplankung darstellen soll.

> **Info:**
> Formverleimungen sind Werkstückteile, die aus mehreren Schichten bestehen und während des Leimens über eine Form gespannt werden und so abbinden.
> Formverleimungen können durchgehend aus Furnieren bestehen. Aus Kostengründen werden allerdings häufig in den Innenlagen andere, günstigere Materialien verwandt: dünne Sperrhölzer, Biegesperrholz, eingeschnittenes MDF, Vollholzstäbe usw. Als Deckschicht können Furniere und Schichtstoffe genommen werden.

Pressenmethoden:

Häufig wird beim Pressen mit zwei Formteilen gearbeitet (Bild 2). Einem Negativ und einem Positiv. Bei einfachen Radien und bei einem Vakuumsack reicht auch eine Form. Es gibt auch Methoden, bei denen die Werkstücke in einen Schaumstoff oder Quarzsand gedrückt werden, damit sich der Schichtstoff oder das Furnier um ein vorgeformtes Werkstück presst.
Der Druck muss gleichmäßig auf die gesamte Fläche des zu pressenden Werkstückes erfolgen. Mögliche Unebenheiten, zum Beispiel durch Streben in der Form, sind durch Hartfaserplatten oder ähnliche Materialien abzufangen.

Aufgabe 1:
Überlegen Sie, wie die Schablone für die Beplankung auszusehen hat. Fertigen Sie eine entsprechende Freihandskizze in Bild 1.

Welche Materialien kommen für eine Formverleimung in Frage?

Da es eine ganze Palette von Materialien für die Erstellung von Formverleimungen gibt, ist es unumgänglich, diese zu kennen und zu wissen, wozu welche Materialien genommen werden.

Aufgabe 2:
Tragen Sie in die Tabelle Bild 3 die Materialien ein und ergänzen Sie die Tabelle. Fragen Sie dazu auch im Betrieb nach.

Material	Vorteile	Nachteile
Biegesperrholz		

3. Tabelle zu Aufgabe 2

15.9 Blatteinteilung

Viele Betriebe können ihre Zeichnungen nicht in digitaler Form speichern bzw. ablegen. Es besteht daher die Notwendigkeit, Zeichnungen auf Papier in die Werkstatt/Fertigung zu geben. Sie müssen in der Lage sein, großformatige Zeichnungen in ein handliches Format zu bringen. Ansonsten entstünde ein unübersichtlicher Papierwust.
Der Übersichtlichkeit und Ordnung halber muss jede Zeichnung mit einem klaren **Schriftfeld** versehen werden. Dort sollten Informationen zu finden sein, wie Projektnummer, Zeichnungsnummer, Erstellungs-/Änderungsdatum, Name des Zeichners usw. Orientieren Sie sich an DIN 6771-1; man kann das Schriftfeld aber auch individuell gestalten.
Informieren Sie sich deshalb in Ihren Fachbüchern und in Ihrem Ausbildungsbetrieb zu diesem Thema.

Aufgabe 1:
Zeichnen Sie maßstäblich in das unten dafür vorgesehene Zeichenfeld ein DIN-A 1-Blatt mit Schriftfeld und skizzieren Sie mit Strichlinien die Faltlinien für das Falten des Blattes auf das Ablageformat A 4.

Aufgabe 2:
Bringen Sie zur nächsten Unterrichtsstunde ein Beispiel eines in Ihrem Ausbildungsbetrieb verwendeten Schriftfeldes mit, vergleichen Sie sie untereinander und wägen Sie die Vor- und Nachteile gegeneinander ab.

Form A
mit gelochtem Heftrand

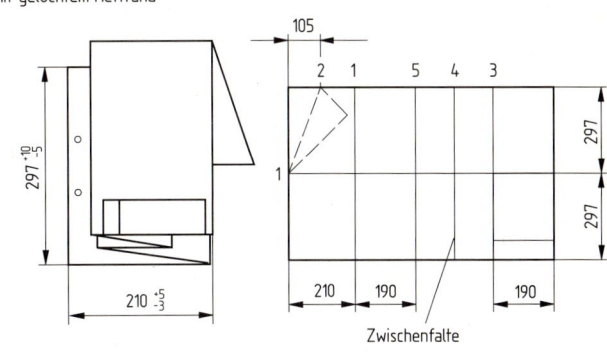

Form B
mit angebrachtem Abheftstreifen

Form C
zur Abgabe ohne Heftung

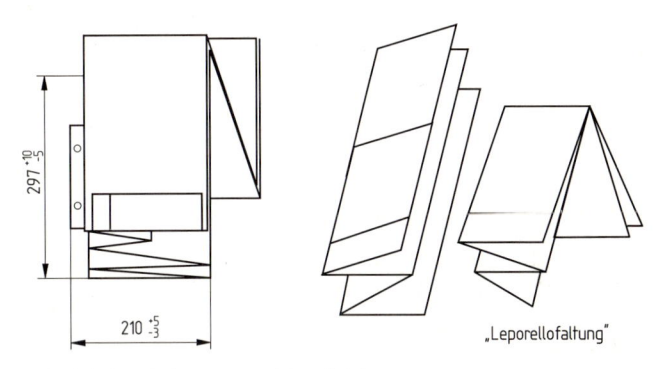

„Leporellofaltung"

4. Beispiel einer Faltung von A 1 auf A 4

5. Zeichenfeld zu Aufgabe 1

© Verlag Gehlen

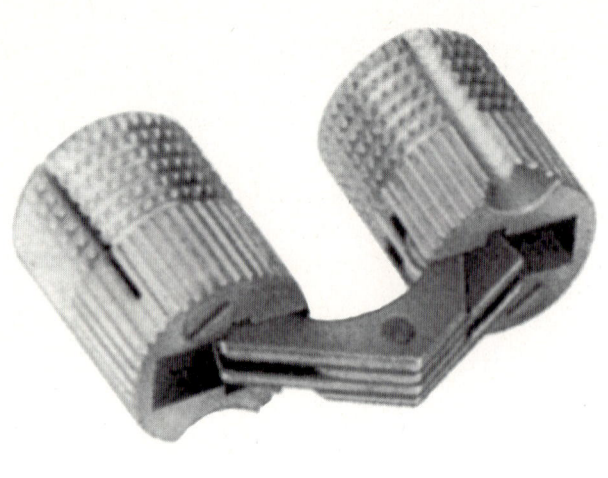

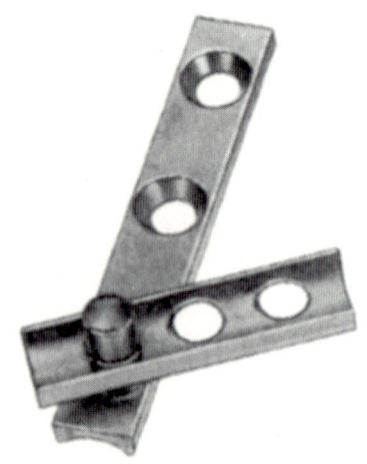

15.10 Klappenkonstruktion am Stehpult

Herr Liber wünscht sich für die geplanten Autorenlesungen in seinem Buchladen ein Stehpult in Kirschbaum und in Stollenbauweise. Unter der schrägen Ablagefläche, die als massive Deckelklappe konstruiert werden soll, wünscht er sich ein Staufach, darunter zusätzlich noch einen Schubkasten; beides soll der Aufnahme von Lese- und Notizunterlagen und anderen Utensilien für Autorenlesungen dienen.

Aufgabe 1:
Suchen Sie sich aus den gängigen Beschlagkatalogen in Ihrem Ausbildungsbetrieb zwei geeignete Klappenbänder heraus, kopieren und kleben Sie sie auf die Fläche von Bild 1.

Aufgabe 2:
Suchen Sie sich verschiedene geeignete Klappenbeschläge aus Ihren Beschlagkatalogen heraus und stellen Sie Vor- und Nachteile in Tabelle 2 gegenüber.

Aufgabe 3:
Entwerfen Sie die Hauptzeichnung (Vorder- und Seitenansicht, nebeneinander) für das o. g. Stehpult im Maßstab 1 : 10 nach ergonomischen und gestalterischen Gesichtspunkten passend zur übrigen Einrichtung des Buchladens; zeichnen Sie sie in Bild 5 und legen Sie darin die Verläufe der Teilschnittzeichnungen fest.

1. Abbildung Ihrer gewählten Lösung

Bezeichnung des Beschlages	Vorteile	Nachteile
Stangenscharnier		
Klappenscharnier		
Zapfenbänder		
Zysa-Scharnier		
Vici-Scharnier		
Sepa-Scharnier		

2. Tabelle Klappenbeschläge

Stollenbauweise, Konstruktion eines Stehpultes 109

Bei der Herstellung eines Stollenmöbels sollte man sich über die Grundprinzipien der Stollenbauweise im Klaren sein:

- die Seiten erhalten Stollen, die zugleich als Möbelfuß dienen,
- Seiten, Türen und Böden können aus Rahmen gearbeitet oder aus Platten hergestellt sein,
- die Stollen sind mit den Seiten durch Dübel oder Federn verbunden,
- die Böden werden mit den Stollen und Seiten verdübelt und verleimt,
- alle Teile können verleimt oder lösbar mittels Schrankbeschlägen miteinander verbunden werden,
- die Stollen können durch Zargen miteinander verbunden werden; als Verbindungsmittel dienen Dübel oder Zapfen.

3. Abbildung eines Stollenmöbels

Aufgabe 4:
Zeichnen Sie auf ein DIN-A 2-Blatt (Querformat) die von Ihnen festgelegten Teilschnittzeichnungen im Maßstab 1 : 1 nach DIN 919. Berücksichtigen Sie dabei die geeigneten Dreh- und Verschlussbeschläge für die verlangte Klappenkonstruktion.
Informieren Sie sich diesbezüglich in den einschlägigen Beschlagkatalogen Ihres Ausbildungsbetriebs; erarbeiten Sie bis zum nächsten Berufsschultag verschiedene Lösungsmöglichkeiten, indem Sie u. a. verschiedene Beschlagvarianten aus verschiedenen Katalogen unterschiedlicher Hersteller herauskopieren, systematisch gegenüberstellen und dabei ihre Vor- und Nachteile abwägen, um sich abschliessend für eine Ihrer Meinung nach optimalste Lösung zu entscheiden. Sie sollen dabei in der Lage sein, Ihre Beschlagauswahl begründen zu können.

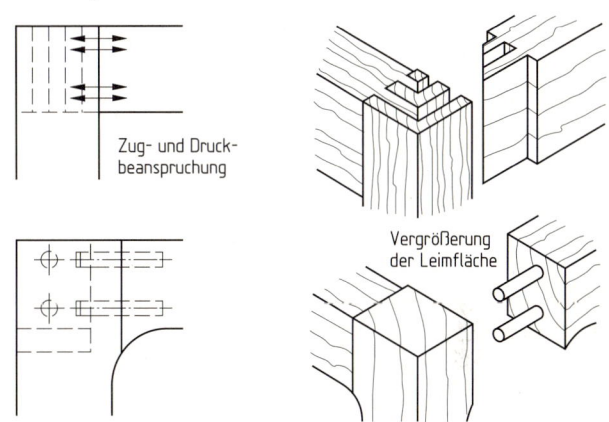

4. Typische Stollen-Eckverbindungen

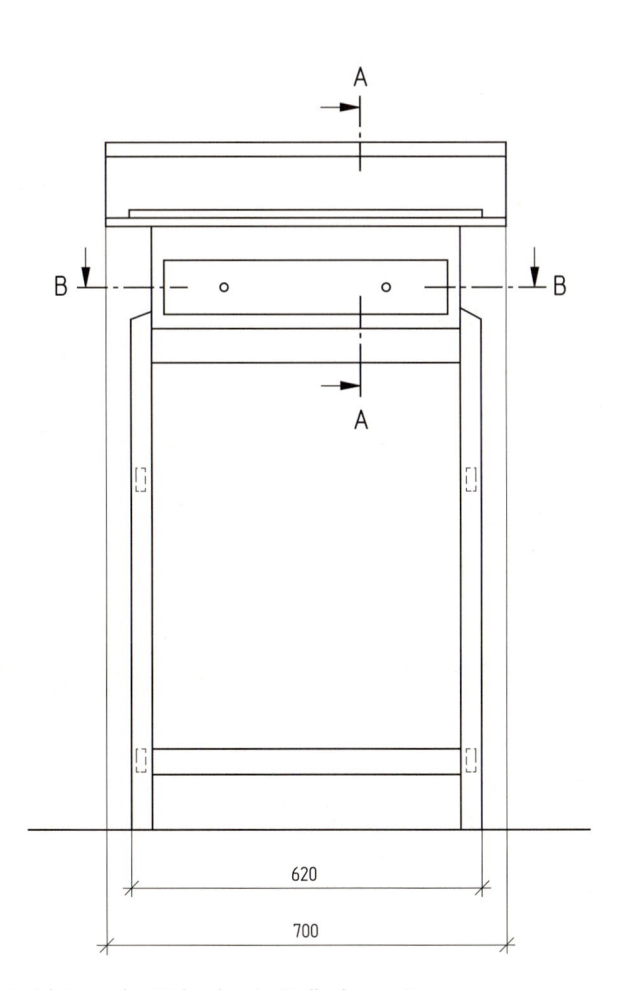

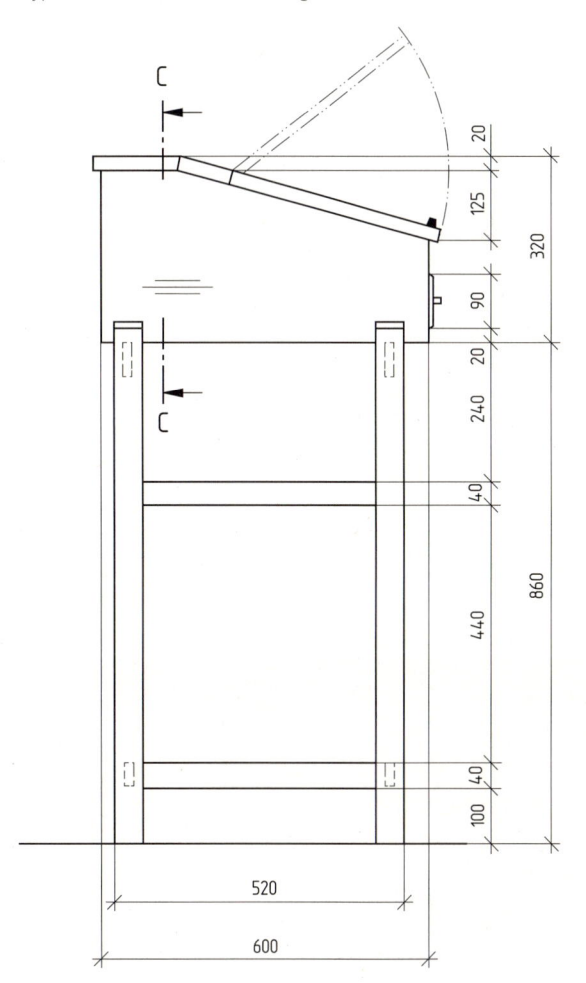

5. Hauptzeichnung des Stehpultes in Stollenbauweise

© Verlag Gehlen

110 Projekt Ladenbau: Ladenbau

1. Grundriss der Küche

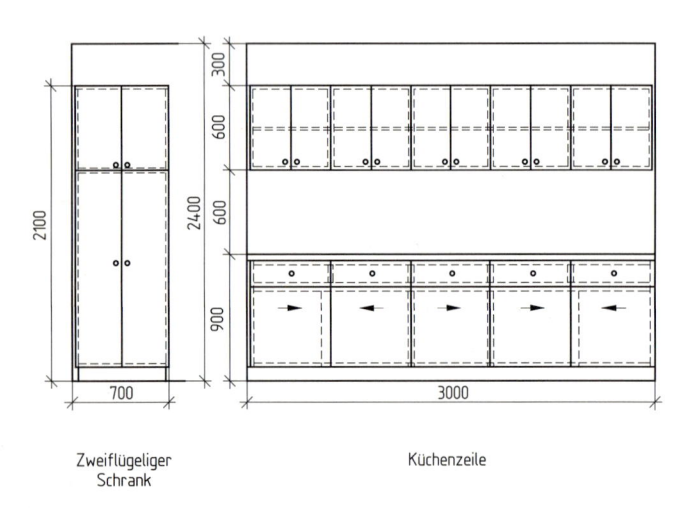

2. Ansicht der Küchenzeile und des raumhohen Schrankes

Zweiflügeliger Schrank

Küchenzeile

3. Beispiel einer Schubkasten-Fertigzarge

15.11 Beschläge

Im Nebenraum des Verkaufsraums möchte Herr Liber eine kleine Küche für die Mitarbeiter einrichten (Bild 1 und 2). An der Wand A soll eine Küchenzeile, mit einer Arbeitsplatte, entstehen. Da der Raum recht schmal ist, werden für diesen Bereich Schiebetüren vorgesehen. Darüber befinden sich Vollauszüge aus fertigen Zargen. Über der Arbeitsplatte sind Hängeschränke, mit Drehtüren angeordnet. An der Stirnseite des Raumes soll ein raumhoher zweiflügeliger Schrank entstehen (Bild 2). Als Material wurde eine weiße melaminharzbeschichtete Spanplatte mit entsprechenden PVC-Kanten gewählt.
Ihr Meister betraut Sie mit der Aufgabe die Beschläge auszusuchen und später auch anzuschlagen.

Aufgabe 1:
Kopieren Sie die notwendigen Beschläge aus dem Beschlagkatalog und erklären Sie, warum Sie gerade diese Beschläge gewählt haben.
Drehbeschläge (Topfbänder), Schubkastenführungsbeschlag, Schiebetürbeschlag, Hängebeschlag

Aufgabe 2:
Klären Sie, welche unterschiedlichen Kröpfungen es gibt und für welche Anschlagsart diese genommen werden. Tragen Sie Ihre Ergebnisse in die Tabelle ein und vergleichen Sie Ihre Ergebnisse mit den Drehbeschlägen in den Beschlagkatalogen.

Kröpfungsart	Anschlagsart

Aufgabe 3:
Welche Gründe sprechen für die Verwendung von Topfbändern?

Bei den Überlegungen zu den Schubkästen haben Sie sich sicher die Frage gestellt, welches Schubkastensystem wohl am sinnvollsten sein könnte. Sie haben im Katalog kugelgelagerte Auszüge und Rollenauszüge gefunden. Es gibt Schubkastensysteme, bei denen die Schubkastenseiten aus Metall oder Kunststoff bestehen und schon die Führung mit beinhalten. Dann gibt es fertige Schubkästen, bei denen man dann aber an ein bestimmtes Korpusmaß gebunden ist (Bild 3).

Aufgabe 4:
Klären Sie innerhalb der Klasse, warum die fertigen Schubkastensysteme gerne eingebaut werden.

_____
_____
_____
_____
_____
_____
_____

Bei den Hängeschränken der Küchenzeile ist Ihnen aufgefallen, dass man sich Gedanken über die Wandbefestigung machen muss.

Aufgabe 5:
Welche Gründe sprechen für die Verwendung einer Hängeleiste und die Verwendung eines speziellen Beschlages (Bild 4)?

Sicher haben Sie auch die verschiedenen Schiebetürbeschläge in den Beschlagkatalogen gesehen und sich die Frage gestellt, welchen Sie nehmen sollen.

> **Merke:**
> Hohe schwere Türen werden „hängend" geführt und kleine leichte Schiebetüren können untenlaufend geführt werden (Bild 5).

Herr Liber, unser Kunde, möchte seinen zweiflügeligen Schrank im unteren Bereich gerne abschließen können. Ihr Meister schlägt Ihnen dazu ein Drehstangenschloss vor (Bild 6).

Aufgabe 6:
Nachdem Sie alle Unklarheiten beseitigt haben, erstellen Sie die Stückliste für die Küchenzeile und den zweiflügeligen Schrank. In die Stückliste gehören natürlich auch die Beschläge. Bedenken Sie dabei auch die Wandabschlüsse.

Aufgabe 7:
Überlegen Sie sich, weshalb es sinnvoll ist, bei dem hohen Schrank ein Drehstangenschloss zu verwenden.

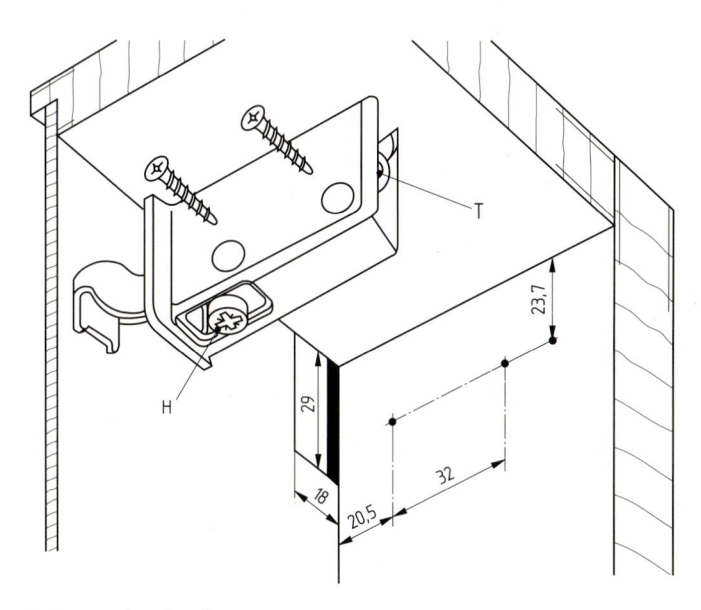

_____
_____
_____
_____
_____
_____
_____

© Verlag Gehlen

4. Hängeschrankaufhänger

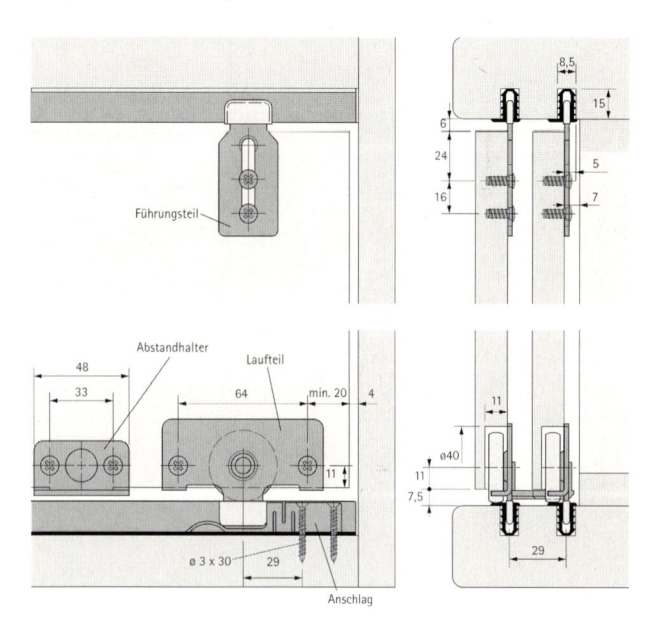

5. Schiebetürbeschlag für unten laufende Türen

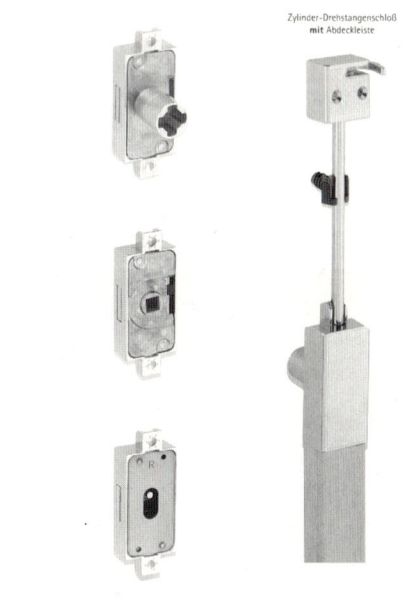

6. Drehstangenschloss

15.12 Zentralverschluss im Rollcontainer

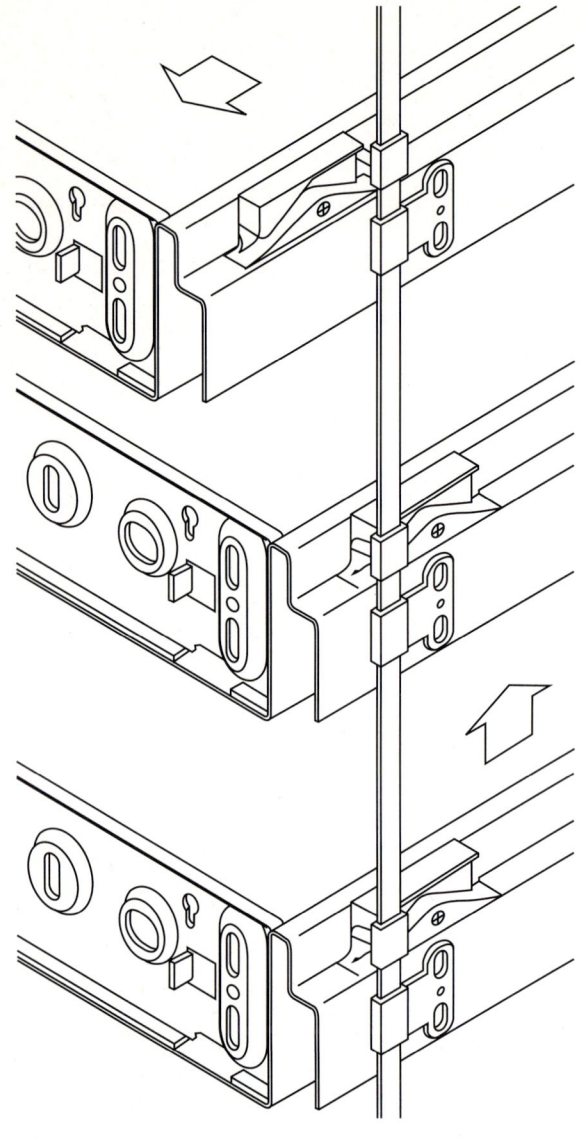

Im Gespräch mit Herrn Liber stellt sich heraus, dass er für sein Büro in einem der Nebenräume noch einen Rollcontainer benötigt, worin er seine Schreibutensilien und verschiedene Dinge aufbewahren kann. Dieser Rollcontainer soll drei Schubkästen enthalten, von denen der obere ein Materialschieber für Schreibgeräte, der mittlere ein einfacher Schubkasten und der untere ein Schubkasten für eine Hängeregistratur bestimmt ist.

Der von Ihrem Ausbildungsbetrieb zu fertigende Rollcontainer soll mit einem Zentralverschluss versehen werden. Es gibt, wie Sie sicher schon bemerkt haben, viele unterschiedliche Hersteller und Einbauweisen. Benutzen Sie möglichst ein fertiges System aus einem Beschlagkatalog.

> **Merke:**
> Der Kern des Zentralverschlusses ist die Auszugssperre. Wird ein Auszug ausgezogen, schiebt sich die Schubstange zwangsgeführt durch die Sperrkurve nach oben und sperrt die anderen Auszüge und verhindert damit ein Umkippen des Rollcontainers.
> Wird dieser Auszug wieder eingeschoben, entriegeln sich die anderen Auszüge wieder und werden wieder freigegeben. Bild 1 zeigt die Funktionsweise der Auszugssperre des Zentralverschlusses.

Aufgabe 1:
Schauen Sie sich in den Beschlagkatalogen die Zentralverschlüsse an, die für Rollcontainer infrage kommen würden.

Aufgabe 2:
Beschriften Sie in Bild 2 die mit Pfeilen gezeichneten Teile des Zentralverschlusses. Nehmen Sie für die Lösung dieser Aufgabe Ihren Beschlagkatalog zur Hilfe.

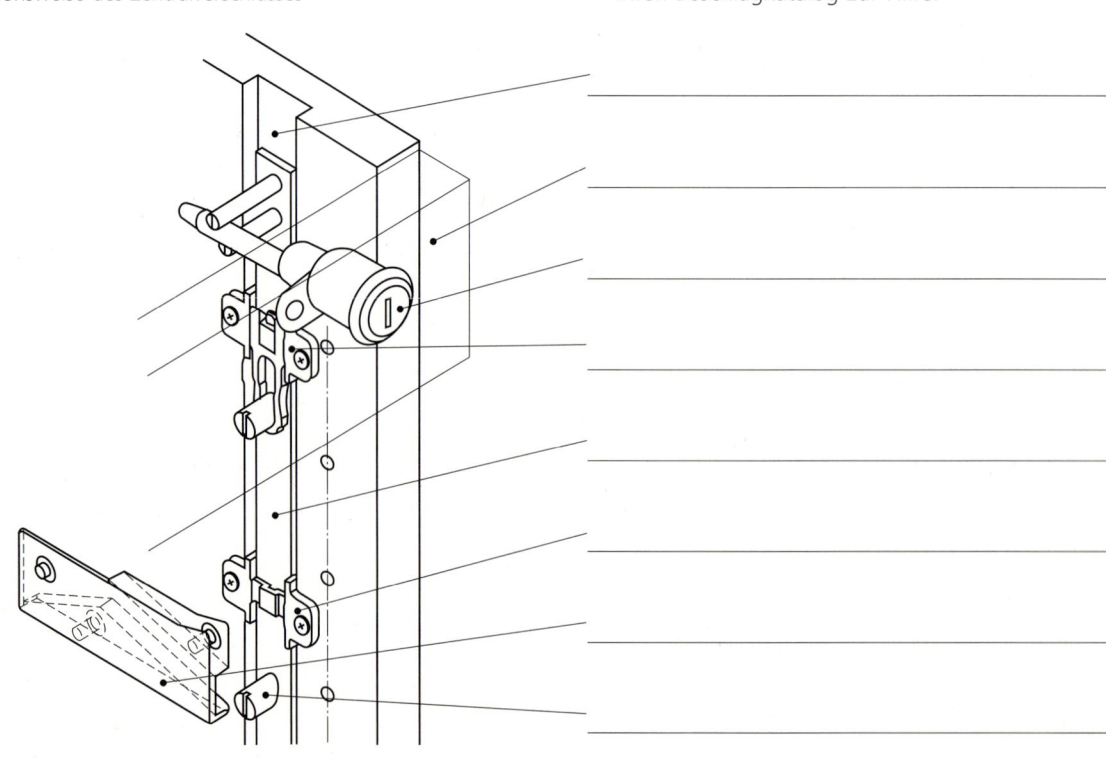

1. Funktionsweise des Zentralverschlusses

2. Einbausituation eines Zentralverschlusses

Fertigsysteme

Viele Beschlaghersteller bieten fertige Schubkastensysteme an. Für Sie als Tischler bedeutet dieses, dass Sie kostengünstiger fertigen können, dass es viel Zubehör für die Auszüge gibt und man dadurch die Schubkästen variabel nutzen kann.

Dies bedeutet jedoch auch, dass Sie in der Lage sein müssen diese Systeme einzusetzen, die Möglichkeiten der Systeme erkennen und sich mit dem System 32 auskennen. Häufig besteht ein enger Zusammenhang zwischen dem Schubkastensystem und dem System 32.

Aufgabe 3:

Suchen Sie sich für den Rollcontainer einen passenden Zentralverschluss und ein passendes Schubkastensystem aus Ihrem Beschlagkatalog heraus. Listen Sie die Vorteile dieses Systems auf.

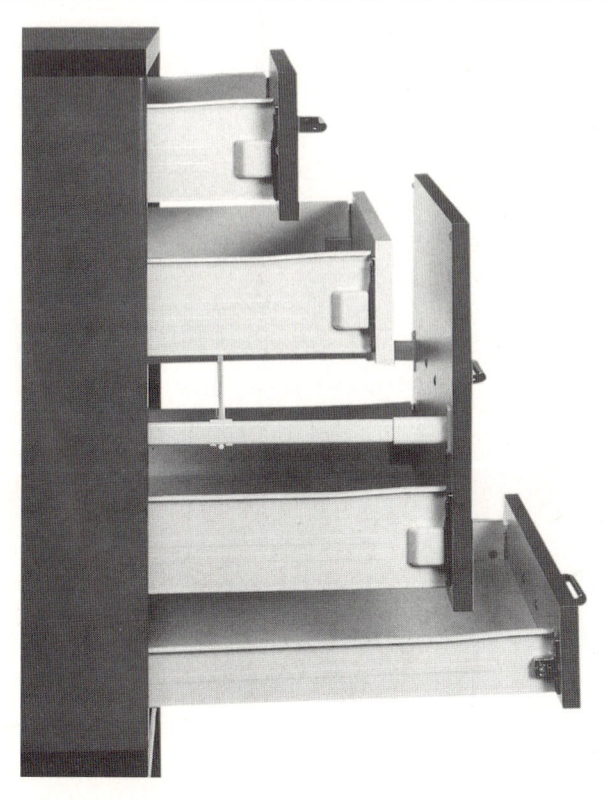

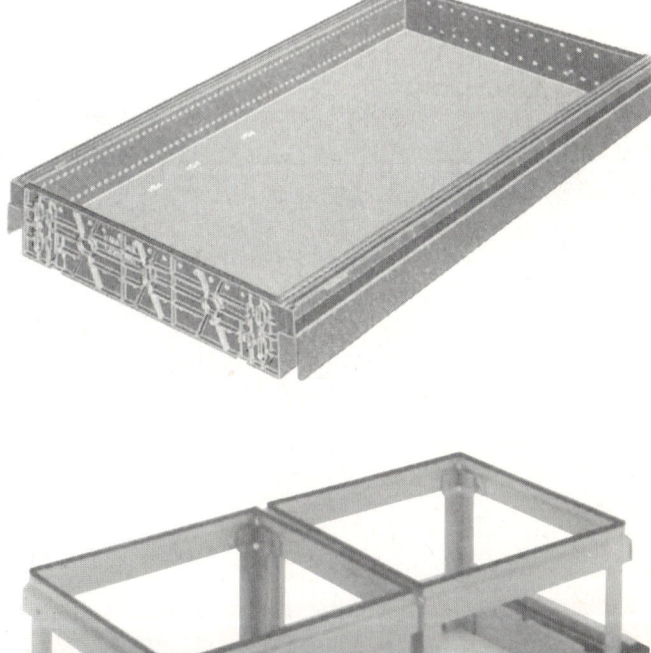

3. Rollcontainer mit Schubkastensystem

4. Varianten in einem Schubkastensystem

114 Projekt Ladenbau: Ladenbau

15.13 Deckenkonstruktionen (Systemdecken)

Herr Liber wünscht sich für die Decke seines Buchladens eine variable Konstruktion, die sowohl den gestalterischen Ansprüchen seines Ladens, als auch den versorgungstechnischen Anforderungen (Belüftung, Klima, Sprinkleranlage …) gerecht wird. Hierzu bietet Ihr Meister Herrn Liber verschiedene Systemvarianten an.

Aufgabe 1:
Überlegen Sie, welche bautechnischen und physikalischen Anforderungen an Systemdecken gestellt werden. Notieren Sie Ihre Antworten in Bild 2 unter die Pfeile.

Wenn Sie bei der Montage dieser Rasterdecke helfen, werden Sie viele Begriffe hören, die Ihnen nicht geläufig sein werden.

Aufgabe 2:
Informieren Sie sich bei Ihrem Baustoffhändler/Beschlaghändler über Systemrasterdecken und die Abhängemöglichkeiten. Tragen Sie in die Tabelle 1 die Begriffe zu den Abbildungen ein und geben Sie eine kurze Bezeichnung des Teiles an.

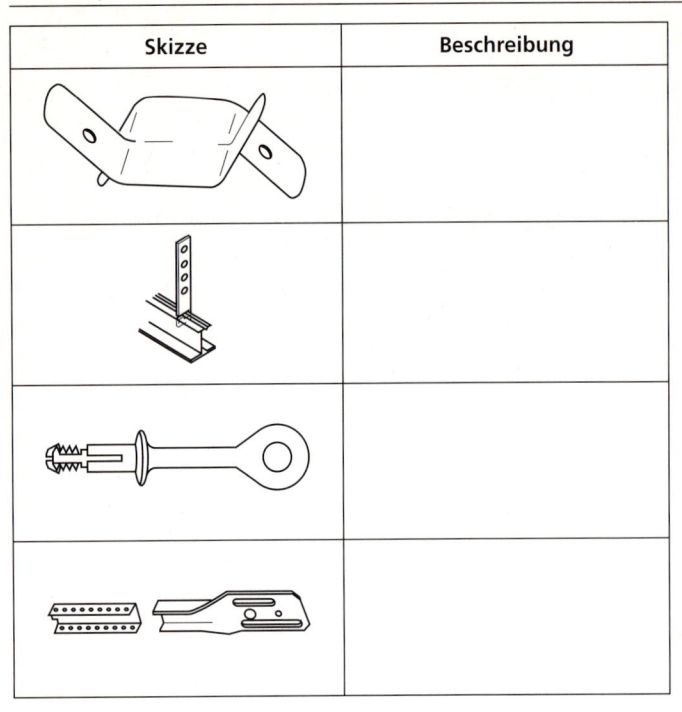

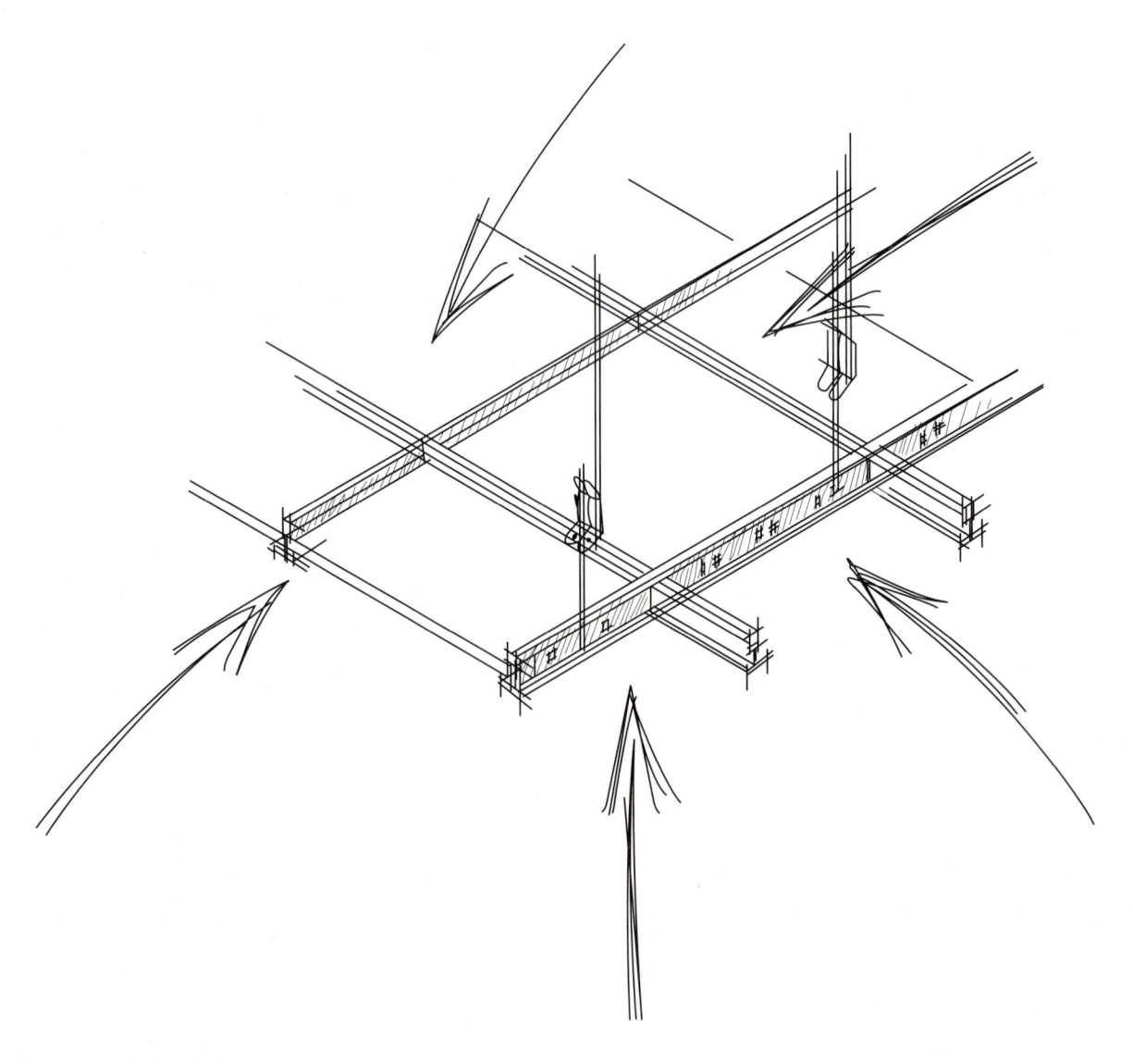

Skizze	Beschreibung

1. Abhängemöglichkeiten für Systemrasterdecken

2. Anforderungen an Systemdecken

Rasterdeckensysteme werden auch gerne genommen, weil man in diese Schienen eigene Platten mit eigenen Profilierungen und Oberflächen einsetzen kann.

Aufgabe 3:
In Abbildung 6 sind zwei Lösungen mit einem T-Profil vorgegeben. Vervollständigen Sie die anderen T-Profile mit Ihren Vorschlägen zur Gestaltung und Konstruktion der Rasterdecke.

Aufgabe 4:
Natürlich gibt es nicht nur quadratische, sondern auch rechteckige Formate für die Rasterdecken:
Man unterscheidet zwischen Standard- und Paneelformaten. Tragen Sie in die Tabelle 3 die Rasterformate ein. Informieren Sie sich dazu bei Ihrem Baustoffhändler.

Schallschutz

Die akustischen Eigenschaften von Funktionsdecken sind neben anderen Aspekten wie Ästhetik, Brandschutz etc. ein wichtiges Kriterium für die Auswahl von Deckenplatten. Die Schallabsorption ist maßgeblich von der Oberflächenstruktur abhängig. Generell gilt: Je rauer die Oberfläche, desto höher die Schallabsorption. Auch Lochungen oder Perforationen verbessern sie erheblich (Bild 4).

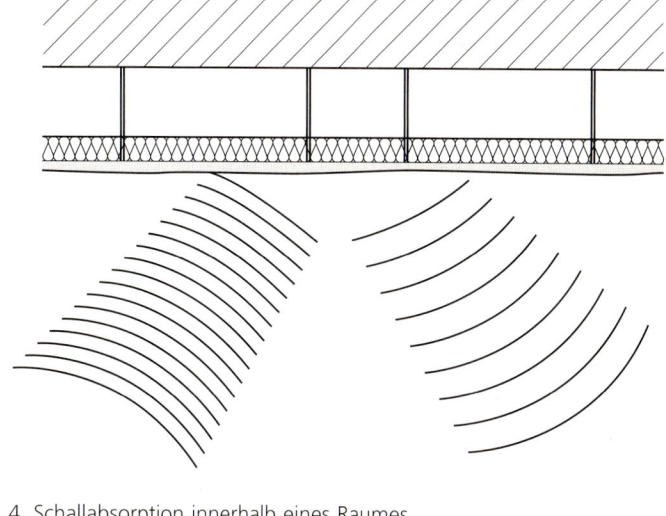

4. Schallabsorption innerhalb eines Raumes

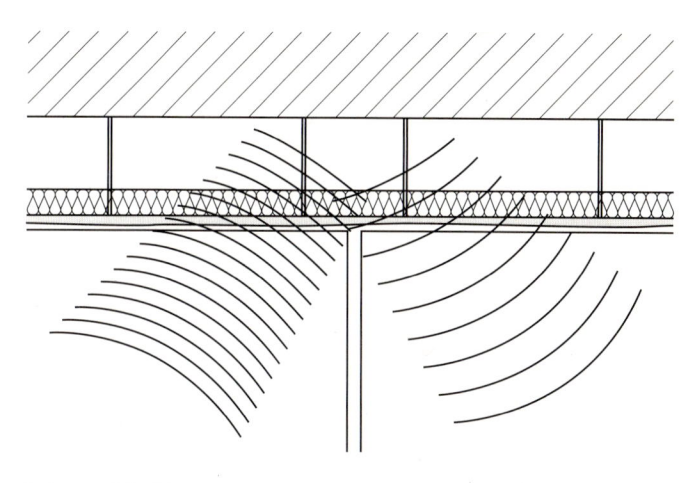

Die Schall-Längsdämmung misst die Übertragbarkeit des Schalls von zwei benachbarten Räumen über Trennwände, Boden, Seitenwände und Decke. Bei Unterdecken erfolgt die Übertragung von Luft und Trittschall hauptsächlich über den Deckenhohlraum. Dabei kommt es auf die Plattendicke (Flächengewicht), das Oberflächendesign, die Dicke der Mineralwoll-Auflage, die Abhängehöhe und die Dichtheit der Unterdecke an (Bild 5).

Standardformate	Paneelformate

3. Tabelle Rasterformate

5. Längs-Schalldämmung von Raum zu Raum

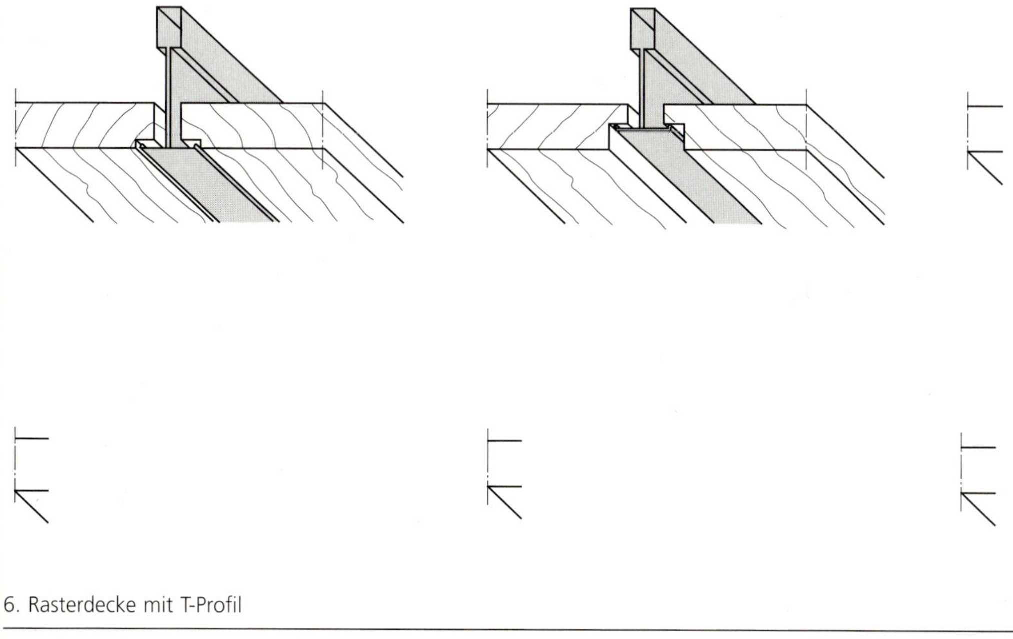

6. Rasterdecke mit T-Profil

© Verlag Gehlen

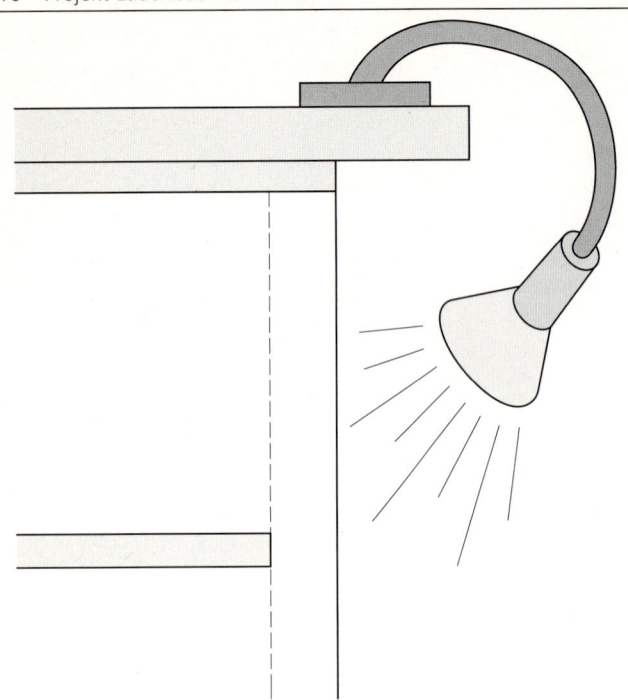

1. Direkte Beleuchtung über einem Regal

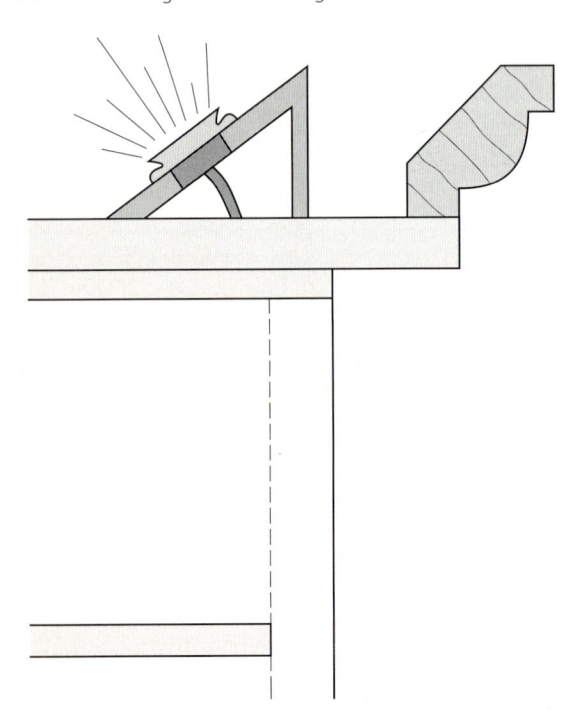

2. Indirekte Beleuchtung über einem Regal

15.14 Lichtplanung im Ladenbau

Die Kaufentscheidung des Verbrauchers wird mehr denn je durch die Verkaufsumgebung bestimmt. Als wesentliches Gestaltungsmittel trägt das Licht zu einer interessanten und stimulierenden Verkaufsatmosphäre bei.

Die meisten Ladenbauer und -planer sind sich heute bewusst, welche wichtige Rolle das Licht bei der Gestaltung eines Geschäftes spielt. Der Ladenbauer muss dabei viele Punkte bedenken, zum Beispiel die Lichtfarbe, die Richtung, aus der das Licht kommt, die Anordnung der Leuchten, die Beleuchtungsstärken usw.

Bei der Planung der Decke hat Herr Liber Ihrem Meister die Aufgabe anvertraut sich um die Beleuchtung in seinem Buchladen zu kümmern.

> **Merke:**
> Die Beleuchtungsstärke (Kurzzeichen = E) wird in LUX gemessen:
> Sie ist der Quotient aus dem auf einer Fläche auftreffenden Lichtstrom und der beleuchteten Fläche.

Durch direkte (Bild 2) und indirekte Beleuchtung (Bild 3) können in dem Buchladen von Herrn Liber einige Akzente gesetzt werden.

Aufgabe 1:
Erklären Sie die Begriffe direkte und indirekte Beleuchtung.

Direkte Beleuchtung:
_____
_____
_____

Indirekte Beleuchtung:
_____
_____
_____

Aufgabe 2:
Skizzieren Sie auf der rechten Seite eine Randbeleuchtung und eine Beleuchtung für die Verkehrszone, jeweils als direkte und indirekte Beleuchtung.

Aufgabe 3:
Überlegen Sie, wie Sie Herrn Libers Buchladen beleuchten würden. Berücksichtigen Sie dabei auch die Tabelle in Bild 3.

Beleuchtungsgrad	Messwert (lux)	Anwendungsbereich
sehr gering	unter 150	Galerien, Museen, Clubs, Boutiquen, Wohnungen
gering	150–300	Restaurants, Schulen, hochwertige Shops
mittel	300–500	die meisten Geschäfte
wenig erhöht	500–750	moderne Büros, Sporthallen, Schnellimbiss, Auto-Ausstellungen
kräftig	750–3 000	Supermärkte
sehr kräftig	3 000–30 000	Tageslichtsituation in Schaufenstern und offenen Verkaufsbereichen

3. Werte der allgemeinen Beleuchtung

Direkte und indirekte Beleuchtung, Messwert lux, Gestaltungskriterien 117

15.15 Ganzglas-Eingangstüren

Zur Erzielung einer transparenten, kundenfreundlichen, einladenden und Interesse weckenden Gesamtwirkung seines Ladens wünscht Herr Liber eine zweiflügelige Ganzglas-Türanlage für den Eingangsbereich.

Ganzglastüren bestehen aus bruchsicherem 8–12 mm dicken Einscheiben-Sicherheitsglas (ESG) oder Verbund-Sicherheitsglas (VSG). In Ihm müssen alle Bohrungen und Aussparungen für die Beschläge vorhanden sowie alle Kanten gefast sein.

Sie können konstruktiv in Block- oder Futterrahmen aus Holz montiert werden. Da vorgefertigte Ganzglastüren meistens bestimmte Maße aufweisen, sind die Türumrahmungen nach den Maßen der Ganzglastüren herzustellen. Um eine ausreichende Dämpfung der Schließgeräusche zu erzielen, sind notwendigerweise dauerelastische Dichtungen oder Gummipuffer einzubauen (Bild 1).

Aufgabe 1:
Benennen Sie in Bild 2 die erforderlichen Beschlagteile einer Ganzglas-Türenanlage unter Angabe ihrer Besonderheiten.

1. Ganzglastüren-Konstruktionen

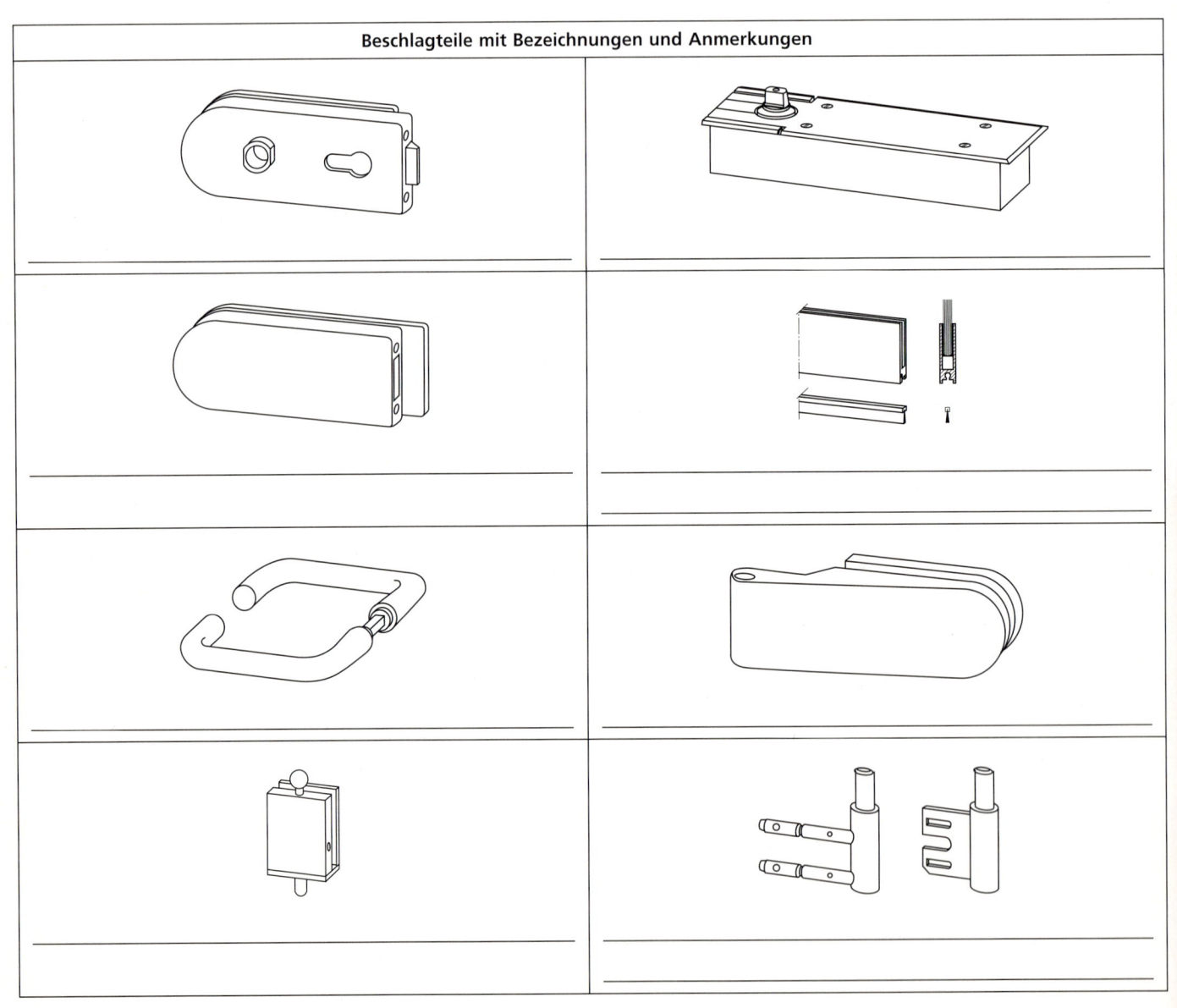

2. Beschlagteile einer Ganzglastür

Ganzglastüranlage und dazugehörige Bauteile

Aufgabe 2:
Zeichnen Sie die zweiflügelige Ganzglastüranlage als Pendeltür mit einer Holzzarge als Anschlag für den Bücherladen von Herrn Liber in der Vorderansicht im Horizontal- und Vertikalschnitt mit Bodentürschließer und Zapfenband-Oberteil im Maßstab 1 : 10 (Höhe = 2 300 mm Breite: 2 000 mm).

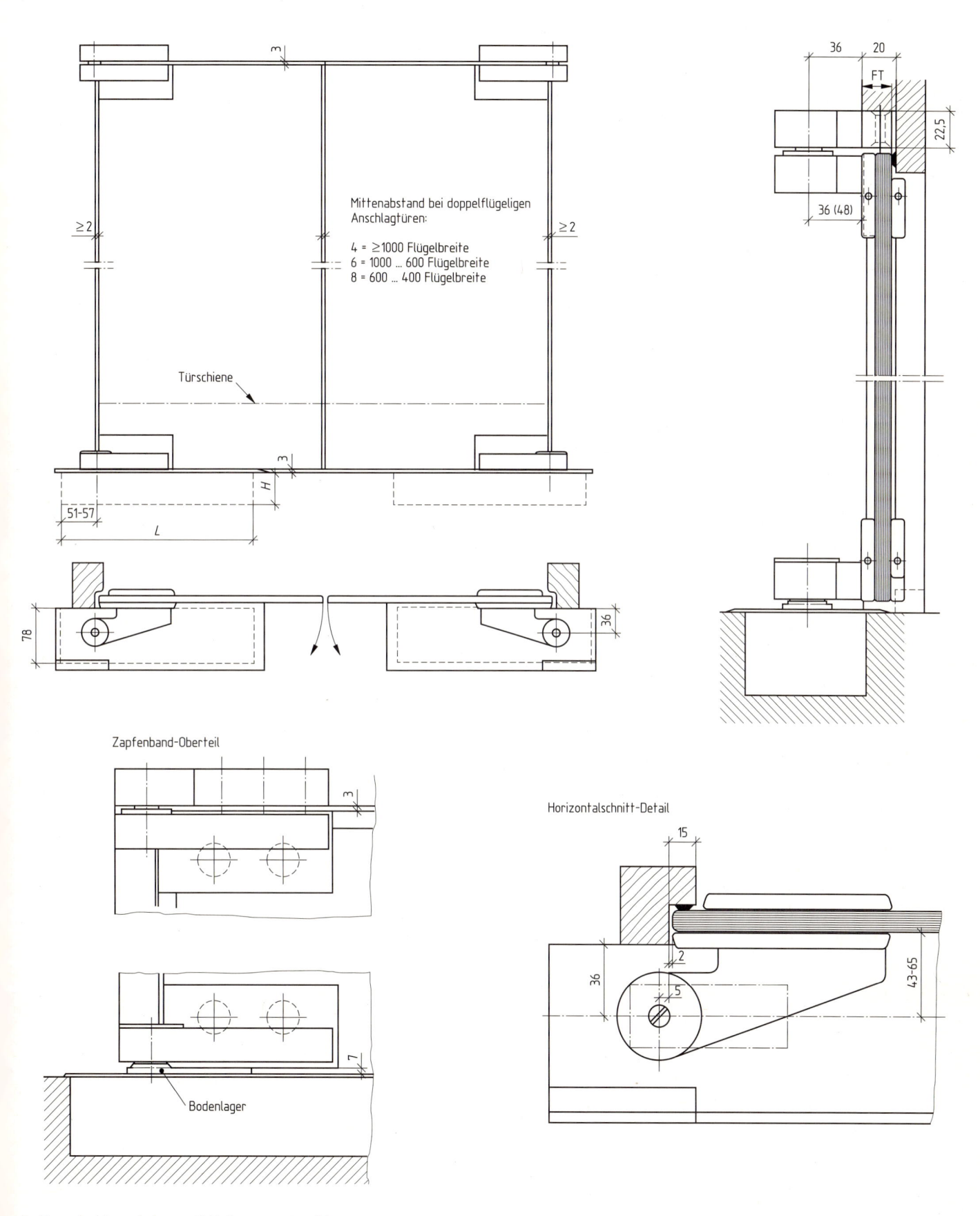

Mittenabstand bei doppelflügeligen Anschlagtüren:
4 = ≥1000 Flügelbreite
6 = 1000 ... 600 Flügelbreite
8 = 600 ... 400 Flügelbreite

Türschiene

Zapfenband-Oberteil

Bodenlager

Horizontalschnitt-Detail

3. Ganzglastüren-Anlage mit Holzzargen-Anschlag

© Verlag Gehlen

16 Zeichnungslesen

M 1 : 20

M 1 : 2

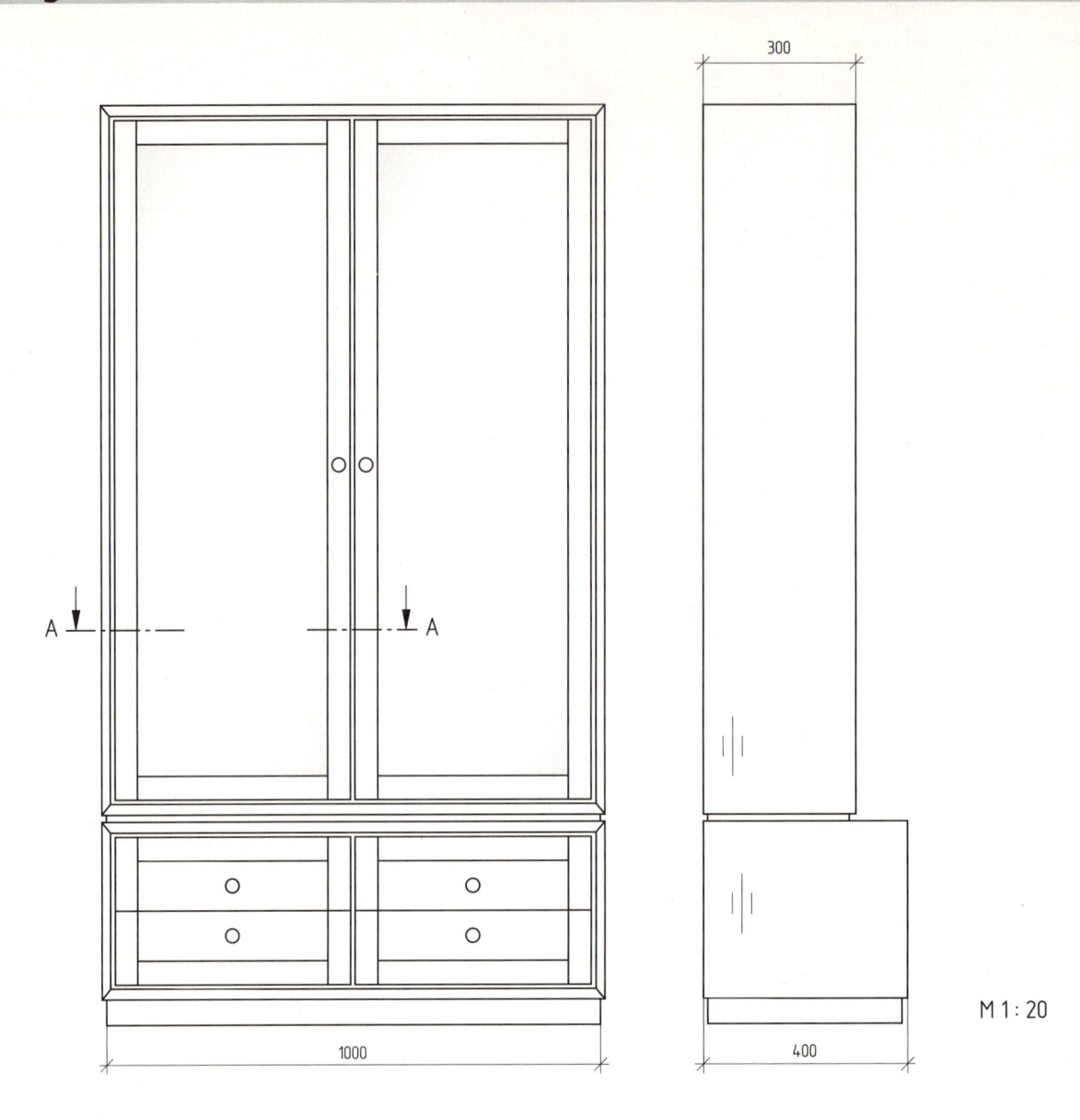

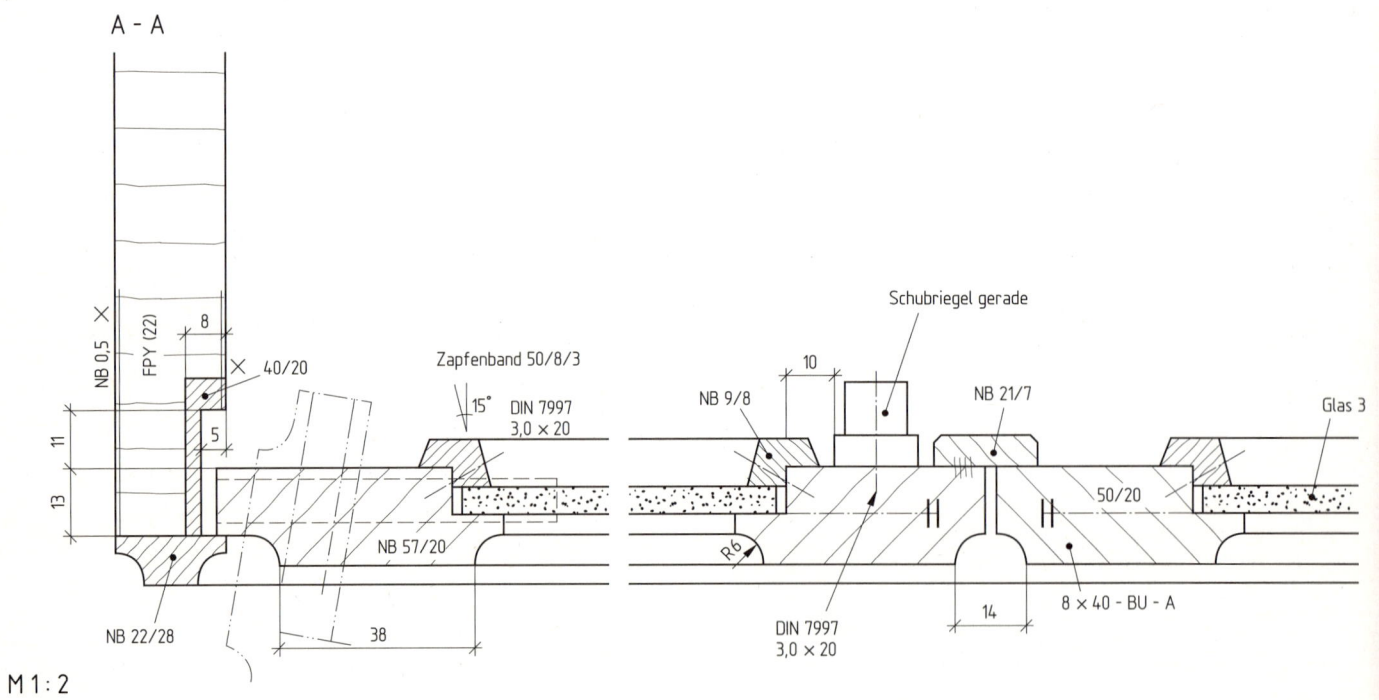

1. Übung zum Zeichnungslesen: Bücherschrank

© Verlag Gehlen

16.1 Bücherschrank

1. Wie bezeichnet man das in der Zeichnung dargestellte Band?

2. Nennen Sie zwei Möglichkeiten, die Bücherschranktür beim Öffnen in einer bestimmten Stellung zu stoppen.

3. Warum muss bei dieser Bandart das untere Band mit einer Scheibe versehen werden?

4. Geben Sie eine Begründung dafür, dass das aufrechte Rahmenholz der Bücherschranktür an der Anschlagseite verbreitert sein muss.

5. Welchen wesentlichen Nachteil haben die mit einem Zapfenband angeschlagenen Türen?

6. Errechnen Sie die Außenmaße für die Rahmen der Glastüren und bestimmen Sie die Zeichnungsgröße der Außenmaße, wenn sie im Maßstab 1:5 gezeichnet werden.

7. Nennen Sie den Beschlag, mit dem die linke Tür arretiert wird. Welche Form muss er besitzen und in welchem Fall muss er gekröpft sein?

8. Wählen Sie für die Türen zwei geeignete Schlösser aus und begründen Sie Ihre Wahl.

9. Nennen Sie eine Fräserart, mit der Sie die Füllungsleisten fasen können.

10. Wie wird die Leiste mit der Abkürzung NB 21/7 im Bereich des Türanschlags in der Möbelfachsprache genannt und aus welcher Holzart besteht sie?

11. Welche Gestaltungskritierien (mindestens 3) sind Ihnen für den Bücherschrank bekannt?

12. Die im Schnitt A–A dargestellte Drehtür der Schrankecke soll um 180° geöffnet werden können. Zeichnen Sie im Maßstab 1:1 ein entsprechendes Zapfenband in Bild 2 in die vorgegebene schraffierte Fläche der Korpusseite und der Tür ein, und zeichnen Sie die Drehtür im geöffneten Zustand (180°) DIN-gerecht gemäß DIN 15 in der ordnungsgemäßen Linienart ein.

2. Drehtür mit Zapfenband im geöffneten Zustand

13. Zeichnen Sie eine Variante in Bild 3, um die Biegesteifigkeit eines Einlege- oder Fachbodens (13 mm) maßgeblich – auch optisch – zu erhöhen.

3. Verstärkter Regalboden

14. Mit welcher maschinellen Bearbeitung kann man einen dickeren Fachboden (z. B. 40 mm dick) optisch filigraner/dünner wirken lassen?

15. Berechnen Sie für den Bücherschrank den Gesamtbedarf an lfm. Füllungsstäbe bei einem Verschnittzuschlag von 30 %.

16. Welche Bedeutung hat die Verlaufsrichtung der Stabsperrholz (Tischlerplatte)-Mittellage für Regalböden?

17. Welcher Möbelbauart ist die Front bzw. der Korpus des Bücherschrankes zuzuordnen?

© Verlag Gehlen

1. Übung zum Zeichnungslesen: Schreibtisch

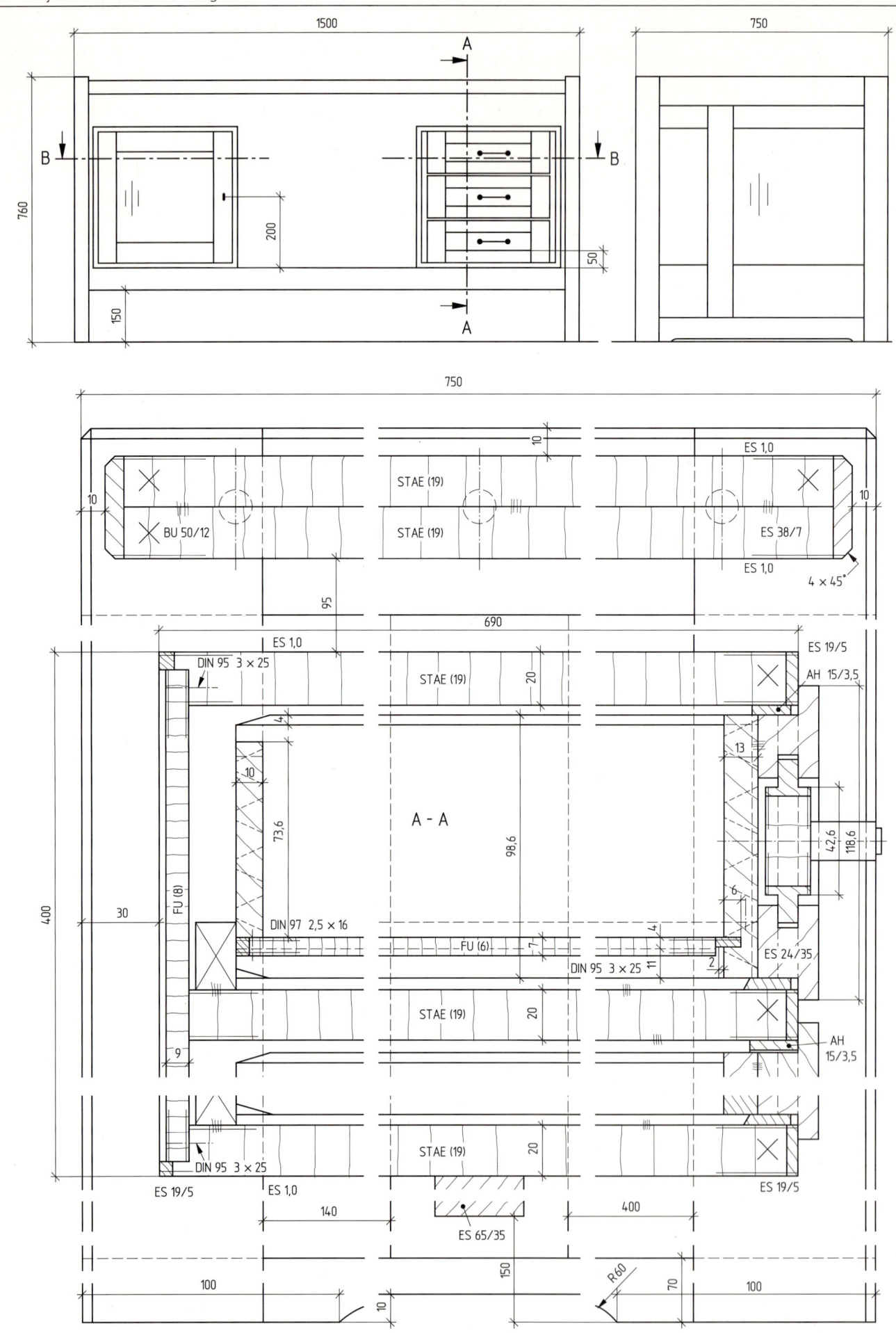

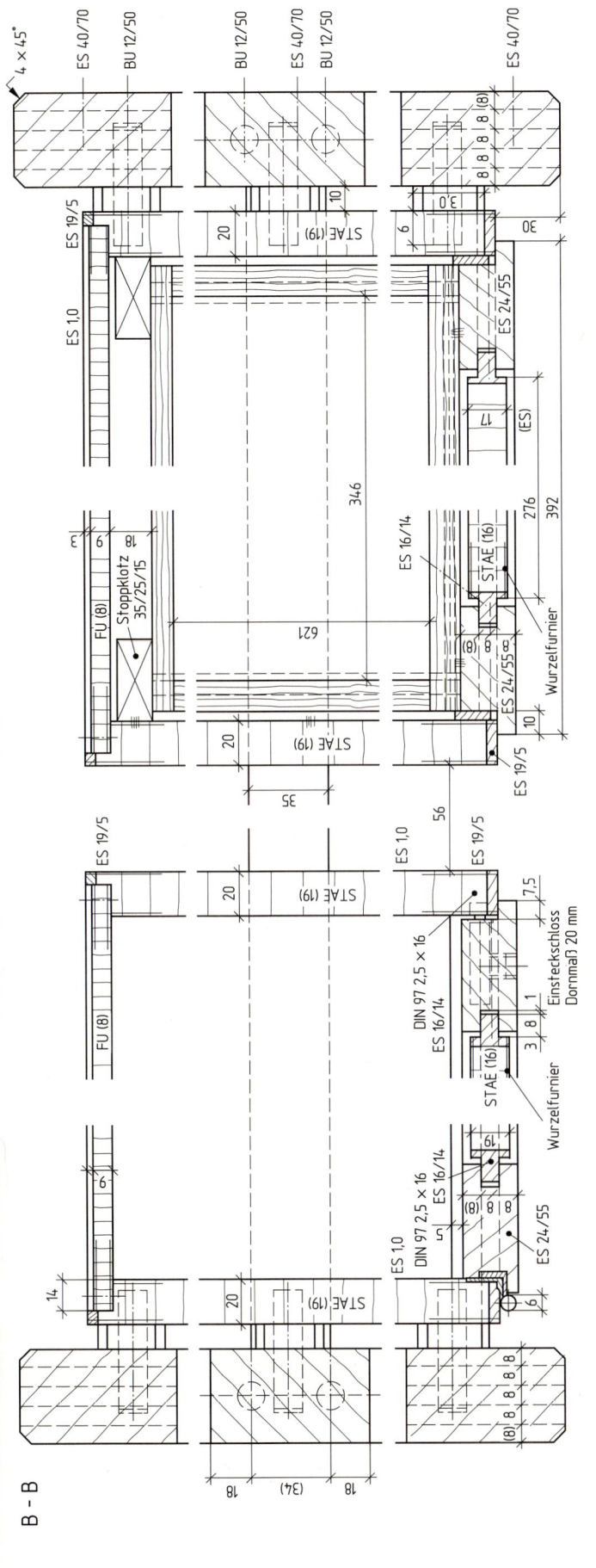

16.2 Schreibtisch in Esche

1. In welcher Bauweise ist der Schreibtisch herzustellen?
   a) Gestell: _____
   b) Korpus: _____
   c) Tür: _____

2. Wie bezeichnet man die Anschlagart der Tür?
   _____

3. Nennen Sie die Bandart der Tür.
   _____

4. Nennen Sie die Bezeichnung der Schubkastenführung und bezeichnen Sie ihre Einzelteile.
   _____
   _____
   _____

5. Mit welcher Konstruktion ist die Rückwand eingebaut; wie lautet die genaue Bezeichnung des Befestigungsmittels?
   _____
   _____
   _____

6. Wie bezeichnet man das Profil, das man an die Schreibtischplatte gefräst hat?
   _____

7. Wie bezeichnet man die Eckverbindungen, die beim Gestellrahmen (oben) verwendet wurden?
   _____
   _____

8. Welche Schlossart hat der Planer in der Zeichnung vorgesehen?
   _____

9. Welches Material wurde verwendet?
   a) Rahmentür: _____
   b) Füllung: _____
   c) Korpusseiten: _____
   d) Gestellrahmen: _____
   e) Schreibtischplatte: _____
   f) Beistoßleiste: _____
   g) Anleimer der Platte: _____
   h) Rückwand: _____
   i) Schubkastenboden: _____

17 Bauplanung

17.1 Ein Anbau wird geplant

Seit einiger Zeit beschäftigt sich die Familie Bode mit der Idee, ihre Villa, siehe Bild 1, zu renovieren und mit einem Anbau für die Tierarztpraxis von Herrn Bode zu versehen.
Die Praxisräume waren bisher im Erdgeschoss des Haupthauses untergebracht. Diese Räume möchte die Familie in Zukunft zu Wohnzwecken nutzen.

Geplant ist ein ebenerdiger Anbau mit ausgebautem Dachgeschoss. Gedacht ist an einen modernen zeitgemäßen Bau, der jedoch nicht die Ansicht der Jugenstilvilla stören soll. Daher kommt nur der hintere linke Gebäudeanschluss in Frage. Im Lageplan des Bildes 3 ist die genaue Lage des Anbaus zu erkennen.

Die Lage der Räume muss genau überlegt werden

Familie Bode beauftrag das Architekturbüro Nennewitz mit der Planung des Projekts. Zunächst setzt man sich zusammen und erfasst die räumlichen Wünsche und Bedürfnisse der Familie.
Da das Grundstück groß genug ist, kann die für einen Anbau komfortable Größe von 15,00 m × 12,00 m eingeplant werden. In dieser Gebäudehülle sollen im Parterre die folgenden Räume untergebracht werden:

- Eingangsbereich mit Garderobe,
- Patienten WC,
- Wartezimmer,
- Anmeldung,
- Röntgenraum,
- zwei Behandlungsräume,
- Aufwachraum, Röntgenvorbereitung.

Im ausgebauten Dachgeschoss wünscht sich Herr Bode:

- zwei Büroräume,
- ein Labor,
- und ein Archiv/Lager
- einen Sozialraum.

Der Architekt skizziert mit wenigen Strichen die benötigten Räume und legt die Raumanbindung im Gebäude fest, siehe Bild 2. Aus der Anmeldung und dem Behandlungsraum gelangt man in das Haupthaus.

Aufgabe 1:

Entwickeln Sie einen praktikablen Grundriss für den Anbau der Familie Bode und skizzieren Sie Ihren Vorschlag in Bild 5.
Halten Sie sich dabei an die Vorgaben aus Bild 2 und verwenden Sie bei der Darstellung die Symbolde aus der Tabelle, Bild 6.
Planen Sie auf jeden Fall auch die Türen und Fenster mit ein.
In Bild 4 können Sie sehen, wie der Architekt für ein anderes einfaches Gebäude die Türen, Fenster und Treppen zeichnerisch dargestellt hat.

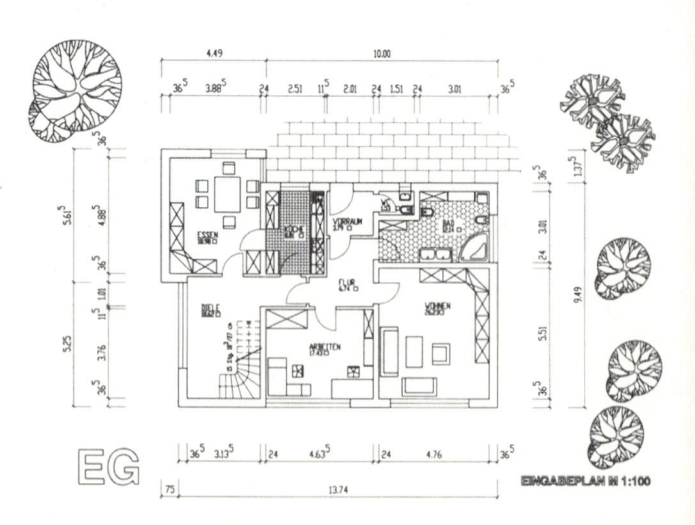

1. Haus der Familie Bode

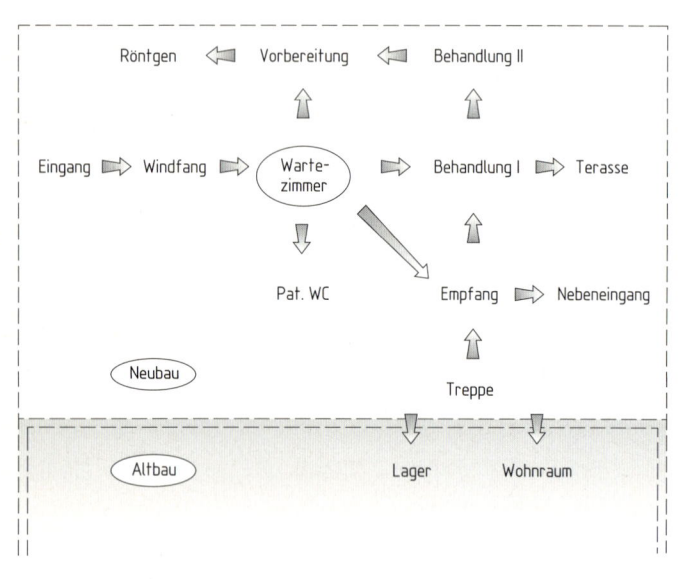

2. Raumanbindungsschema

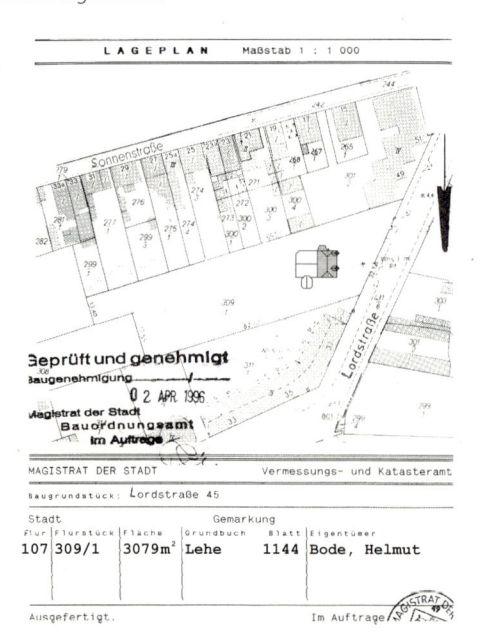

3. Lageplan

4. Gebäudegrundriss mit Darstellung von Türen, Fenstern und Treppen

© Verlag Gehlen

Raumaufteilung 125

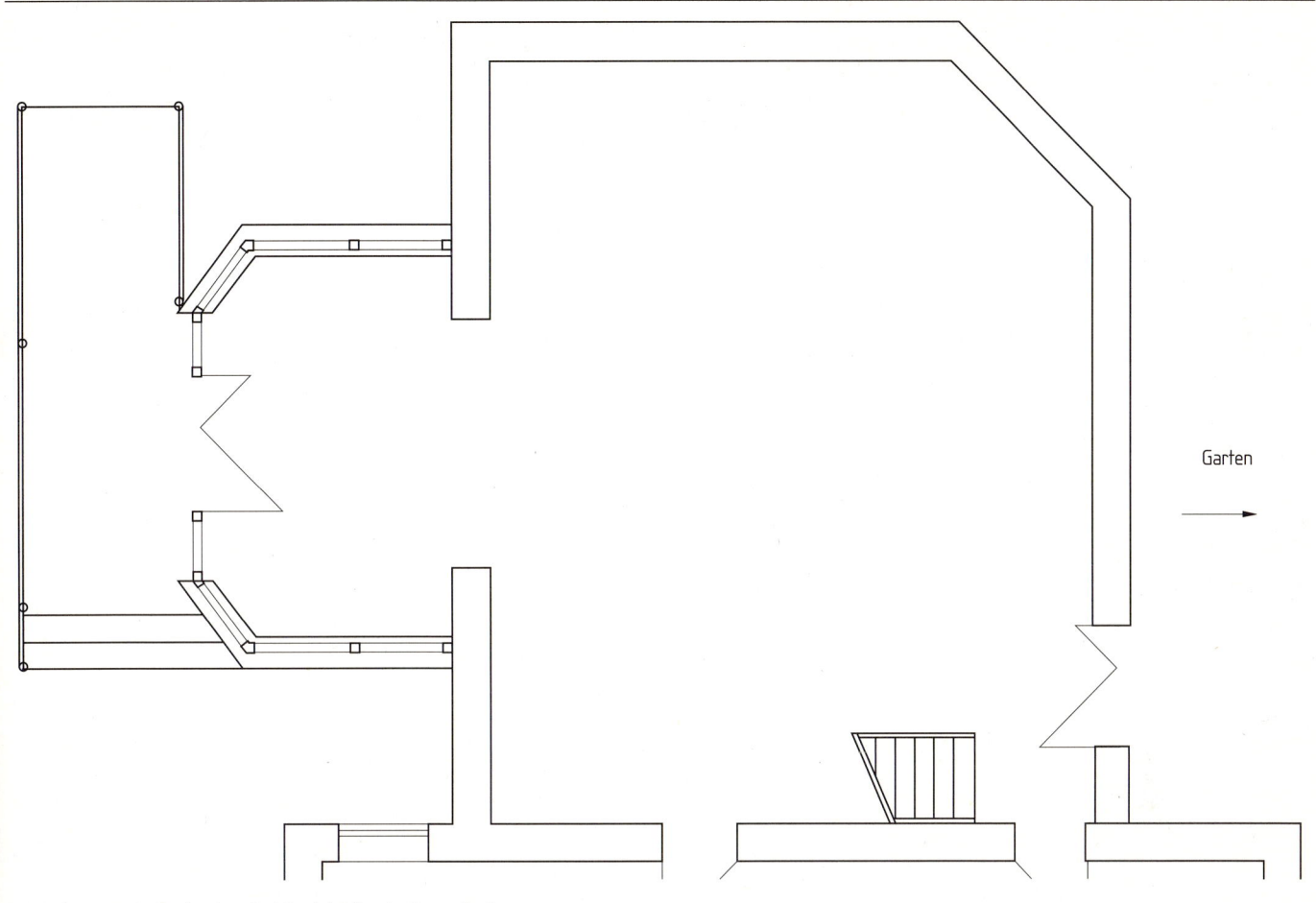

Garten →

5. Vorlage zu Aufgabe 1 – Gebäudehülle, Außenwände

Der Architekt zeichnet in seinen Grundrissentwurf auch die mögliche Möblierung der Räume, manchmal sogar mit Zimmerpflanzen ein. Er verwendet dazu häufig die in der nebenstehenden Tabelle gezeigten Symbole.

Aufgabe 2:
Überlegen Sie, warum der Architekt die Möblierung in den Entwurf mit einzeichnet.
Tragen Sie Ihre Ergebnisse unten ein.

Schränke	
WC	
Waschbecken	
Heizung	
Tische	
Stühle	
Einbauschränke	
Pflanzen	

6. Tabelle Architektursymbole

© Verlag Gehlen

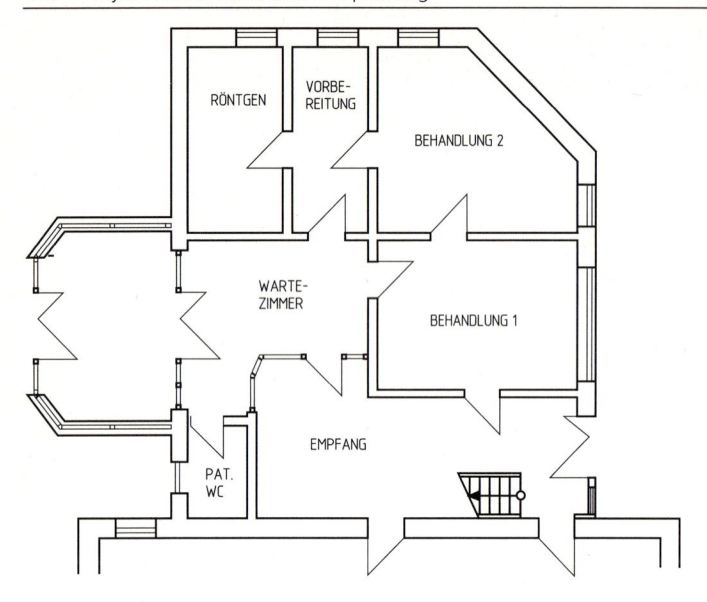

1. Vorentwurf zum Grundriss des Anbaus

17.2 Steinformate bestimmen die Gebäudemaße

Bei der Planungsdarstellung und Bemaßung der Zeichnungen muss der Architekt Nennewitz darauf achten, dass die Maße der gemauerten Wände vom Steinformat abhängig sind.
Die in den Bildern 1–5 gezeichneten Darstellungen berücksichtigen und verdeutlichen weitgehend diese Normung.

Achtelmeter (am) ergeben die Maße

Seit einigen Jahrzehnten werden in Deutschland künstliche Steine mit genormten Größen hergestellt, die dem Rastermaß Achtelmeter (am), gleich 12,5 cm folgen.

Im Bild 6 ist exemplarisch das Normalformat (NF) dargestellt. Die Mörtelfuge beträgt in der Länge (Stoß- und Längsfuge) rechnerisch 1 cm. Zusammen mit dem Kopf des Steines (Breite) ergeben sich 12,5 cm. In der Höhe beträgt die Mörtelfuge (Lagerfuge) 1,23 cm. Drei NF Steine ergeben dann aufgemauert 25 cm, gleich 2 am.

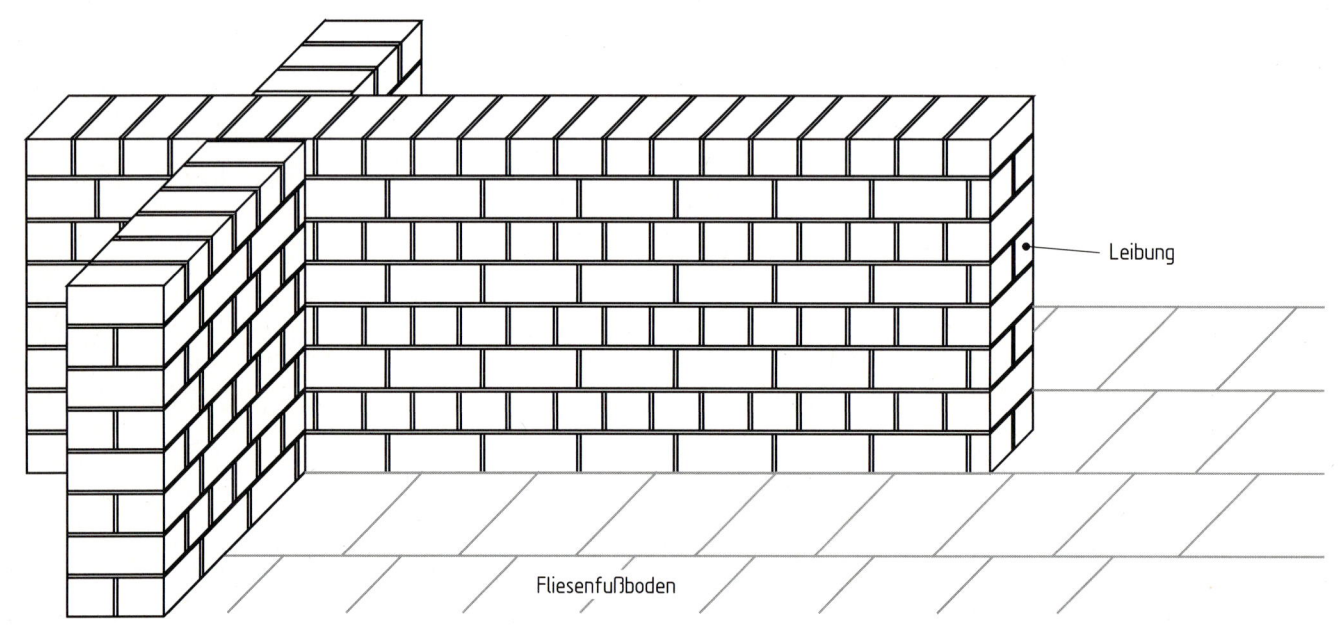

2. Perspektive Raumecke mit Tür

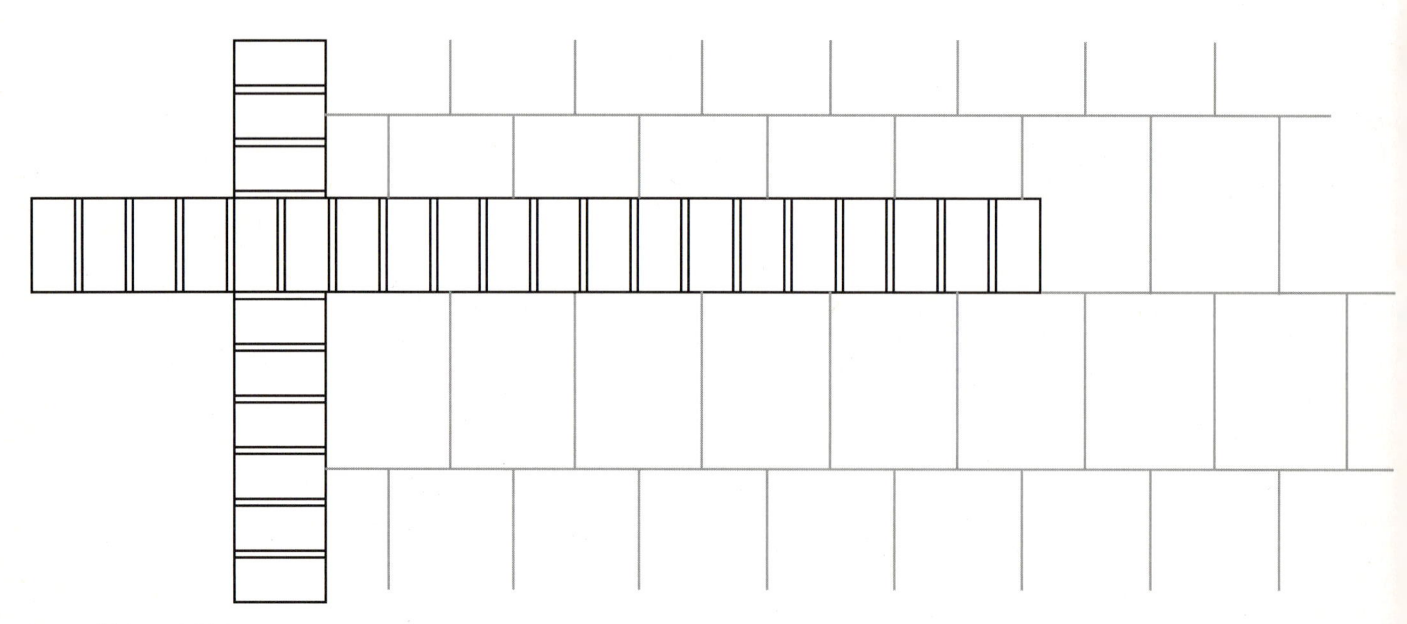

3. Draufsicht zu Bild 2

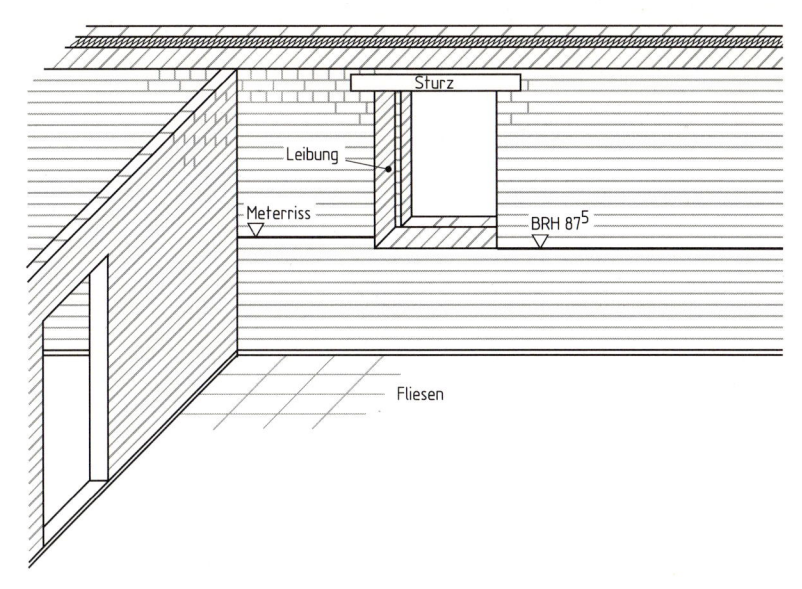

Steinformate

4. Perspektive Raumecke mit Fenster

Außenmaß – Pfeilermaß

Um das Außenmaß aus Bild 3 eintragen zu können, muss berücksichtigt werden, dass eine Längsfuge weniger als Steine vorhanden ist.

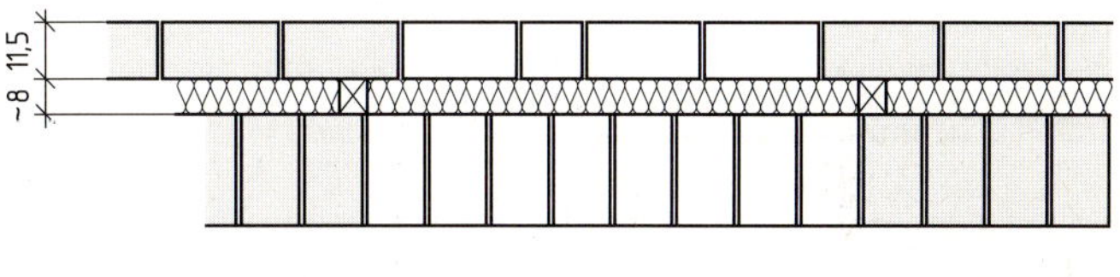

5. Draufsicht zu Bild 4

Vorsprungsmaß – Anbaumaß

Um im Bild 3 das Vorsprungsmaß des angebundenen Mauerwerks in der Länge bestimmen zu können, muss man wissen, dass hier die Anzahl der Steine genauso groß ist wie die Anzahl der Längsfugen.

Öffnungsmaß

Für Eintragung von Fenster- und Türöffnungen, wie in den Bildern 4 und 5, weiß man, dass hier eine Fuge mehr als Steine verwendet worden ist. Hier spricht Herr Nennewitz von einem beidseitig angebundenen Mauerwerk.

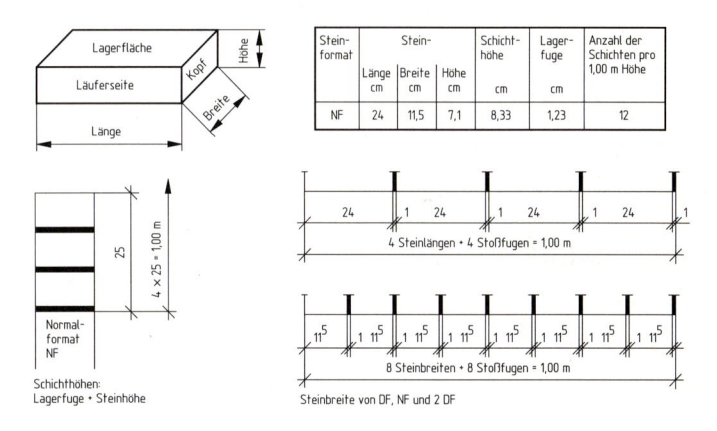

Steinformat	Stein-			Schichthöhe	Lagerfuge	Anzahl der Schichten pro 1,00 m Höhe
	Länge cm	Breite cm	Höhe cm	cm	cm	
NF	24	11,5	7,1	8,33	1,23	12

6. Steinformate

Aufgabe 1:
Berechnen Sie aus Bild 2 das Außenmaß des gezeigten Wandstückes und das Vorsprungsmaß der Wand zwischen dem Wartezimmer und dem Behandlungsraum.
Tragen Sie die Maße in cm in die Zeichnung ein.

Aufgabe 2:
Berechnen Sie aus Bild 4 und 5 das Öffnungsmaß des Fensters in Breite und Höhe sowie die Brüstungshöhe (BRH).
Tragen Sie die Maße in cm in die Zeichnung ein.

Aufgabe 3:
Die Maße der in Bild 7 dargestellten Doppelgarage sind in Achtelmeter angegeben.
Übertragen Sie den Grundriss im Maßstab 1:50 auf ein DIN-A 3-Blatt und geben Sie die Maße in cm an.

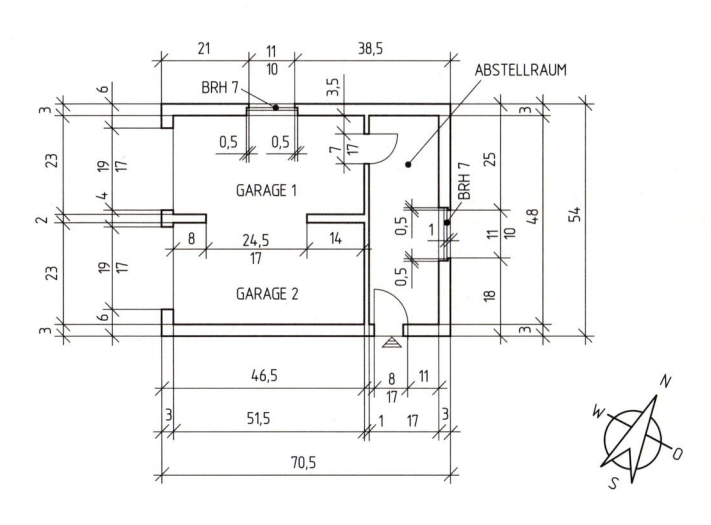

7. Doppelgarage mit Abstellraum

© Verlag Gehlen

1. Ansicht des Anbaus

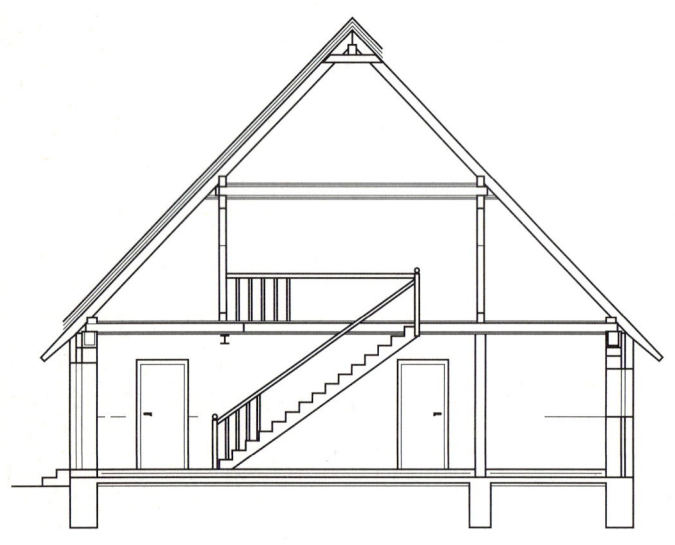

2. Höhenschnitt Anbau

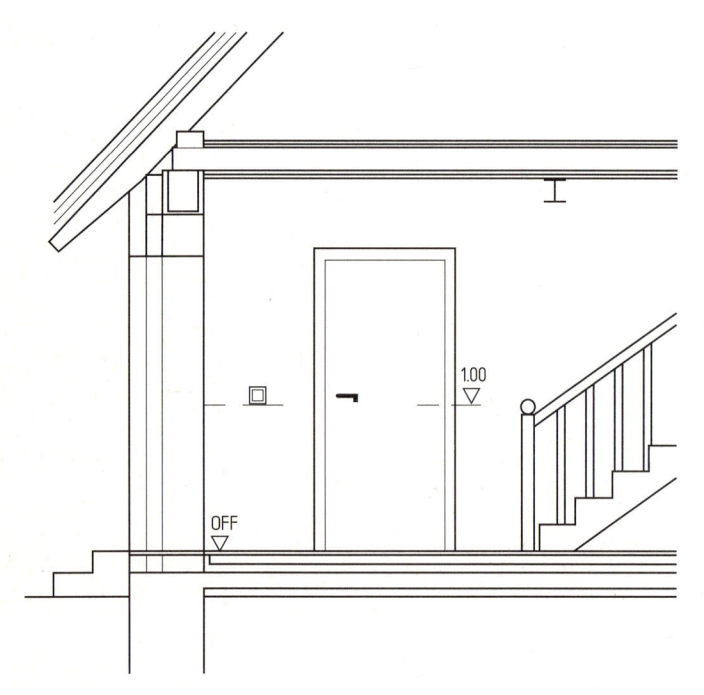

3. Ausschnitt aus dem Höhenschnitt

17.3 Der Meterriss informiert den Handwerker über Höhen

Nachdem sich Familie Bode mit dem Architekten auf einen Grundriss geeinigt hat, hat man sich gemeinsam Gedanken über die drei Ansichten des Anbaus gemacht.

Bei diesen Überlegungen sind die folgenden Punkte besonders zu beachten:
- Fassadengestaltung (Materialauswahl, Farbe, Struktur, usw.)
- Gebäudeöffnungen (Fenster, Türen, Raumbelichtungen, usw.)
- Dachform (Bedachungsart, Farbe, Material, usw.)

Dazu sind bei den vorherigen Punkten immer die baurechtlichen Vorschriften zu beachten. In Bild 1 ist die Ost-Ansicht des Anbaus dargestellt.

Aufgabe 1:
Erkundigen Sie sich beim Bauordnungsamt Ihrer Gemeinde über baurechtliche Vorschriften, die bei einer Bebauung in Ihrer unmittelbaren Nachbarschaft zu beachten wären.
Stellen Sie die Ergebnisse Ihrer Nachforschungen in der Klasse vor.

Aufgabe 2:
Welchen Sinn macht es, einem Bauherrn solche Vorschriften zu machen?
Tragen Sie Ihre Ergebnisse in Form einer Wandzeitung zusammen.

Die Bauzeichner machen sich an die Arbeit

Im Architekturbüro werden dann verschiedene Höhenschnittdarstellungen durch das Gebäude angefertigt, die so zu legen sind, dass wesentliche Maße für Fenster, Türen, Treppen, Installationsleitungen, Fußböden und Decken heraus zu lesen sind. Als Maßeinheiten werden in diesen Bauzeichnungen Meter und Zentimeter verwendet.

Die Öffnungsmaße in Breite und Höhe werden dabei in einer Angabe zusammengefasst.
Bild 2 zeigt einen Höhenschnitt durch das geplante Gebäude.

Für die im Haus tätigen Gewerke ist es wichtig schon im Rohbau zu wissen, wo später die **O**berkante des **f**ertigen **F**ußbodens (OFF) liegen wird.
Zur verbindlichen Orientierung wird vom Polier an einer markanten Stelle des Gebäudes, zumeist am Hauseingang, die Höhe 1 Meter über OFF, genannt Meterriss, gekennzeichnet. Der Tischler überträgt diesen Meterriss in die Räume, in denen er später Einbauteile platziert.
Beide Maßbezugslinien sind in Bild 3 zu sehen.

Schraffuren kennzeichnen auch hier die Baustoffe

Bei allen Ausbauarbeiten benötigt der Tischlermeister später unbedingt Kenntnisse aus der Bautechnik. Er muss, genau wie im Möbelbau, die Schraffuren der Baustoffe verstehen.
Bild 4 zeigt einige wichtige Werkstoffschraffuren.

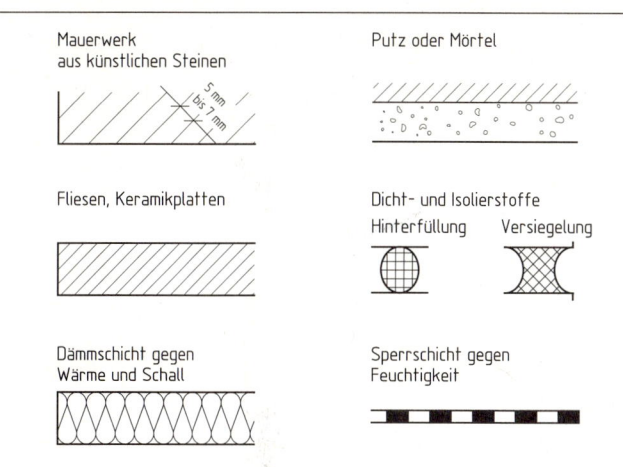

4. Auswahl von Werkstoffschraffuren nach DIN 1356

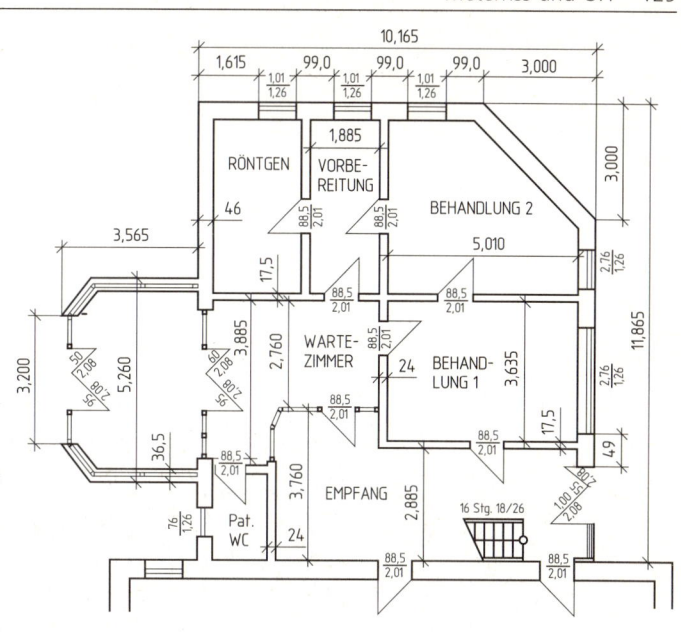

- Mauerwerk aus künstlichen Steinen (5 mm bis 7 mm)
- Putz oder Mörtel
- Fliesen, Keramikplatten
- Dicht- und Isolierstoffe: Hinterfüllung, Versiegelung
- Dämmschicht gegen Wärme und Schall
- Sperrschicht gegen Feuchtigkeit

Aufgabe 3:
Lesen Sie die Bauzeichnungen der Bilder 1 bis 5 und tragen Sie in die nebenstehende Tabelle die fehlenden Angaben ein.

Aufgabe 4:
Übertragen Sie das Detail der Maueröffnung für das Fenster im Vorbereitungsraum aus Bild 6 im Maßstab 1:5 auf ein DIN-A 4-Blatt in Querlage und ergänzen Sie die Bauteile mit den entsprechenden Schraffuren.
Den Wandaufbau von innen nach außen hat der Architekt folgendermaßen geplant:

- 1,5 cm Kalkzementputz
- 25 cm Poroton
- 8 cm Wärmedämmung
- 11,5 cm Ziegelmauerwerk

Der Maueranschlag beträgt 62,5 mm (ein Viertel am).

Aufgabe 5:
Gestalten Sie in Bild 7 die Tür zwischen Wartezimmer und Vorbehandlungsraum.
Übertragen Sie Ihren Entwurf maßstabsgerecht auf ein DIN-A 4-Blatt in Hochlage.

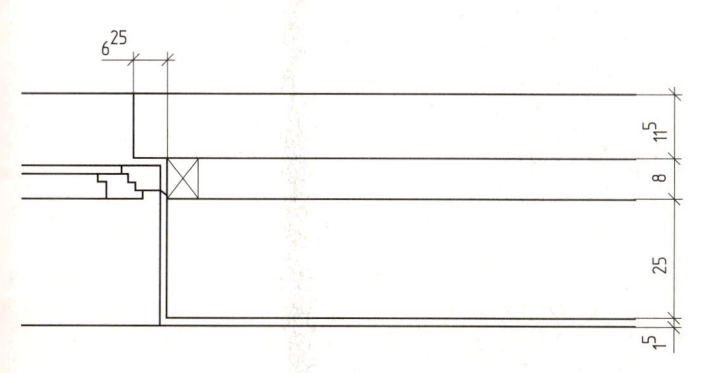

6. Detail Maueröffnung

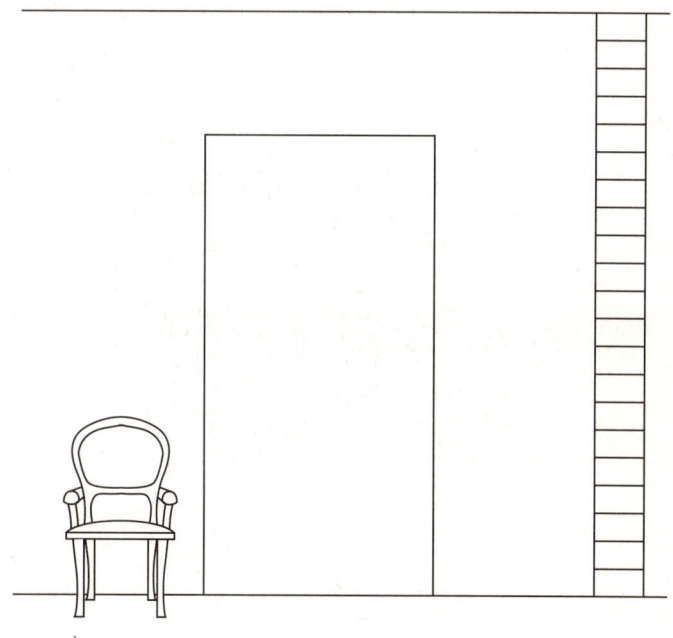

5. Vorentwurf des Anbaugrundrisses, teilweise bemaßt

Anzahl der Innentüren	Rechts:	Links:
Flügelmaße Nebeneingangstür	Standflügel: Gangflügel:	
Öffnungsmaß Fenster Röntgenraum		
Anzahl der Treppensteigungen		
Dicke der Wärmedämmung	Wand:	Fußboden:
Deckenverkleidung Praxis		
Fußbodenbelag im Patienten-WC		
Geschosshöhe Parterre		

Tabelle zu Aufgabe 3

7. Türumriss Wartezimmer – Vorbereitungsraum

© Verlag Gehlen

18 Innentüren

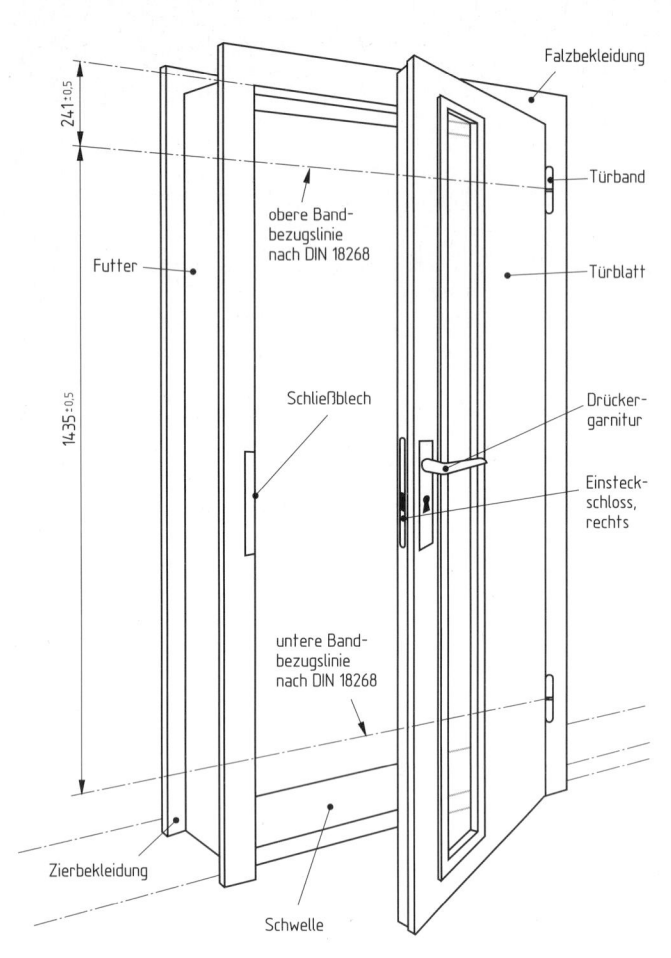

1. Innentür

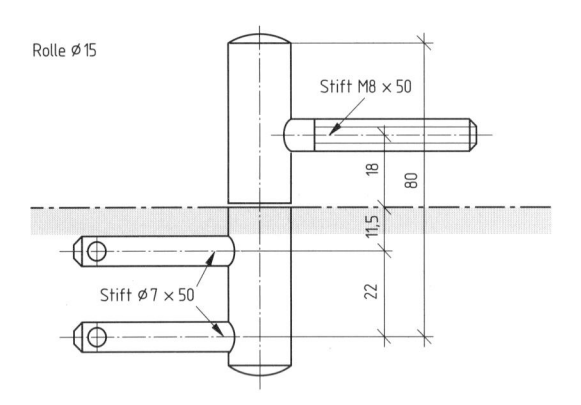

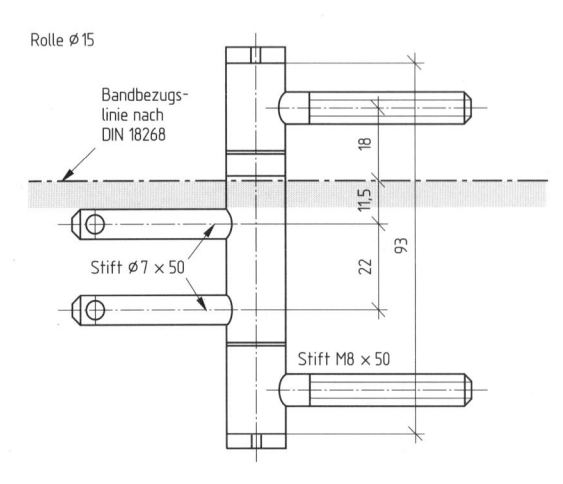

2. Einbohrbänder mit Bezugslinien

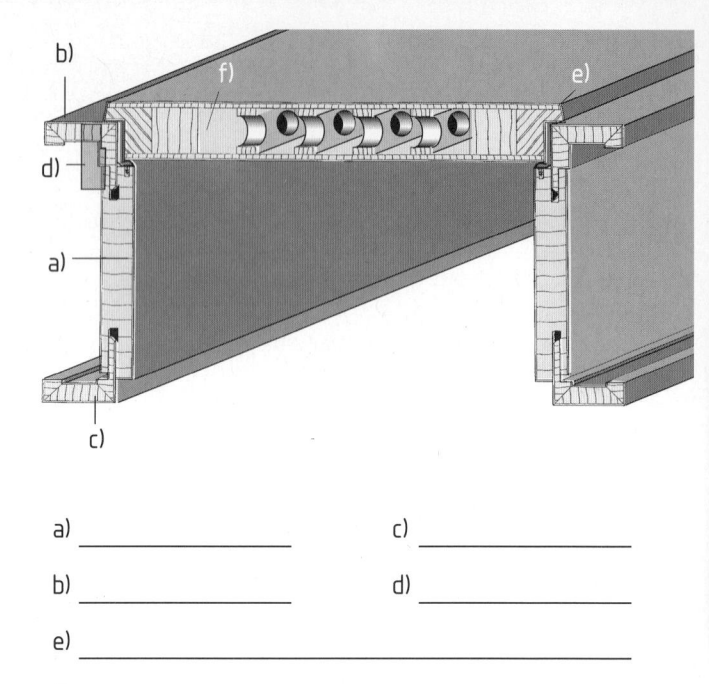

3. Schnitt durch Futtertür mit Bekleidung

a) _____   c) _____

b) _____   d) _____

e) _____

f) _____

18.1 Innentüren verbinden Räume

Die Tischlerei Richter hat den Auftrag erhalten, für den Anbau auch die gesamten Innentüren zu liefern. Zusammen mit Herrn Bode wählt der Tischler passende Fertigtüren aus Katalogen aus, da das Angebot an industriell hergestellten Türen groß und qualitativ gut ist.
Zudem rechnet sich die Einzelanfertigung für Tischlerei und Kunden nur in seltenen Fällen.
Eine der ausgewählten Türen zeigt Bild 1.
Natürlich kennt der Tischler alle Fachbegriffe rund um die Innentür, wie in Bild 3 gezeigt.

18.2 Genormte Maße für Band- und Schlosssitz erleichtern den Austausch

Seit einigen Jahrzehnten wird in der DIN 18101/18111 die Größe der Tür und Zarge mit Band- und Schlosssitz festgelegt. Der genaue Bandsitz wird durch die DIN 18268 beschrieben.
Die Lage der Bezugslinien für ein- und zweiteilige Bänder sieht man in Bild 2.

Aufgabe 1:
Überlegen Sie, welche Vorteile eine solche Festlegung für Handwerker und Kunden bringt.
Notieren Sie Ihre Ergebnisse.

_____

_____

_____

Aufgabe 2:
Tragen Sie in Bild 3 zu den Kennbuchstaben den jeweils korrekten Fachbegriff ein.

Aufgabe 3:
Lesen Sie die folgenden Maße aus Bild 1 ab:

Abstand obere – untere Bandbezugslinie: _____

Abstand obere Bandbezugslinie – Falz: _____

Beschläge 131

4. Auswahl Bänder und Drücker

Bänder und Drücker gibt es in großer Vielfalt

Ein wichtiges gestalterisches Detail der Innentüren ist die Auswahl der passenden Drückergarnituren und Bänder. Zusammen mit dem Tischler kümmert sich Frau Bode um diese Aufgabe. Bild 4 zeigt eine kleine Auswahl aus den zur Verfügung stehenden Katalogen.

Innentürschlösser

Innentürschlösser wie in Bild 5 gezeigt, haben im Gegensatz zu Haustürschlössern nur selten die Aufgabe, einbruchhemmend zu wirken. Allerdings ist es in unserem Fall notwendig, die Tür zum Medikamentenlager im Altbau einbruchhemmend auszulegen. Tischlermeister Richter weiß auch, dass die Strahlenschutztür zum Röntgenraum mit einem speziellen Schloss zu versehen ist.

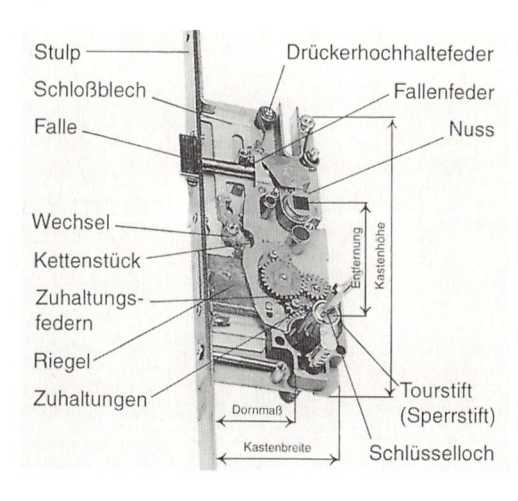

Aufgabe 4:

Tragen Sie in die unten stehende Tabelle zu den Kennzahlen die korrekten Begriffe und Maße ein.

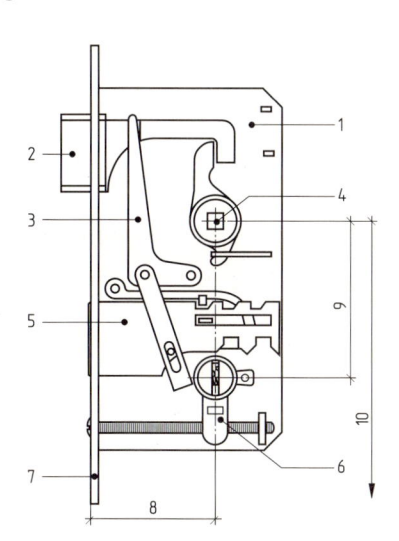

5. Innentürschloss

6. Schlossbezeichnungen und Tabelle zu Aufgabe 4

Nr.	Fachbegriffe/Maße
1	
2	
3	
4	
5	
6	
7	
8	
9	
10	

© Verlag Gehlen

132 Projekt Einfamilienhaus: Innentüren

18.3 Unterschiedliche Innentüren für die Praxis

Lichtausschnitte müssen zur Raumnutzung passen

Herr Bode hat sich im Praxisbereich für Esche, reinweiß, deckend lackierte Türen entschieden. Diese Türen sollen teilweise mit und teilweise ohne Lichtausschnitt von der Tischlerei Richter geliefert und eingebaut werden.
Bild 1 zeigt die Tür zwischen dem Wartezimmer und dem Behandlungsraum.

Aufgabe 1:
Helfen Sie bei der Auswahl der Türen. Überlegen Sie, welche Türen sinnvollerweise mit Glasfüllungen versehen werden können.

_____

_____

_____

Die Beanspruchung bestimmt die Auswahl der Tür

Neben der Gestaltung ist die tägliche Belastung ein wichtiges Kriterium für die Auswahl der passenden Türen, siehe dazu die Tabellen in Bild 2.
Tischler Richter empfiehlt, für den Praxisbereich Türen der Klimaklasse II, nach EN 79. Da mit einer mittleren mechanischen Beanspruchung der Türblätter zu rechnen ist, wählt er Türen der Beanspruchungsgruppe M, nach RAL-RG 426, aus.

Futterrahmen schaffen eine wohnliche Umgebung

Stahlzargen erscheinen der Familie Bode zu nüchtern. Daher werden alle Türen, bis auf die Windfangtür, als Futterrahmen mit Bekleidung, wie in Bild 3 gezeigt, gearbeitet.

Industriell gefertigte Futter geben Tischlerei Richter die Gelegenheit, Unebenheiten und Maßungenauigkeiten der Wand durch eine Schiebebekleidung auszugleichen.
Die Mauerkante wird durch diesen Anschluss vollständig abgedeckt und Putz- und Tapezieranschlüsse werden verdeckt.

Aufgabe 2:
Tragen Sie mithilfe Ihres Technologiebuches die Fachbegriffe dieser Konstruktion in die Zeilen des Bildes 3 ein.

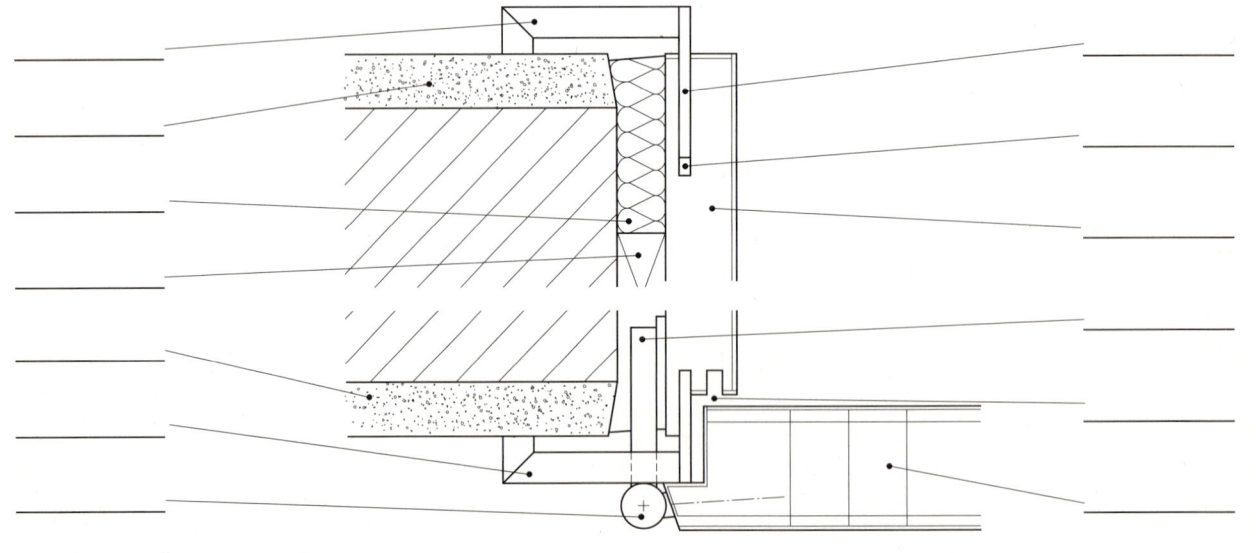

1. Tür zum Behandlungsraum

Einsatzempfehlungen für Innentüren

Einsatzstelle	Hygrothermische Beanspruchung		
	I (normale)	II (mittlere)	III (hohe)
Wohnungsinnentüren	×		
Wohnungsabschlusstür		×	×
Türen zu nicht ausgebauten Dachgeschossen			×
Kellerabgangstüren		×	
Gewerbliche Räume			
Büroräume	×		
Schulräume	×		
Hotelzimmer	×		
Kantinen		×	
Eingänge von Praxen		×	×

2. Klimaklassen und Beanspruchungsgruppen

3. Schematische Darstellung – Futterrahmentür

Futterrahmen mit Bekleidung

Falzmaße sind genormt

Neben dem Band- und Schlosssitz sind für die industriell gefertigten Innentüren die Falzmaße und auch die Tür- und Zargenabmessungen genormt. Wichtige Maße können Sie aus den Bildern 4 und 5 entnehmen.

Aufgabe 3:
Begründen Sie den Vorteil einer solchen Normung.
Tragen Sie Ihre Ergebnisse unten ein.

_____

_____

_____

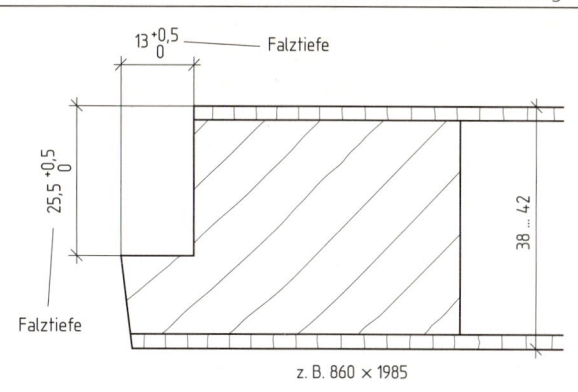

4. Falzmaße

Innentüren sollen dicht schließen

Familie Bode legt Wert darauf, dass die Türen in der Praxis gut schließen, damit Zugluft, aber auch Schall und Wärme nicht aus den Räumen entweichen können.
Der Einbau von Doppeltüren erscheint allerdings nicht notwendig.
Die seitliche und obere Abdichtung des Türblattes erfolgt durch eine im Türfutter eingelassene dauerelastische Falzdichtung. Diese Dichtung soll bereits bei einem geringen Anpressdruck abdichten.
Bei einigen Türen der Praxis, die besonderen bauphysikalischen Anforderungen genügen müssen, wird dem unteren Abschluss besondere Aufmerksamkeit geschenkt.

Zugluft beeinträchtigt das Wohlbefinden

Wenn es, wie bei der Tür zwischen dem Treppenhaus und dem Behandlungsraum 1, nur um die Abdichtung gegen Zugluft geht, reicht eine einfache Lösung, wie die in Bild 6 gezeigte Auflaufschwelle.

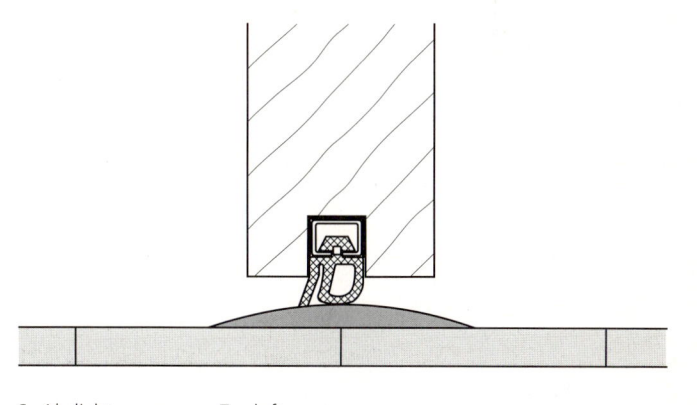

Schallabdichtungen sichern die Persönlichkeitssphäre

In der Praxis erscheint es Herrn Bode notwendig einige Türen mit einem besonderen Schallschutz zu versehen.
Um die Persönlichkeitssphäre der Kunden zu schützen, möchte er zwischen Wartezimmer und Behandlungsraum 1 sowie zwischen den Behandlungsräumen schalldämmende Türen eingebaut haben.
Tischlermeister Richter schlägt Türen der Schallschutzklasse 3, nach DIN 4109, vor.

Bild 7 zeigt, dass Türen, die als oberen und seitlichen Anschluss einen einfachen oder doppelten Falz haben, diese Anforderungen erfüllen können. Zusätzlich zur Falzdichtung wird eine Aufschlagdichtung eingebaut.

Unten gewährleistet eine mechanische Bodendichtung bei geschlossener Tür die Schalldichtigkeit.

Maße für 1-flügelige Türen

	Maueröffnungsmaß nach DIN 18100	Türblatt-Außenmaß = Bestellmaß	Zargen-Außenmaß
Tür-breite	63,5 cm 76,0 cm 88,5 cm 101,0 cm	61,0 cm 73,5 cm 86,0 cm 98,5 cm	61,0 cm 73,5 cm 86,0 cm 98,5 cm
Tür-höhe	200,5 cm 213,0 cm	198,5 cm 211,0 cm	198,9 cm 211,4 cm

Maße für Zargentiefen

Wandstärken	Zargentiefen = Bestellmaß	Wandstärken	Zargentiefen = Bestellmaß
6,0 cm	6,0 cm	17,5 bis 19,5 cm	18,0 cm
8,0 bis 9,0 cm	8,0 cm	20,0 bis 22,0 cm	20,5 cm
9,5 bis 11,5 cm	10,0 cm	23,5 bis 25,5 cm	24,0 cm
12,0 bis 14,0 cm	12,5 cm	26,5 bis 28,5 cm	27,0 cm
14,0 bis 16,0 cm	14,5 cm	28,5 bis 30,5 cm	29,0 cm
15,5 bis 17,5 cm	16,0 cm	32,5 bis 34,5 cm	33,0 cm

5. Tabellen Tür- und Zargenabmessungen

6. Abdichtung gegen Zugluft

Türblatt und Zarge mit Einfachfalz

Türblatt und Zarge mit Doppelfalz

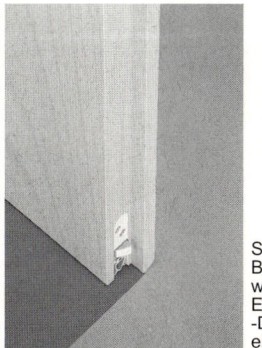

Schall-Ex-S-Bodendichtung wird bei SK3-Einfachfalz und -Doppelfalz eingebaut

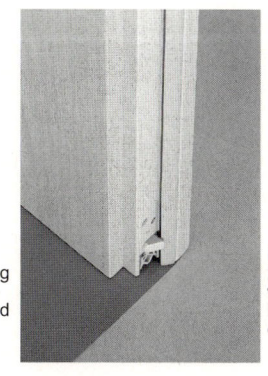

Bodendichtungs-Kombination wird bei SK3-Doppelfalz eingebaut

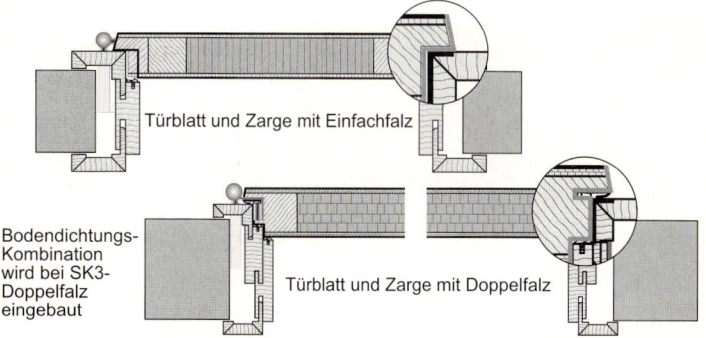

7. Schallschutz, seitlich und unten

© Verlag Gehlen

Projekt Einfamilienhaus: Innentüren

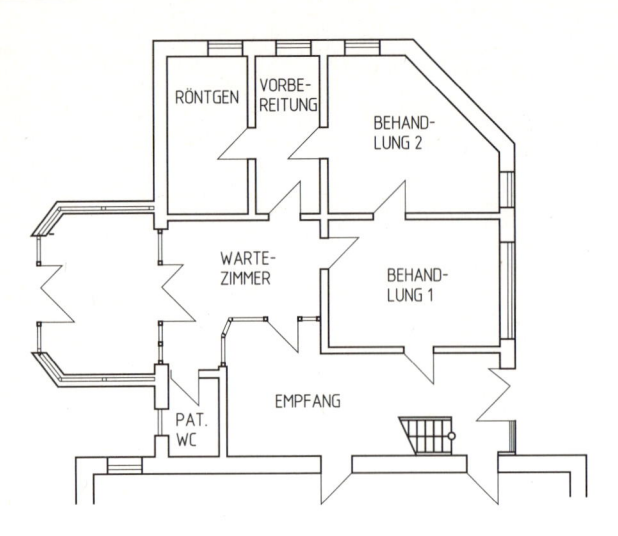

1. Innentürplanung Praxis

2. Tür Wartezimmer – Empfang

18.4 Türblätter für verschiedene Belastungen

Bei der Auswahl der Türen für den Praxisanbau haben Familie Bode und der Architekt zunächst auf die Gestaltung geachtet. Tischler Richter wusste schon damals, dass für die verschiedenen Räume unterschiedliche Türblätter bestellt werden müssen.
Gerade in der Praxis ist es notwendig die Türblätter an die technischen und bauphysikalischen Anforderungen sorgfältig anzupassen.

Aufgabe 1:
Kennzeichnen Sie im Türplan (Bild 1) Türen, die die gleichen technischen Anforderungen erfüllen müssen, farbig.

Normale Belastung – grün   Schallschutz – blau
Wärmeschutz – rot   Strahlenschutz – gelb
Einbruchhemmung – braun

Sperrtürblätter für normale Belastungen

Bis auf die Windfangtür sind alle Türblätter in der Praxis als Sperrtürblätter gearbeitet.
Nur am inneren Aufbau der Türblätter kann man erkennen, für welche technischen Anforderungen sie ausgelegt sind.
Für die Tür zwischen dem Wartezimmer und dem Empfang (Bild 2 und 3) wurde ein Sperrtürblatt für normale Belastung mit einer Mittellage aus Röhrenspanplatte ausgewählt.

Aufgabe 2:
Zeichnen Sie, passend zu Bild 3, den fehlenden Vertikalschnitt. Die Praxis ist in allen Räumen aus hygienischen Gründen mit keramischen Bodenplatten ausgelegt.
Sämtliche Türfutter sind vom Fliesenbelag 5 mm abgesetzt. Die entstehenden Fugen werden mit dauerelastischer Versiegelung ausgefüllt.
Für die Ermittlung der Lichtausschnittsmaße nutzen Sie die nebenstehende Tabelle in Bild 5.

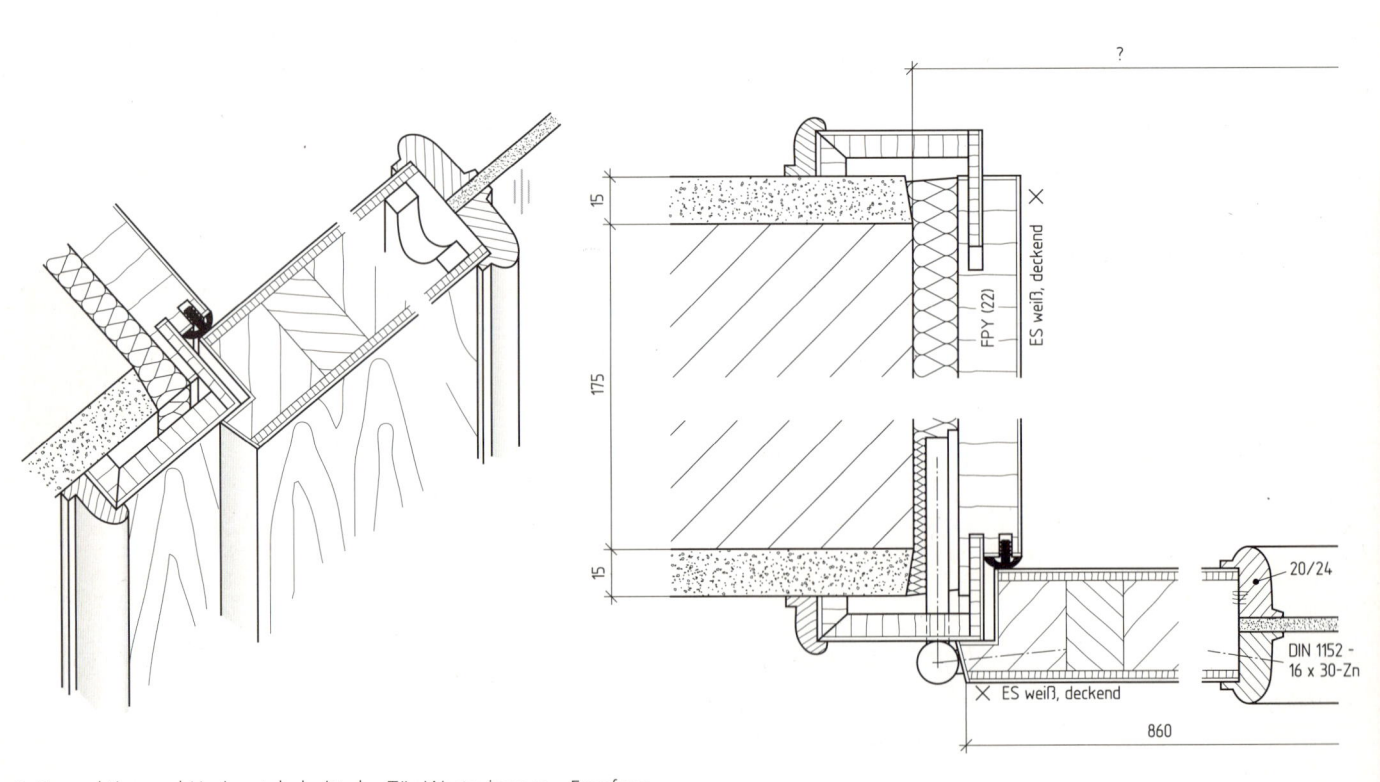

3. Perspektive und Horizontalschnitt der Tür Wartezimmer – Empfang

Sperrtürblätter für normale Blastung 135

4. Blick aus dem Wartezimmer in den Empfang

Perspektiven helfen gestalten

In Bild 4 hat Tischlermeister Richter für Herrn Bode den Blick aus dem Wartezimmer auf den Empfang in einer perspektivischen Darstellung veranschaulicht.

Dadurch wird Herrn Bode deutlich, dass seinem Wunsch entsprechend, die Sprechstundenhilfe von ihrem Arbeitsplatz einen guten Überblick über das Wartezimmer und den Eingangsbereich hat.

Der Entwurf sieht vor, den Empfangsbereich durch eine leichte Trennwand abzuteilen. Ab einer Brüstungshöhe von 90 cm wird diese Wand verglast, der untere Bereich erhält lackierte MDF-Füllungen.

Aufgabe 3:
Besorgen Sie sich aus dem Fachhandel bzw. Ihrer Firma Kataloge über industriell gefertigte Innentüren.
Wählen Sie eine für diesen Zweck geeignete Tür aus und stellen Sie sie zeichnerisch auf Transparentpapier so dar, dass sie zur Veranschaulichung in die Perspektive (Bild 4) passt.
Probieren Sie die gestalterische Wirkung unterschiedlicher Türblätter auf das Trennwandelement aus.

Aufgabe 4:
Stellen Sie die von Ihnen ausgewählte Tür normgerecht in Ansicht, Vertikal- und Horizontalschnitt auf einem DIN-A 3-Blatt dar.

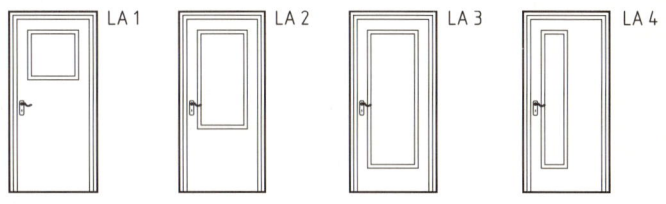

© Verlag Gehlen

Maße für Lichtausschnitte

Türblattbreite (Türblatthöhe 198,5 cm)	Lichtausschnittgröße	
	bei LA 1	bei LA 2
61,0 cm	29,0 × 50,0 cm	29,0 × 100,0 cm
73,5 cm	41,5 × 50,0 cm	41,5 × 100,0 cm
86,0 cm	54,0 × 50,0 cm	54,0 × 100,0 cm
98,5 cm	66,5 × 50,0 cm	66,5 × 100,0 cm

Türblattbreite (Türblatthöhe 198,5 cm)	Lichtausschnittgröße	
	bei LA 3	bei LA 4
61,0 cm	29,0 × 142,5 cm	20,0 × 142,5 cm
73,5 cm	41,5 × 142,5 cm	20,0 × 142,5 cm
86,0 cm	54,0 × 142,5 cm	20,0 × 142,5 cm
98,5 cm	66,5 × 142,5 cm	20,0 × 142,5 cm

5. Tabelle Größe von Lichtausschnitten

Projekt Einfamilienhaus: Innentüren

Gefährdung	Lage des Einfamilienhauses geschützt	ungeschützt	Mehrfamilienhaus
normal	ET 1	ET 1	ET 1
erhöht	ET 1	ET 2	ET 1
hoch	ET 2	ET 3	ET 2

1. Einsatzempfehlungen einbruchhemmender Türen

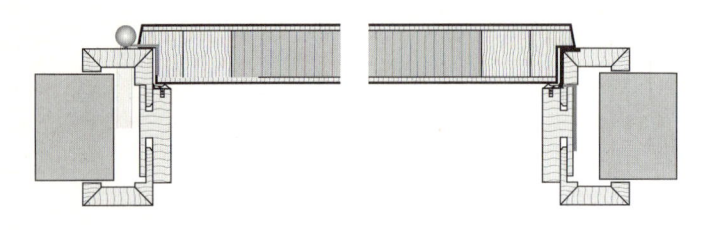

2. Prinzipskizzen ET1 und ET2

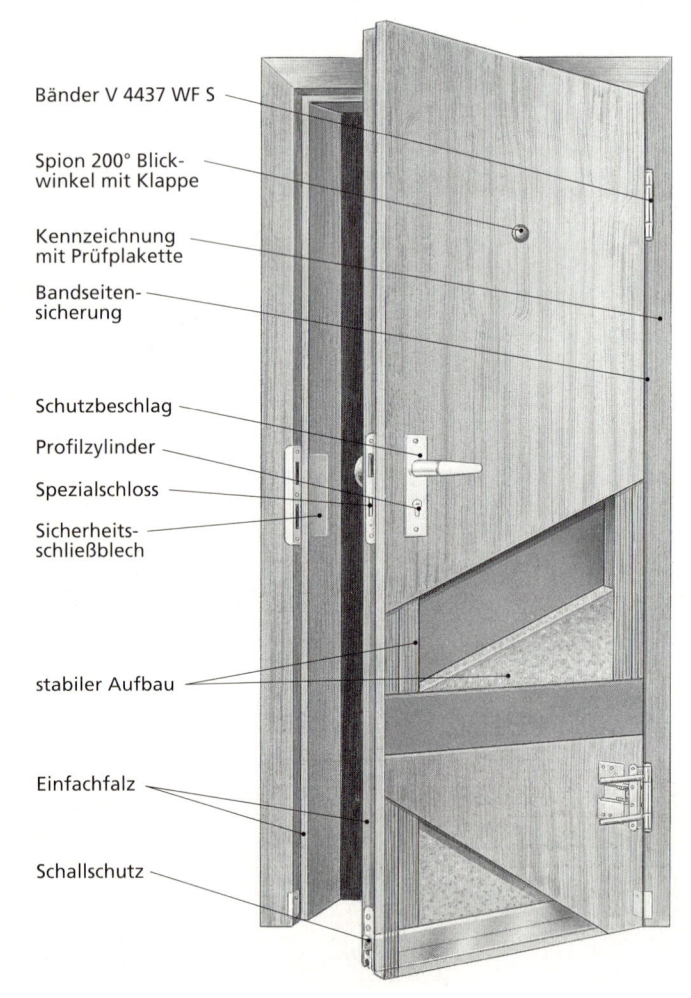

18.5 Eine einbruchhemmende Tür für das Lager

Da Herr Bode in der Praxis in einem Lagerraum, der hinter dem Empfang im alten Gebäude liegt, unter anderem Medikamente und Chemikalien aufbewahrt, will er diesen Raum besonders gegen Einbrüche schützen.

Tischler Richter macht ihn auf die DIN 18103 aufmerksam, siehe Tabelle Bild 1. Das Grundprinzip der Sicherung wird in Bild 2 verdeutlicht.
Die Norm legt fest, welcher Türaufbau und welche Verschlusskonstruktion bei bestimmter Gefährdung der Räumlichkeiten zu wählen ist. Bild 3 zeigt den Aufbau solcher Türen.
Tischlermeister Richter wählt für die Tür zum Medikamentenlager die Klasse ET2.

Aufgabe 1:
Notieren Sie, durch welche Konstruktionsdetails eine Innentür zu einer einbruchhemmenden Tür wird.

Aufgabe 2:
Informieren Sie sich bei Ihrer örtlichen Polizeidienststelle über Möglichkeiten, auch nachträglich den Einbruchschutz von Türen zu verbessern.
Stellen Sie Ihre Ergebnisse in einer Wandzeitung zusammen und diskutieren Sie die Wirksamkeit der vorgeschlagenen Maßnahmen.

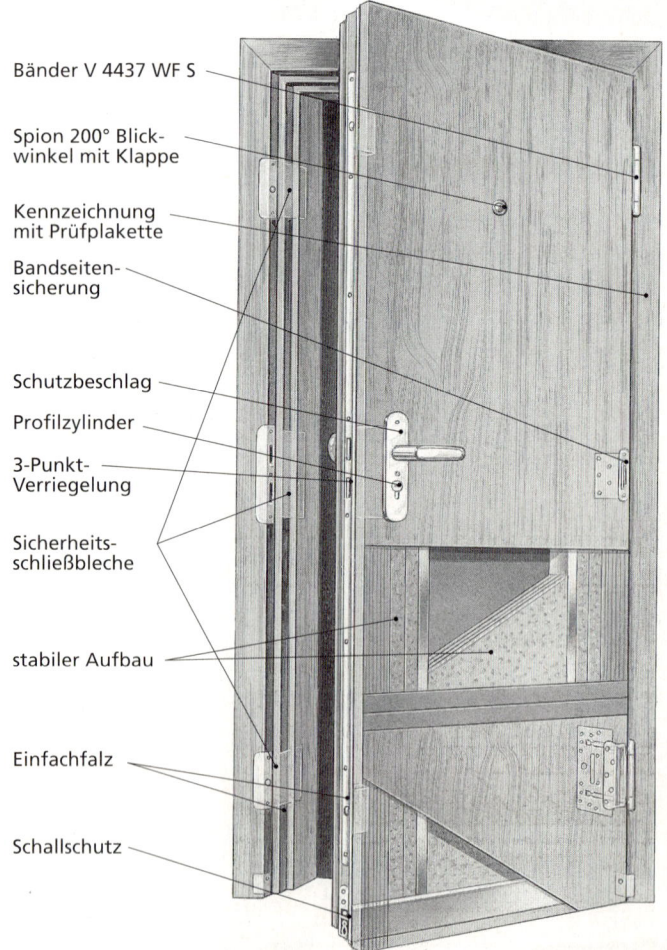

Bänder V 4437 WF S
Spion 200° Blickwinkel mit Klappe
Kennzeichnung mit Prüfplakette
Bandseitensicherung
Schutzbeschlag
Profilzylinder
Spezialschloss
Sicherheitsschließblech
stabiler Aufbau
Einfachfalz
Schallschutz

Bänder V 4437 WF S
Spion 200° Blickwinkel mit Klappe
Kennzeichnung mit Prüfplakette
Bandseitensicherung
Schutzbeschlag
Profilzylinder
3-Punkt-Verriegelung
Sicherheitsschließbleche
stabiler Aufbau
Einfachfalz
Schallschutz

3. Einbruchhemmende Türen nach ET1 und ET2

© Verlag Gehlen

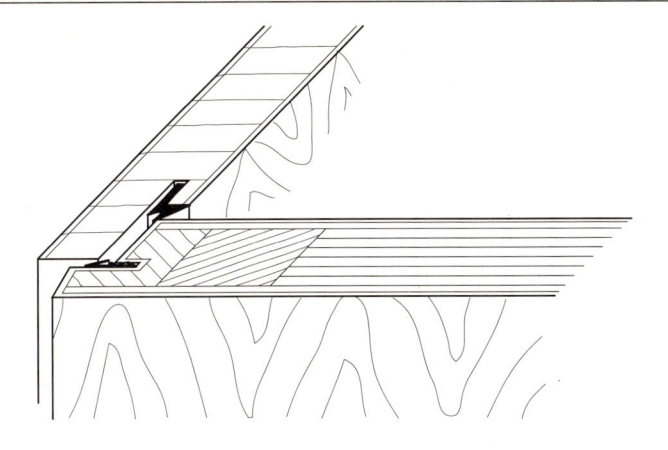

4. Tür zwischen Wartezimmer und Behandlung 1

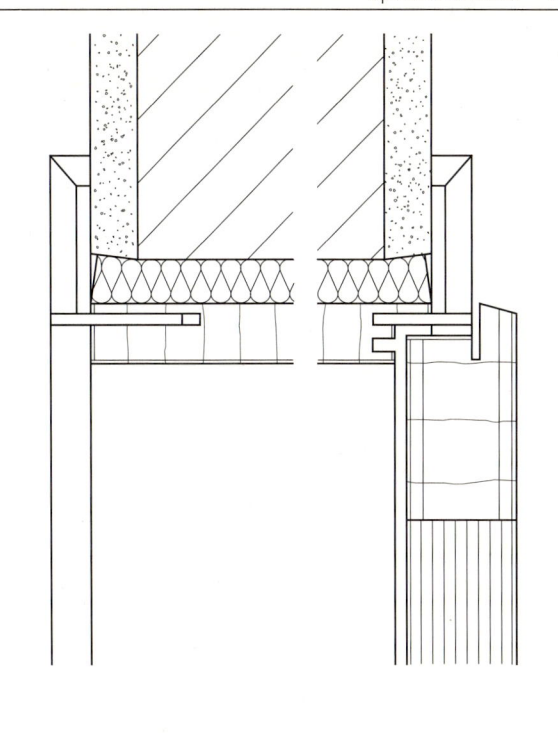

18.6 Schallschutztürblätter für den Behandlungsraum

Für eine schalldämmende Tür muss das Türblatt besonders konstruiert sein, wie in Bild 4 zu sehen. Mit speziellen Schallstoppmittellagen, zumeist besonders schweren Materialien, erreicht man eine hohe Schalldämmung.
Tischlermeister Richter hat seinem Tabellenbuch entnommen, dass für diesen Zweck eine Tür mit einfachem Falz und Aufschlagdichtung ausreicht.

Aufgabe:
Ergänzen Sie den Vertikalschnitt der Tür zwischen Wartezimmer und Behandlungsraum 1 um den unteren Anschluss. Zeichnen Sie passend dazu den Horizontalschnitt durch die Bandseite.
Die Tür hat keinen Lichtausschnitt und ist durch aufgesetzte Profilleisten verziert.
Fehlende Maße ermitteln Sie aus dem Grundriss.

18.7 Die Röntgenraumtür muss besonders gesichert werden

Aus Gründen des Strahlenschutzes, festgelegt in DIN 6834, muss Herr Bode darauf achten, dass die Tür zwischen dem Röntgenraum und dem Vorbereitungsraum strahlensicher ausgelegt ist, d. h. es dürfen keine Strahlen aus dem Raum dringen. Das Konstruktionsprinzip wird in Bild 6 gezeigt.
Tischlermeister Richter erkundigt sich, wie ein solcher Schutz zu erreichen ist. Er erfährt, dass in das Türblatt Bleieinlagen eingearbeitet sind, wie in Bild 7 dargestellt. Ein spezielles Strahlenschutzschloss mit versetzten Bohrungen (Bild 5) verhindert den Strahlendurchgang. In der Bekleidung befinden sich ebenfalls Bleischichten.
Beim Einbau haben die Gesellen darauf zu achten, dass der Luftspalt zwischen Türblatt und Fußboden nicht mehr als 10 mm beträgt.

Aufgabe:
Zeichnen Sie den Horizontal- und den Vertikalschnitt mit Fußbodenanschluss durch die Tür zum Röntgenraum.
Ein Glasausschnitt ist nicht erforderlich.

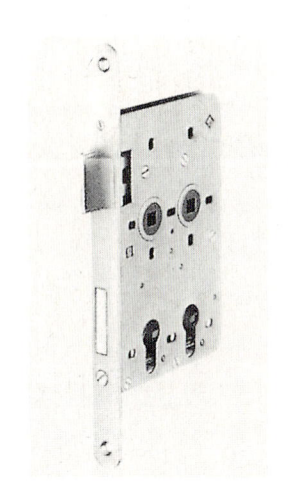

5. Strahlenschutzschloss

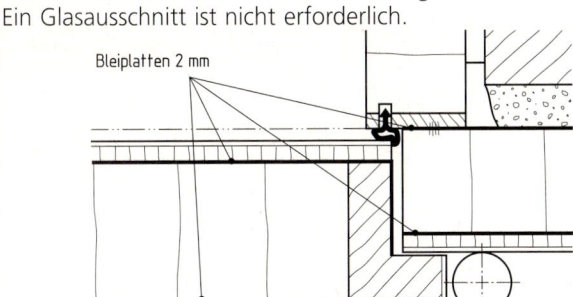

6. Systemskizze Strahlenschutz

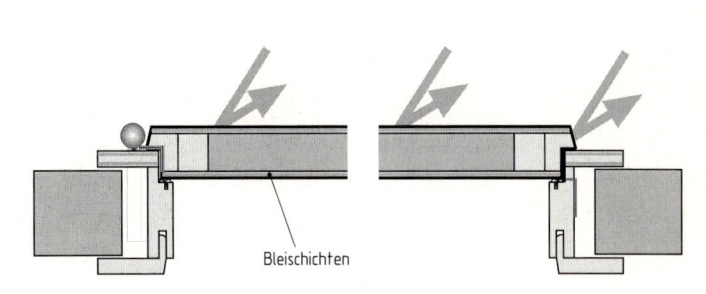

7. Systemskizze Bleieinlagen

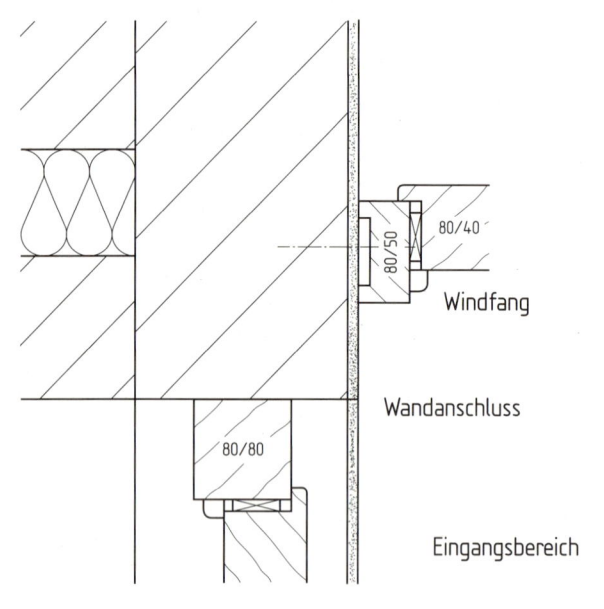

18.8 Ein Windfangelement führt in das Wartezimmer

Wie aus dem Grundriss zu ersehen ist, hat sich Familie Bode für einen Windfang im Eingangsbereich entschieden, in dem die Garderobe für die Patienten untergebracht ist. Trotzdem soll noch viel Licht in das Wartezimmer gelangen können.
Die Tür zum Wartezimmer soll zweiflügelig, mit großzügigen Lichtausschnitten, feststehendem Seitenteil und verglastem Oberlicht versehen werden. Bild 1 zeigt die ausgewählte Tür.

Aufgabe 1:
Nennen Sie technische Anforderungen, die eine Windfangtür von einer normalen Innentür unterscheidet.

_____

_____

_____

Tischlermeister Richter baut eine leichte Trennwand in Ständerrahmenbauweise, die das Wartezimmer vom Eingang abtrennt. Zu der industriell gefertigten Tür konstruiert er selbst die Seitenteile und das Oberlicht.
In diesem Fall wählt er als seitlichen Anschluss nicht Futterrahmen und Bekleidung, sondern einen Blockrahmen, wie in Bild 2 gezeigt.
Prinzipiell konstruiert er ihn genauso wie bei einer Haustür. Er befestigt den Blockrahmen am Holzständer und deckt die entstehende Fuge mit einer Leiste ab.

Aufgabe 2:
Ergänzen Sie auf einem DIN-A 3-Blatt den vorgegebenen Horizontal- und den Vertikalschnitt um den Wand- bzw. Deckenanschluss.
Benutzen Sie als Hilfestellung das Wanddetail in Bild 2.

Aufgabe 3:
Entwickeln und zeichnen Sie auf einem weiteren DIN-A 3-Blatt eine alternative Gestaltung des Windfangelements.

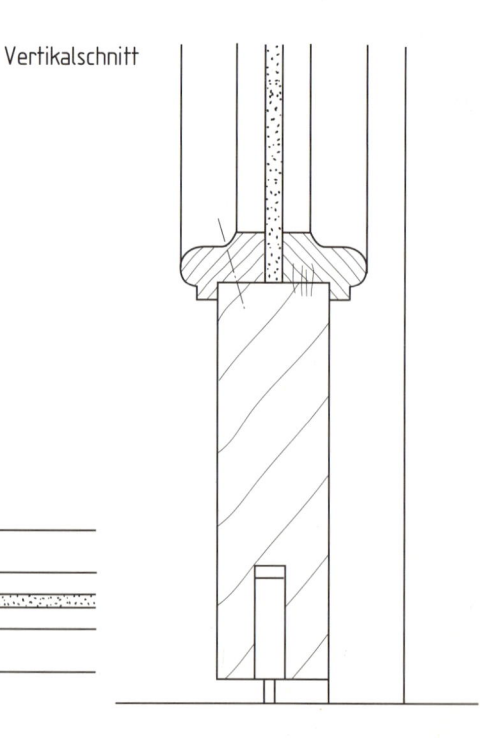

1. Windfangtür

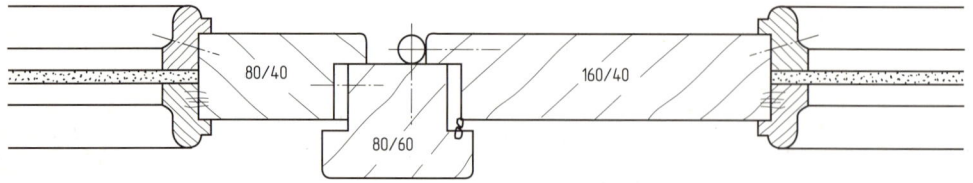

2. Blockrahmenkonstruktion

Blockrahmen – Rahmentür 139

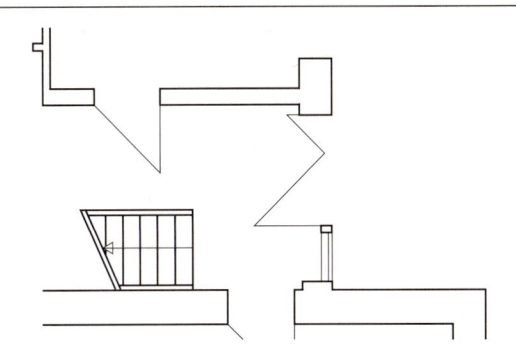

3. Ausschnitt aus dem Grundriss

18.9 Eine Rahmentür schafft die Verbindung zum Altbau

Durch den Praxisanbau wird die bisherige Terrassentür, siehe Bild 4, zur Innentür und soll daher erneuert werden. Gerade bei der Gestaltung und Konstruktion dieser Tür muss besonders darauf geachtet werden, dass sie sowohl zu den vorhandenen Altbautüren (Bild 5) wie auch zum Neubau passt.
Die Türen im Altbau sind als Rahmentüren aus Eiche mit abgeplatteten Massivholzfüllungen gearbeitet.
Bild 6 zeigt die Füllungskonstruktion der Terrassentür.

Aufgabe 1:
Notieren Sie, welche unterschiedlichen Kriterien für die Gestaltung dieser Tür, von Praxis- und Wohnraumseite zu berücksichtigen sind.

Ansicht Praxis: _____

Ansicht Wohnraum: _____

Aufgabe 2:
Entwerfen Sie auf dem Raster in Bild 4 eine Variante zur vorhandenen Füllung, passend sowohl zu den Altbautüren als auch zu den Praxistüren.

Aufgabe 3:
Entwerfen und zeichnen Sie für die neue Tür die Ansicht von der Altbau-, aber auch von der Neubauseite.

Aufgabe 4:
Stellen Sie Ihren Entwurf in einem Horizontal- und Vertikalschnitt dar.
Fehlende Maße und Konstruktionen können Sie frei wählen.

4. Terrassentür

5. Innentüren Altbau

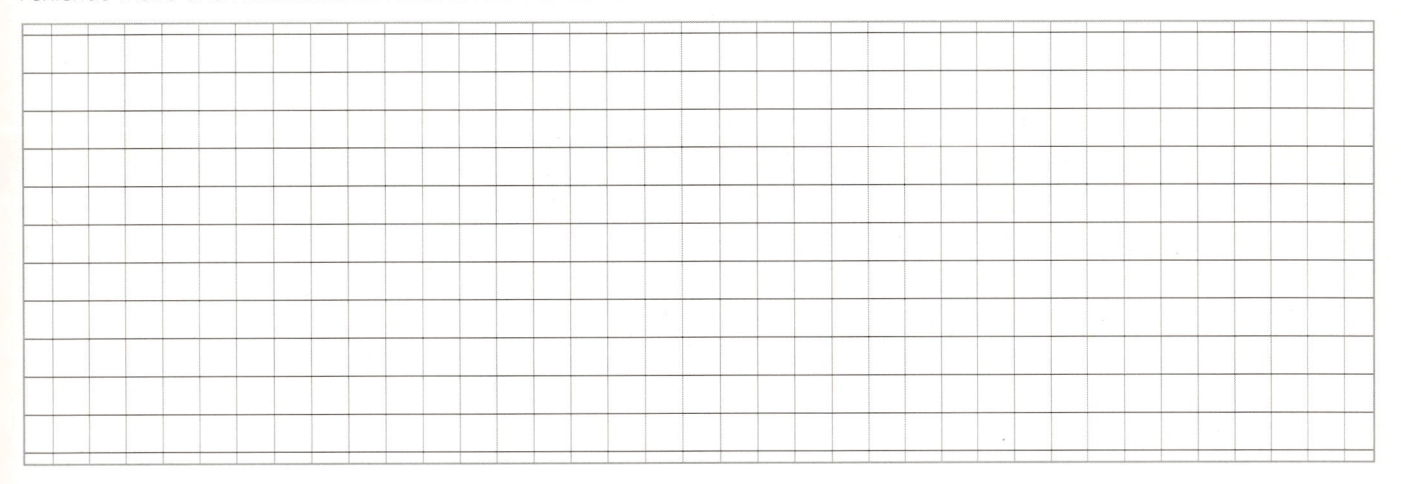

6. Konstruktion Rahmen – Füllung Terrassentür

© Verlag Gehlen

19 Zeichnungslesen

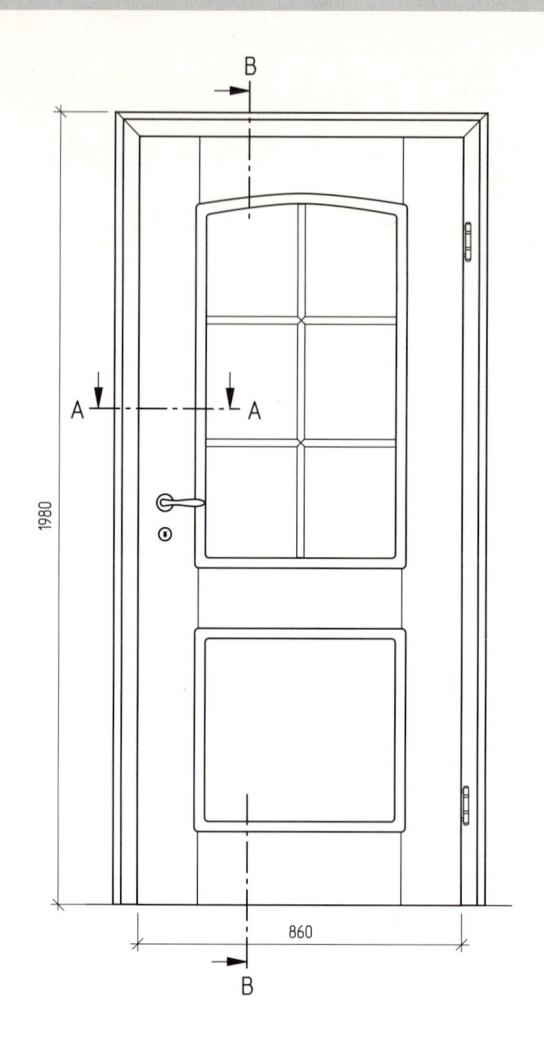

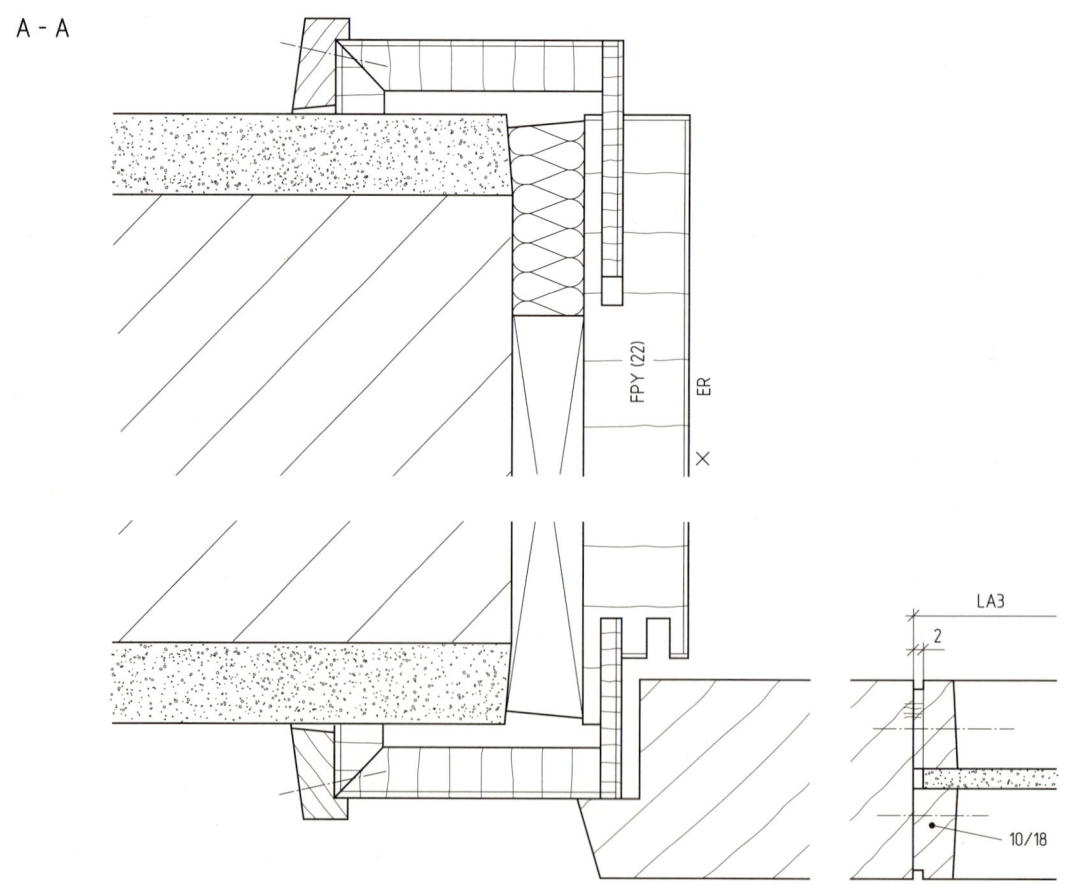

1. Ansicht und Schnitte durch eine Innentür

Zeichnungslesen 141

B - B

19.1 Innentür als Rahmenbau

Aufgabe:

1. Geben Sie die Konstruktion der dargestellten Tür an.
   _____
   _____
   _____

2. Welche Schnittführung ist dargestellt mit dem
   Schnitt A – A _____
   Schnitt B – B _____

3. Handelt es sich bei der Tür um eine Rechts- oder Linkstür?
   _____

4. Geben Sie das Öffnungsmaß der Maueröffnung in cm und „am" an.
   Breite: _____ Höhe: _____

5. Lesen Sie das Türblattmaß in mm ab.
   Breite: _____ Höhe: _____

6. Nennen Sie das übliche Dornmaß und die Drückerhöhe für Innentüren.
   Dornmaß: _____ Drückerhöhe: _____

7. Ermitteln Sie das Glasmaß für eine Füllung in mm.
   Breite: _____ Höhe: _____

8. Geben Sie den Querschnitt der Glashalteleisten an.
   _____

9. Aus welchem Material besteht das Trägermaterial des Türfutters? (genaue Angabe!)
   _____
   _____
   _____

10. Mit welcher Holzart ist das Türfutter furniert?
    _____

11. Für welchen Belastungsfall ist die dargestellte Tür geeignet?
    _____

12. Kreuzen Sie die richtige Aussage an:
    a) Der Fliesenboden wird gegen das Türfutter gesetzt.
    b) Das Türfutter stößt stumpf auf den Fliesenboden auf.
    c) Zwischen dem Fliesenboden und der Futterunterkante ist ein Spiel von 5 mm.

Fliesenboden

© Verlag Gehlen

20 Haustüren

1. Schöne Haustüren in alten Häusern

20.1 Die Haustür als Schmuckstück der Fassade

Beim Umbau des Hauses der Familie Bode sind für den Anbau, Fassade siehe Bild 5, zwei neue Haustüren zu entwerfen, der alte Eingangsbereich (Bild 2) soll erneuert werden.

Das Architekturbüro Nennewitz gibt aufgrund guter bisheriger Zusammenarbeit den Auftrag an die Tischlerei Richter weiter. Diese verfügt über erfahrene Mitarbeiter, die wissen, welche Wirkung eine gelungene Haustür für die Ästhetik eines Hauses hat. Daneben besitzen die Mitarbeiter die speziellen Kenntnisse und Fertigkeiten um fachgerechte Produktion und Montage der Türen zu gewährleisten.

Bild 1 zeigt uns an Beispielen, wie Haustüren zum Schmuckstück der Fassade werden können.

Tischlermeister Richter bespricht die Entwürfe für die drei neuen Türen intensiv mit der Familie Bode. Natürlich beschäftigen sie sich zunächst ausführlich mit dem Aussehen ihrer neuen Türen.

Aufgabe 1:
Neben der gelungenen Gestaltung erwartet unser Kunde, oft stillschweigend, noch andere Eigenschaften, die seine neue Haustür erfüllen soll. Überlegen Sie, welche Erwartungen neben der perfekten Gestaltung ebenfalls noch erfüllt werden müssen.

_____

_____

_____

_____

_____

2. Fassade des Altbaus

© Verlag Gehlen

Moderne und traditionelle Haustüren 143

3. Auswahl moderner und traditionell gefertigter Haustüren

Tischlermeister Richter legt den Bodes bei der Besprechung eine Auswahl an Fotos von unterschiedlich gestalteten Türen vor, um ein Gefühl für ihren Geschmack zu bekommen.

Aufgabe 2:
Welche der Haustüren aus Bild 3 passen Ihrer Meinung nach in die Fassaden der Bilder 2 und 5?
Tragen Sie die entsprechenden Nummern in die Tabelle ein.
Begründen Sie dann Ihre Auswahl und tragen Sie Ihre Argumente stichwortartig ebenfalls ein.

Nr.:	Altbau	Nr.:	Neubau

4. Tabelle zu Aufgabe 2

5. Fassade des Neubaues

© Verlag Gehlen

20.2 Gestaltungsaufgaben

Aufgabe 1:
Entwerfen Sie für die in den Bildern 1 bis 4 abgebildeten Fassaden eine gestalterisch gelungene Haustür.
Skizzieren Sie Ihren Entwurf mit Bleistift in die entsprechenden Fassaden ein. Ergänzen Sie die Fensteröffnungen der Bilder 3 und 4 ebenfalls mit Gestaltungsvorschlägen.

1. Moderne Fassade eines Mehrfamilien-Neubaues

2. Älteres Einfamilienhaus

Fassadengestaltung 145

3. Älteres Mehrfamilienhaus mit Stuckfassade

4. Modernes Einfamilienhaus mit zergliederter Fassade

© Verlag Gehlen

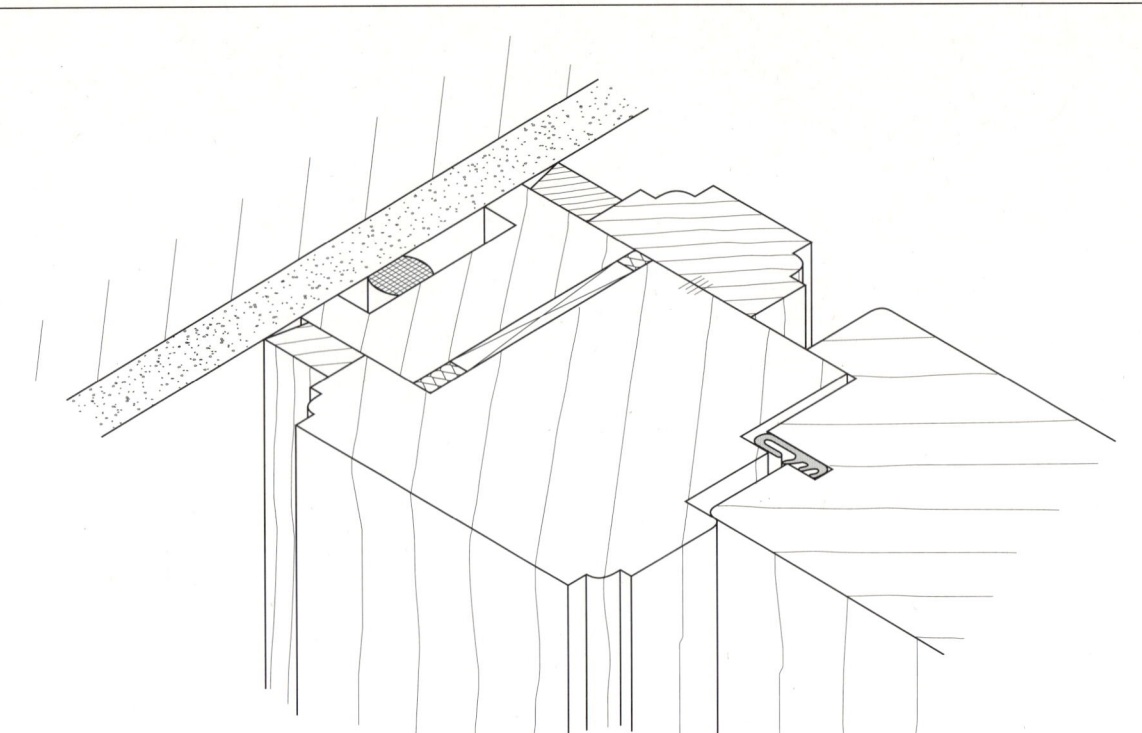

1. Blockrahmen Wandanschluss

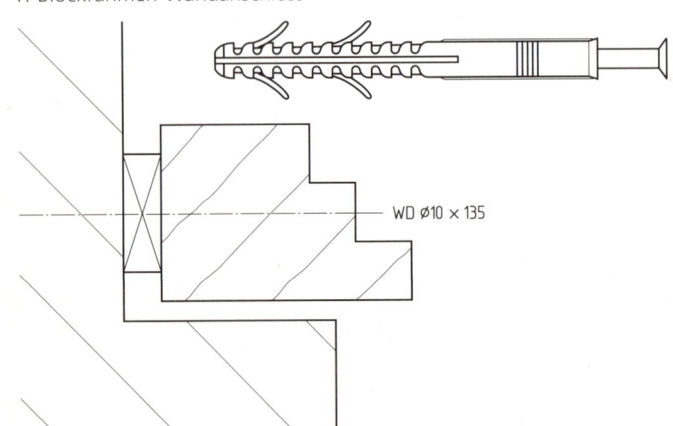

2. Befestigungsmittel

20.3 Blockrahmen für Maueröffnungen ohne Anschlag

Wenn die Maueröffnung, wie im Altbau der Familie Bode, ohne Anschlag gemauert wurde, konstruiert sich der Tischler Richter durch das Anbringen einer Montageleiste den Anschlag selbst. Diese wird häufig mit Rahmendübeln (Bild 2) am Mauerwerk befestigt.
Die Anschlussfläche der Leiste wird zweckmäßigerweise ausgekehlt, um Ungenauigkeiten am Mauerwerk ohne großen Zeitaufwand ausgleichen zu können. Den Blockrahmen fälzt der Geselle aus und befestigt ihn mit Spiel auf der Montageleiste. Das Spiel ermöglicht ihm ein genaues Justieren der Türrahmung. Der Platz zwischen Montageleiste und Blockrahmen wird sorgfältig mit Dämmstoff ausgefüttert.

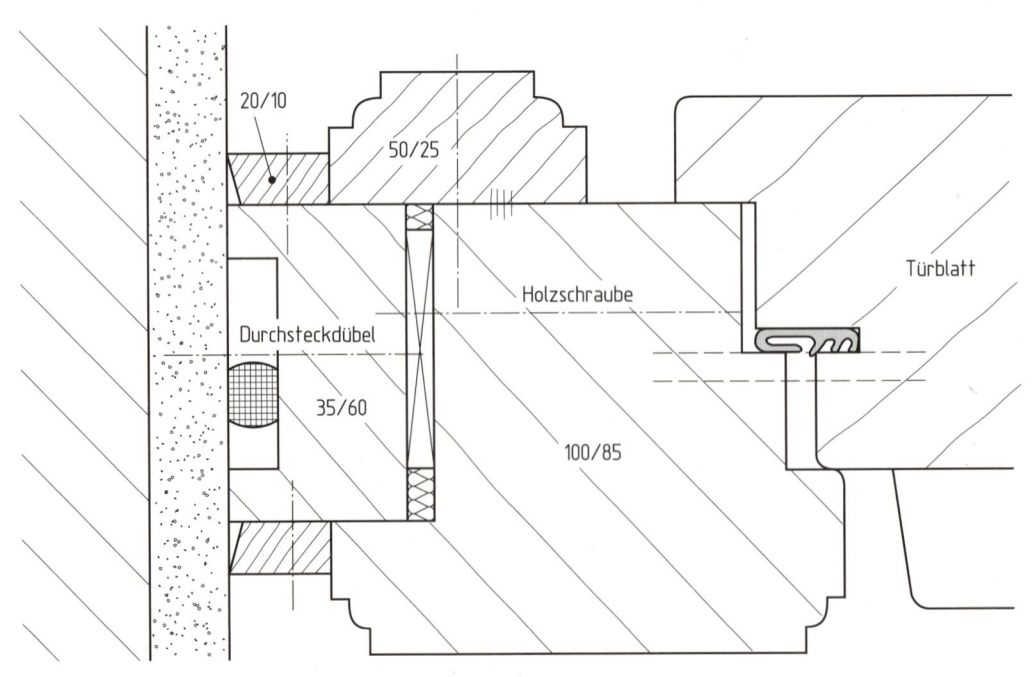

3. Horizontalschnitt Wandanschluss mit Blockrahmen

© Verlag Gehlen

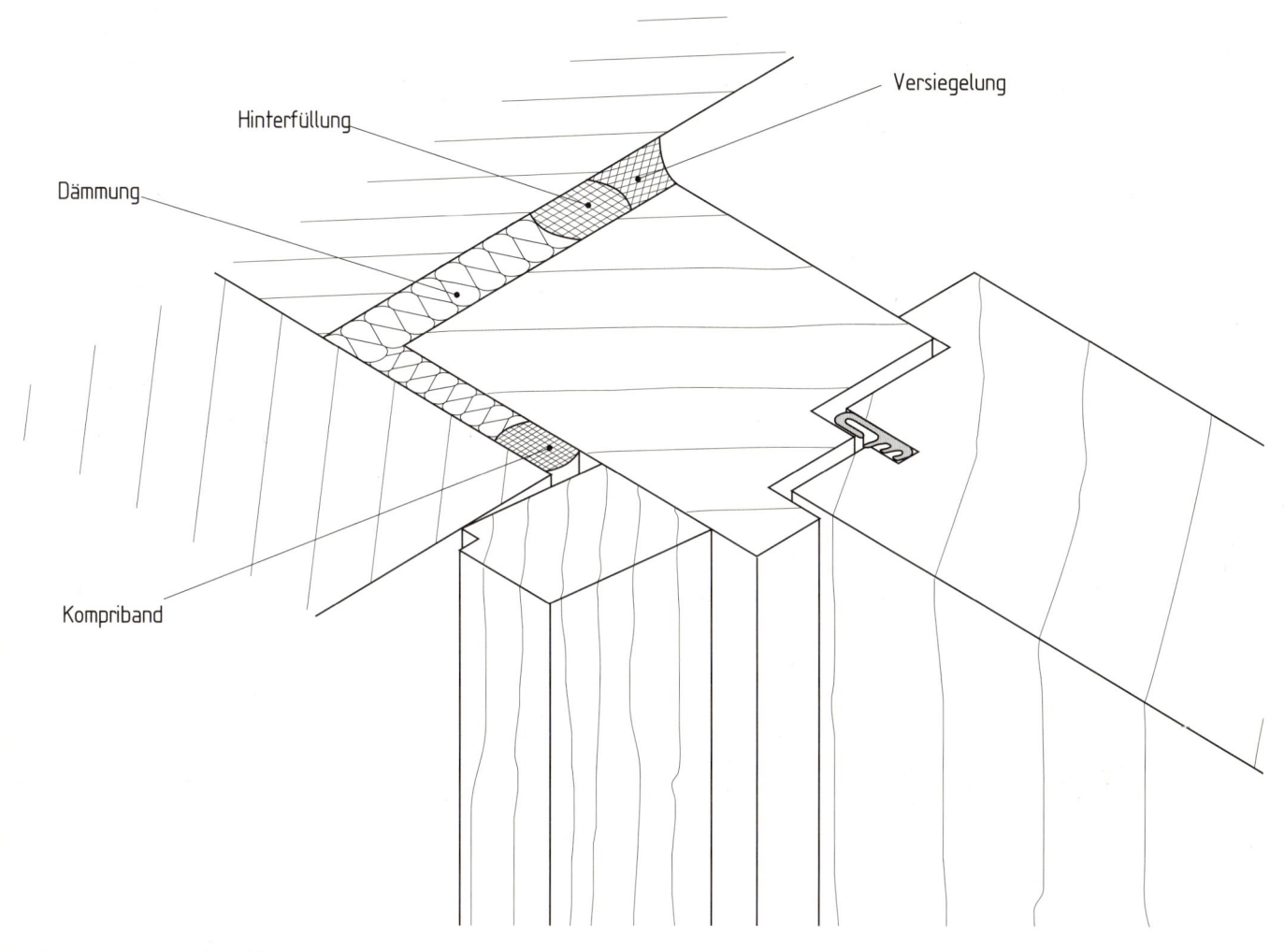

Blockrahmen und Blendrahmen 147

4. Blendrahmen–Wandanschluss

20.4 Der Blendrahmen für Maueröffnungen mit Anschlag

Im Anbau findet der Tischler der Firma Richter den gemauerten Anschlag für die Öffnungen der Fenster und Haustüren vor. Die Montageleiste entfällt in diesem Fall. Er setzt den Blendrahmen mit Spiel gegen den gemauerten Anschlag. Die Befestigung kann mit dem Rahmendübel oder der Stahllasche „Hessenkralle", wie in Bild 5, erfolgen.

Um die Dichtigkeit des Anschlages zu erhöhen, setzt er zwischen Blendrahmen und Maueranschlag ein komprimiertes Dichtungsband. Das Spiel zwischen Laibung und Blendrahmen wird er sorgfältig mit Dämmstoff ausfüllen.

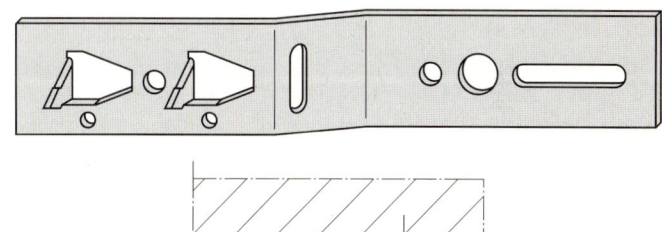

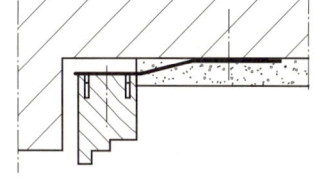

5. „Hessenkralle" als Befestigungsmittel am Blendrahmen

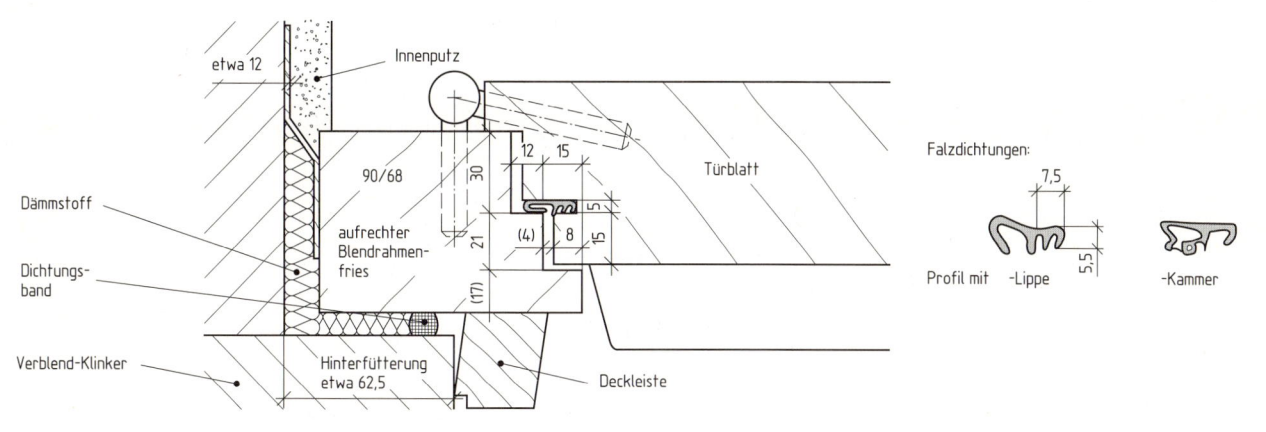

6. Horizontalschnitt durch den Wandanschluss

© Verlag Gehlen

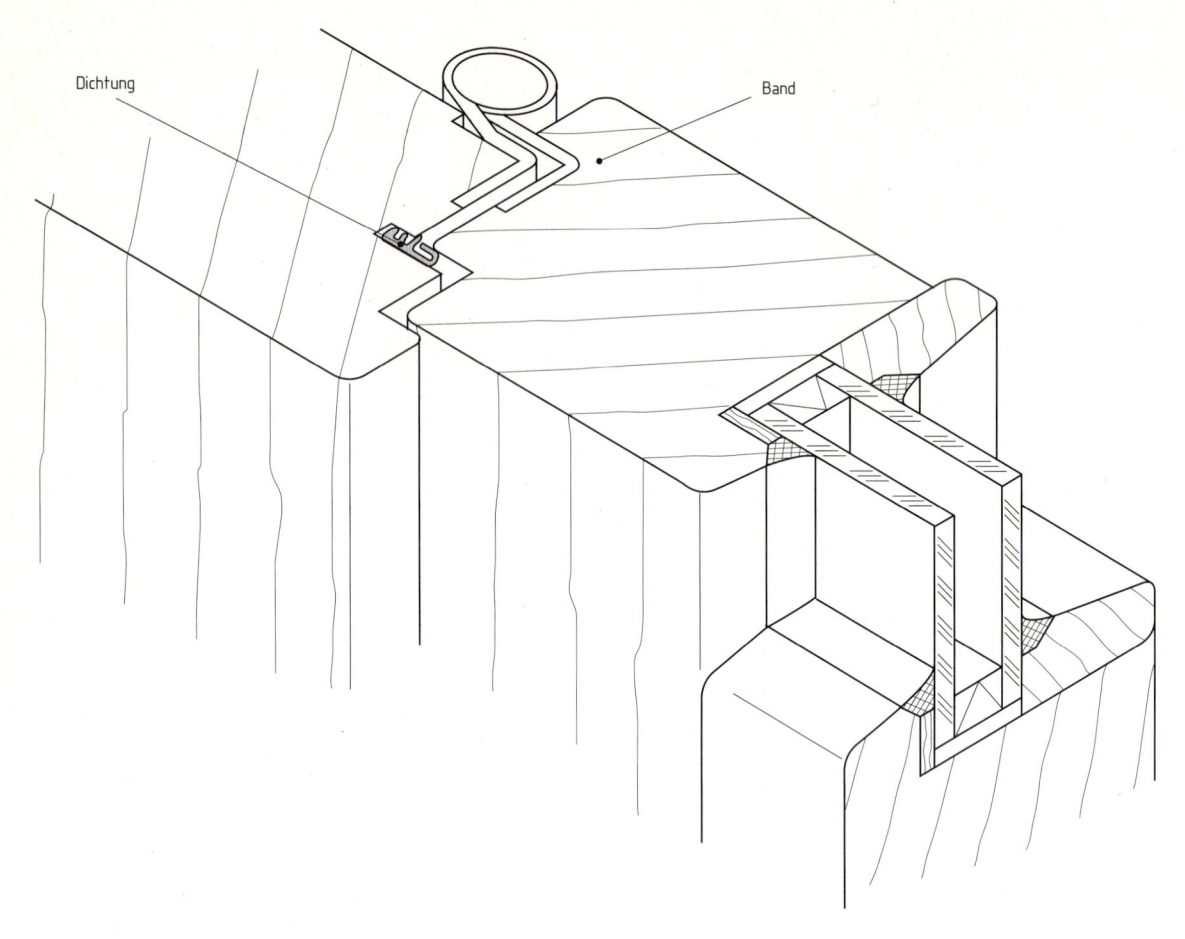

1. Teilausschnitt einer Haustür mit Lappenband und Glasfüllung

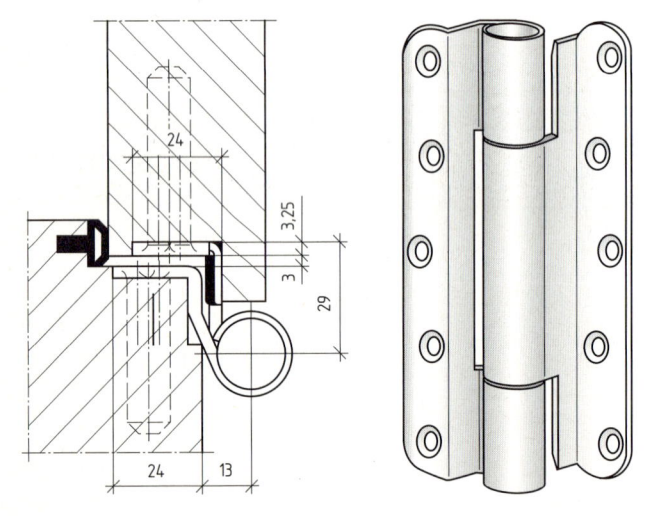

2. Lappenband

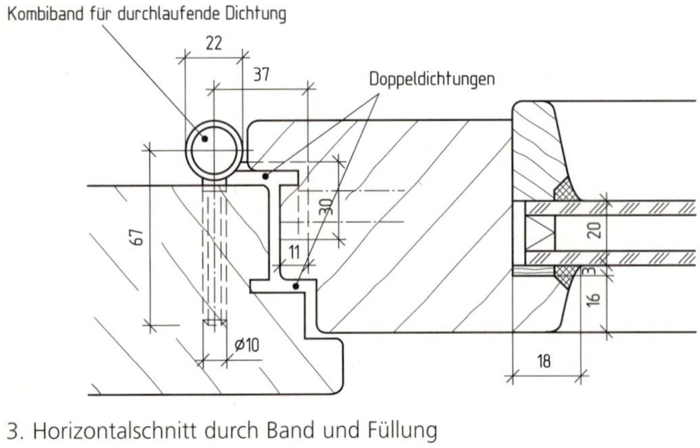

3. Horizontalschnitt durch Band und Füllung

20.5 Die Glasfüllung einer Haustür

Für den Praxiseingang wünscht Herr Bode eine repräsentative Hauseinangstür mit Glasfüllung.
Die Glasfüllung dieser Haustür soll den gleichen Wärmeschutzanforderungen genügen wie die Fenster. Gestalterisch soll sie sich gut in die Fassade des Anbaus einfügen.
Mit einer Vielzahl von verschiedenen Ornamentgläsern, Spiegelgläsern, Butzenscheiben lassen sich hier die unterschiedlichsten Gestaltungswünsche vom Tischler verwirklichen. Auch die Glashalteleiste kann hier neben der Profilierung des Rahmens besonders betont werden.

20.6 Lappenbänder müssen präzise eingebaut werden

Bei der Auswahl der Bänder orientiert sich Familie Bode vor allem an dem Aussehen, während Meister Richter auch an konstruktive Gegebenheiten, wie Türgewicht, Falzausbildung und Montagefreundlichkeit denken muss.

In Bild 2 ist ein Lappenband dargestellt. Der Einbau und die fehlende Nachjustierung des Bandes erfordern besondere Fachkenntnisse.

Glasfüllung und Bänder 149

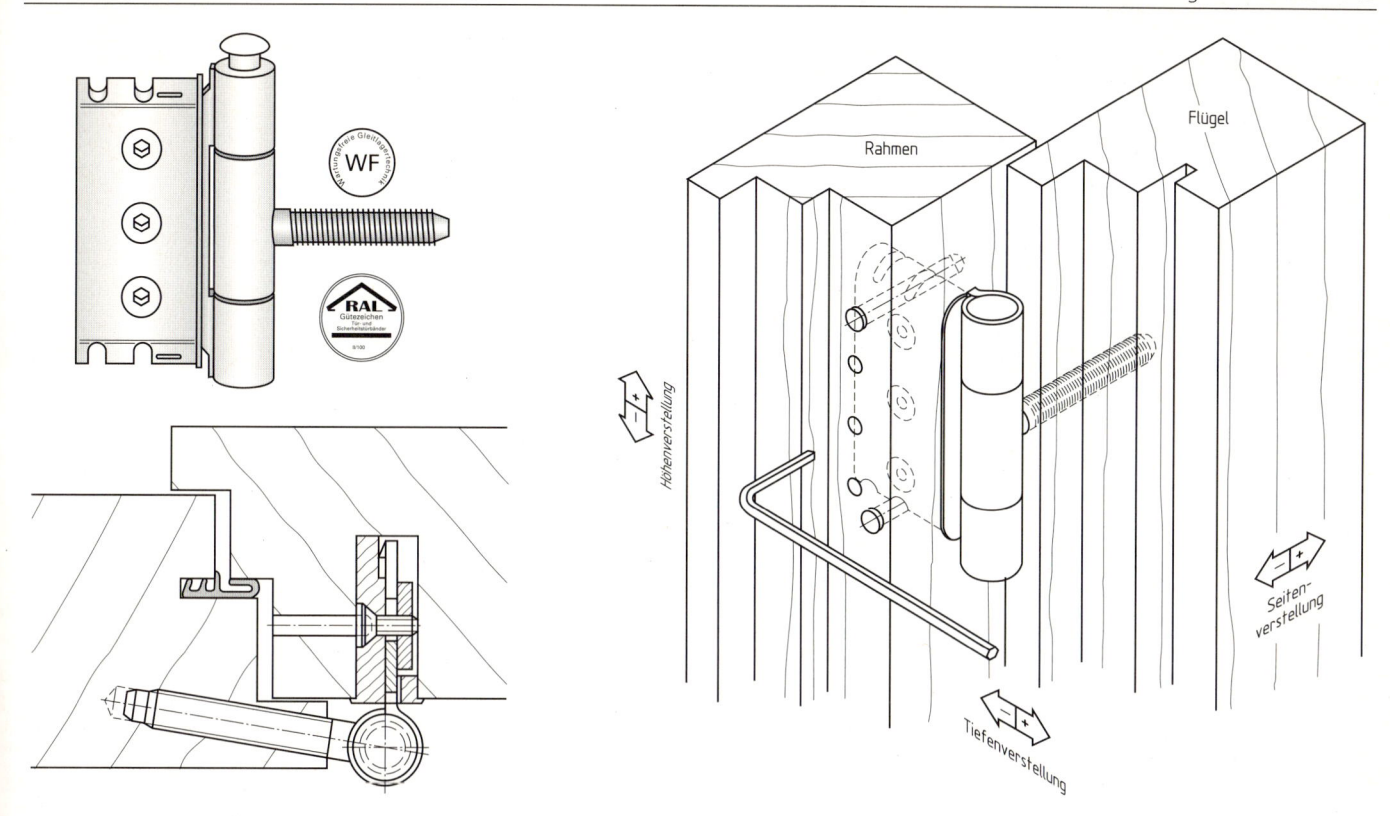

4. Teilausschnitt einer Haustür mit „3 D"-Band und Furniersperrholzfüllung

20.7 Die Haustürfüllung mit Dampfsperre

Wenn die Tischlerei Richter für Haustüren wärmegedämmte Füllungen anfertigt, wird der Einbau einer Dampfbremse oder Dampfsperre berücksichtigt. Die Dampfsperre verhindert, dass sich der Wasserdampf in Form von flüssigem Wasser in der Wärmedämmung niederschlägt. Dadurch würde sich der Dämmwert erheblich reduzieren.

Aufgabe:
Skizzieren Sie farbig die richtige Lage der Dampfsperre in der Zeichnung des Bildes 5.

20.8 Moderne Bänder erleichtern die Nachstellbarkeit

Da besonders die schweren Haustüren sich leicht etwas senken, wählt die Tischlerei Richter häufig Bänder, die die Möglichkeit des leichten Nachstellens der Tür bieten. Mit den entsprechenden Einbohrlehren lassen sich die dreidimensional verstellbaren Bänder aus Bild 4 leicht in den Blendrahmen und Flügel einlassen.

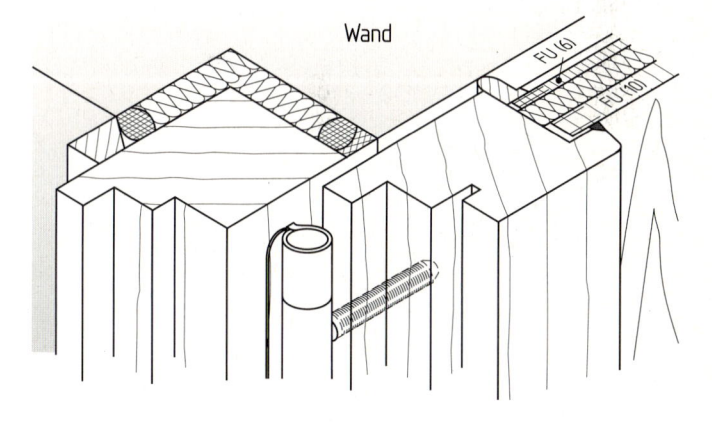

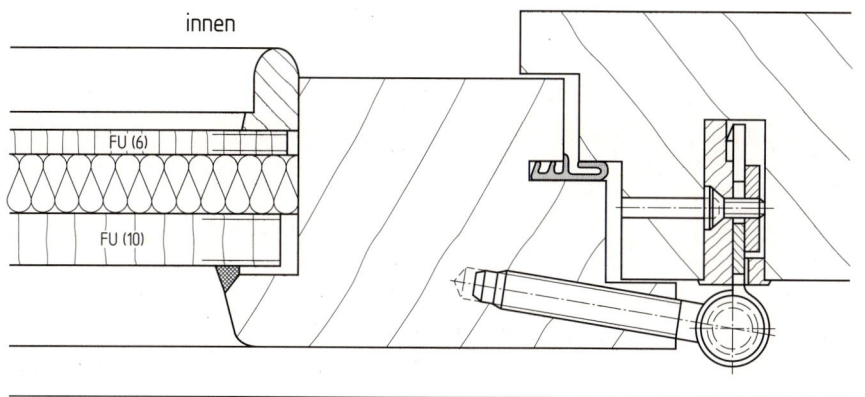

5. Horizontalschnitt durch Band und Füllung

© Verlag Gehlen

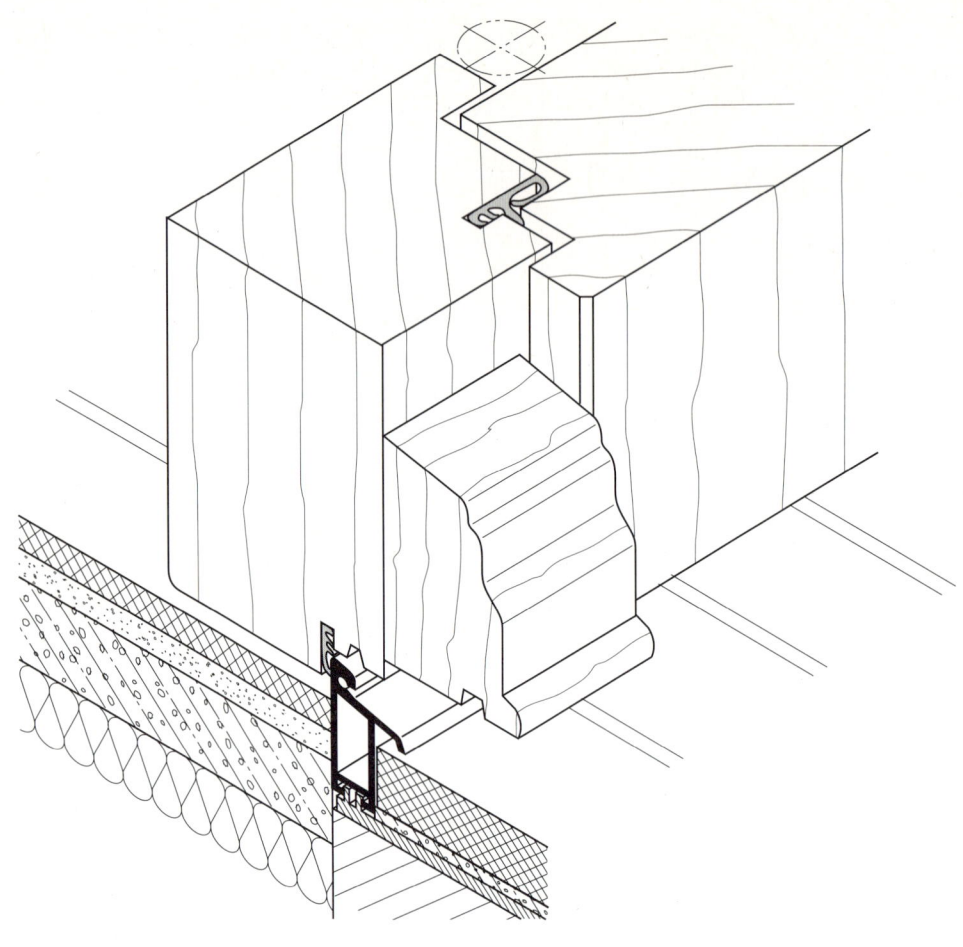

1. Unterer Anschluss einer Haustür

20.9 Wasserschenkel und Bodenschwellen dichten nach unten ab

Tischler Richter weiß, dass der untere konstruktive Anschluss besonderes Augenmerk und Fachkenntnis erfordert. Wasser muss abgeleitet werden und darf nicht ins Hausinnere dringen. Durch den Wasserschenkel im Zusammenwirken mit der Bodenschiene oder -schwelle wird das Regenwasser sicher nach außen abgeleitet.
Zudem bildet er den Wasserschenkel konstruktiv so aus, dass er gut zum übrigen Erscheinungsbild der Haustür passt.

Die Bodenschwelle dient als Anschlag für die ringsum geführte Falzdichtung. Im Bild 3 wird eine weitere Möglichkeit die Anschlagschiene auszubilden dargestellt.

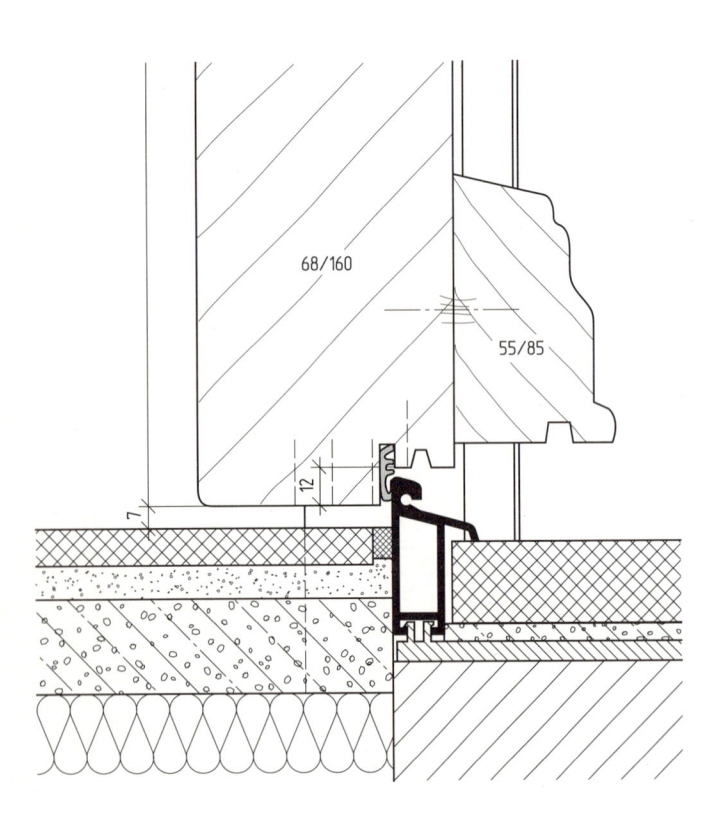

2. Vertikalschnitt durch den unteren Anschluss

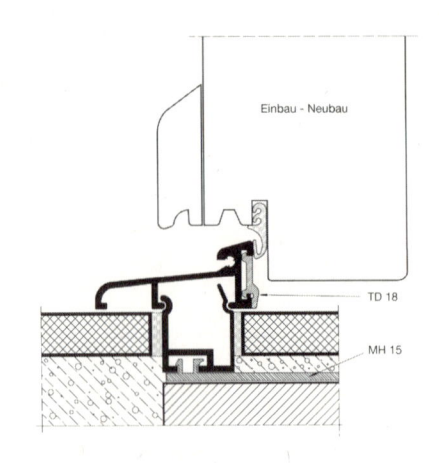

3. Bodenschienen für Haustüren

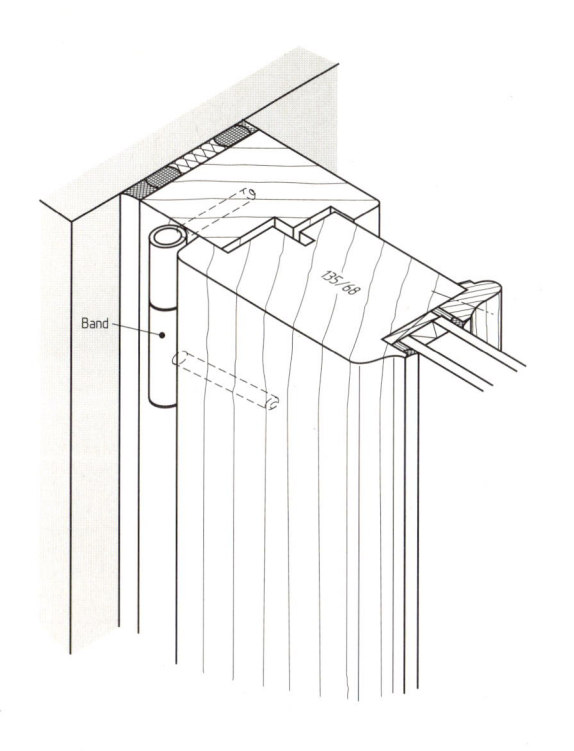

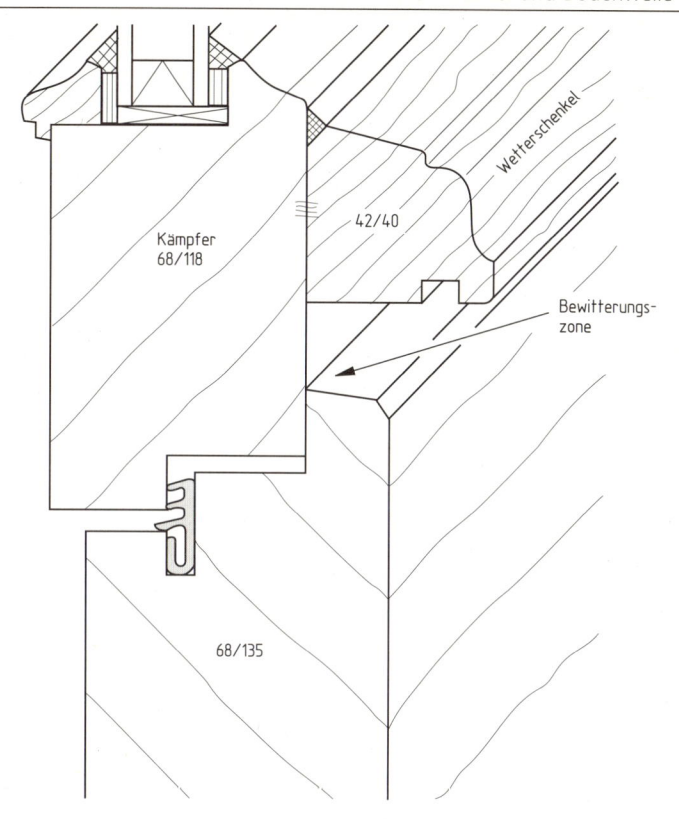

Wasserschenkel und Bodenwelle 151

4. Haustür nach außen öffnend

20.10 Haustüren nach außen öffnend

Die Tischlerei Richter fertigt häufig Haustüren für öffentliche Gebäude an. Diese Türen müssen gemäß baurechtlichen Vorschriften nach außen zu öffnen sein.

Gerade bei Türen mit Oberlicht, die teilweise eng an der Fassadenaußenhaut montiert werden, stellt sich dem Tischler das Problem, dass der Flügelnacken vor dem Wetter nicht geschützt ist, wie in Bild 4 zu sehen ist.
Die Dichtung mag zwar im Normalfall das Regenwasser ableiten, zusätzliche Sicherheit bei extremen Wetterlagen gibt hier aber noch ein oberer Wasserschenkel auf dem Kämpfer (Blendrahmenquerfries).

Aufgabe:
Begründen Sie, warum Türen in öffentlichen Gebäuden, wie Behörden, Schulen und Restaurants nach außen zu öffnen sein müssen.

_____

Da die Bänder dieser Haustüren außen liegen, müssen sie gegen Ausheben besonders gesichert sein. In Bild 5 sind aushebesichere Bänder abgebildet.

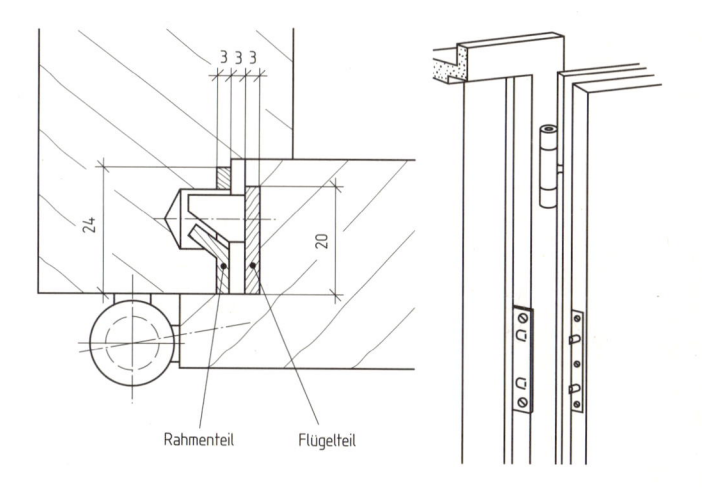

20.11 Nicht jede Holzart eignet sich für Haustüren

Der Tischler hat bei der Auswahl der infrage kommenden Holzarten neben der Gestaltung auf besondere Eigenschaften der Holzarten zu achten.

Aufgabe:
Erklären Sie, welche Kriterien Holz für Haustüren erfüllen muss, und ermitteln Sie, welche Holzarten in Betracht kommen. Tragen Sie die Kriterien sowie geeignete Nadel- und Laubholzarten in die Tabelle von Bild 6 ein.

5. Aushängsicheres Band

Kriterien:	
Holzarten	
LH	NH

6. Tabelle

© Verlag Gehlen

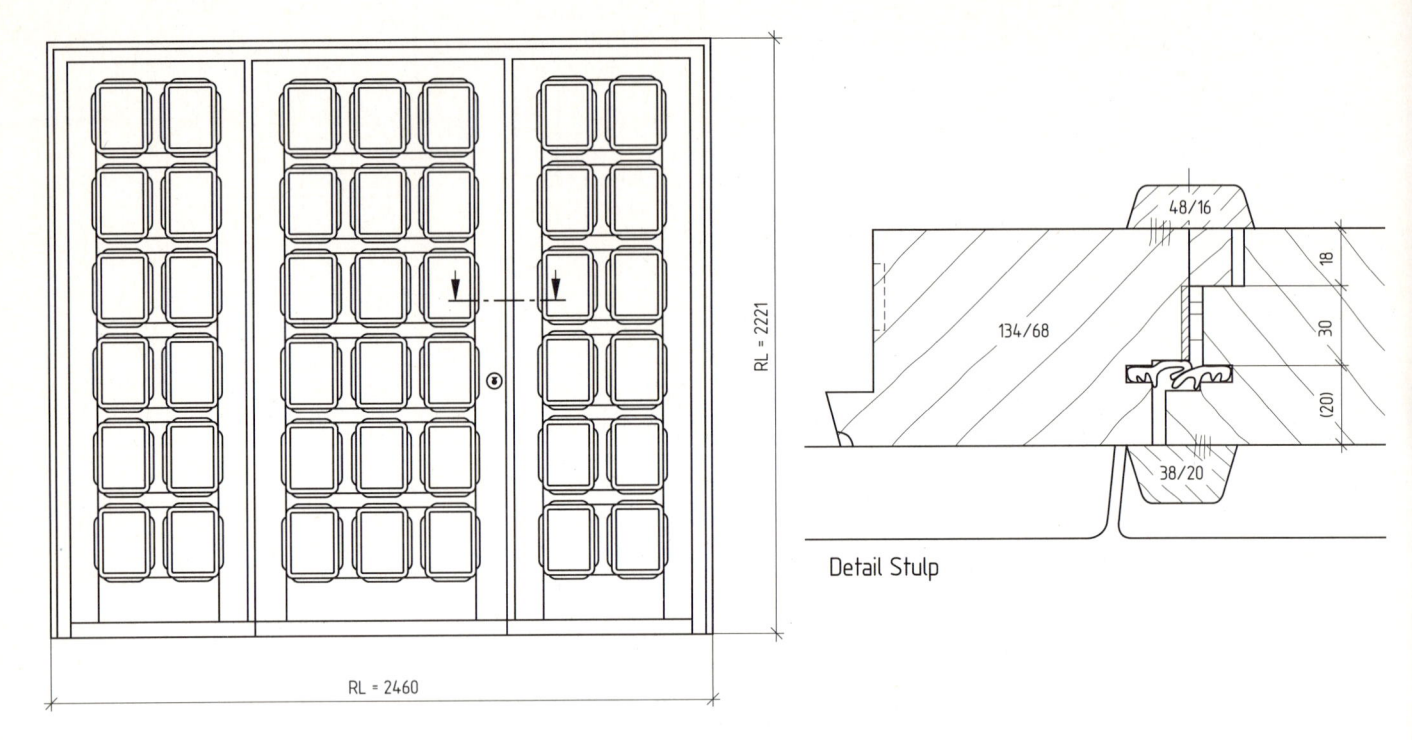

1. Haustür mit Seitenteilen, ohne Pfosten

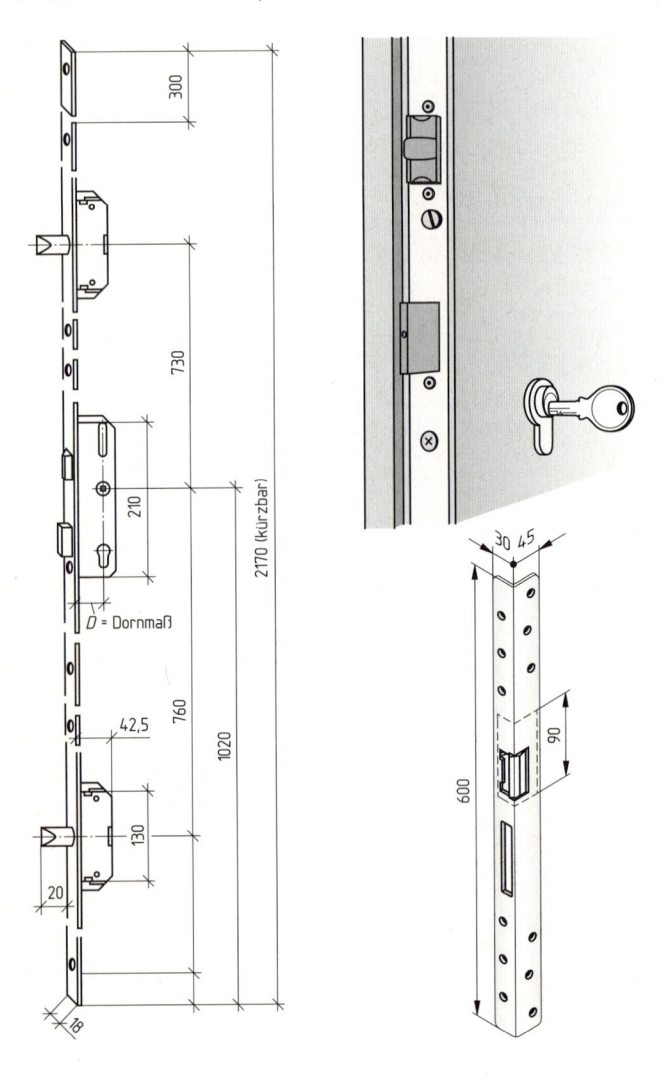

Detail Stulp

2. Mehrfachverriegelung

20.12 Großzügige Wandöffnungen schaffen Platz für Seitenteile

Neben der Praxiseingangstür erhält der Anbau im Treppenhaus/Verbindungsflur einen Ausgang zum Garten und zur Terrasse. Frau Bode wünscht sich hier viel natürlichen Lichteinfall.
Tischlermeister Richter schlägt daher verglaste Seitenteile an dieser Haustür vor. Frau Bode möchte diesen Eingangsbereich im Sommer weit öffnen, daher sollen auch die Seitenteile beweglich sein, wie in Bild 1 zu sehen ist.
Wenn andere Kunden diesen Wunsch nicht haben, plant Tischlermeister Richter als Trennung zwischen Flügel und Seitenelement einen Pfosten ein.
Gestalterisch strebt er an, dass das Erscheinungsbild des Flügels mit den Seitenteilen harmoniert.

Diebe kommen oft durch die Haustür

Familie Bode hat gehört, dass Einbrüche in Einfamilienhäuser und Praxen vornehmlich durch die Haustür erfolgen. Da Herr Bode in der Praxis wertvolle technische Geräte und auch Medikamente aufbewahrt, empfiehlt Herr Richter ihm eine Mehrfachverriegelung, wie in Bild 2, für das neue Element. Sie ist einerseits einbruchshemmend und drückt andererseits den Flügel überall fest an den Rahmen.
Ein Stulpriegel hält das Seitenteil in Kämpfer und Boden in der Position.

Aufgabe 1:
Zeichnen Sie zu dem in Bild 1 dargestellten Türelement normgerecht den Horizontalschnitt und durch das Haustürunterstück den Vertikalschnitt.
Die wärmegedämmte Füllung entwerfen Sie selbst und deuten sie im Vertikalschnitt mit an.

Haustüren mit Seitenteilen 153

3. Haustür mit feststehendem Seitenteil und Pfosten

Konstruktionen mit Pfosten und feststehendem Seitenteil

Der Eingangsbereich im Altbauteil des Hauses der Familie Bode wird im Zuge der Renovierung ebenfalls erneuert und soll gleichzeitig auf 1,60 m verbreitert werden.
Herr Richter empfiehlt das Türblatt auf maximal 1 Meter Breite zu beschränken und auf der linken Seite ein Seitenteil einzubauen. Es ist nicht notwendig es beweglich zu konstruieren.
Um die Ansicht harmonisch zu gestalten einigt man sich darauf, das Seitenteil als feststehenden Flügel zu fertigen.
Auch die Beschläge werden sorgfältig ausgewählt. Eine kleine Auswahl zeigt Bild 4.
Im Gespräch mit Familie Bode werden folgende Konstruktionsmaße vereinbart:
Der FLügel soll 980 mm Durchlass bieten. Der Korbbogen des Blendrahmens ist fest verglast und soll eine Höhe von 450 mm haben. Im unteren Bereich erhält die Tür eine wärmegedämmte Füllung. Die Sprosseneinteilung der Fenster soll gestalterisch fortgesetzt werden.

Aufgabe 2:
Skizzieren Sie im Buch Ihren Gestaltungsvorschlag für den Eingangsbereich der Familie Bode. Bedenken Sie dabei die Absprachen zwischen dem Kunden und Tischlermeister Richter.

Aufgabe 3:
Zeichnen Sie einen norm- und fertigungsgerechten Horizontalschnitt durch die von Ihnen entworfene Tür.
Zeichnen Sie auch den gedämmten Wandanschluss mit.
Bedenken Sie, dass kein gemauerter Anschlag vorhanden ist.
Beziehen Sie die folgenden konstruktiven Vorgaben mit in Ihre Lösung ein. Nicht genannte Konstruktionsdetails können Sie frei wählen.
Der Blendrahmen hat das Format 80 × 68 mm, das Flügelholz ist 130 × 68 mm, der Pfosten ist 110 mm breit.

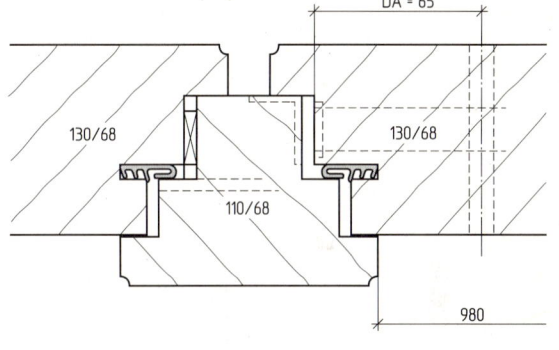

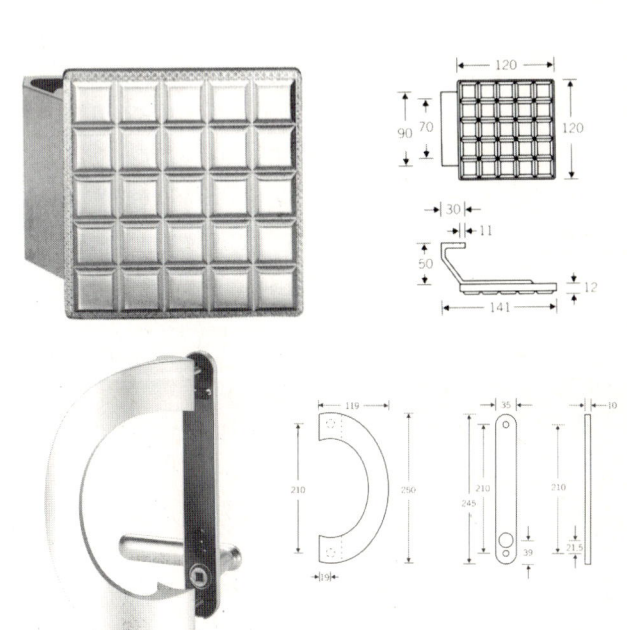

4. Beschlagbeispiele

© Verlag Gehlen

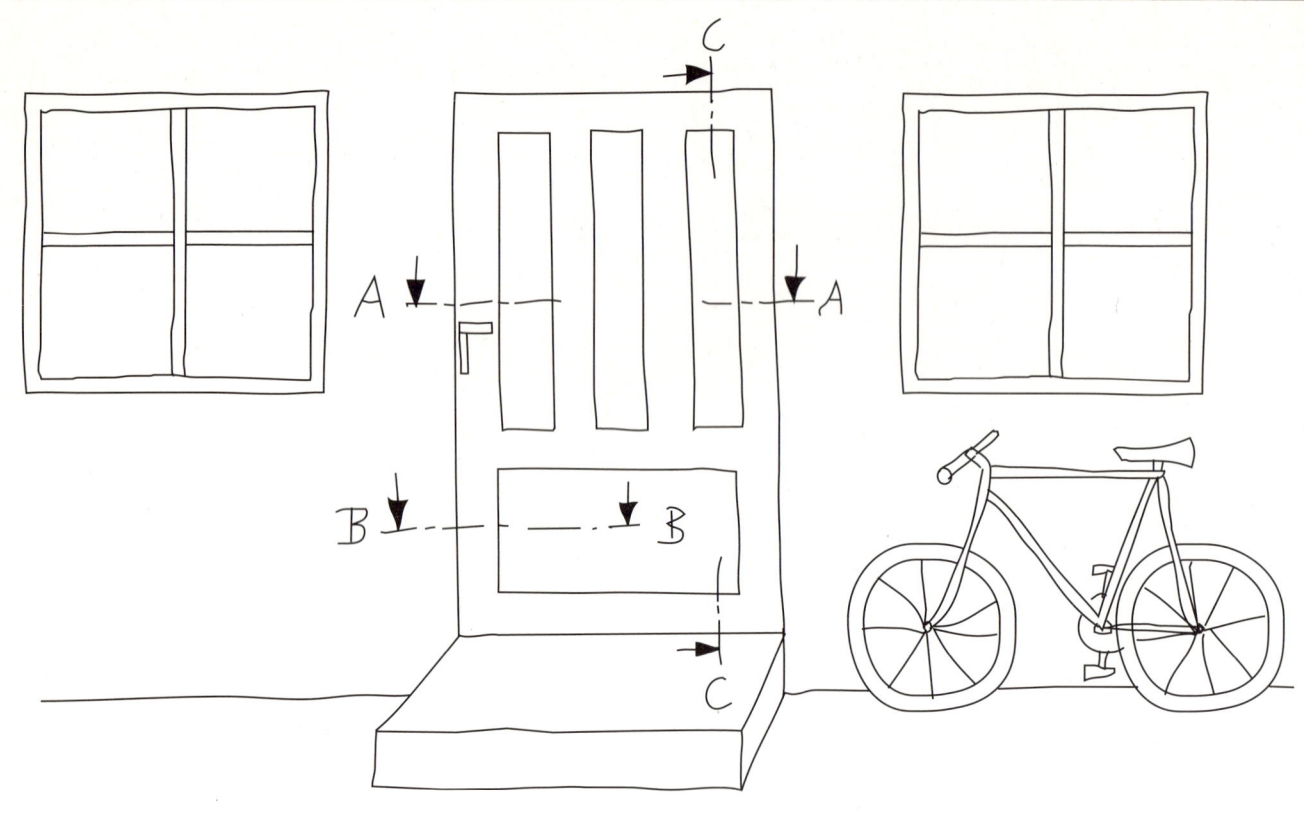

1. Haustür zu Aufgabe 1

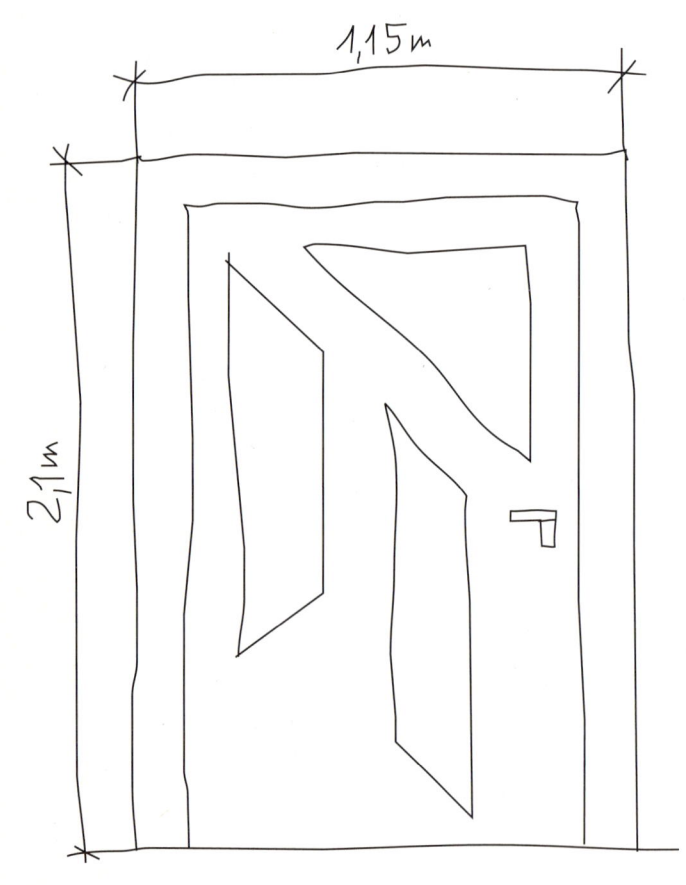

2. Haustür zu Aufgabe 2

20.13 Konstruktionsaufgaben

Aufgabe 1:
Die Tischlerei Richter erhält den Auftrag die in Bild 1 gezeigte Haustür auszutauschen. Der Kunde wünscht eine moderne wärmegedämmte Tür, oben mit Isolierverglasung, unten mit Massivholzfüllung, die optisch genauso aussieht wie die alte Tür.
Meister Richter hat bei der Maßaufnahme an der Türöffnung 980 mm in der Breite und 2 080 mm in der Höhe als lichte Durchgangsmaße festgestellt. Ein Maueranschlag von 62,5 mm ist vorhanden.

Konstruieren Sie die gewünschte Haustür für den Kunden. Nicht angegebene Konstruktionsdetails wählen Sie selbst.

Zeichnen Sie fach- und normgerecht die Horizontalschnitte und den Vertikalschnitt, wie in Bild 1 vorgegeben, sowie die Ansicht der Tür im Maßstab 1 : 10.

Aufgabe 2:
In der Tischlerei Richter kommt es vor, dass ein Kunde wie Herr Bremer erscheint, der sich schon Gedanken über die Gestaltung seiner Haustür gemacht hat. Herr Bremer bringt zur Besprechung die in Bild 2 gezeigte Skizze mit.
Sein Wunsch ist ein glattes, farbig gestaltetes Türblatt mit modernen Lichtausschnitten, um den dahinterliegenden Flur besser mit Tageslicht auszuleuchten.
Eine gute Wärmedämmung erscheint ihm ebenfalls wichtig.

Entwerfen und konstruieren Sie für Herrn Bremer eine seinen Wünschen entsprechende Haustür.
Gestalten Sie die Ansicht der Tür mit einer ansprechenden Anordnung von Lichtausschnitten.

Stellen Sie Ihre Konstruktion und Gestaltung norm- und fachgerecht in einem Horizontal- und einem Vertikalschnitt sowie einer Ansicht im Maßstab 1 : 10 dar.

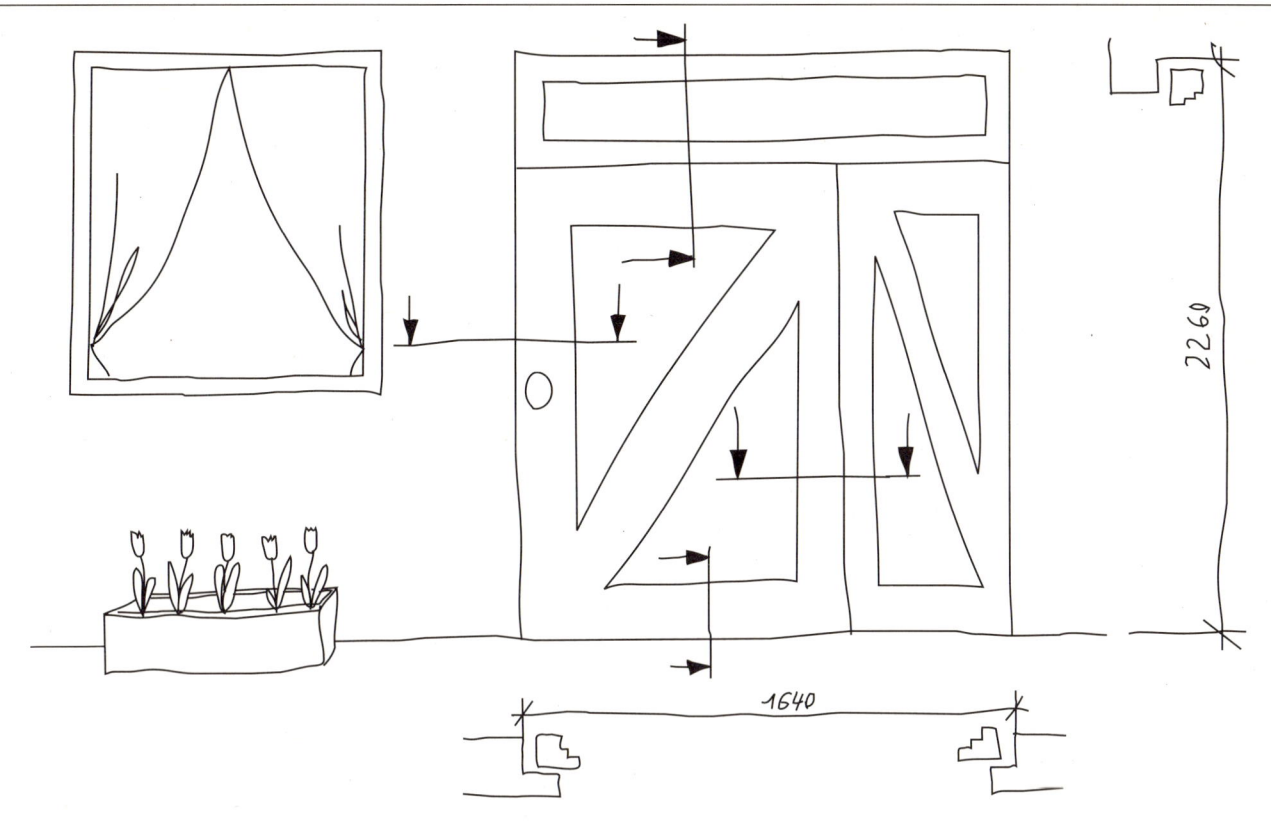

3. Haustür mit einem festen Seitenteil zu Aufgabe 3

Aufgabe 3:
Tischlermeister Richter hat für die Familie Brünjes den in Bild 3 gezeigten repräsentativen Eingangsbereich ihres Hauses gestaltet.
Die recht breite Eingangstür aus Eiche wird rechts und oben durch feststehende Elemente ergänzt, die zur optimalen Beleuchtung des Windfangs beitragen.

Stellen Sie die in Bild 3 eingezeichneten Schnitte und eine maßstabsgetreue Ansicht auf mehreren DIN-A 3-Blättern norm- und fachgerecht dar.
Nicht genannte Konstruktionsdetails können Sie frei wählen.

Aufgabe 4:
Die Hanseatische Wohnungsbaugesellschaft erwartet von der Tischlerei Richter einen Vorschlag für die Gestaltung und Konstruktion von neuen Hauseingangstüren für zwölf ihrer Mehrfamilienhäuser.
Die Fassaden der Häuser, Beispiel siehe Bild 4, unterscheiden sich nur in der Farbgebung.

Entwickeln Sie für die Wohnungsbaugesellschaft einen Vorschlag und stellen Sie ihn zeichnerisch in Ansicht und den erforderlichen Schnitten dar.

Erstellen Sie zu Ihrem Vorschlag eine Materialliste.

Aufgabe 5:
Entwerfen und konstruieren Sie für ein Ihnen gefallendes Einfamilienhaus aus Ihrer näheren Umgebung eine neue, zur Fassade und der Umgebung passende Haustür.

Skizzieren Sie dazu als Grundlage Ihrer Planungen die ausgewählte Fassade oder fertigen Sie ein Foto an.
Stellen Sie Ihre Konstruktion mit den erforderlichen Schnitten norm- und fertigungsgerecht zeichnerisch dar.

Erstellen Sie für Ihren Entwurf die Materialliste sowie einen Arbeitsablaufplan vom Entwurf bis zur Montage.

4. Fassade zu Aufgabe 4

© Verlag Gehlen

21 Zeichnungslesen

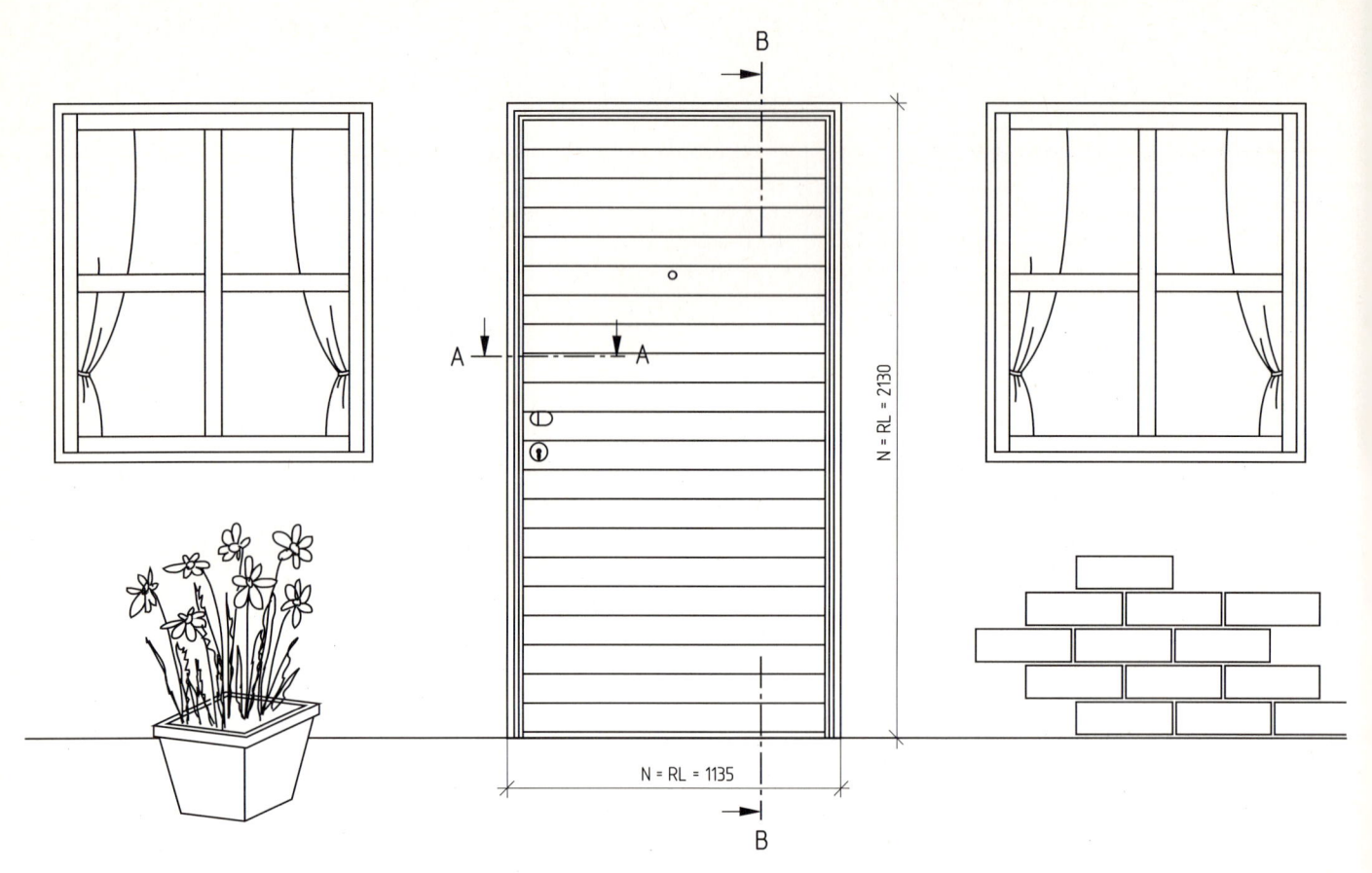

1. Fassade mit Haustür

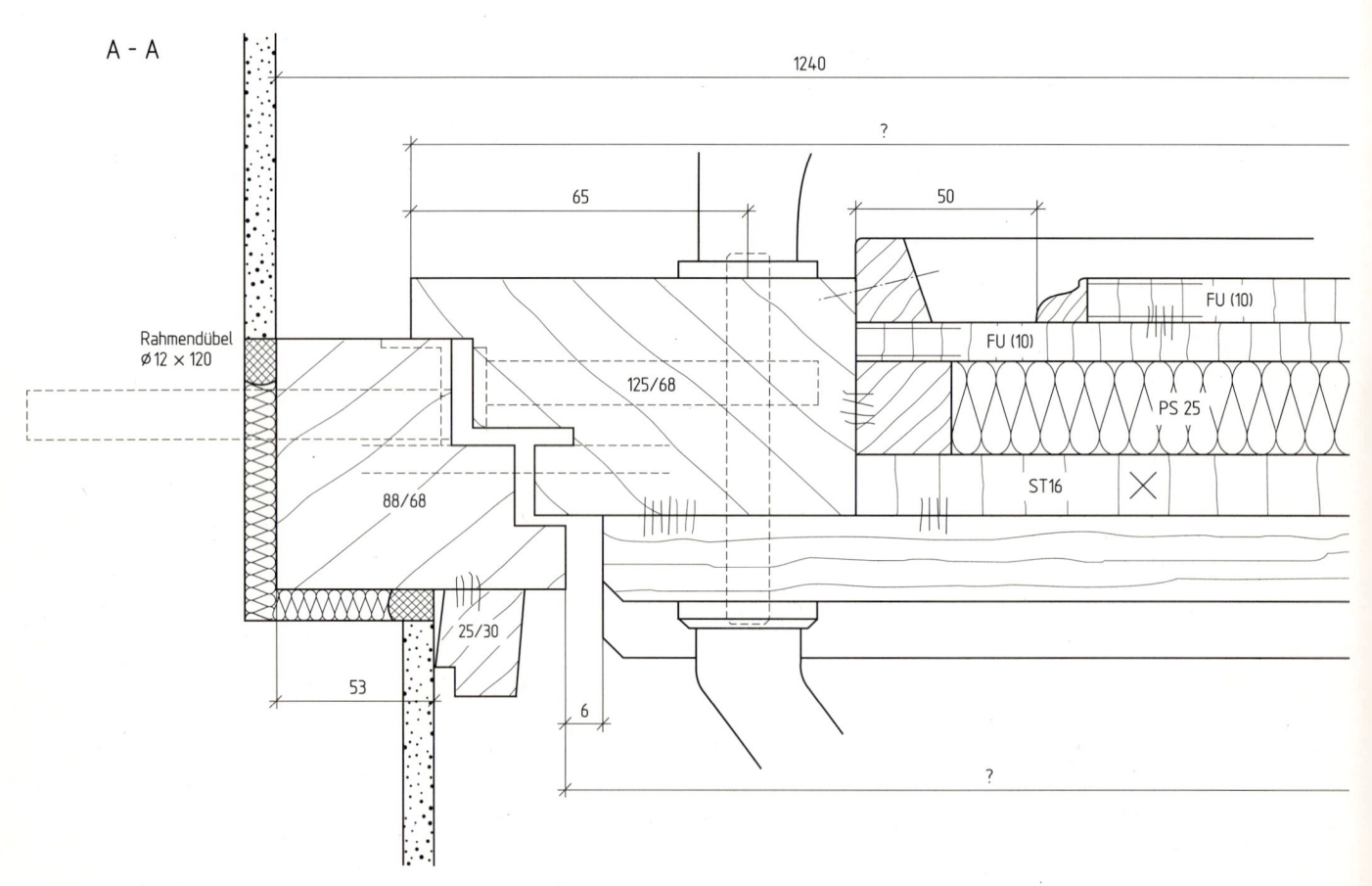

2. Horizontalschnitt durch die Haustür aus Bild 1

21.1 Aufgedoppeltes Türblatt

Lesen Sie die Zeichnung und tragen Sie die Lösungen ein.

1. Wie nennt sich die Bauart des Rahmens?
   _____

2. Mit welchen Materialien ist die Fuge zwischen Rahmen und Mauerwerk abgedichtet?
   _____
   _____

3. Wodurch ist der Rahmen an dem Mauerwerk befestigt?
   _____
   _____

4. Geben Sie die Öffnungsrichtung der Tür an.
   _____

5. Nennen Sie die Bauart des Türblattes.
   _____

6. Welches Dornmaß hat das Schloss der Tür?
   _____

7. Kennzeichnen Sie in dem Horizontalschnitt die Dampfbremse farbig.

8. Mit welchem Wärmedämmstoff und in welcher Dicke ist die Tür gedämmt?
   _____

9. Geben Sie genau an, wie die Aufdoppelung am Rahmen befestigt ist.
   _____
   _____

10. Tragen Sie die Maße in die folgende Tabelle ein.

Bezeichnung	Länge	Breite	Dicke
Blendrahmenaußenmaß			–
Flügelaußenmaß			–
Lichtes Durchgangsmaß			–
Aufdopplungsbretter			
Äußere Deckleiste	lfm		
Füllungsplatte ST 16			

B - B

genügend Quellräume vorsehen!

3. Vertikalschnitt der Haustür aus Bild 1

© Verlag Gehlen

22 Fenster

22.1 Gut gestaltete Fenster sind ein Schmuck für die Fassade

Nach neunzig Jahren sind neue Fenster fällig!!!

Im Zuge der Renovierung und Erweiterung seines Hauses will Herr Bode auch die Fenster im Altbau erneuern lassen. Sie sind zwar immer gut gepflegt worden, aber genügen natürlich nicht den heutigen technischen Anforderungen.

Aufgabe 1:
Notieren Sie, welchen technischen Anforderungen die Altbaufenster in Bild 1 und 2 nicht mehr genügen, die aber von Kunden wie Herrn Bode erwartet werden.

_____

_____

_____

Natürlich legt Herr Bode auch Wert darauf, dass die neuen Altbaufenster sich hinsichtlich der Gestaltung harmonisch in die Fassade einpassen.

Tischlermeister Richter hat daher zum Kundengespräch zwei verschieden gestaltete Fensterecken, siehe Bild 3 und 4, mitgebracht. In beiden Fällen handelt es sich um moderne, technisch hochwertige Fensterkonstruktionen.

Aufgabe 2:
Entscheiden Sie, welches Fenster sich für den Altbau des Hauses und welches sich für den Neubau eignet.
Begründen Sie Ihre Wahl stichwortartig.

Altbau: _____

_____

Neubau: _____

_____

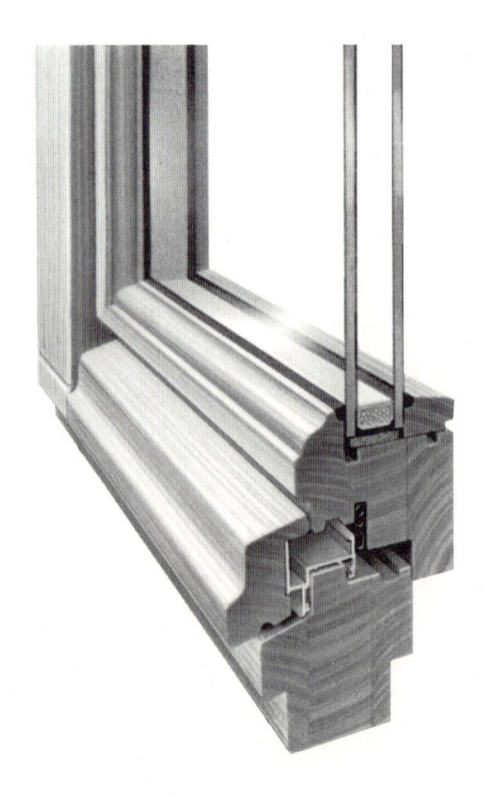

1. Fassadenausschnitt Altbau mit Fenster

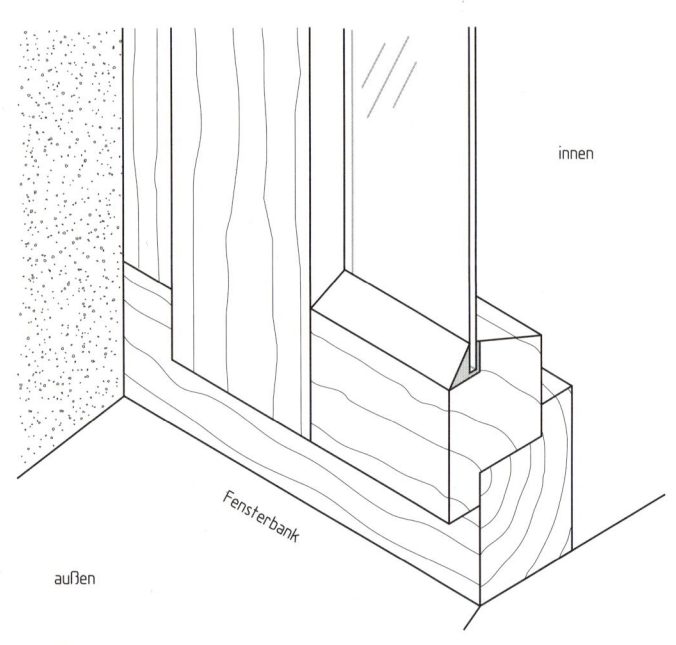

2. Perspektive Altbaufenster

3. Perspektive Fenster neu ohne Profilierung

4. Perspektive Fenster neu mit Profilierung

© Verlag Gehlen

Neue Fenster für das Haus der Familie Bode

Tischler Richter kalkuliert für Herrn Bode die beiden vorgestellten Fenster durch. Er schlägt als Holzart Lärche vor. Dabei bevorzugt er die Verwendung von lamellierten Kanteln.

Obwohl das profilierte Fenster erheblich teurer wird, entscheidet sich die Familie im Altbau die profilierte Variante zu wählen. Frau Bode möchte diese Fenster beidseitig im Farbton Eiche hell lasiert ausführen lassen. Für die sichtbaren Beschlagteile wählt sie Messing, poliert.

Der Praxisanbau soll mit der einfacheren Profilvariante ausgestattet werden. Hier wünscht sie sich innen eine weiße Lasierung und außen einen passenden Blauton. Die sichtbaren Beschlagteile sollen ebenfalls farbig ausgeführt werden.

Da im Altbau neben einigen rechteckigen Fenstern überwiegend Rundbogenfenster zu finden sind, hat Herr Richter nochmals einen Katalogauszug (Bild 5) mitgebracht, der unterschiedliche Gestaltungstypen für Fenster zeigt.

Aufgabe 3:
Wählen Sie aus dem Katalogauszug in Bild 5 ein Fenster aus, welches Sie für passend für den Altbau der Bodes halten. Skizzieren Sie dieses Fenster in die Maueröffnung in Bild 6 hinein.

Aufgabe 4:
Entwerfen Sie in Bild 7 einen eigenen Fenstergestaltungsentwurf, den Sie als passend für dieses Haus empfinden.

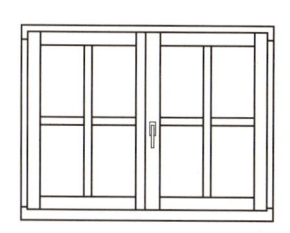

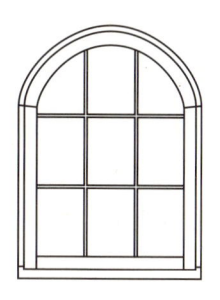

5. Katalogausschnitt mit Gestaltungstypen

6. Fassadenausschnitt mit Fenster leer, zu Aufgabe 3

7. Fassadenausschnitt mit Fenster leer, zu Aufgabe 4

© Verlag Gehlen

22.2 Bezeichnungen am Fenster

Familie Bode hat sich neben den Rundbogenfenstern auch Gedanken über die Gestaltung der Rechteckfenster gemacht, wie sie in Bild 1 zu sehen sind. Gemeinsam hat man entschieden, auch hier die größeren der neuen Altbaufenster mit einer zergliederten Glasfläche zu versehen, damit der Charakter des Altbaus erhalten bleibt.

Die Bezeichnungen der Fenstereinzelteile und der Anschlussteile des Baukörpers müssen von den Mitarbeitern einer Tischlerei beherrscht werden.

Aufgabe:
Tragen Sie auf die Linien des Bildes 2 die jeweils passenden Fachbegriffe ein. Wählen Sie die entsprechenden Begriffe unten aus.

- Blendrahmen
- Pfosten
- Sprossen
- Fensterlaibung
- Sohlbank
- Verglasung
- Flügelrahmen
- Kämpfer
- Fenstersturz
- Fensterbank
- Glashalteleiste
- Wärmedämmung

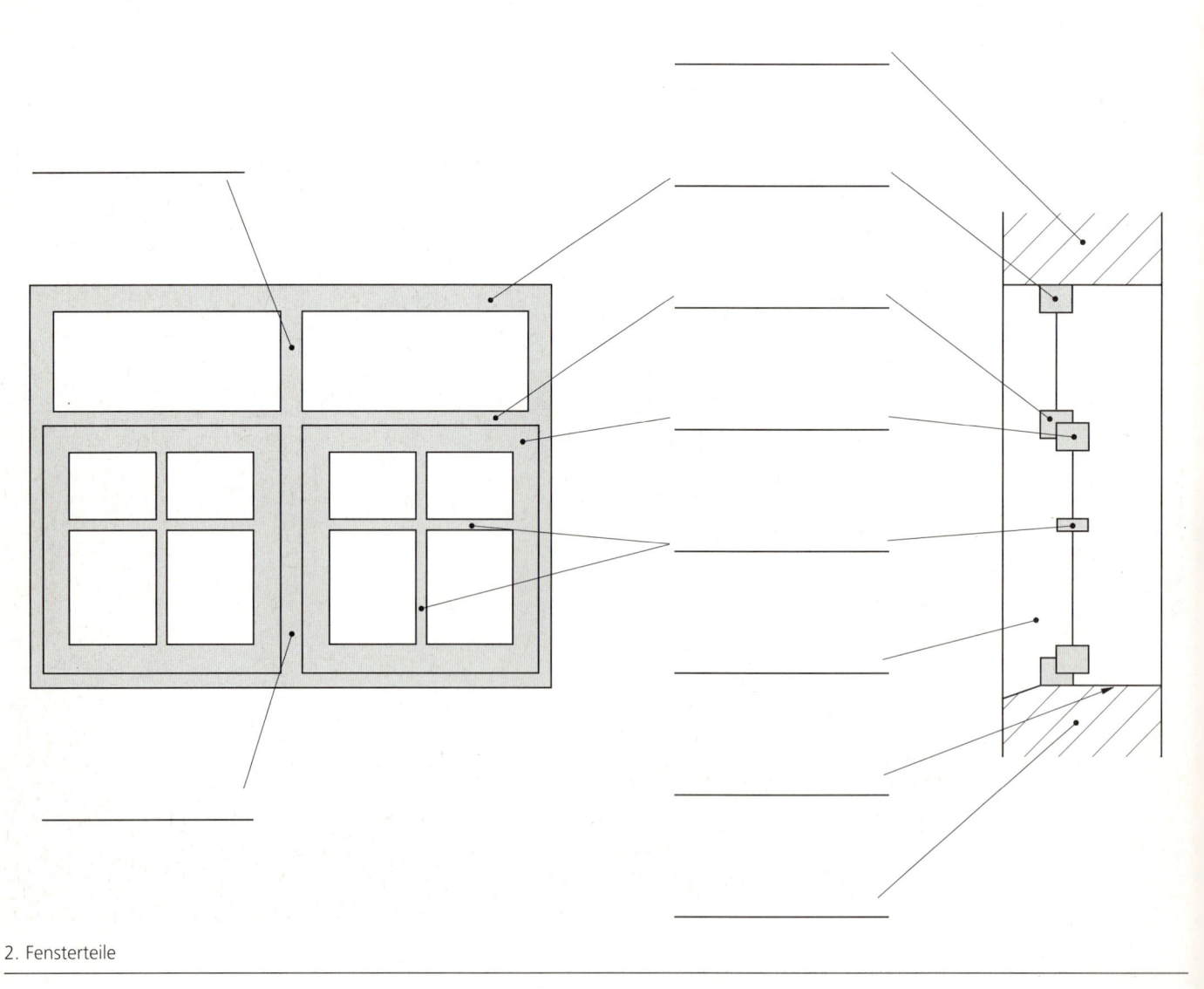

1. Ausgewähltes Altbaufenster

2. Fensterteile

22.3 Konstruktionsdetails eines modernen Fensters

Die Konstruktionsdetails eines modernen Fensters werden, neben der Perspektive, in den Schnitten durch ein Fenster am deutlichsten.

Ein Fenster mit
- Doppelfalz
- Umlaufender Dichtung
- Isolierverglasung
- und Regenschiene

genügt allen heutigen Anforderungen des Wärmeschutzes, des Schallschutzes und der Feuchtigkeitsabwehr.
Die Konstruktionsdetails sind in Bild 5 dargestellt.

Herr Richter erläutert seinem Auszubildenden am Beispiel des Fensters der Familie Bode aus Bild 3 die Details der Konstruktion ausführlicher. Dazu benutzt er als weitere Unterlage einen Horizontalschnitt, wie Bild 6, sowie einen Vertikalschnitt, wie Bild 4.

Aufgabe:
Kennzeichnen Sie in Ihrem Buch die genannten Konstruktionsdetails in den Bildern 4, 5 und 6 in unterschiedlichen Farben.

3. Fensteransicht mit Schnittverlauf

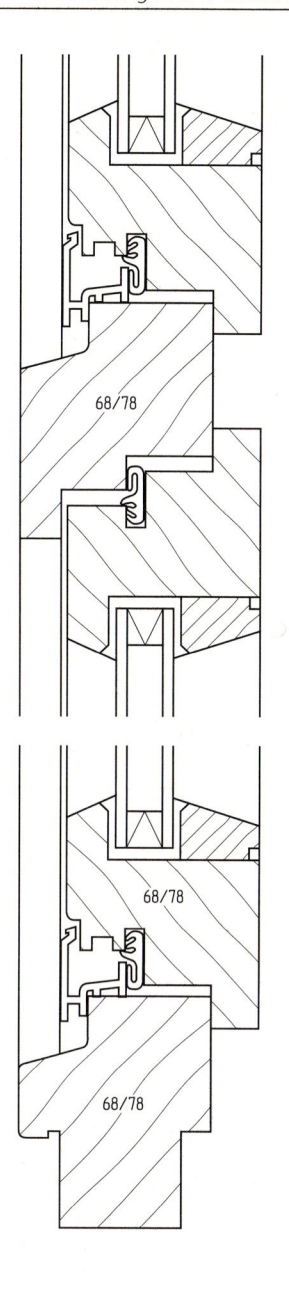

4. Vertikalschnitt

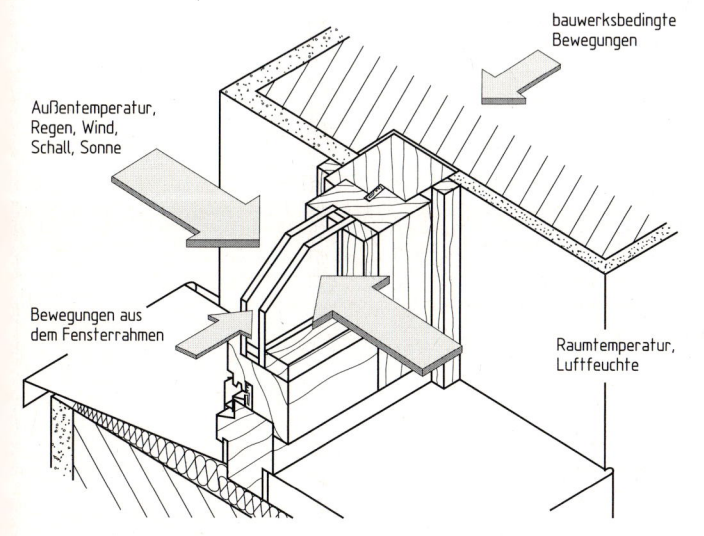

5. Perspektive mit Anforderungen

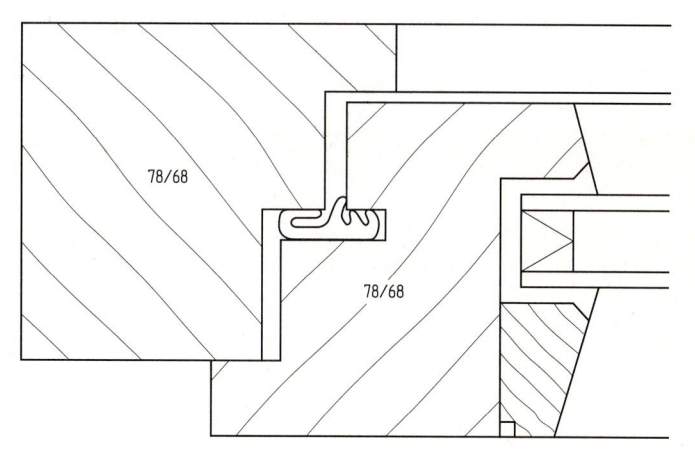

6. Horizontalschnitt

© Verlag Gehlen

22.4 Breite Fensteröffnungen werden durch Pfosten und Sprossen geteilt

Der Altbau der Familie Bode ist auch mit großen Fensteröffnungen ausgestattet, die optisch durch Quer- und Längsunterteilungen gestaltet worden sind. Natürlich sollen auch die neuen Fenster diese Elemente enthalten, um das Erscheinungsbild des Hauses nicht zu verändern. Herr Richter skizziert für Herrn Bode drei Möglichkeiten diese Gestaltung vorzunehmen.

Bild 1 zeigt ein einflügeliges Fenster mit Sprossenunterteilung. Die Sprossen können dabei entweder auf die Scheibe aufgeklebt worden sein oder als echte Sprossen die Glasscheibe unterteilen.

Bei breiteren Fensteröffnungen bietet sich eine zweiflügelige Konstruktion an. Bild 2 zeigt ein Fenster mit einem mittig stehenden festen Pfosten als Anschlag für die beiden Fensterflügel. In Bild 3 löst Herr Richter den Mittenanschlag über einen Stulp.

1. Fenster, einflügelig mit Sprossenteilung

2. Fenster, zweiflügelig mit feststehendem Pfosten

3. Fenster, zweiflügelig mit Stulp

Aufgabe 1:
Diskutieren Sie mit Ihren Mitschülern die Vor- und Nachteile der drei vorgestellten Lösungen und tragen Sie Ihre Ergebnisse stichwortartig in die unten stehende Tabelle ein.

	Vorteile	Nachteile
Lösung 1		
Lösung 2		
Lösung 3		

Aufgabe 2:
Vervollständigen Sie im Buch die Horizontalschnitte in den Bildern 5 und 6. Beachten Sie dabei die Vorgaben aus Bild 4.

Unterteilung breiter Fensteröffnungen 163

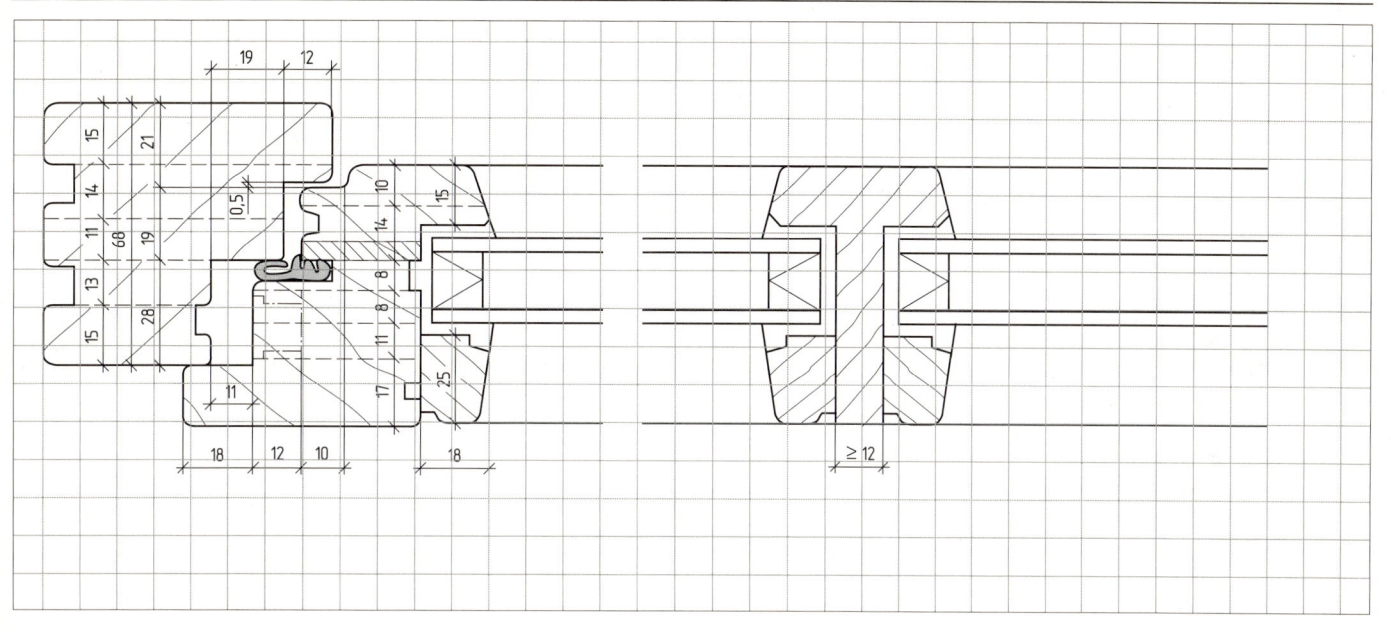

4. Horizontalschnitt, Fenster mit Sprossen

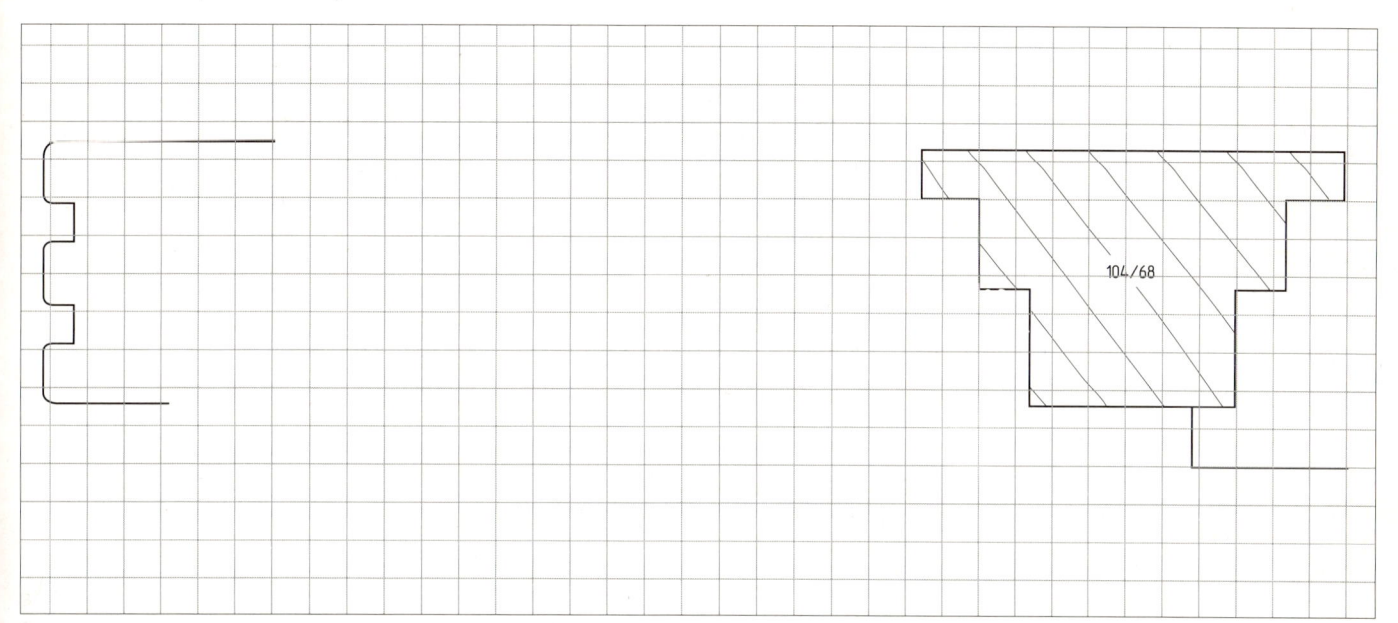

5. Horizontalschnitt, Fenster mit Pfosten

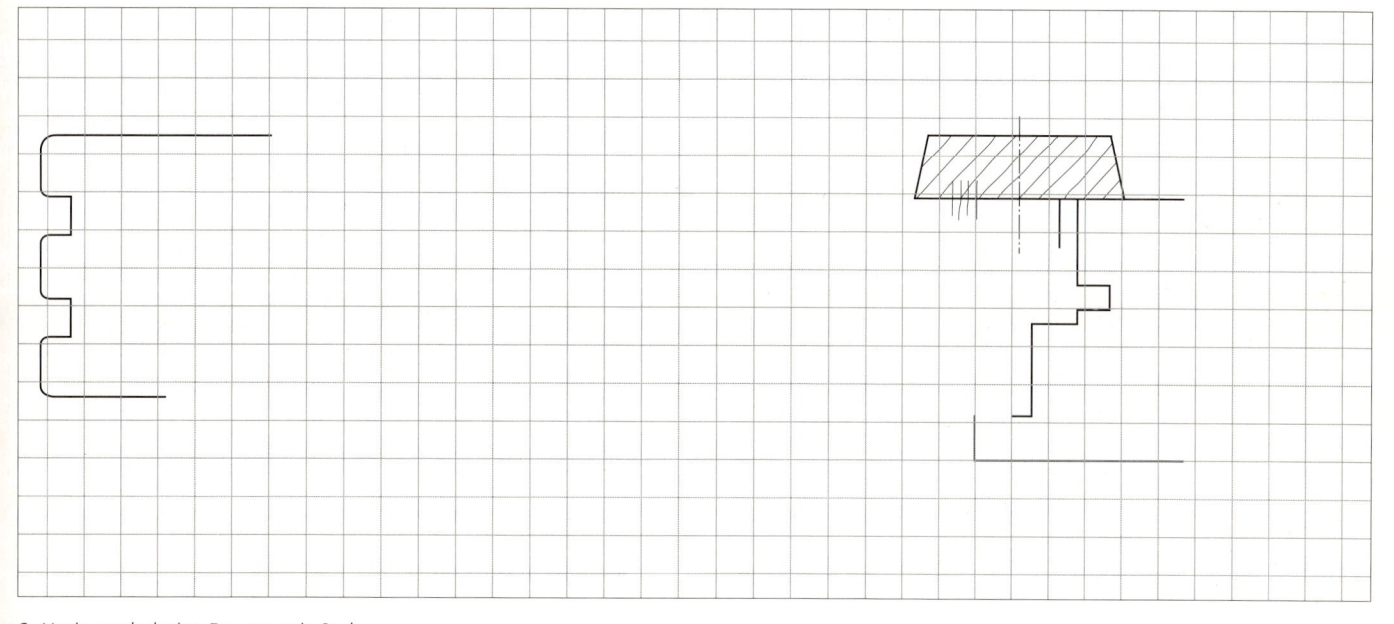

6. Horizontalschnitt, Fenster mit Stulp

© Verlag Gehlen

22.5 Hohe Fenster wirken durch Kämpfer oder Sprossen harmonischer

Hohe, schmale Fenster wirken unproportional. Herr Richter schlägt darum eine Unterteilung der Glasflächen vor.
Bild 1 zeigt uns eine Lösung mit geklebten oder echten Sprossen. In Bild 2 wird das Fenster durch einen Kämpfer oder Riegel horizontal unterteilt. Dabei handelt es sich um ein feststehendes Teil des Blendrahmens.

22.6 Die Regenschiene führt das Wasser ab

Die untere Fuge zwischen Blend- und Flügelrahmen wird durch eine Regenschiene (Bild 3) vor dem Eindringen von Feuchtigkeit und Zugluft geschützt. Sie fängt das von den Scheiben ablaufende Wasser auf und leitet es nach außen, zur Fensterbank ab.

Regenschienen werden im Regelfall aus Aluminium gefertigt und sind auch in unterschiedlichen Farben erhältlich.
Sollten sie in der Ansicht stören, können sie wie in Bild 3 durch eine Stilschiene verdeckt werden.
Tischlermeister Richter zeigt in Bild 4 zwei unterschiedliche Varianten. Die volle Blendrahmenabdeckung durch eine Regenschiene ist bei der Verwendung von lamellierten Kanteln erforderlich.

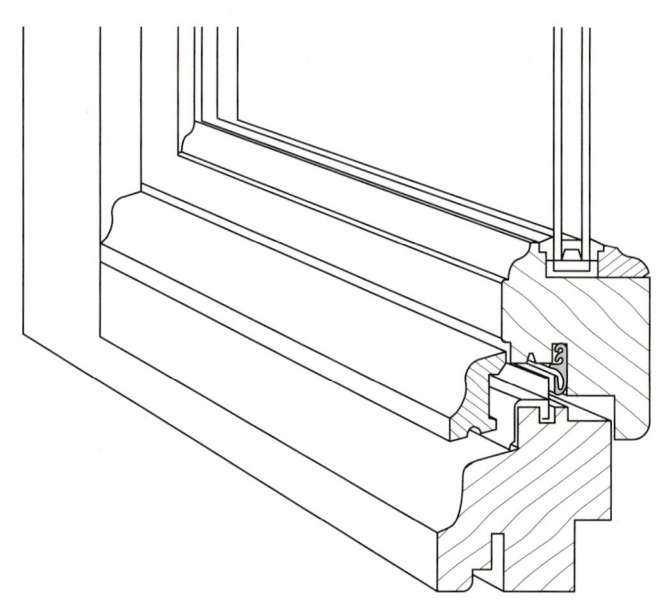

1. Fenster, Sprossenteilung

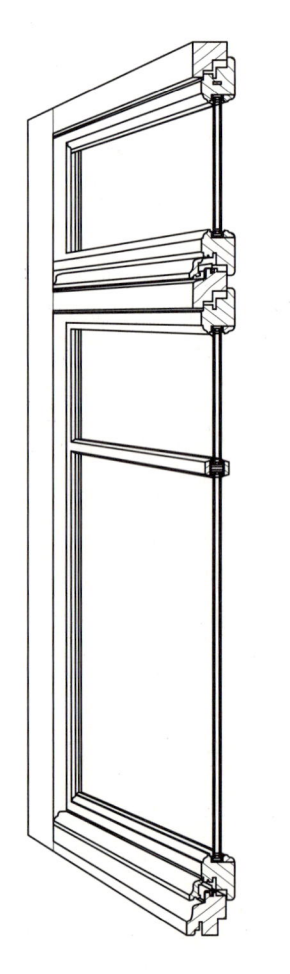

2. Fenster mit Kämpfer

3. Fenster mit Regenschiene

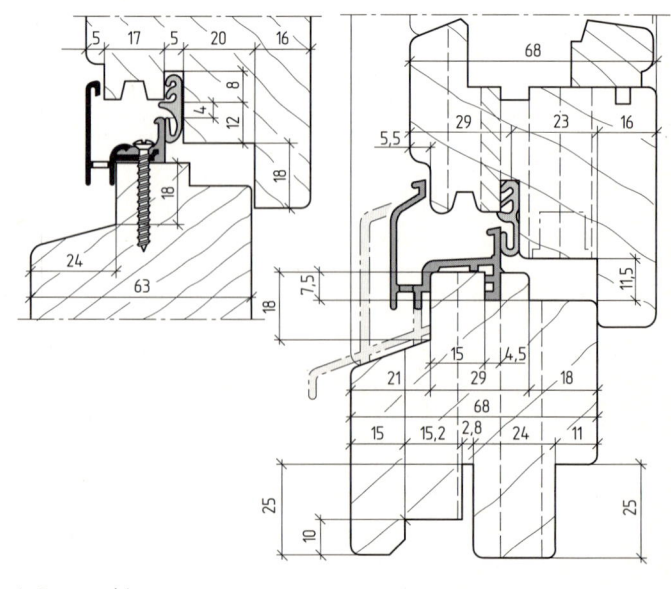

4. Regenschienen

22.7 Maueranschläge bei Fenstern

Grundsätzlich führt Tischler Richter die Maueranschlüsse bei den Fenstern ebenso aus wie bei den Haustüren.
Wie wir wissen, findet er im Altbau der Familie Bode keinen Anschlag im Mauerwerk vor. Unten ist eine Sohlbank vorhanden. Für den inneren und äußeren Anschluss schlägt Herr Richter der Familie Bode die in Bild 6 gezeigte Möglichkeit vor. Damit die Fugendichtigkeit gewährleistet ist, fälzt er den Blendrahmen unten aus.
Frau Bode wählt aus Material Kupfer für die äußere Fensterbank. Innen entscheidet sie sich für Marmor.

Aufgabe 1:
Vervollständigen Sie in Ihrem Zeichenbuch in Bild 7 den Vertikalschnitt durch ein Fenster.
Bedenken Sie dabei, dass es gefälliger wirkt, wenn die Scheiben ober- und unterhalb des Kämpfers gleich breit erscheinen.

Aufgabe 2:
Helfen Sie Herrn Richter bei seinem Auftrag für Familie Bode. Zeichnen Sie auf einem DIN-A 3-Blatt die Ansicht und die erforderlichen Schnitte durch ein Fenster des Hauses der Familie Bode.
Das Fenster wird durch einen Kämpfer, Sprossen und einen feststehenden Pfosten unterteilt.
Blendrahmenaußenmaß: 1400 mm × 1800 mm
Die Lage des Kämpfers sowie die Sprossenaufteilung gestalten Sie eigenständig. Sehen Sie aber Verwendung von Profilen vor. Die Aufteilung des Blattes zeigt Ihnen Bild 5.

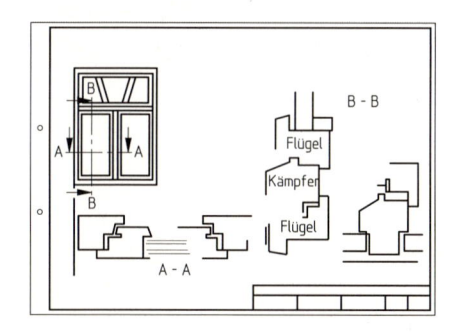

5. Blattaufteilung zu Aufgabe 2

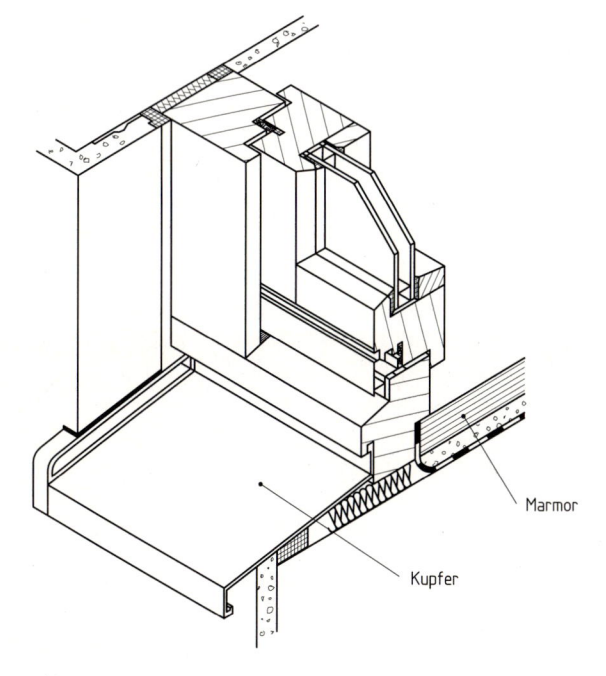

6. Anschlussvariante, Fenster unten

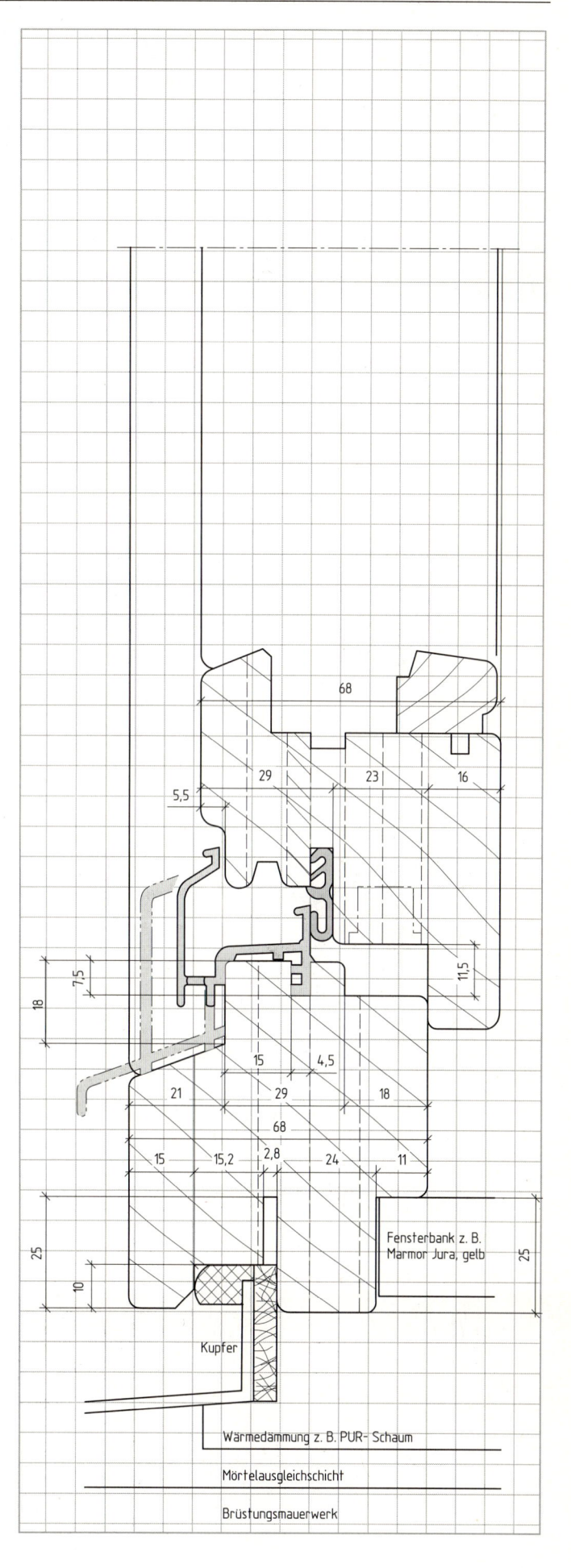

7. Vertikalschnitt, Fenster mit Kämpfer

© Verlag Gehlen

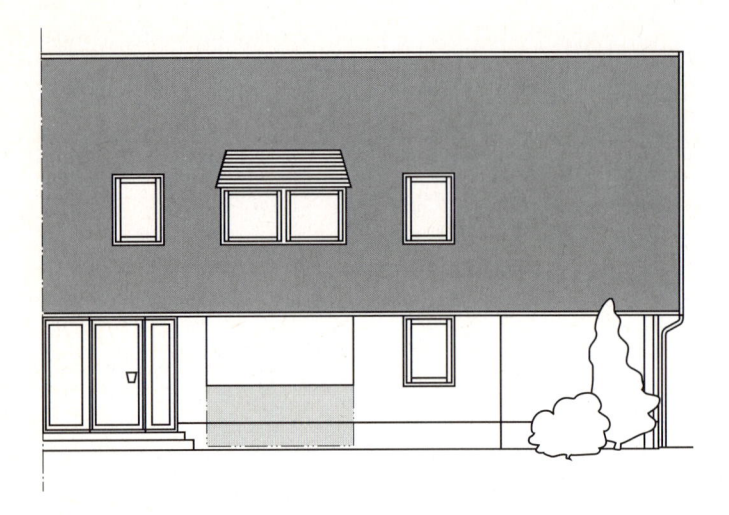

1. Ansicht des Anbaus

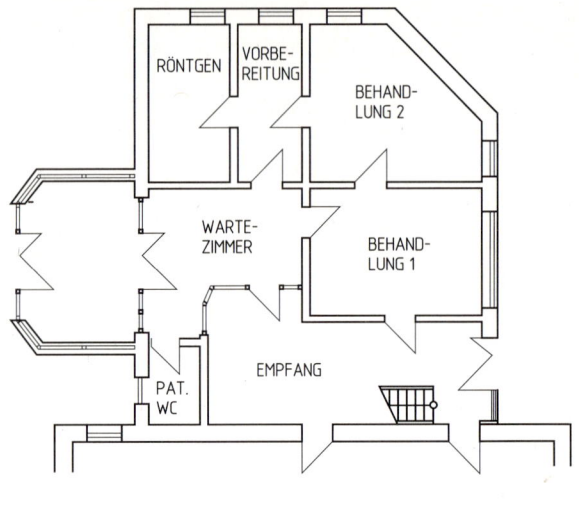

2. Grundriss Anbau

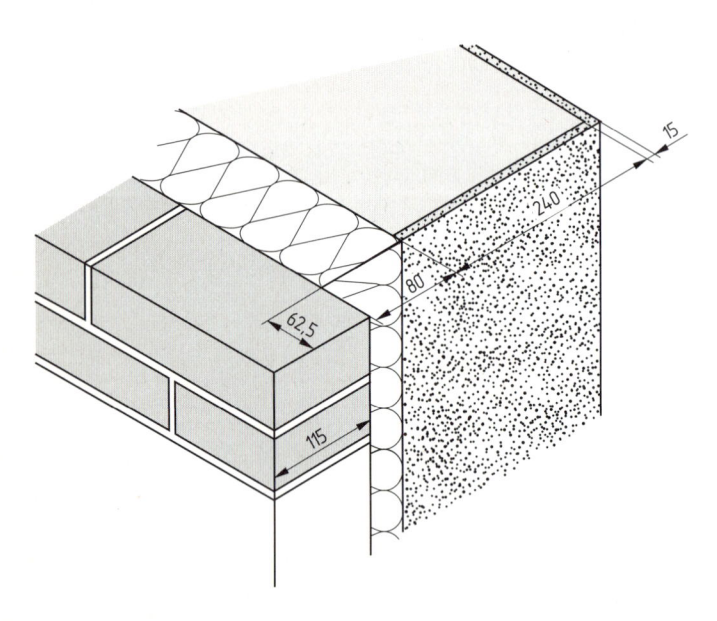

3. Maueranschlag Anbau

22.8 Die Gestaltung großer Fensteröffnungen will gut überlegt sein

Neben den Altbaufenstern hat die Tischlerei Richter auch die Fenster für den Praxisanbau zu liefern.
Herr Bode wünscht sich für seinen Behandlungsraum ein großes Fenster, wie in Bild 1 zu sehen, das viel Licht durchlässt.
Bei einem Außenmaß von ca. 2,86 m × 1,31 m empfiehlt sich aus praktischen, gestalterischen und auch aus Stabilitätsgründen eine Aufteilung des Fensters.
Herr Richter muss dazu bedenken, dass im Anbau ein gemauerter Anschlag (Bild 3) für das Fenster vorhanden ist.

Aufgabe 1:
Entwickeln und zeichnen Sie im Bild 4 einen Gestaltungsvorschlag für das Fenster des Behandlungsraums.

Aufgabe 2:
Zeichnen Sie normgerecht auf einem DIN-A 3-Blatt die Ansicht, den Horizontal- und Vertikalschnitt durch das Fenster mit Anschluss an das Mauerwerk.

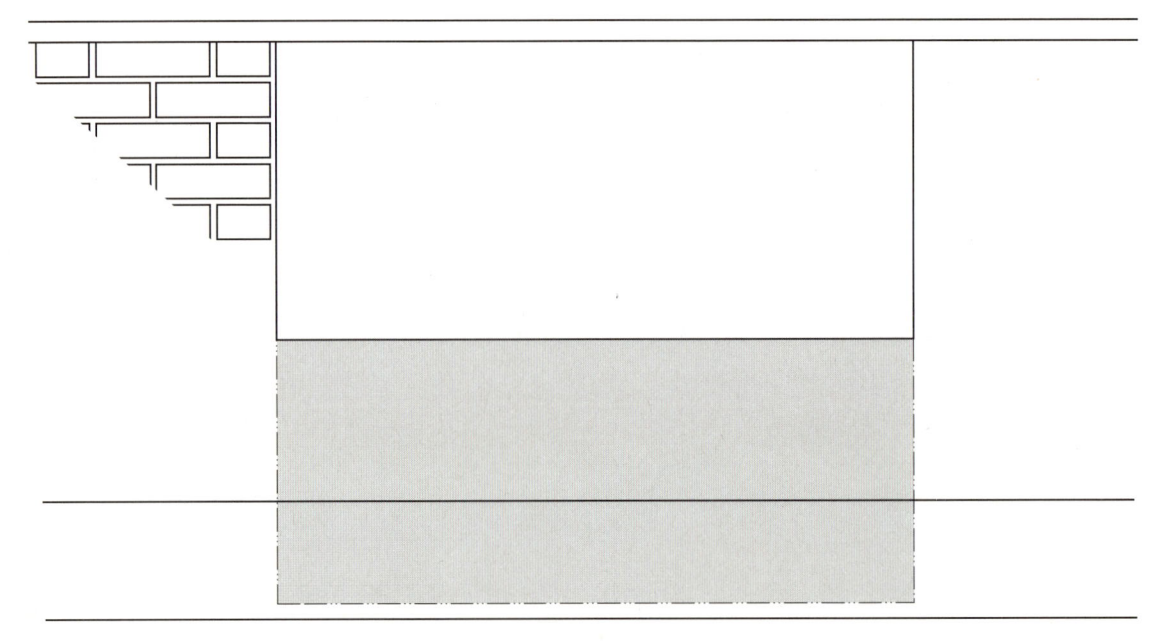

4. Fassadenausschnitt Anbau

22.9 Einbruchhemmende Fenster für die gesamte Praxis

Während der Planungsphase für den Anbau hat die Familie Bode überlegt, wie sie die Praxis vor Einbrüchen schützen kann. Neben dem Einbau einer Alarmanlage, von Glasbruchsensoren und Bewegungsmeldern müssen natürlich auch die Fenster besonders gesichert werden.

Herr Richter hat Unterlagen mitgebracht, aus denen hervorgeht, dass 80 % der Einbrüche durch Fenster und Fenstertüren erfolgen. Häufigste Methode der Täter ist dabei das Aushebeln der Rahmen, siehe Bild 5.

Aufgabe 1:
Besorgen Sie Kataloge von Fensterherstellern, der Beschlagindustrie oder der örtlichen Polizeidienststelle über einbruchhemmende Fenster und stellen Sie Ihre Unterlagen in Form einer Wandzeitung zusammen.

Herr Richter informiert Herrn Bode darüber, dass es verschiedene Sicherheitsstufen, A bis D, nach DIN EN 18103 für Fenster diesen Typs gibt. Wichtigstes Detail ist die Konstruktion des Beschlages, wie in Bild 6 gezeigt.

Aufgabe 2:
Informieren Sie sich im Fachbuch und Tabellenbuch über den Inhalt der verschiedenen Anforderungen an die Sicherheitsstufen.

Aufgabe 3:
Ordnen Sie den Zahlen in Bild 7 die an diesen Stellen einzusetzenden Einbruchschutzmaßnahmen zu.
Tragen Sie Ihre Ergebnisse in die Tabelle (Bild 8) ein.

Aufgabe 4:
Entwickeln Sie zu der Gestaltung der Fensteröffnung zum Behandlungsraum (Bild 3) einen Alternativvorschlag.
Ihre Aufgabe besteht jetzt darin, an dieser Stelle eine Fenstertür oder ein Hebeschiebeelement einzubauen.
Informieren Sie sich vorher in Katalogen über die notwendigen Beschläge.
Stellen Sie Ihren Entwurf in der Ansicht und den erforderlichen Schnitten dar.

5. Einbrecher bei der Arbeit

6. Fensterbeschlag der Stufe A

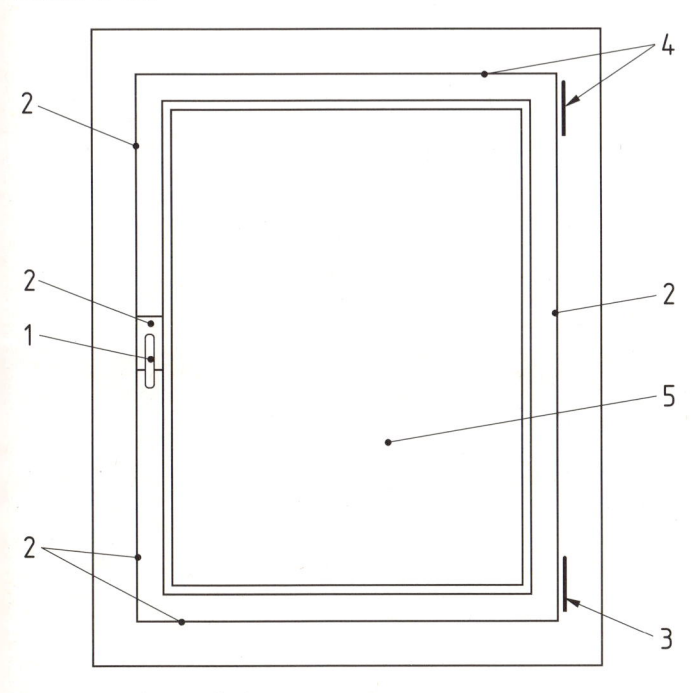

7. Einbruchschutzmaßnahmen am Fenster

Nr.	Einbruchschutzmaßnahmen
1	
2	
3	
4	
5	

8. Tabelle zu Aufgabe 3

© Verlag Gehlen

1. Ostansicht Anbau

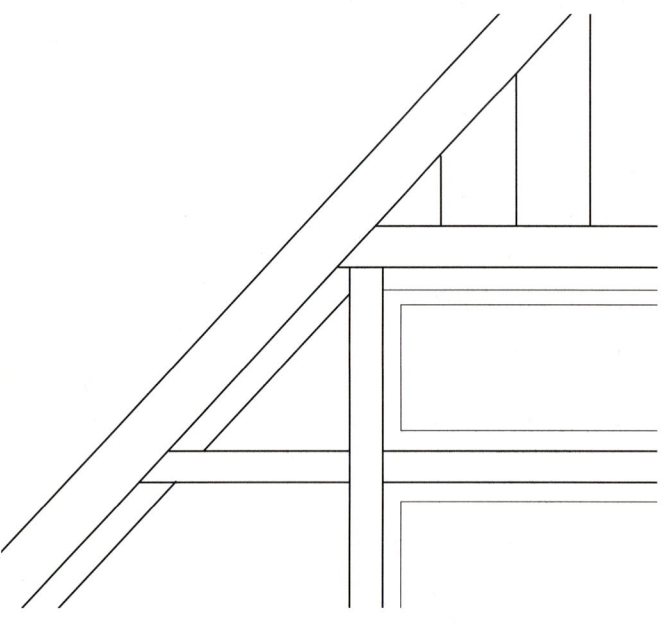

2. Fensterelement, feststehend, dreieckig

22.10 Feststehende Fenster gestalten den Giebel

Die Ostansicht des Anbaus wird, wie in Bild 1 gezeigt, im Wesentlichen durch feststehende Fensterelemente gestaltet.
Dabei entstehen neben Rechteckformen auch dreieckige und trapezförmige Fensterelemente, wie im Detailausschnitt Bild 2 zu sehen.
Herr Bode legt Wert darauf, dass diese Elemente in der Ansicht nicht von den beweglichen Fenstern abweichen.
Tischlerei Richter hat dazu die in Bild 2 und 4 gezeigten Konstruktionsmöglichkeiten.

Aufgabe 1:
Entwerfen Sie auf einem DIN-A 3-Blatt einen eigenen Vorschlag zur Gestaltung des Giebels im Maßstab 1:50.

Aufgabe 2:
Legen Sie selbst fest, an welchen Stellen Schnittdarstellungen nötig sind, um dem Tischler ausreichende Unterlagen für die Fertigung zur Verfügung zu stellen.
Zeichnen Sie die Schnittführung in Ihre Ansicht ein und diskutieren Sie Ihren Vorschlag mit Ihren Mitschülern.

Aufgabe 3:
Stellen Sie die von Ihnen festgelegten Schnitte im Maßstab 1:1 normgerecht auf mehreren DIN-A 3-Blättern dar.

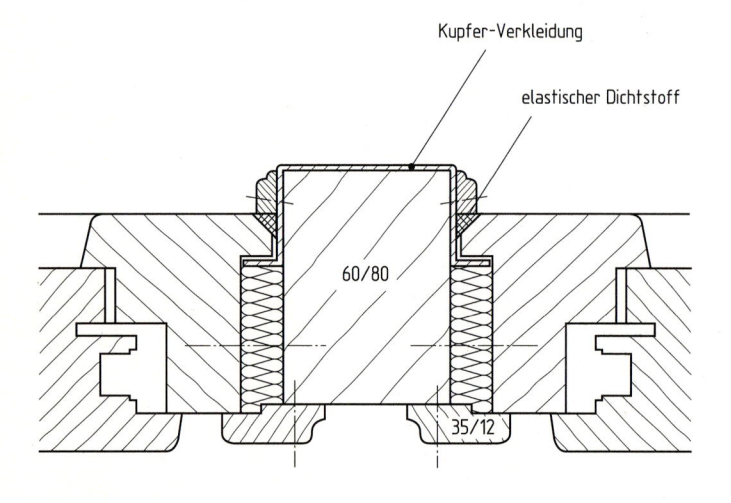

3. Fensterdetail, Lösung 1

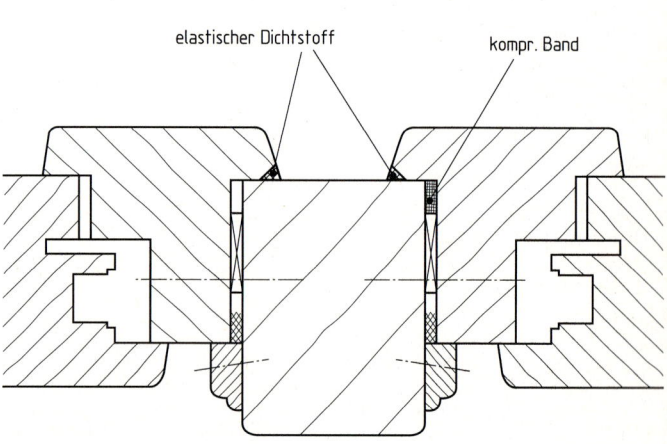

4. Fensterdetail, Lösung 2

22.11 Eine Fenstertür für einen Balkon wird eingeplant

Herr Bode hat im Obergeschoss Labor- und Büroräume vorgesehen. Die Angestellten erhalten dort einen Aufenthaltsraum.
Da sich Dachgeschossausbauten bei Sonneneinstrahlung leicht erwärmen, muss im Giebel eine ausreichende Belüftungsmöglichkeit vorgesehen werden. Für später ist der Anbau eines Balkons vorgesehen.
Tischlermeister Richter rät, schon jetzt im Giebel ein Hebe-Schiebe-Kipp-Element einzubauen, damit später teure Umbauten entfallen. Die Beschlagindustrie bietet eine Vielzahl von Beschlägen für Türen dieser Art an.
Natürlich muss diese Fenstertür, bis zum Anbau des Balkons, eine Sturzsicherung erhalten. Herr Richter empfiehlt ein Geländer im unteren Bereich vorzusehen.

Aufgabe 1:
Entwerfen Sie, passend zu der in Bild 5 gezeigten Vertikaldarstellung, einen Vertikal- und Horizontalschnitt.
Das Öffnungsmaß der Fenstertür wählen Sie frei oder entnehmen es Ihrem Fassadenentwurf.
Zeichnen Sie beide Schnitte und die Ansicht des Elements auf ein DIN-A 3-Blatt.

Aufgabe 2:
Diskutieren Sie mit Ihren Mitschülern alternative Entwürfe für diese Fenstertür (zweiflügelig, Schiebe- oder Drehelemente).
Diskutieren Sie jeweils die Vor- und Nachteile solcher Lösungen.

22.12 Dachflächenfenster erhellen zusätzlich das Dachgeschoß

Die Ausleuchtung des Dachgeschosses über die Giebelseite ist für die Büroräume nicht ausreichend. Viel Licht gelangt über zusätzliche Dachflächenfenster in die Räume.

Herr Richter stellt solche Fenster aus Kostengründen in seinem Betrieb zwar nicht her, aber er bietet den Einbau der industriell gefertigten Fenster an.
Diese Fenster werden häufig als Schwingfenster angeboten, aber auch andere Bewegungsmöglichkeiten, wie Schiebe- und Drehfenster, sind erhältlich.
Die Dachflächenfenster müssen von Tischlermeister Richter sorgfältig in den Dachaufbau eingepasst werden, wie Bild 7 zeigt.

Für den Einbau ist ein so genannter Eindeckrahmen erforderlich, der die Dichtigkeit der gesamten Konstruktion sichert.

Herr Bode entscheidet sich für Schwingfenster (Bild 6) mit hochwertiger Wärmeschutzverglasung, die die Aufheizung des Obergeschosses an Sommertagen verhindern soll.

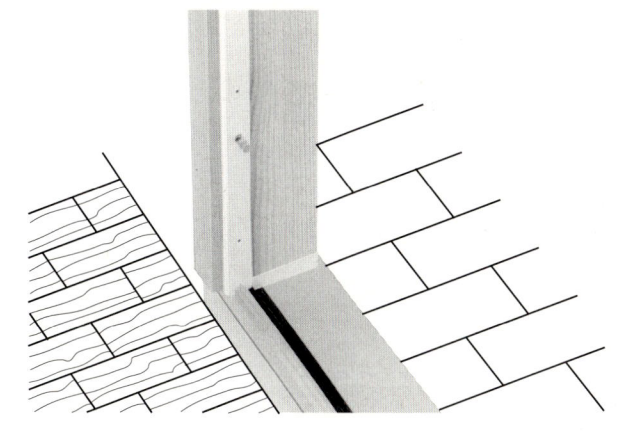

5. Hebe-Schiebe-Kipp-Element, Vertikaldarstellung

6. Dachflächenfenster Ansicht

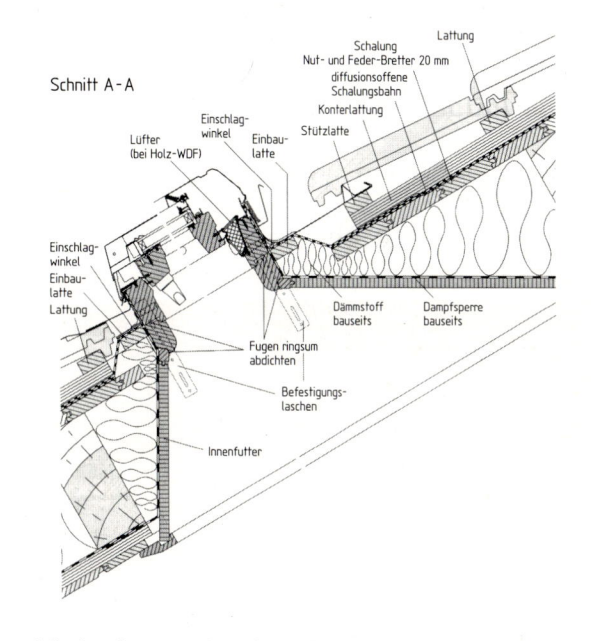

7. Dachflächenfenster Schnittdarstellung

© Verlag Gehlen

22.13 Verbundfenster helfen Energie sparen

Wer ein Einfamilienhaus baut, wird die aktuellste Wärmeschutzverordnung einhalten. Er hat aber zumeist auch persönlich ein Interesse nicht unnötig viel Geld für Heizenergie auszugeben. Das Bauteil Fenster spielt dabei, neben dem Wandaufbau, eine entscheidende Rolle.
Kunden der Tischlerei Richter fragen oft nach besonders wärmedämmenden Konstruktionen. Herr Richter empfiehlt ihnen dann den Einbau von Verbundfenstern, wie in Bild 1 zu sehen.

Aufgabe 1:
Betrachten Sie das Bild 1 und stellen Sie die bauphysikalischen Vorteile dieser Konstruktion zusammen.
Gibt es Ihrer Ansicht nach auch Nachteile dieser Konstruktion für den Kunden?

Vorteile: _____

_____

Nachteile: _____

1. Perspektive, Verbundfenster

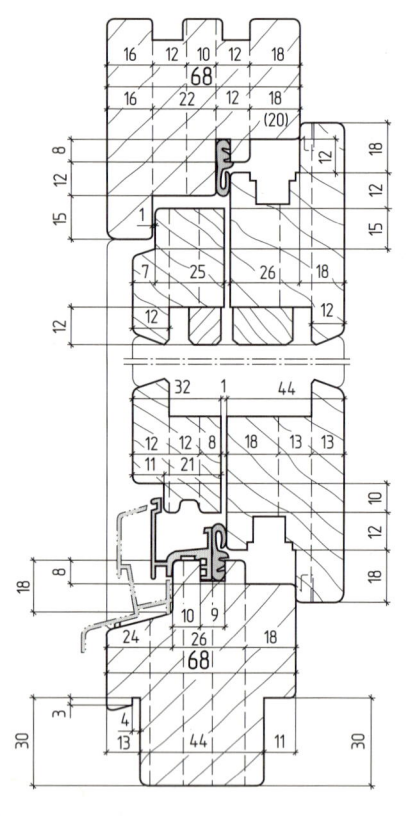

Verbundfensterprofile sind nach DIN 68121 genormt

Genauso wie bei den Einfachfenstern, sind auch bei den Verbundfenstern die Profile genormt. Bild 2 zeigt den Vertikalschnitt durch ein Fenster
$$DV\ 44/78 - 32 - 1$$
Dabei bedeutet DV Doppelverglasung – Verbundfenster.
Die Maße 44 und 78 kennzeichnen den Profilquerschnitt des Innenflügels.
Das Maß 32 gibt die Außenflügeldicke an.
Die Zahl 1 bedeutet, dass dieses Fenster eine Dichtung hat.

Aufgabe 2:
Übersetzen Sie die folgenden Kurzzeichen für Fensterprofile:
Holzfenster DIN 68121 DV 44/78 – 44 – 2

_____

_____

Holzfenster DIN 68121 DV 56/78 – 36 – 1

_____

_____

Aufgabe 3:
Zeichnen Sie das Verbundfenster aus Bild 3 normgerecht mit Ansicht und den erforderlichen Schnitten.
Benutzen Sie als Hilfestellung den Vertikalschnitt aus Bild 2.
Beachten Sie, dass der Scheibenabstand in diesem Fall 40 mm nicht überschreiten sollte.

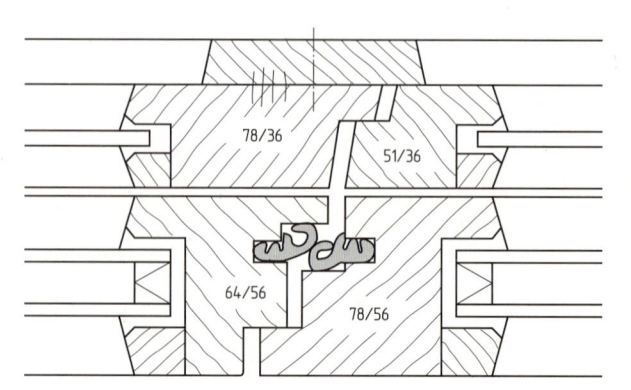

2. Verbundfenster, Vertikalschnitt

3. Ansicht eines Verbundfensters mit Stulplösung

Verbund- und Kastenfenster

4. Verkehrsreiche Straße

22.14 Kastenfenster dämmen Lärm

Gerade Stadtbewohner fühlen sich in ihren Wohnungen oder Häusern häufig von Verkehrslärm belästigt.

Der Einbau von schalldämmenden Fenstern kann hier Abhilfe schaffen. Schon bei normalen Einfachfenstern kann man mithilfe von schalldämmender Verglasung und Doppeldichtungen erhebliche Schalldämmwerte erreichen.

Für besonders belastete Wohnlagen empfiehlt Herr Richter jedoch den Einbau von Kastenfenstern, wie in Bild 5 gezeigt.

Kastenfenster bestehen aus zwei voneinander unabhängigen Fensterkonstruktionen, die durch ein Futter miteinander verbunden sind.

Dabei wird oft das innere Fenster als EV und der äußere Flügel in IV ausgeführt.

Meister Richter verwendet bei dieser Fensterkonstruktion ebenfalls genormte Profile, wie im Horizontalschnitt Bild 6 und Vertikalschnitt Bild 7 zu sehen.

Aufgabe 1:
Erläutern Sie die folgenden Normbezeichnungen mithilfe Ihres Fachbuches:

Holzfenster DIN 68121 IV 68/78 – 1 und EV 56/78 – 1

Aufgabe 2:
Zeichnen Sie normgerecht das in Bild 5 gezeigte Kastenfenster in der Ansicht 1:10 und den erforderlichen Schnitten im Maßstab 1:1.
Orientieren Sie sich dabei an den Vorgaben in den Bildern 5, 6 und 7.

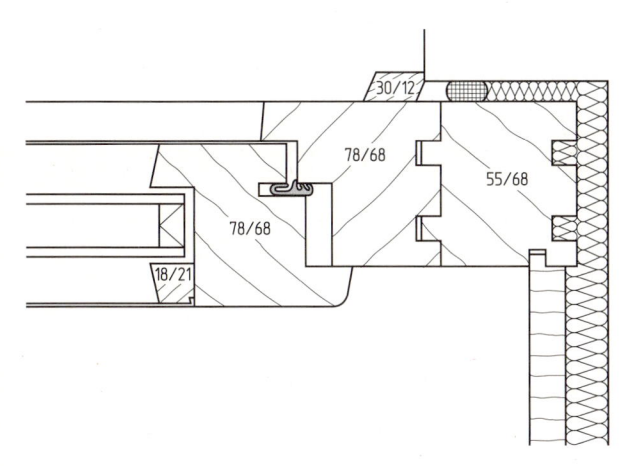

5. Kastenfenster, Perspektive

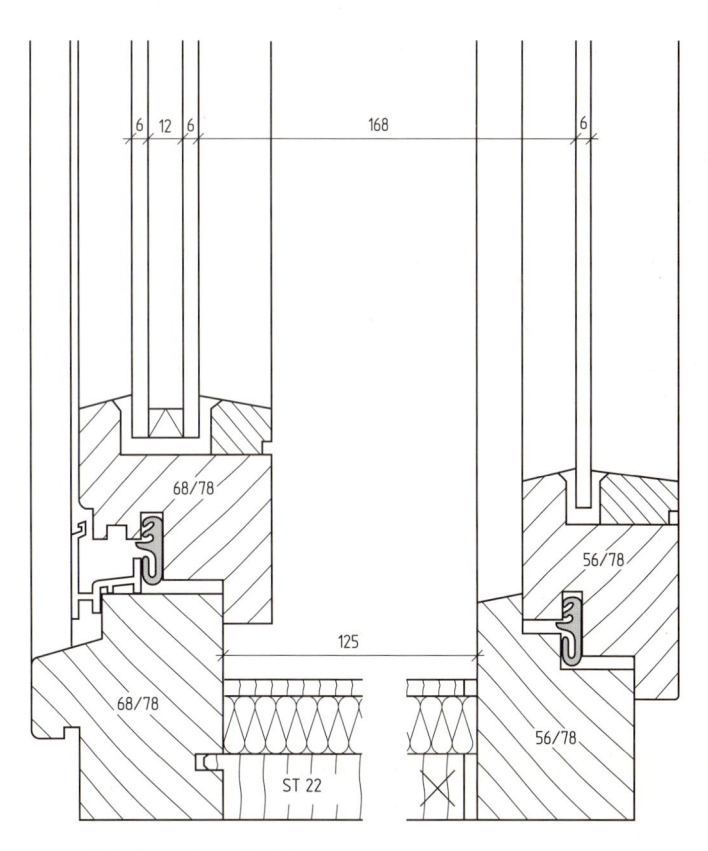

7. Vertikalschnitt (Ausschnitt), Kastenfenster

6. Horizontalschnitt (Ausschnitt), Kastenfenster

© Verlag Gehlen

23 Zeichnungslesen

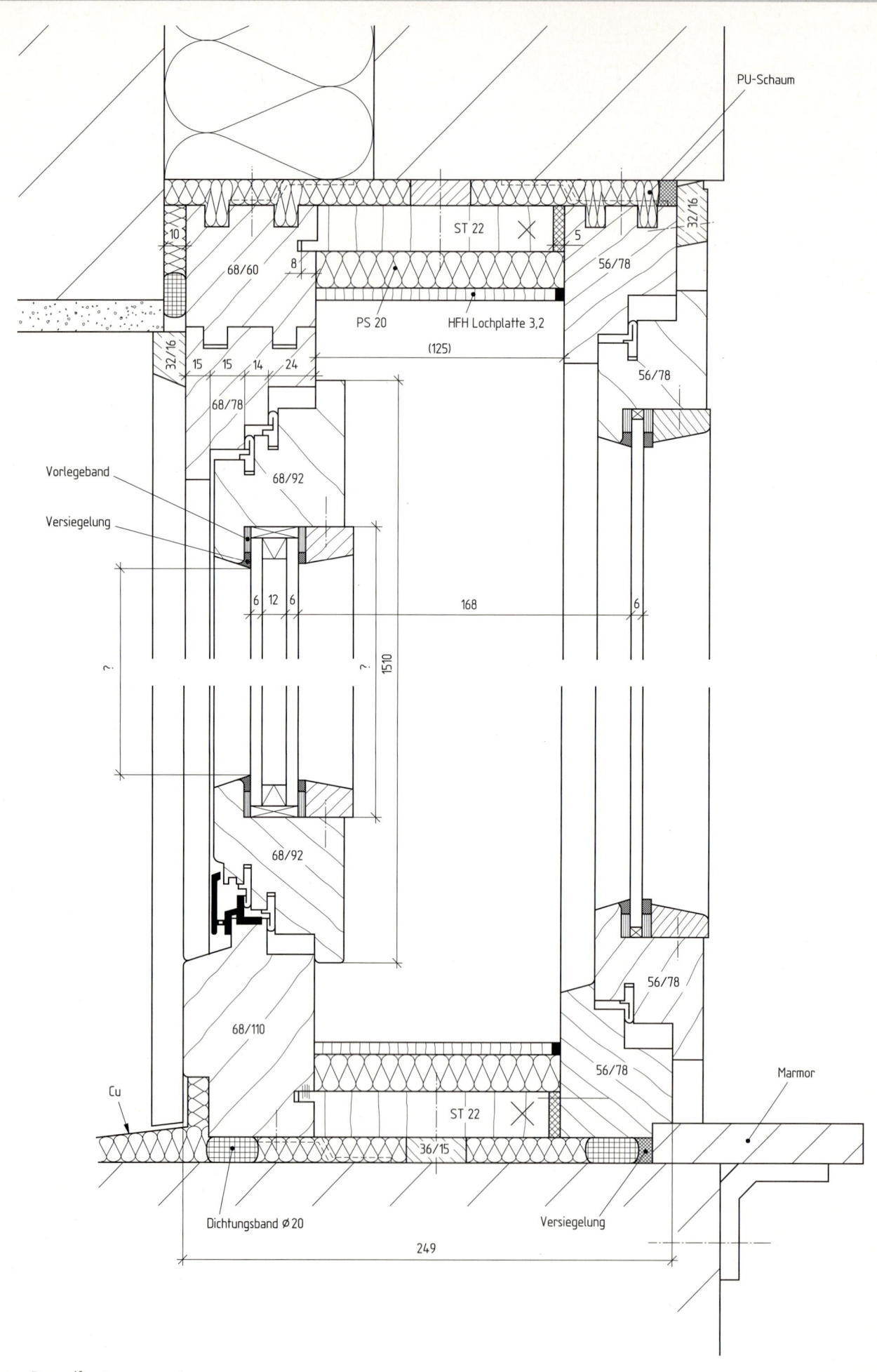

PU-Schaum
ST 22
10
68/60
8
32/16
56/78
PS 20
HFH Lochplatte 3,2
56/78
32/16
15 15 14 24
(125)
68/78
56/78
68/92
Vorlegeband
Versiegelung
6 12 6
168
6
?
?
1510
68/92
68/110
56/78
Cu
56/78
ST 22
Marmor
36/15
Dichtungsband ⌀ 20
Versiegelung
249

1. Kasten-Doppelfenster

© Verlag Gehlen

Zeichnungslesen 173

23.1 Kastenfenster

Lesen Sie die Zeichnung aus Bild 1 und beantworten Sie die folgenden Fragen in Ihrem Buch.

1. Welche drei wesentlichen Merkmale zeichnen diese Fensteröffnung hinsichtlich guter Schalldämmung aus?

1. _____
   _____
   _____

2. Welche Schnittführung durch das Fenster ist in Bild 1 dargestellt?

2. _____
   _____

3. Aus welchem Material (genaue, ausführliche Bezeichnung) besteht das Futter?
Geben Sie die Fertigmaße in Breite und Dicke an.

3. _____
   _____

4. Welches Material wurde für die Wärmedämmung zwischen Futter–Mauerwerk und Futter–Innenverkleidung gewählt?

4. _____
   _____
   _____

5. Aus welchem Material besteht
   – die Außenfensterbank
   – die Innenfensterbank
   – der Sturz
   – der Maueranschlag?

5. _____
   _____
   _____
   _____

6. Geben Sie an, warum das Maß 125 in Klammern steht.

6. _____

7. Warum ist das Maß 1510 eingerahmt dargestellt?

7. _____

8. Geben Sie das Glasfalzmaß der Isolierverglasung in der Höhe an.

8. _____

9. Ermitteln Sie das Flügellichtmaß des Außenflügels in der Höhe.

9. _____

10. Geben Sie das Flügelrahmenaußenmaß in der Höhe an.

10. _____

11. Mit welchem Befestigungsmittel kann das Fenster am Mauerwerk befestigt sein?

11. _____

12. Welche Aussage zur Konstruktion ist richtig bzw. falsch? Kreuzen Sie an.

    Das Fenster liegt direkt am Maueranschlag an.
    Die Blendrahmen erhalten Deckleisten.
    Das Fenster hat einen Eurofalz.
    Bei dem dargestellten Fenster handelt es sich um ein DV 78/56 – 32 – 1.

12.

richtig	falsch
	×
×	
×	
	×

© Verlag Gehlen

24 Treppenbau

1. Spindeltreppe

2. Einläufige Treppe

24.1 Treppen verbinden die Geschosse des Hauses

Im Praxisanbau der Familie ist eine Treppe notwendig, die zu den Labor- und Büroräumen führt. Herr Richter zeigt bei einer Besprechung Herrn Bode Bilder von Treppen, die in seiner Firma angefertigt wurden. Bild 1 zeigt eine großzügige Spindeltreppe, die zwar sehr schön wirkt, aber aus baulichen Grünen für den Praxisanbau nicht geeignet ist.
Herr Richter schlägt vor im Flur des Anbaus eine einläufige Treppe, ähnlich wie im Bild 2, einzubauen.

Aufgabe 1:
Besorgen Sie sich Prospekte von Treppenherstellern oder Fotos von Treppen, die in Ihrem Ausbildungsbetrieb gefertigt wurden und stellen Sie das Bildmaterial in einer Wandzeitung zusammen.

DIN 18064 und 18065 sowie baurechtliche Vorschriften der Landesbauordnung geben den Rahmen vor.

Bei der Planung und dem Bau der Treppe muss sich Herr Richter an eine Reihe von Bestimmungen und Vorgaben halten.
Teilweise sind diese in DIN-Normen festgelegt.
Beachten muss er aber auf jeden Fall auch die Regelungen der jeweiligen Landesbauordnung, die vor allem eine Menge Maße für ihn vorgibt.
Geregelt werden unter anderem
- Treppenlaufbreite
- Anzahl der Steigungen
- Steigungshöhe
- Auftrittsbreite
- Steigungsverhältnis
- Lichte Durchgangshöhe
- Handlaufhöhe   u. a.

Aufgabe 2:
Finden Sie umfassendere Angaben zu den genannten Punkten heraus. Benutzen Sie dazu das Fach- und Tabellenbuch, Normblätter. Fragen Sie bei den Kollegen im Betrieb oder direkt bei den Bauämtern nach.
Stellen Sie die Informationen zu einem Planungsordner Treppe zusammen.

© Verlag Gehlen

Bezeichnungen an einer gestemmten Treppe

Herr Richter plant seine Treppen normalerweise mit einem CAD-Programm. Als Vorplanung hat er die in Bild 3 gezeigte Treppe entworfen. Daran erläutert er seinem Auszubildenden die wichtigsten Einzelteile und Begriffe an einer gestemmten Treppe:
- Wandwange
- Freiwange
- Trittstufe
- Setzstufe
- Antrittsstufe
- Austrittsstufe
- Auftrittsbreite
- Steigung
- Handlauf
- Antrittspfosten
- Austrittspfosten
- Lauflänge
- Treppenlaufbreite
- Unteres Besteck
- Oberes Besteck
- Unterschneidung
- Geländerstäbe

Aufgabe 3:
Ordnen Sie die oben genannten Einzelteile und Begriffe im Bild 3 zu. Schreiben Sie jeweils den richtigen Begriff auf die Freizeile.

3. CAD-Zeichnung, gestemmte Treppe

© Verlag Gehlen

Projekt Einfamilienhaus: Treppenbau

1. Grundrissausschnitt, Anbau

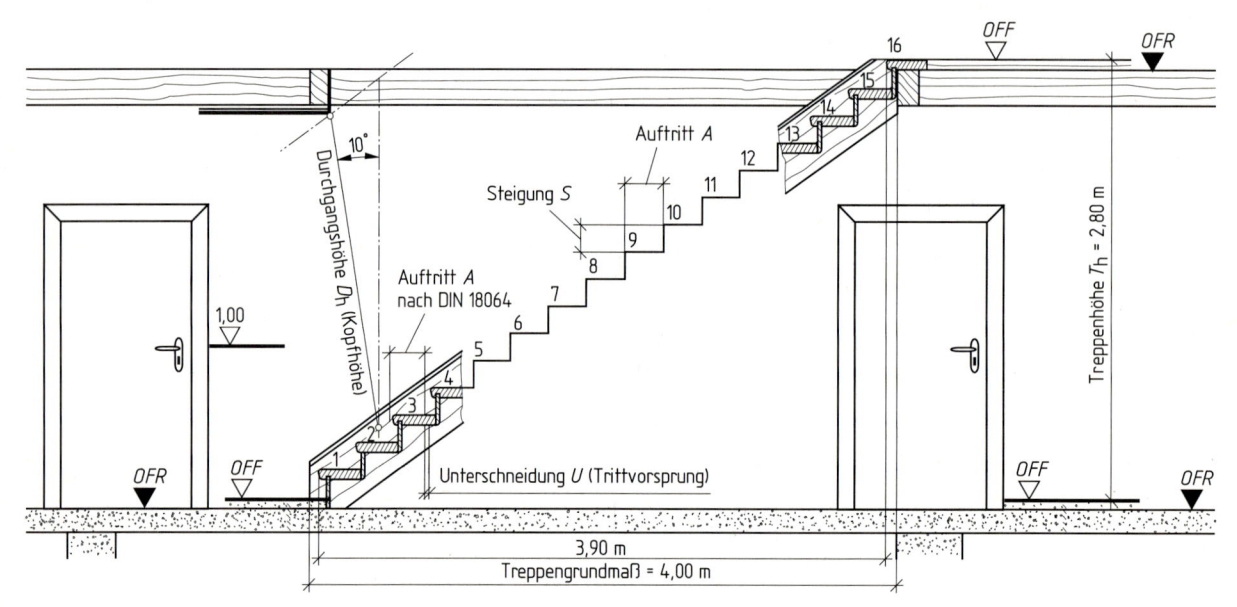

2. Höhenschnitt, Treppenhaus

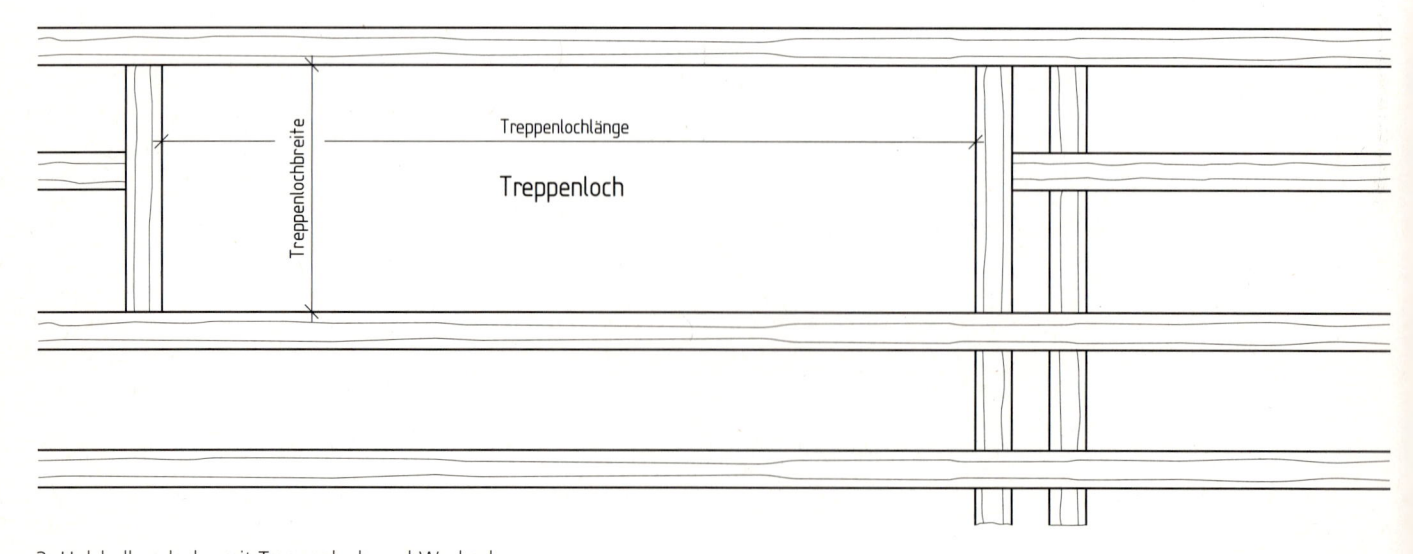

3. Holzbalkendecke mit Treppenloch und Wechsel

24.2 Maßaufnahme für die Treppe

Bevor die Tischlerei Richter mit dem Bau der Treppe beginnen kann (Lage siehe im Grundriss Bild 1), muss eine genaue Maßaufnahme am Bau erfolgen.
Zunächst fragt Herr Richter den Polier nach dem korrekten Meterriss und misst die Geschosshöhe von OFF bis OFF. Damit erhält er die Treppenhöhe. Danach erstellt er einen Höhenschnitt wie in Bild 2.
Danach misst er das Treppenloch in der Länge, von Wechsel zu Wechsel, und in der Breite von Balken zu Balken aus und erstellt einen Treppengrundrissplan, wie in Bild 3.
Abschließend überprüft der die Winkligkeit, die Ebenheit und die Lotrechte der Wände und Decken.

Die Treppenmaße werden festgelegt

Herr Richter weiß aus Erfahrung, dass bei Geschosshöhen zwischen 2,75 m bis 2,90 m 16 Steigungen üblich sind.
Er errechnet die Höhe einer Steigung, in diesem Fall
280 cm : 16 = 17,5 cm
Dann errechnet er die Auftrittsbreite:
Das waagerecht im Gebäude gemessene Treppengrundmaß, 4,00 m, reduziert er um die Dicke der Austrittssetzstufe und das Maß der Unterschneidung, sowie das Besteckmaß, insgesamt 10 cm. Er erhält damit eine Lauflänge von 3,90 m. Da die Anzahl der Auftritte eins weniger beträgt als die Anzahl der Steigungen, teilt er dieses Maß durch 15 und erhält ein Auftrittsmaß von 26 cm.
Er überprüft seine Berechnungen anhand der Schrittmaßregel:
  2 Steigungen + 1 Auftritt = 59 cm bis 65 cm
  2 × 17,5 cm + 1 × 26 cm = 61 cm

Abschließend überprüft er, ob die Durchgangshöhe ausreichend ist. Stufe 1 und 2 liegen außerhalb des Treppenlochs, ab Stufe 3 und 4 liegt die Durchgangshöhe bei über 2 m, was im Regelfall ausreicht.

Aufgabe 1:
Berechnen Sie die Treppe für die Familie Bode mit nur 15 Steigungen.
Überprüfen Sie die neu berechnete Treppe anhand der Schrittmaß-, Bequemlichkeits- und Sicherheitsregel. Ist die Durchgangshöhe noch ausreichend?

Aufgabe 2:
Zeichnen Sie die von Ihnen errechnete Treppe in den Höhenschnitt aus Bild 5 ein.

Aufgabe 3:
Bild 4 zeigt den Plattenaufriss von Tischlermeister Richter, aus dem er die Materialliste für die Treppe der Bodes erstellt.
Erstellen Sie für die von Ihnen berechnete Treppe ebenfalls einen Plattenaufriss im Maßstab 1:1 und erstellen Sie dazu eine Materialliste.

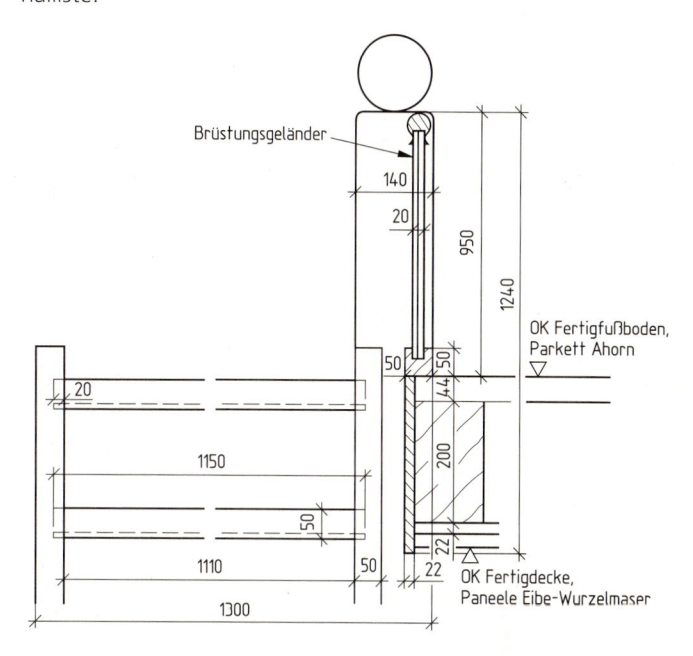

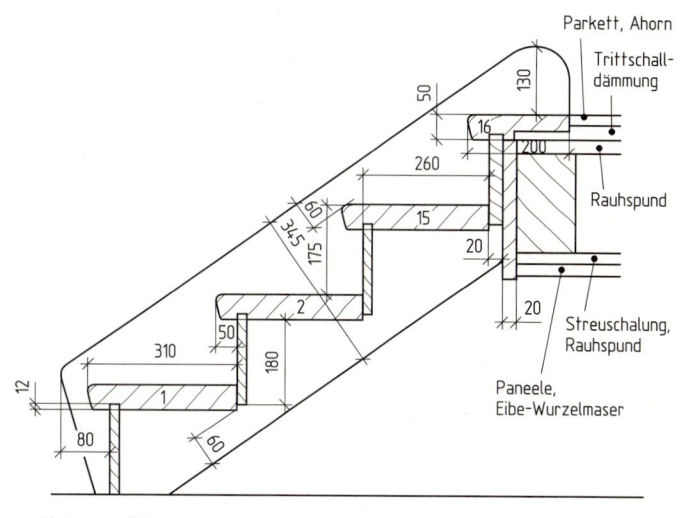

4. Plattenaufriss

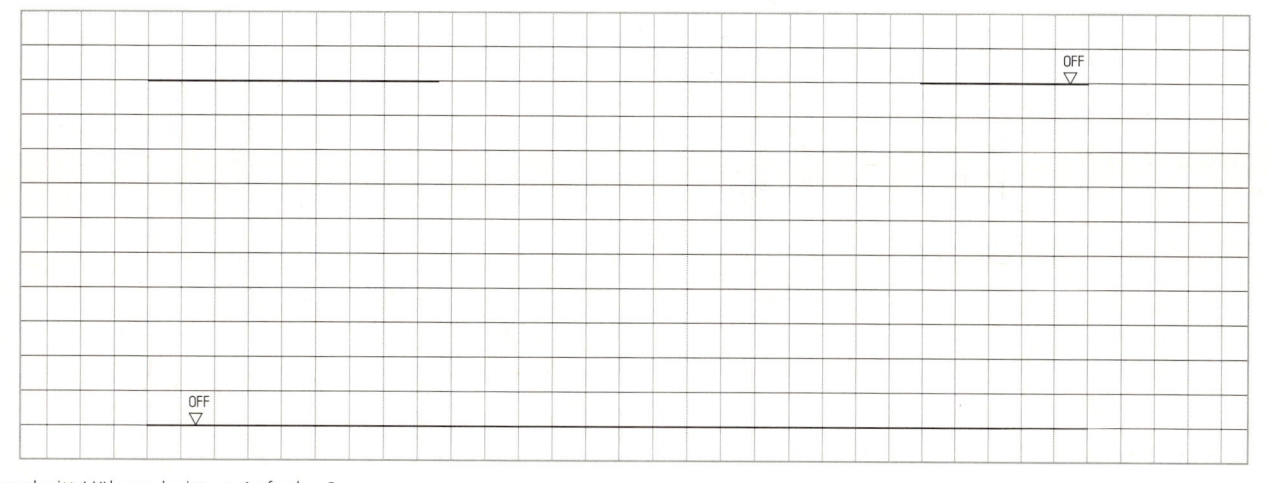

5. Ausschnitt Höhenschnitt zu Aufgabe 2

© Verlag Gehlen

178 Projekt Einfamilienhaus: Treppenbau

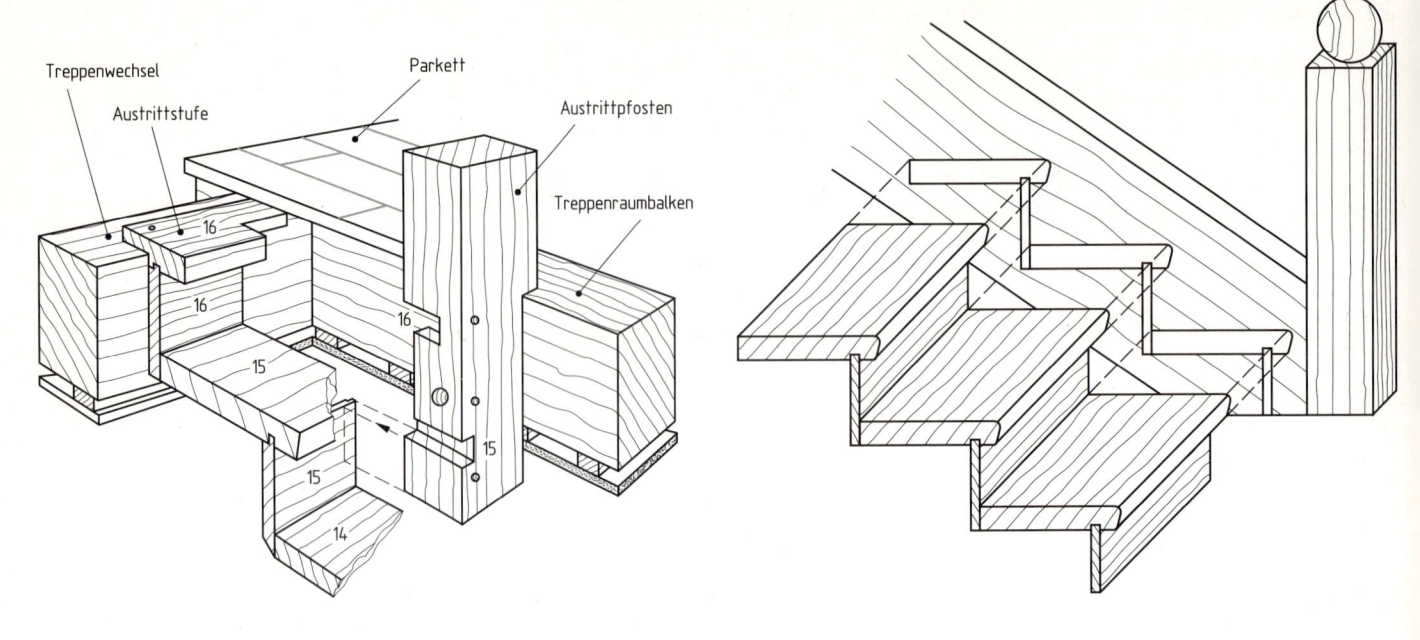

1. Austrittssituation

Labels: Treppenwechsel, Austrittstufe, Parkett, Austrittpfosten, Treppenraumbalken

2. Antrittssituation

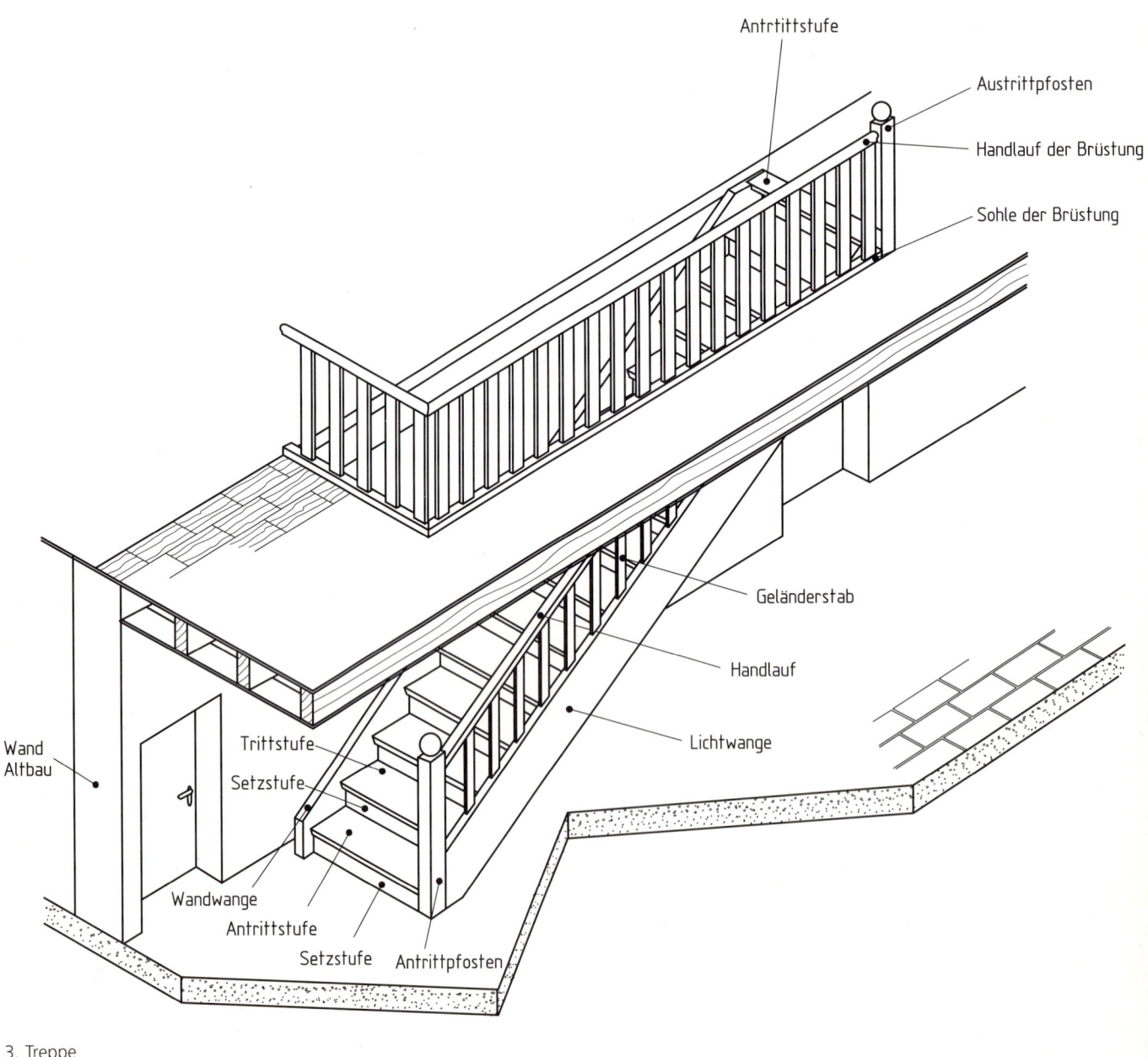

3. Treppe

Labels: Antrtittstufe, Austrittpfosten, Handlauf der Brüstung, Sohle der Brüstung, Geländerstab, Handlauf, Lichtwange, Wand Altbau, Trittstufe, Setzstufe, Wandwange, Antrittstufe, Setzstufe, Antrittpfosten

© Verlag Gehlen

24.3 Die konstruktive Planung der Treppe

Herr Richter plant und gestaltet zunächst den Antritt und den Austritt der Praxistreppe aus Bild 3.
Konstruktive Details, wie die Befestigung der Treppe an Fußboden und Geschossdecke, sowie die Verbindungen zwischen Wange und Handlauf mit den Treppenpfosten muss er konstruktiv und gestalterisch durchdenken.
Für die Einbindung des Handlaufs in den Treppenpfosten schlägt er der Familie Bode die in Bild 4 gezeigten Möglichkeiten vor.

An- und Austrittspfosten tragen die Freiwange und den Handlauf

Herr Richter lässt die Freiwange und den Handlauf mit einem Zapfen in An- und Austrittspfosten fassen und befestigt sie dort mit auf Zug gebohrten Holznägeln.
Unten klinkt er die erste Trittstufe aus und stemmt sie teilweise in den Antrittspfosten ein, wie in Bild 2 zu sehen.
Oben fassen die vorletzte Trittstufe und die Austrittsstufe in den Austrittspfosten mit ein.
Die Höhe der Austrittsstufe muss präzise an das oben zu verlegende Parkett angepasst sein, damit keine Stolperkante entsteht.

Winkel und Schrauben halten die Treppe

Im Praxisanbau der Familie Bode ist im Treppenflur ausreichend Platz vorhanden, sodass die Treppe und das Brüstungsgeländer komplett im Betrieb vorgefertigt werden können und vor Ort nur noch montiert werden müssen.
Mit Treppenwinkeln wird der Antrittspfosten im Fußboden befestigt.
Der Austrittspfosten wird am Treppenraumbalken angeschraubt. Die Austrittsstufe liegt ausgefälzt auf dem Treppenwechsel auf und wird dort von der Tischlerei Richter mit ausgepropften Schrauben befestigt, wie in Bild 1.

Aufgabe 1:
Vervollständigen Sie im Buch den in Bild 5 vorgedachten Schnitt durch den Treppenaustritt. Orientieren Sie sich dabei an den Vorgaben aus Bild 1.

Aufgabe 2:
Gestalten Sie im Bild 6 als Ansicht einen Eigenentwurf für die Verbindung von Handlauf zu Antrittspfosten.

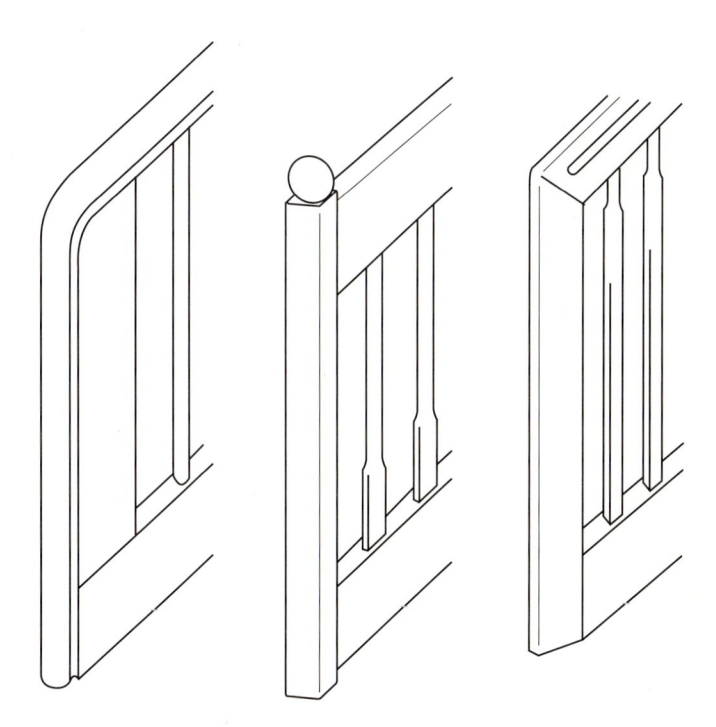

4. Handlaufvariationen

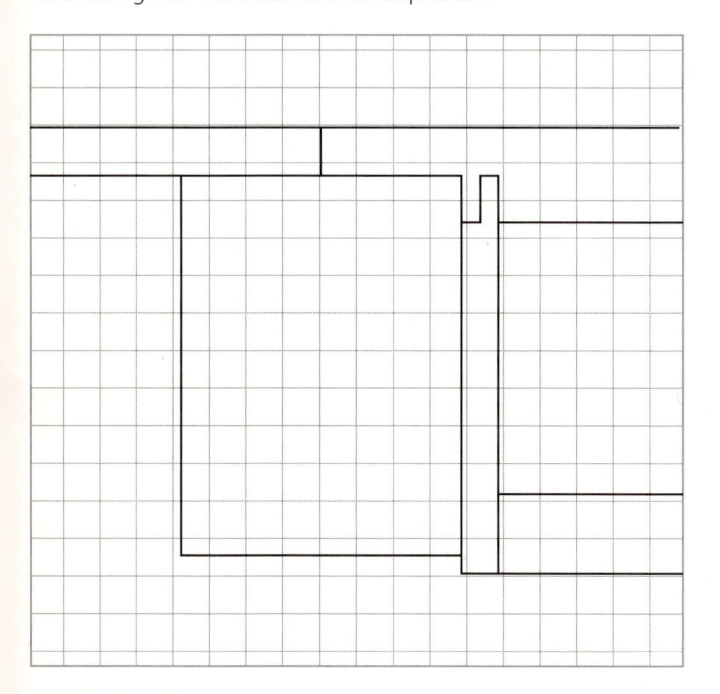

5. Schnitt durch Austrittssituation, unvollständig

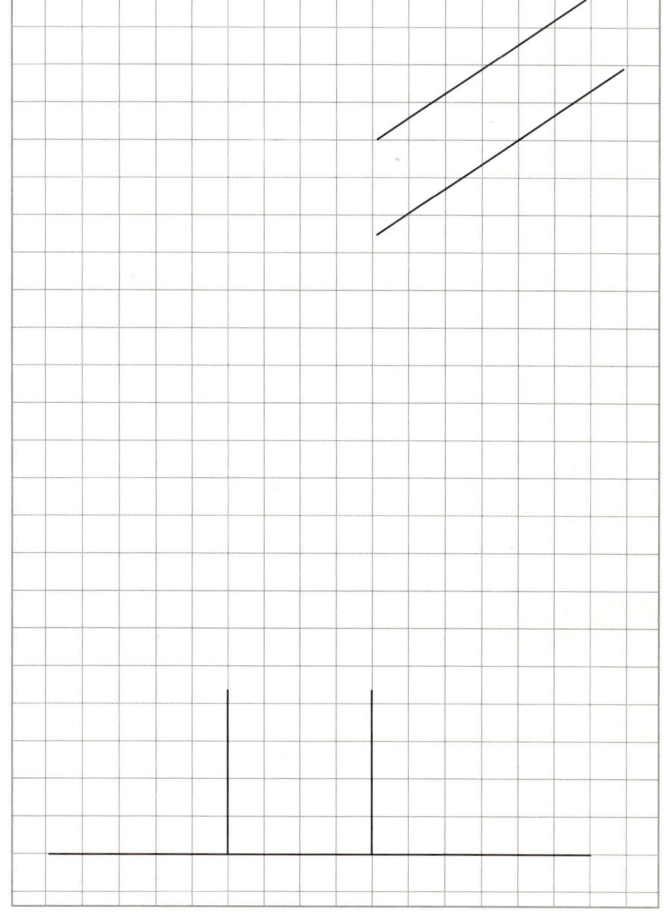

6. Eigenentwurf, Handlauf-Pfosten

© Verlag Gehlen

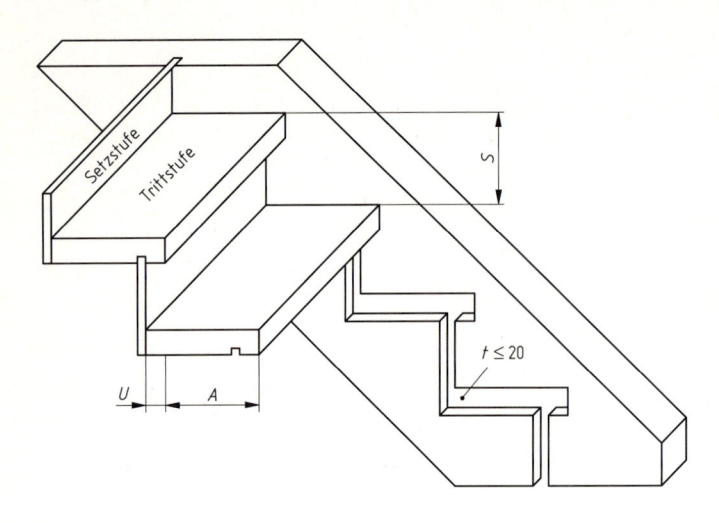

24.4 Treppenbauarten

Bei der weiteren Planung hat Tischler Richter die Möglichkeit, zwischen mehreren Treppenbauarten zu wählen. Dabei beschreibt vor allem die Verbindung zwischen Wange und Stufe die Bauart der Treppe.

Eine eingestemmte Treppe mit Setzstufen für Familie Bode

Für die Praxistreppe wählt Herr Richter eine Konstruktion, bei der er 20 mm tiefe Nuten in die Wangen einfräst, in die die Setzstufen eingelassen werden (Bild 1). Früher wurden diese Nuten von Hand eingestemmt.
Für diese Treppe aus gedämpfter Weißbuche nimmt er üblicherweise 50 mm Materialstärke für Trittstufen und Wangen.
Die Unterschneidung der Stufen setzt er mit 50 mm fest.
Für die Setzstufen reicht eine Stärke von 20 mm aus. Die Setzstufen werden in voller Breite eingenutet. Die Oberkante wird zwischen 2 und 4 mm rund gehobelt, um ein Knarren der Treppe zu verhindern.

Eingestemmte Treppen mit Setzleisten wirken transparent

Treppen ohne Setzstufe wirken lichter und leichter. Herr Richter weiß jedoch, dass er solche Treppen nur bis zu einer maximalen lichten Steigung von 120 mm bauen darf.
Wird dieses Maß überschritten, werden wie in Bild 2 Setzleisten eingestemmt.
Genau wie bei der gestemmten Treppe wählt er für das obere und untere Besteck jeweils 60 mm.

Eingeschobene Treppen für Keller und Bodenräume

Bei dieser Bauart lässt die Tischlerei die Trittstufen ebenfalls ca. 20 mm tief ein. Je nach Steigung der Treppe geht die Nutung durch die gesamte Wange, bei flach geneigten Treppen bleibt hinten ein Besteck von 40–60 mm, wie in Bild 3.
Die Wangen werden durch Treppenschrauben zusammengehalten.

Aufgesattelte Treppen fertigt Tischler Richter selten an

Auch diese Treppenbauart wirkt leicht. Da die Treppenstufen auf der ausgeklinkten Wange befestigt werden, müssen diese ausreichend breit gewählt werden. Bei der Befestigung der Trittstufen achtet Herr Richter darauf, dass die rechte Seite die Oberseite der Stufe wird.
Die Verbindung zwischen Wangen und Stufen erfolgt durch Dübel oder Schrauben, wie in Bild 4.

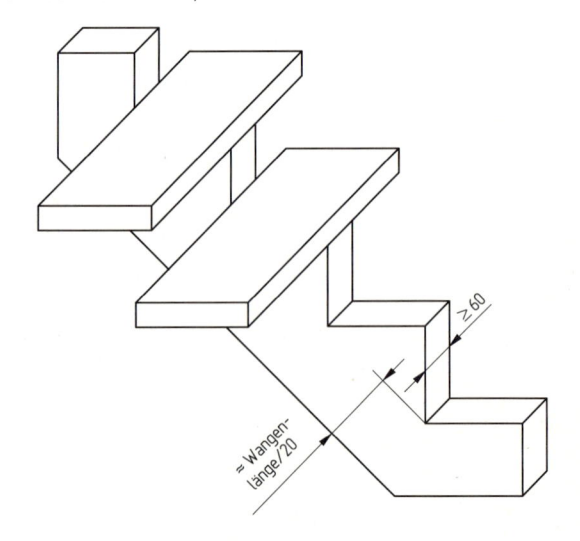

Gestemmte Treppe
1. eingestemmte Treppe mit Setzstufe

Halbgestemmte Treppe
2. eingestemmte Treppe mit Setzleiste

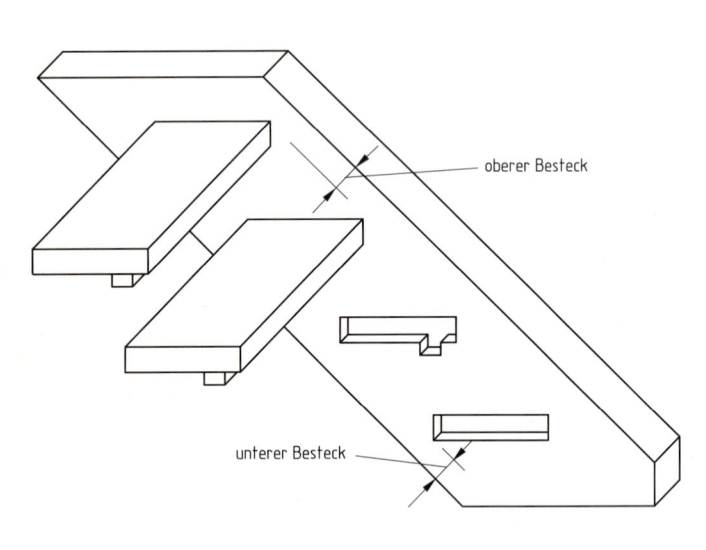

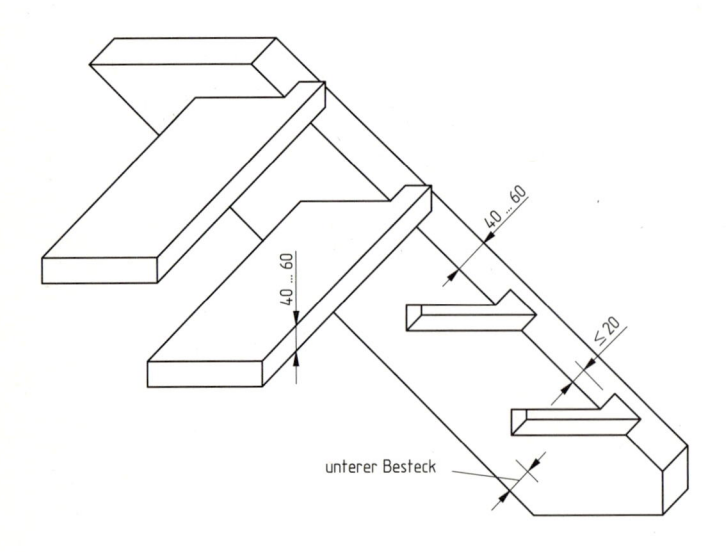

Eingeschobene Treppe
3. eingeschobene Treppe

Aufgesattelte Treppe
(Sattelwange, Treppenholm)
4. aufgesattelte Treppen

Treppenbauarten 181

24.5 Eine Freitreppe verbindet Wohn- und Esszimmer

Im Altbau der Familie Bode besteht zwischen den Fußböden des Wohn- und Essbereichs ein Höhenunterschied von 51 cm. Die vorhandene Treppe aus Bild 5 soll im Zuge der Baumaßnahmen, Erneuerung des Parkettbodens, ausgetauscht werden.
Familie Bode wünscht eine ausreichend breite Freitreppe aus Ahorn, die einen bequemen Auf- und Abgang ermöglicht.

Aufgabe 1:
Entwerfen Sie für die Familie Bode eine ansprechende Treppe. Skizzieren Sie Ihre Vorstellungen zunächst auf Skizzierpapier.

Aufgabe 2:
Übertragen Sie Ihre Skizze im Buch in Bild 6 in eine perspektivische Darstellung.
Versuchen Sie eine „lebendige" Darstellung, nach Möglichkeit mit Möbeln, Blumen o. Ä.

Aufgabe 3:
Fertigen Sie für Ihren Entwurf eine technische Zeichnung mit Vorder- und Seitenansicht, sowie einem Vertikalschnitt an.

Aufgabe 4:
Erstellen Sie für diese Treppe eine Materialliste.

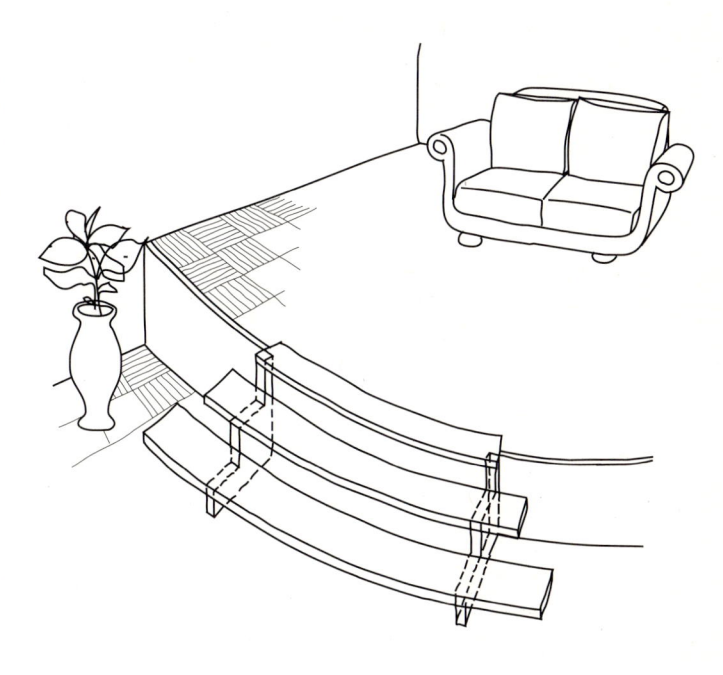

5. Treppe zwischen Wohn- und Essbereich

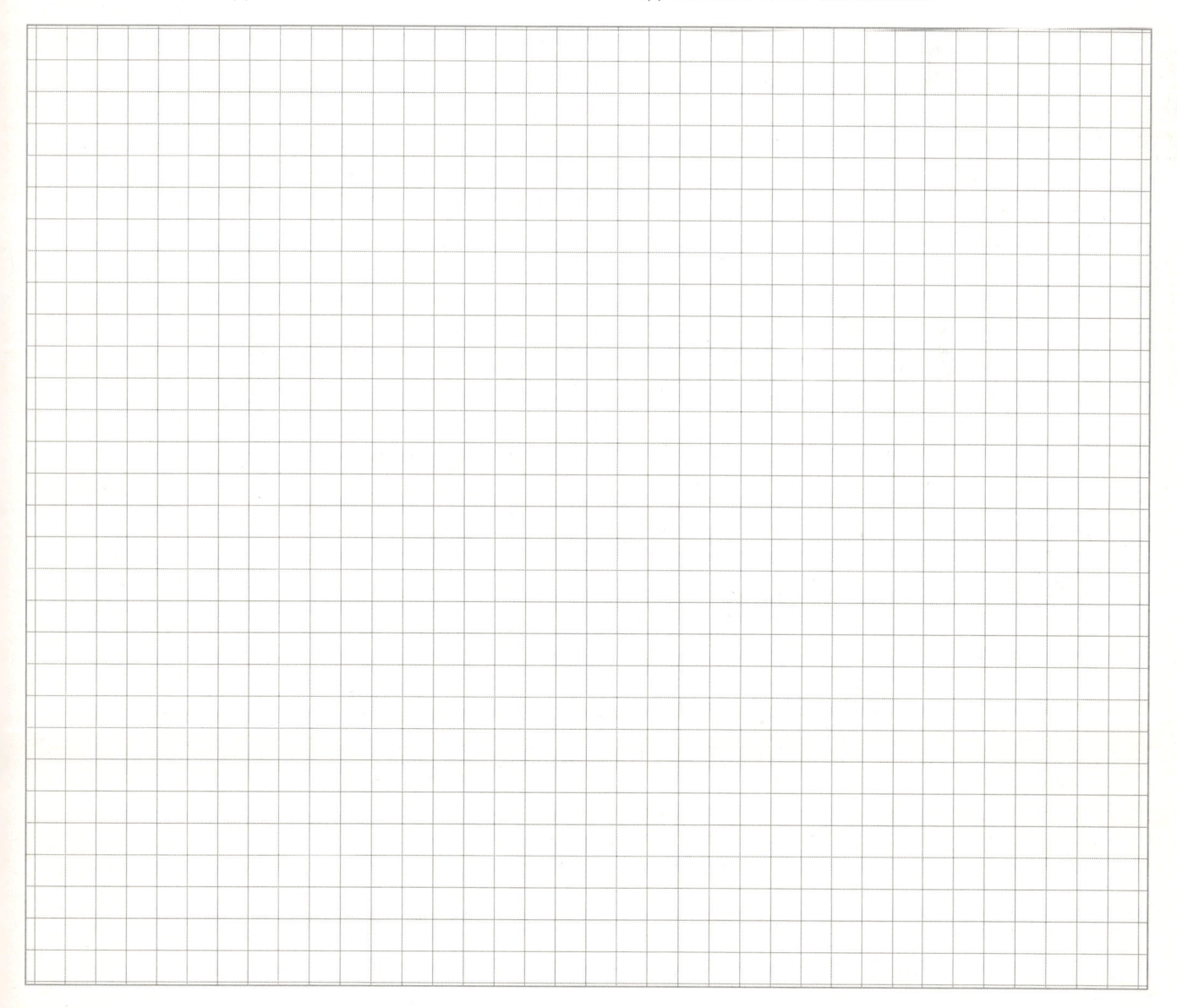

6. Eigenentwurf Treppe Wohn-/Essbereich

© Verlag Gehlen

25 Zeichnungslesen

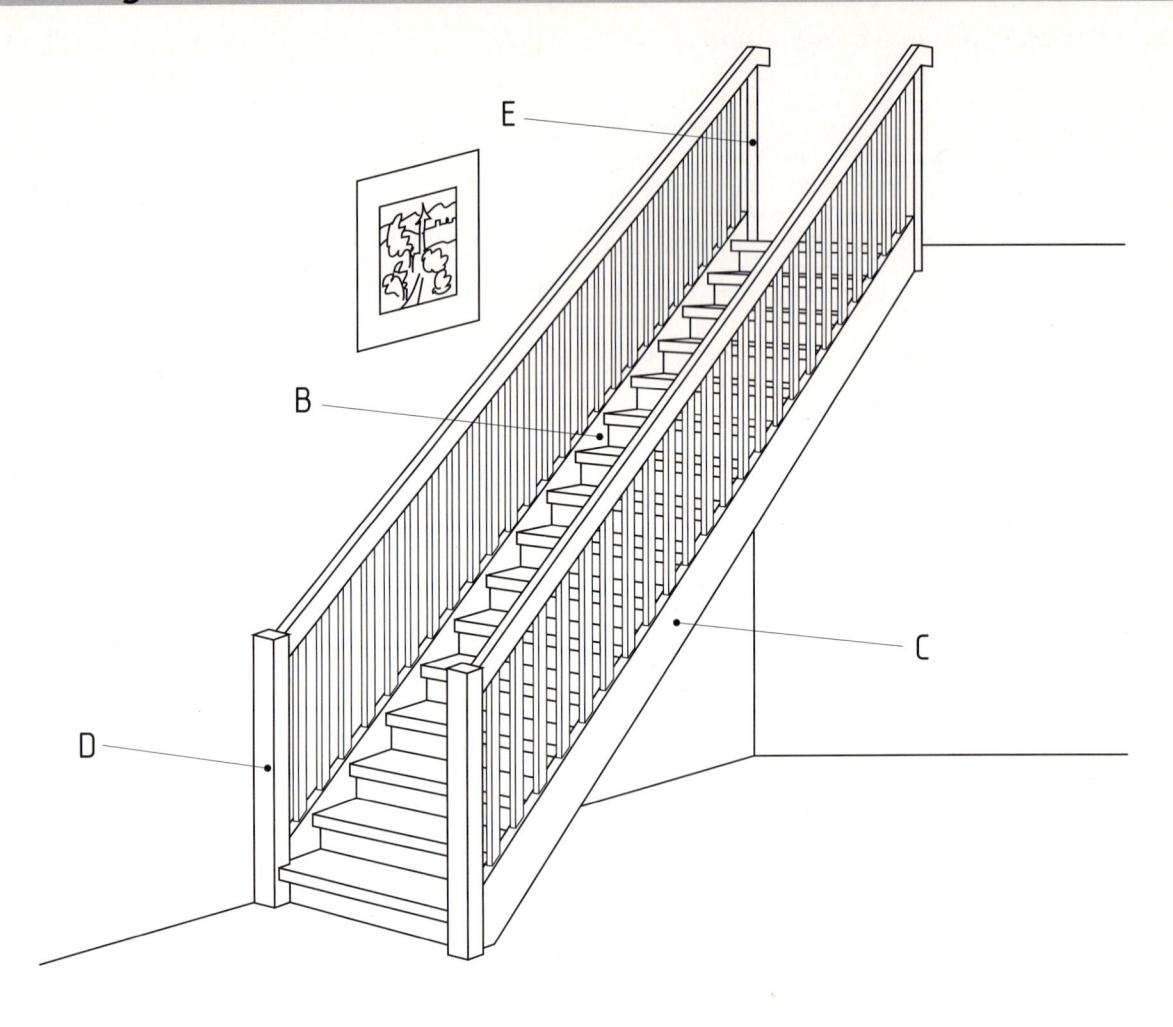

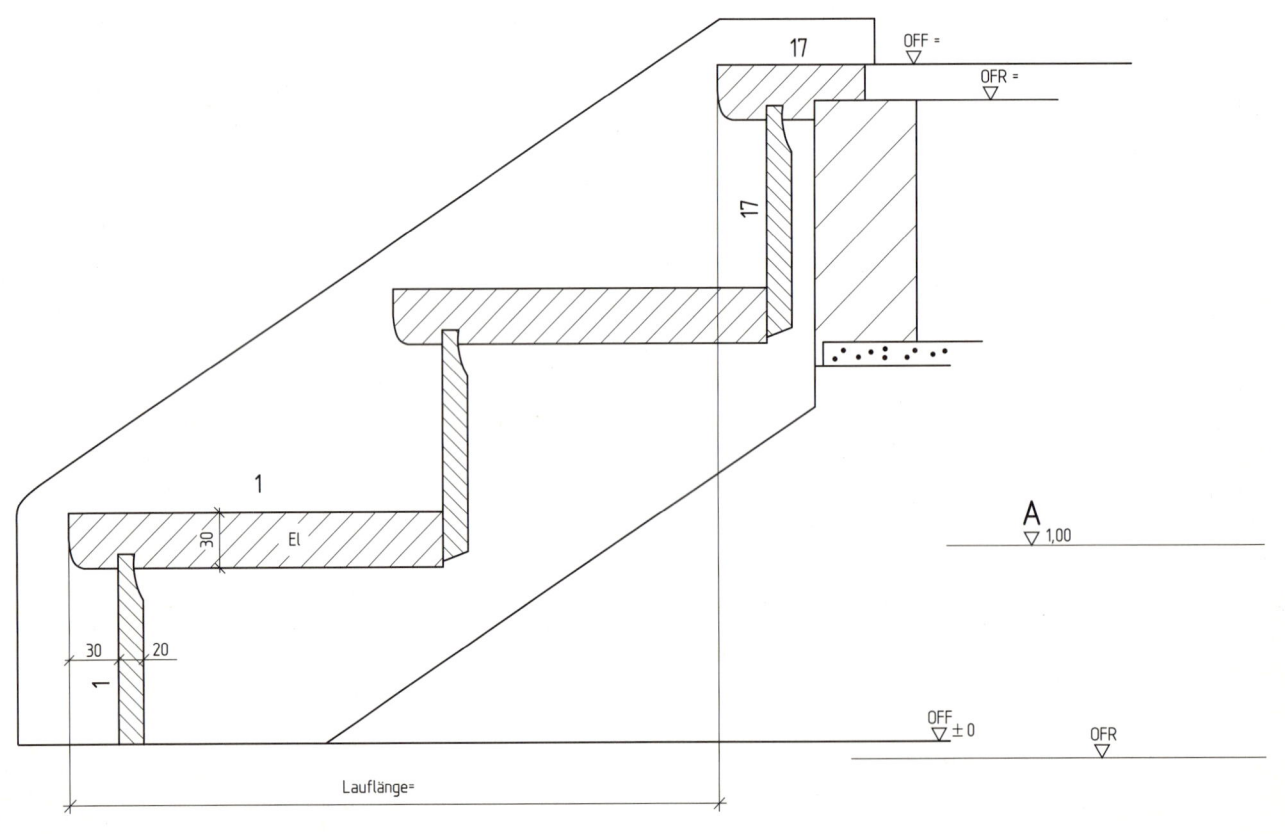

1. Schnitt und Ansicht Treppe

25.1 Gestemmte Treppe

Aufgabe:

Lesen Sie die Zeichnung aus Bild 1 und beantworten Sie die folgenden Fragen in Ihrem Buch.

1. Um welche Treppenart handelt es sich bei der dargestellten Treppe?

2. In welcher Treppenbauart wurde diese Treppe gefertigt?

3. Wie nennt man den mit A in der Zeichnung markierten Punkt?

4. Tragen Sie in den Höhenschnitt an der richtigen Stelle
   – das Maß 2,80 m für die Rohbaugeschosshöhe
   – das Maß 2,84 m für die Treppenhöhe OFF–OFF
   – das Maß 4,48 m für die Lauflänge der Treppe ein.

5. Lesen Sie die Anzahl der Steigungen ab und ermitteln Sie die Steigungshöhe (auf ganze mm gerundet).

6. Berechnen Sie aus den vorhandenen Angaben der Zeichnung die Auftrittsbreite.

7. Überprüfen Sie Ihre Berechnungen anhand der Schrittmaßregel.

8. Geben Sie die Maße der Trittstufen in Breite und Dicke an.

9. Tragen Sie in die Zeichnung das obere Besteck mit 4 cm und das untere Besteck mit 6 cm ein.

10. Welche Durchgangshöhe ist für Treppen üblicherweise zu wählen?

11. Könnten bei dieser Treppe die Setzstufen entfallen? Begründen Sie Ihre Antwort.

12. Aus welcher Holzart wurde die Treppe gefertigt? Geben Sie drei weitere geeignete Holzarten für den Treppenbau an.

13. Wie nennt man die mit B und C in der Zeichnung markierten Treppenteile?

14. Benennen Sie die mit D und E gekennzeichneten Teile.

15. Ergänzen sie in Bild 2 die Zeichnung im Bereich der Austrittsstufe um den sich anschließenden Dielenfußboden.

1. _____

2. _____

3. _____

5. _____

6. _____

7. _____

8. _____

10. _____

11. _____

12. _____

13. _____

14. _____

15.

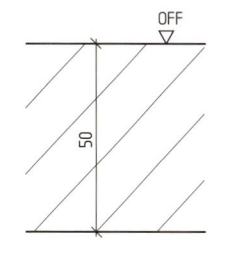

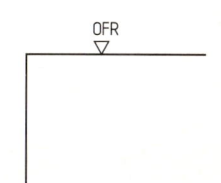

M 1:2

2. Anschlussdetail Austrittsstufe

26 Innenausbau

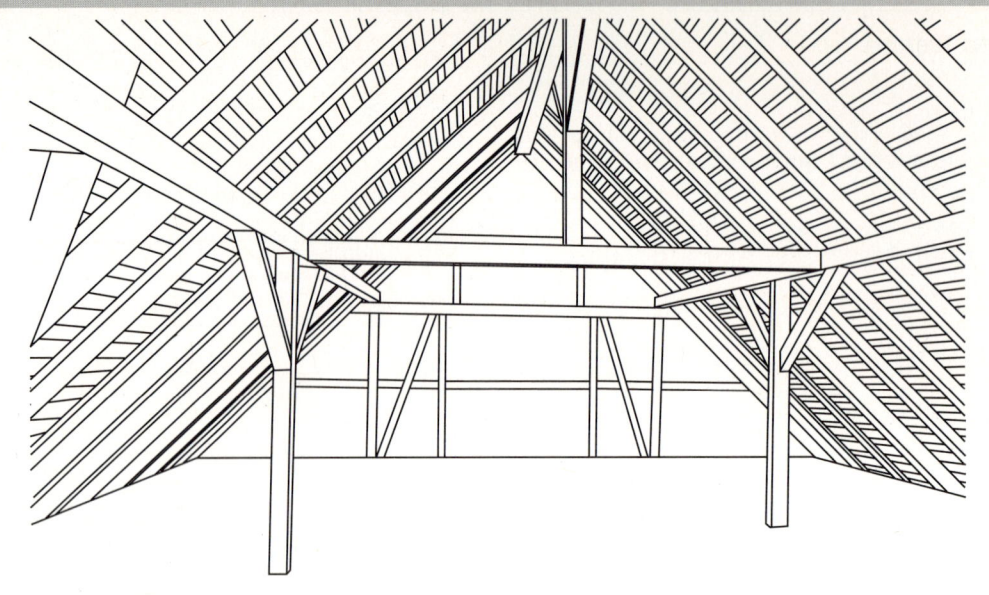

1. Dachstuhl des Anbaus

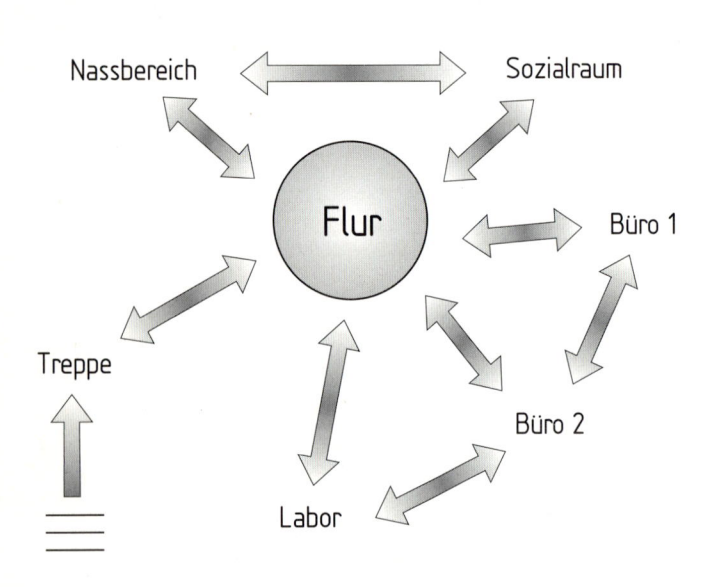

2. Raumanbindungsschema DG Anbau

26.1 Das Dachgeschoss wird geplant

Im Dachgeschoss des Anbaus will Herr Bode neben einem Labor und seinem Büro auch einen Sozialraum mit Küche für seine Angestellten vorsehen. Gemeinsam mit Tischlermeister Richter trifft er sich im noch nicht ausgebauten Dachgeschoss (siehe Bild 1) und entwickelt einen groben Raumanbindungsplan, wie in Bild 2.
Bei der konkreten Grundrissplanung achten die beiden später darauf, dass Versorgungs- und Installationsleitungen zweckmäßig angeordnet werden.
Die Lage von Treppenhaus, Dachflächenfenstern, Dachgauben und die Beschaffenheit der Giebelfront spielen eine entscheidende Rolle bei der Planung.

Aufgabe:
Beschaffen Sie sich aus den Vorseiten Informationen, die Sie zur Entwicklung eines praktikablen Grundrisses benötigen.
Skizzieren Sie dann in die im Bild 3 vorgegebene Außenkontur einen praktikablen Grundrissvorschlag.

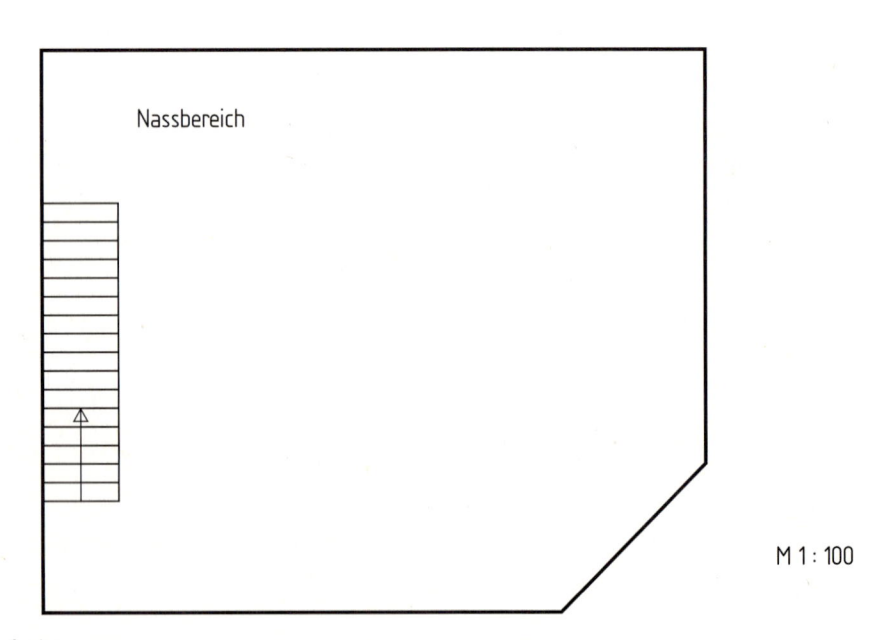

3. Grundrissgestaltungsaufgabe

26.2 Der Aufbau des Fußbodens

Beim Ausbau des Dachgeschosses beginnt Tischlermeister Richter mit dem Aufbau des Fußbodens. Er legt zunächst das gesamte Dachgeschoss mit Rauspund aus. Zusammen mit Herrn Bode reißt er auf diesem Fußboden die genaue Lage der Trennwände mit Türen und den Verlauf des Drempels an. Für jeden Raum wird der spätere konkrete Fußbodenaufbau festgelegt.
Für das Labor, die Küche und das WC sind Fliesen vorgesehen. Im Büro und im Sozialraum wird ein Teppichboden verlegt. Der Flurbereich erhält ein Ahornparkett.

Aufgabe 1:
Informieren Sie sich bei Fachfirmen, in Ihrem Betrieb und in Fachbüchern über die Möglichkeiten, den Fußboden in den verschiedenen Räumen aufzubauen.
Legen Sie für sich eine Arbeitsmappe mit Farb- und Materialmustern an.

Aufgabe 2:
Zeichnen Sie den Fußbodenaufbau für das Labor, das Büro und den Flurbereich fachgerecht auf ein DIN-A 4-Blatt.

26.3 Trennwände unterteilen das Dachgeschoss

Herr Richter baut Trennwände zumeist als Holzständerwerk mit einer Spanplattenbeplankung. Darauf wird dann der jeweilige Wandbelag, wie z.B. die Tapete aufgebracht.
Zunächst stellt Tischlermeister Richter auf den Rauspund die Kanthölzer, als Skelett für die Wände. Nach Absprache mit den anderen Gewerken, wie Elektrikern und Heizungsinstallateuren, vervollständigt er den Wandaufbau und die Dämmung und die Beplankung.
Dabei muss er auch den oberen und unteren Anschluss sorgfältig mit einplanen (Bild 5).
Alternativ setzt er zuweilen ein Wandaufbausystem aus Profilen und Gipskartonbeplankung wie im Bild 4 ein.

Aufgabe:
Zeichnen Sie normgerecht den Vertikalschnitt durch die Wand zwischen Labor und Büro.
Führen Sie den Schnitt durch die Türöffnung und zeichnen Sie den oberen und unteren Anschluss mit ein.

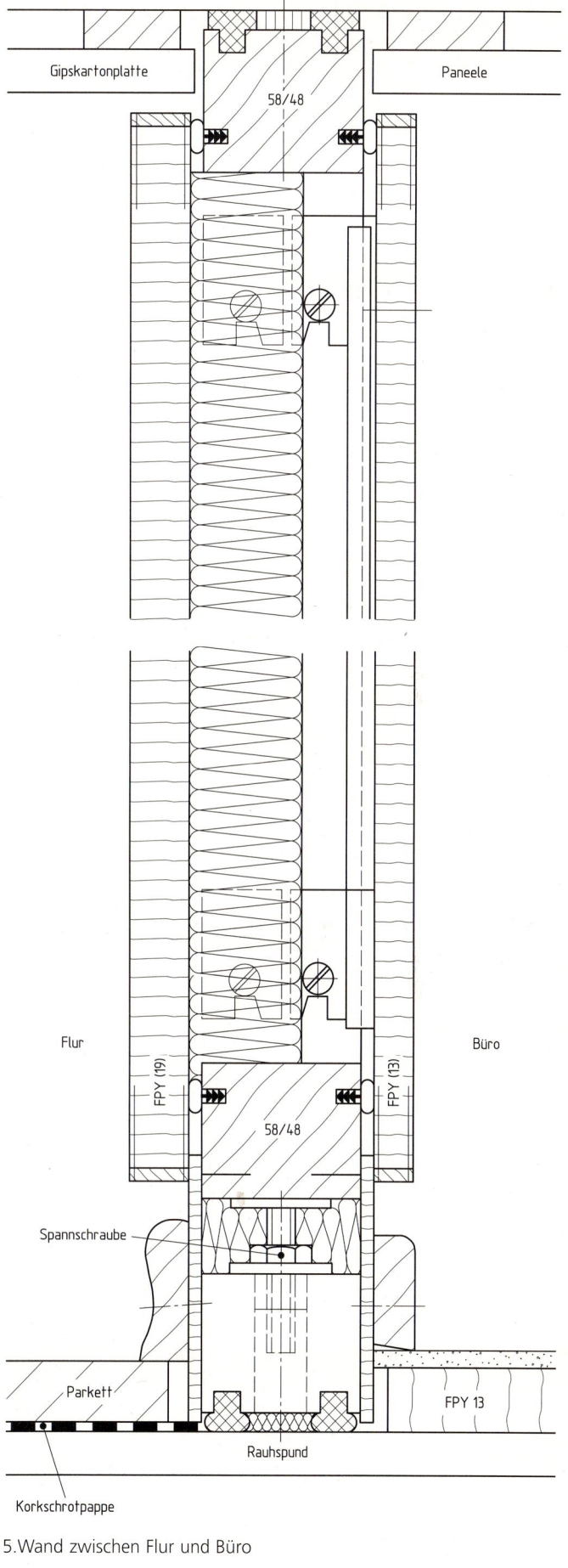

4. Wandsystem

5. Wand zwischen Flur und Büro

© Verlag Gehlen

1. Dachstuhl des Anbaues

2. Ausgebautes Dachgeschoss

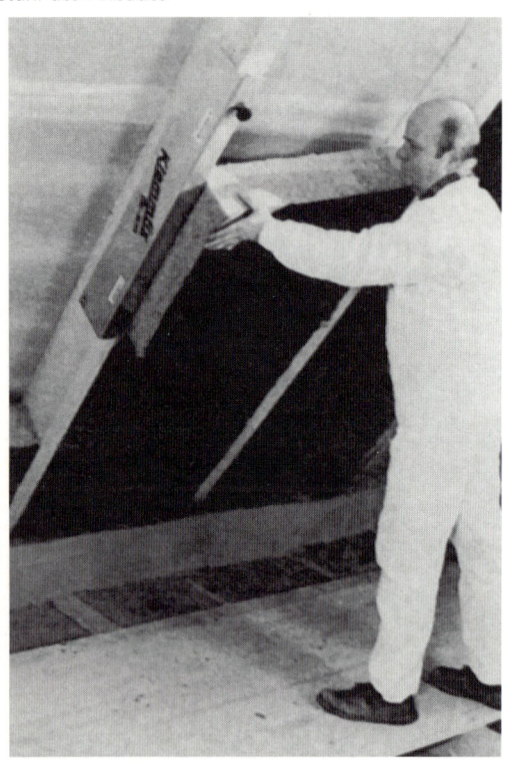

26.4 Die Wärmedämmung des Dachgeschosses

Im Bild 1 sehen wir den nichtausgebauten und unisolierten Dachraum des Anbaues. Nach dem vollständigen Ausbau soll eine wohnliche Atmosphäre, Bild 2, entstehen.
Um hohe Energieverluste zu vermeiden, wird die Tischlerei Richter die Sparrenzwischenräume des Dachstuhles mit Wärmedämmmaterial auskleiden. Mit Herrn Bode einigt er sich darauf, dass eine alukaschierte Mineraldämmung von 140 mm gewählt wird. Herr Richter weiß, dass es hier auf besonders gute Winddichtigkeit ankommt. Die Stöße lässt er daher von seinen Mitarbeitern mit Aluklebestreifen windicht abkleben. Bild 3 zeigt den Einbau der Dämmschicht.
Der Aufbau dieser Dachdämmung im Dachflächenfensterbereich ist als Technische Zeichnung in Bild 4 zu sehen.

Aufgabe:
Tragen Sie die folgenden Fachbegriffe an der richtigen Stelle des Bildes 4 ein:
- Dachsparren
- Dampfsperre
- Dachschalung Rauspund
- Schlesen
- Profilholzverkleidung
- Futterdämmung
- Wärmedämmung Sparren
- Dachlattung
- Konterlattung
- Futter Dachflächenfenster

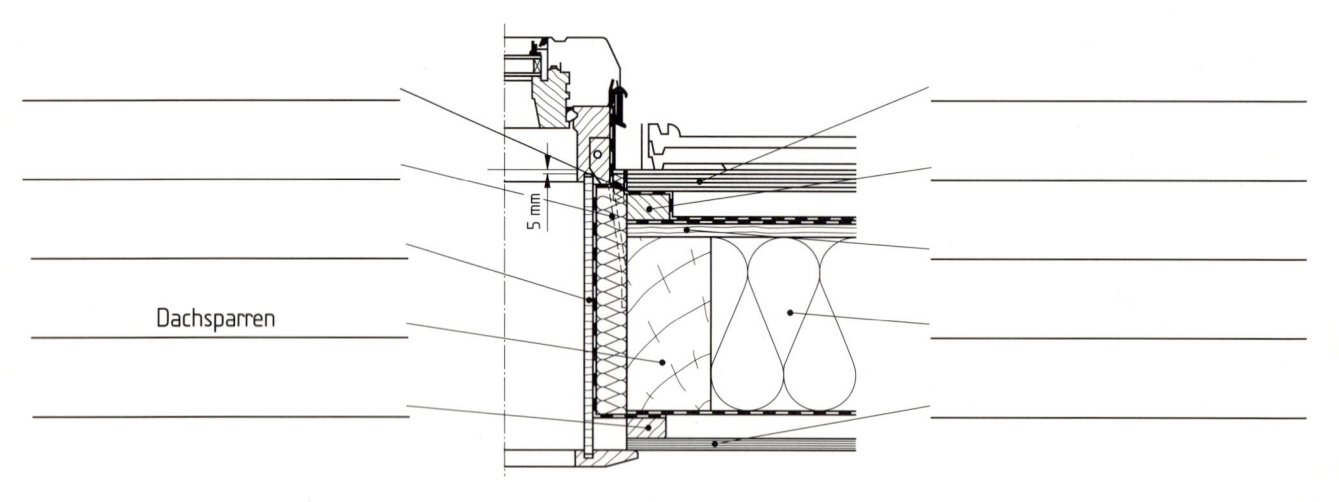

3. Einbau der Dachisolierung

4. Dachdämmung/Dachflächenfenster

© Verlag Gehlen

Decken- und Dachschrägengestaltung

26.5 Gestaltung der Decken und Dachschrägen

Für die Büros und den Sozialraum sollen die Kehlbalken mit Paneele, Esche weiß, bzw. mit Profilholz Fichte/Tanne, weiß verkleidet werden. Im Bild 5 sehen wir den Aufbau dieser Verkleidung im Kehlbalkenbereich des Büros. Eingebaute Deckenstrahler sollen den Raum ausreichend erhellen.

Zunächst verschrauben die Mitarbeiter der Tischlerei Richter die Unterlattung im Abstand von ca. 600 mm. Dazu verwenden sie Rauspundbretter der Dicke 24 mm. Daran wird die Paneele befestigt und ringsum mit Abschlussleisten eingefasst.

Die Trennwände im Büro sollen mit farbig lackierten MDF-Plattenstreifen von 480 mm Breite versehen werden. Bild 6 zeigt in der Perspektive diesen Wand- und Deckenaufbau.

Aufgabe 1:
Für das Labor sollen die Dachschrägen und die Decke später mit Raufaser tapeziert werden.
Welche Unterkonstruktion bietet sich hier an?

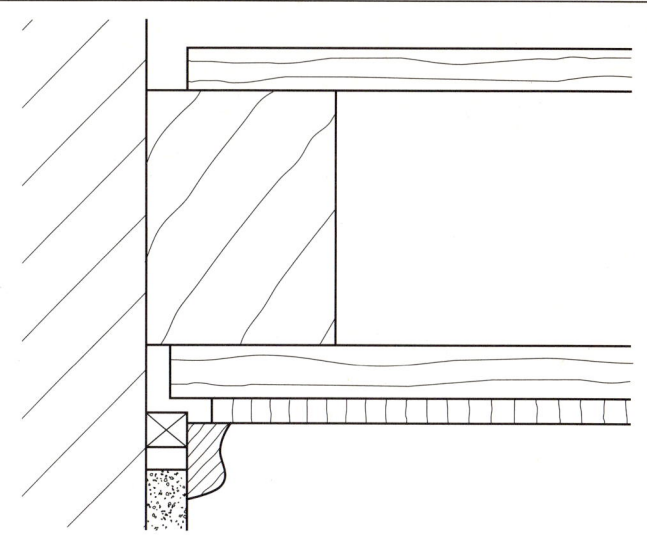

Aufgabe 2:
Besorgen Sie sich aus dem Fachhandel Prospekte und technische Informationen für einen Deckenaufbau, wie Sie ihn für Aufgabe 2 vorgeschlagen haben.

Aufgabe 3:
Zeichnen Sie den Vertikalschnitt durch den von Ihnen ausgewählten Aufbau. Stellen Sie dazu eine Möglichkeit vor, wie eine eingebaute Deckenlampe (Halogenstrahler) vorschriftsmäßig integriert und montiert werden kann.

Aufgabe 4:
Skizzieren Sie in Bild 7 den Anschluss zwischen der Deckenverkleidung und der leichten Trennwand des Labors.

5. Technische Zeichnung Deckenaufbau Büro

6. Wand und Deckenaufbau Büro

7. Vorlage zu Aufgabe 4

© Verlag Gehlen

26.6 Parkettfußboden für ein Wohnzimmer im Altbau

Ein Wohnzimmer im Altbau der Familie Bode soll im Rahmen der Erneuerungsmaßnahmen mit einem Parkettfußboden versehen werden. Bisher war dieser Raum mit Teppichboden ausgelegt, der direkt auf dem schwimmenden Estrich verklebt war.
Nachdem dieser entfernt ist, verlegt Tischlerei Richter als Ausgleich gegen geringe Bodenunebenheiten und als Sperrschicht Korkschrotpappe auf dem Estrich aus.
Die Fertigparkettindustrie bietet hochwertig aufgebaute Parkettbeläge wie in Bild 1 an. Herr Richter lässt, wegen des großen Arbeitsaufwandes, schon seit vielen Jahren kein Parkett in seiner Tischlerei mehr selbst herstellen.
Er verfügt über umfangreiche Musterkataloge, die zeigen, wie ein Parkettfußboden über besondere Verlege- und Intarsientechniken geschmackvoll in die wohnliche Atmosphäre integriert werden kann. Diese legt er Familie Bode zur Auswahl vor. Bild 2 zeigt einen kleinen Ausschnitt daraus.

Aufgabe:
Besorgen Sie sich Parkettmuster und Verlegebeispiele aus dem Fachhandel und planen Sie mithilfe dieser Unterlagen für den in Bild 3 dargestellten Wohnraum der Familie Bode einen ansprechend gestalteten Parkettfußboden.
Wählen Sie dazu ein Fertigparkett. Sie können verschiedene Holzsorten nutzen. Auch ansprechende Muster, Ornamente sollen Sie sich hier überlegen. Zeichnen Sie Ihre Lösung nach Möglichkeit auch farbig ein!

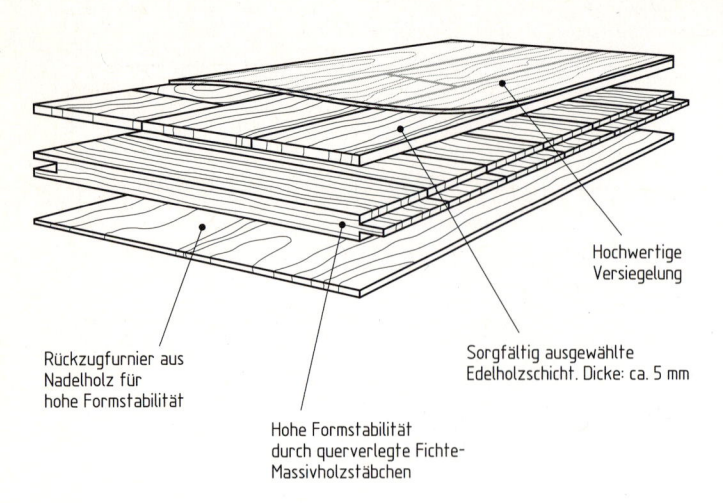

1. Technischer Aufbau Parkettfußboden

2. Verlegemuster Parkettfußboden

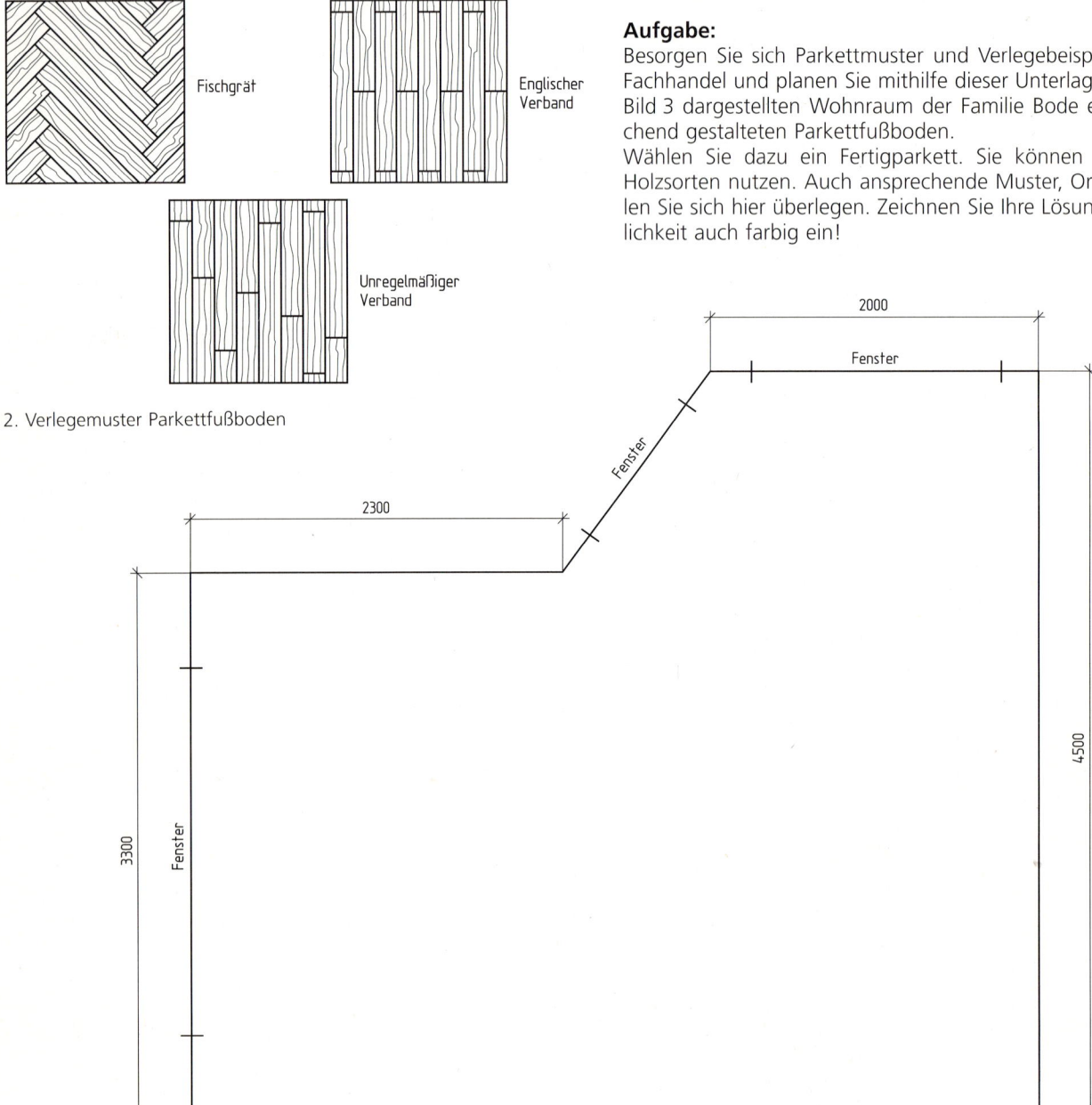

3. Wohnraum im Altbau der Familie Bode

26.7 Anschlussdetails Parkett zur Wand und anderen Belägen

Bei der Verlegung des Parketts achten die Mitarbeiter der Tischlerei Richter darauf, dass die Übergänge vom Parkett zum Fliesen- oder Teppichfußboden und die Anschlüsse zu den Wänden fachmännisch gelöst werden.
Beim Übergang von der Treppe des Anbaues zum Parkettfußboden des Flures muss eine Stolperkante vermieden werden. Das Problem löst die Tischlerei Richter wie im Bild 4 gezeigt.

Gleichzeitig wird bei allen Anschlüssen für das Arbeiten des Parkettfußbodens eine Dehnungsfuge vorgesehen und dauerelastisch versiegelt.
Für die Anschlüsse an die Wände des Obergeschosses hat Herr Richter eine Dehnungsfuge von ca. 10 mm vorgesehen, die später durch eine Fußleiste abgedeckt wird.
Bild 5 zeigt dieses Anschlussdetail.

Für die Übergänge bei verschiedenen Fußbodenbelägen, wie vom Fliesenboden des Bades zum Parkettfußboden des Flures, wählt er geeignete Übergangsprofile, siehe Bild 6.

Aufgabe:
Vervollständigen Sie den Vertikalschnitt in Bild 7 norm- und fachgerecht.
Orientieren Sie sich dabei an der in Bild 6 dargestellten Situation des Fliesen-Parkett-Überganges.

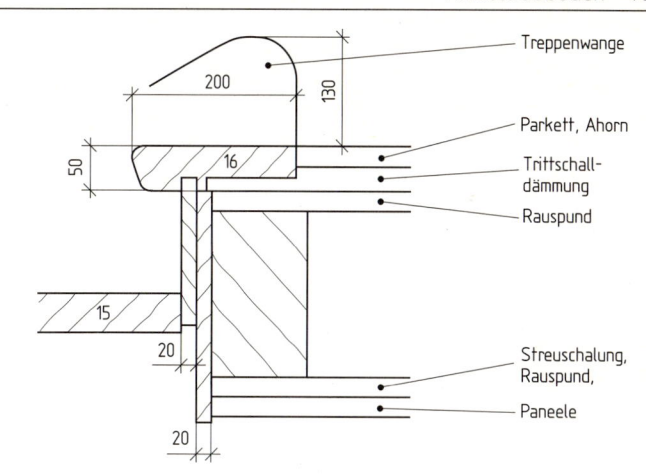

4. Übergang Treppenaustritt – Parkett

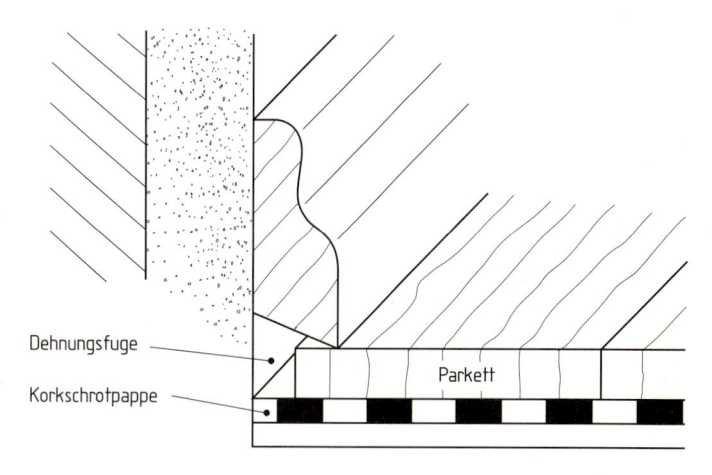

5. Übergang Trennwand – Parkett

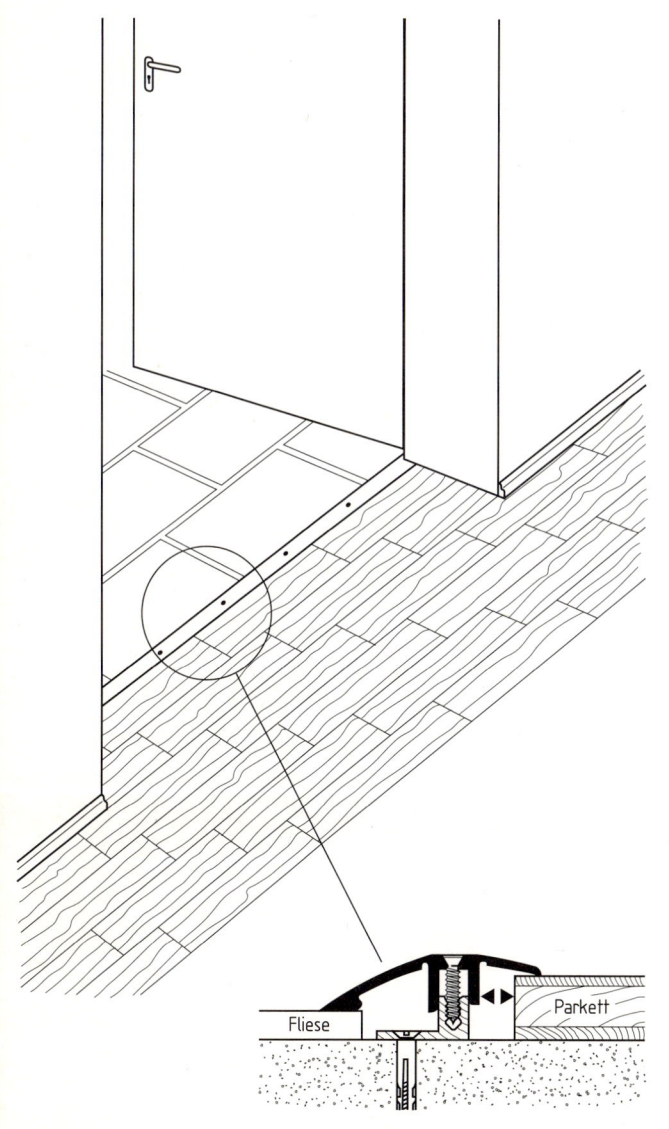

6. Perspektive Bad – Flur

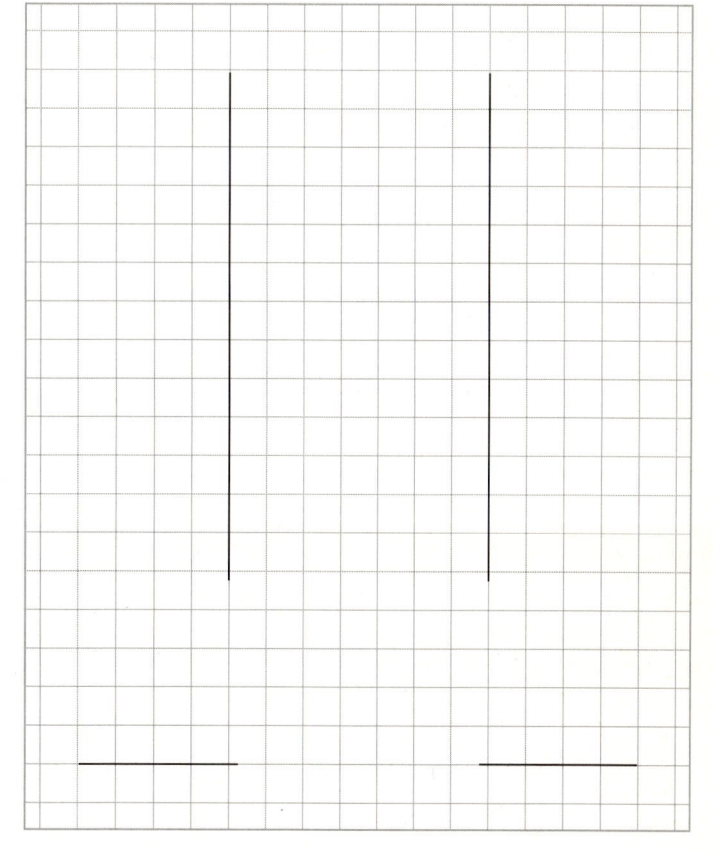

7. Vertikalschnitt

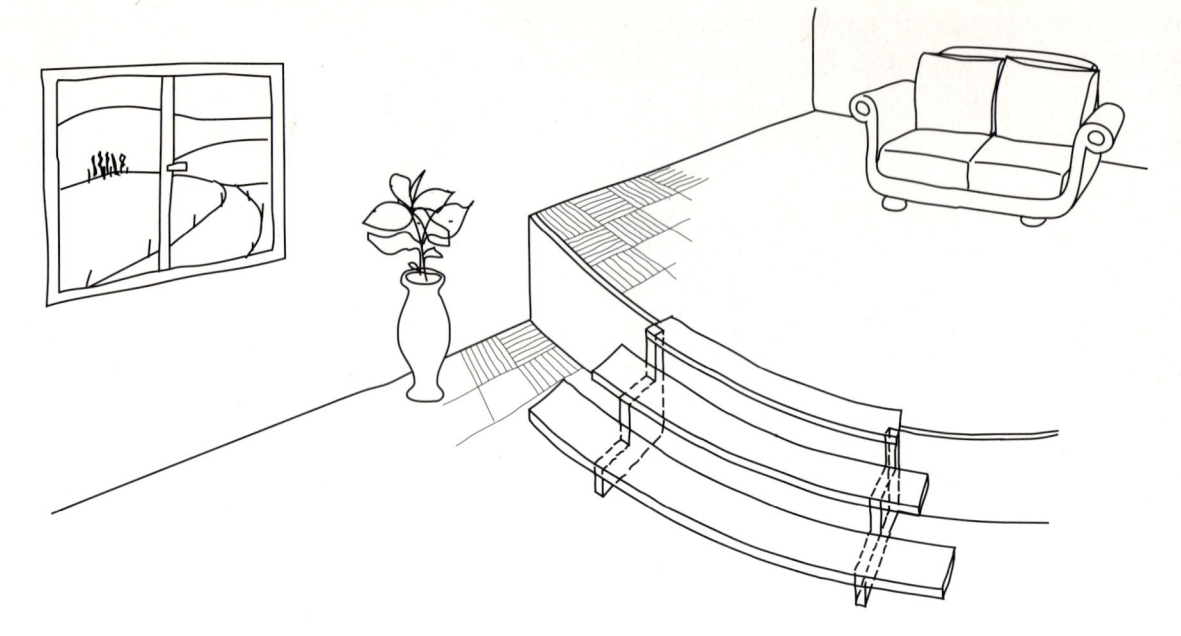

1. Vorhandenes Podest im Wohnzimmer

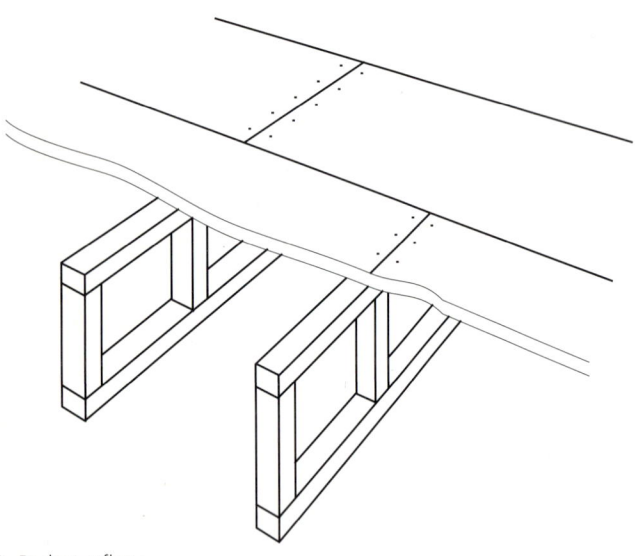

2. Podestaufbau

Quadermauerwerk

Oberputz/Edelputz

Trockenmauerwerk

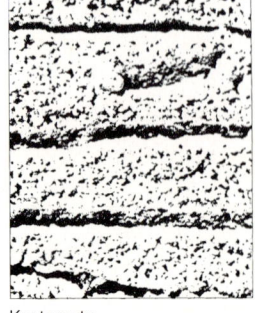

Kratzputz

3. Wand- und Mauerstrukturen

26.8 Konstruktionsaufgaben

Erneuerung eines Podestes mit Parkettfußboden

Das in Bild 1 dargestellte Podest im Wohnzimmer der Familie Bode soll erneuert werden. Eine dreistufige Freitreppe für diesen Auftrag haben Sie bereits entworfen.

Das 510 mm hohe Grundgerüst des Podestes, siehe Bild 2, bleibt dabei erhalten.

Frau Bode möchte auch auf dem Podest einen repräsentativen Parkettfußboden und stellt sich vor, dass die Stirnwand des Podestes nicht mehr mit Teppichboden verkleidet bleibt. Hier soll ein wand- oder mauerartiger Aufbau geschaffen werden, ähnlich wie die Muster in Bild 3 zeigen.

Auch für eine indirekte Beleuchtung soll die Tischlerei Richter sorgen.

Herr Richter skizziert daraufhin den in Bild 4 gezeigten Entwurf.

Aufgabe 1:

- Zeichnen Sie zunächst eine Perspektive Ihres Eigenentwurfes ähnlich wie in Bild 1.
- Erweitern Sie diese Zeichnung um das Detail Beleuchtung.
- Skizzieren Sie einen Vertikalschnitt durch die Stirnwand und beschreiben Sie die Beleuchtungssituation dabei genauer.
- Fertigen Sie einen normgerechten Vertikalschnitt durch die Front des Podestes an. Dieser soll auch den unteren Fußbodenaufbau zeigen.

4. Gestaltungsvorschlag

Konstruktionsaufgaben 191

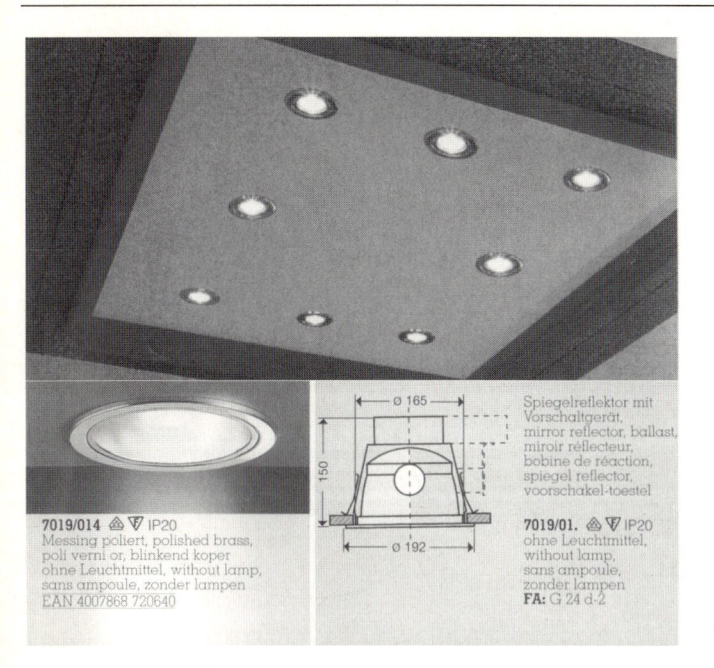

5. Beleuchtungsbeispiel

Eine Badezimmerdecke soll abgehangen werden

Im Badezimmer der Familie Bode (siehe Bild 6) soll die Deckenhöhe von bisher 3,50 m auf 2,45 m reduziert werden. Das Bad soll durch diese neue Decke optisch größer und gemütlicher erscheinen.
In die Decke sollen mehrere Einbauspots eingearbeitet werden. Bild 5 zeigt ein mögliches Leuchtmittel mit Einbaumaßen.
Die Grundfläche des Bades von 2,70 m × 4,20 m soll unverändert bleiben.

Aufgabe 2:
- Fertigen Sie zunächst einen Gestaltungsentwurf für die Decke an.
- Wählen Sie aus Bild 7 ein infrage kommendes Abhängesystem aus.
- Zeichnen Sie fachgerecht das Anschlussdetail Wand–Decke.
- Fertigen Sie für diesen Auftrag neben der Materialliste auch einen Arbeitsablaufplan an.

6. Badezimmer mit Deckenhöhe von 3,50 m

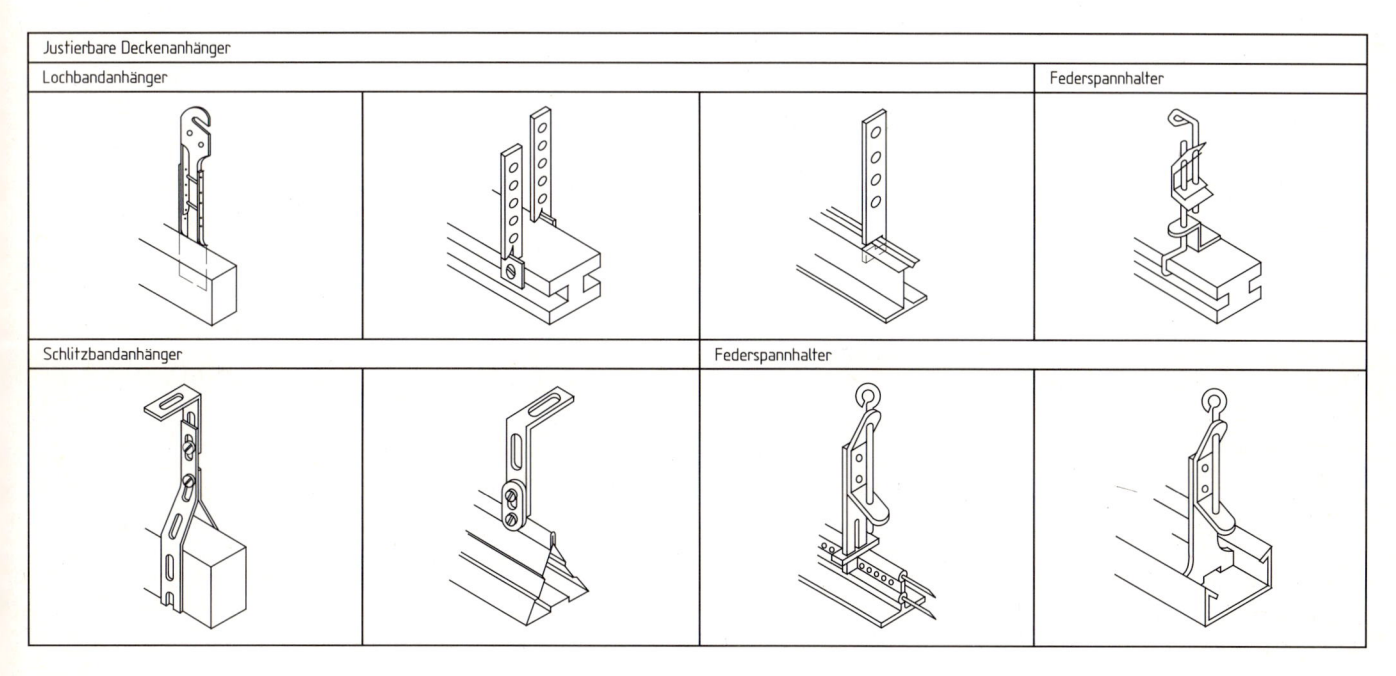

7. Auswahl verschiedener Deckenabhänger

© Verlag Gehlen

27 Zeichnungslesen

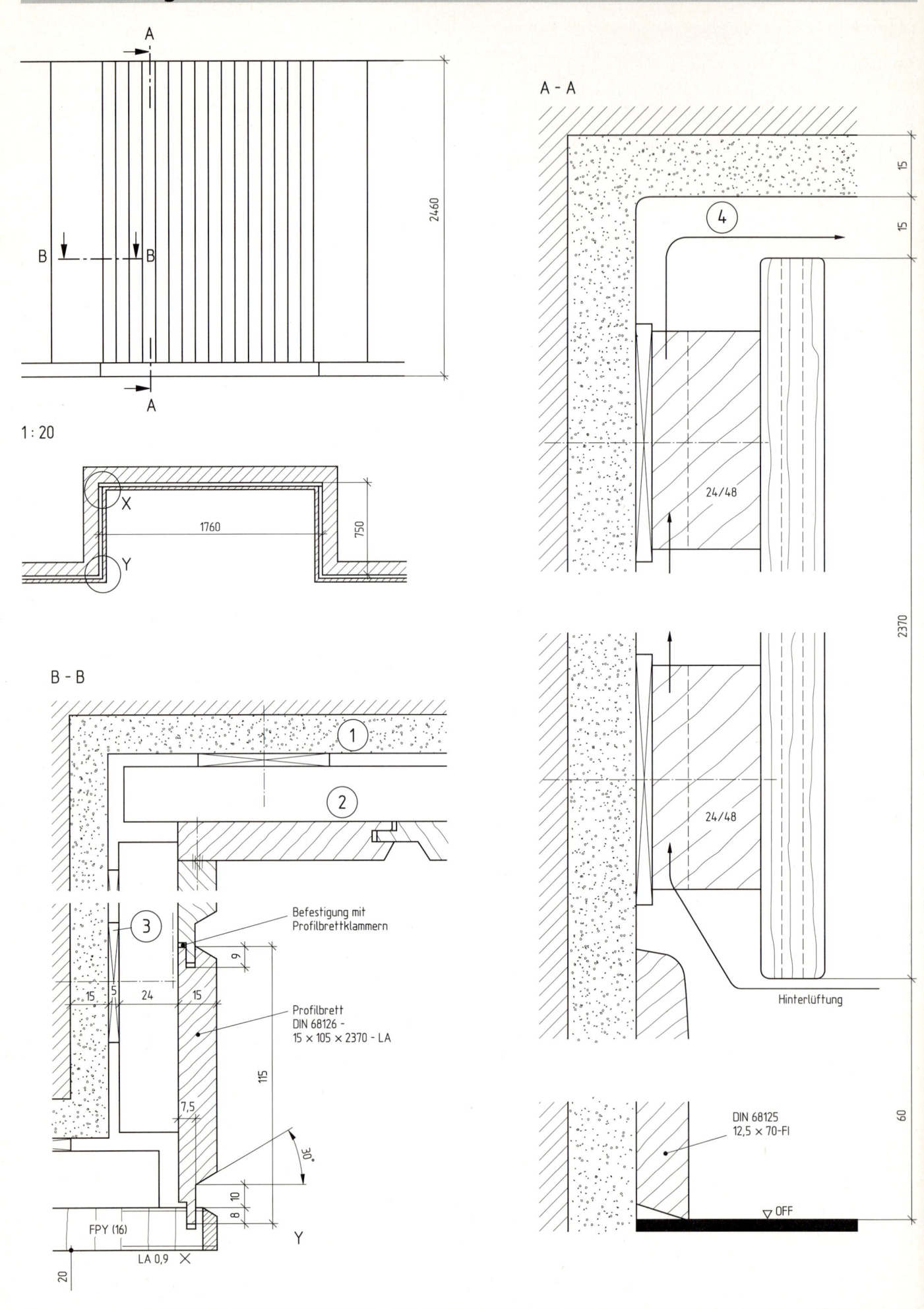

1 : 20

A - A

B - B

Befestigung mit
Profilbrettklammern

Profilbrett
DIN 68126 -
15 × 105 × 2370 - LA

FPY (16)
LA 0,9

Hinterlüftung

DIN 68125
12,5 × 70-Fl

▽ OFF

© Verlag Gehlen

27.1 Wandnischenverkleidung mit Profilholz

Aufgaben:

1. Wie werden die mit A – A und B – B gekennzeichneten Schnitte benannt?

2. Was bezeichnen die Buchstaben X und Y?

3. Wie bezeichnet man diese Art der Wandverkleidung?

4. Wie werden die mit 1, 2, 3 und 4 gekennzeichneten Details bezeichnet?

5. In welcher Holzart wurde die Wand verkleidet?

6. Übersetzen Sie die im Horizontalschnitt zu findende Bezeichnung: 15 × 105 × 2370

7. Berechnen Sie die Anzahl der für die hintere Nischenwand notwendigen Bretter.

8. Berechnen Sie das lichte Breitenmaß der Wandnische.

9. Wie hoch sind der untere und der obere Abstand der Verbretterung zu Decke und Fußboden?

10. Auf welche Breite müssen die Randbretter der hinteren Nischenverkleidung gesägt werden?

11. Nennen Sie das Querschnittsmaß der Konstruktionslattung.

12. Aus welchem Material besteht die Fußleiste?

13. Was bedeutet im Horizontalschnitt die Materialbezeichnung: FPY (16)?

14. Ist der Anleimer an der Wandpaneele überfurniert oder nicht?

15. Womit sind die Profilbretter befestigt?

© Verlag Gehlen

28 Das Gesellenstück

28.1 Die Ausbildungsordnung muss beachtet werden

Rechtzeitig vor der Gesellenprüfung kümmert sich der Lehrling um die Vorgaben, die er hinsichtlich der Gestaltung und der handwerklichen Anforderungen an sein Gesellenstück erfüllen muss.
Von den Ausschüssen, den Innungen, der Berufsschule und den Handwerkskammern erhält er genügend Informationen, die er in seine Planung einfließen lässt.

Als wesentliche Informationen hat er dabei folgende Punkte herausgefunden:
Der Prüfling soll in der praktischen Prüfung in insgesamt höchstens 120 Stunden ein Prüfungsstück anfertigen.

Das Gesellenstück

Hierfür kommt als Prüfungsstück die Herstellung
- eines Möbels
- oder eines Bauelementes
- oder eines Teiles einer Inneneinrichtung

unter Herausstellung von Form und Funktion in Betracht. Dazu gehört auch die Erstellung:
- einer Fertigungszeichnung
- einer Stückliste
- und eines Arbeitsablaufplanes.

Der Prüfling hat dem Prüfungsausschuss vor der Anfertigung des Prüfungsstückes einen bemaßten Entwurf zur Genehmigung vorzulegen. Erst danach kann er beginnen.

- Er muss das Gesellenstück selbstständig und ohne fremde Hilfe anfertigen.
- Er soll das Gesellenstück aus dem Tätigkeitsbereich entnehmen, in dem er überwiegend ausgebildet wurde.
- Das Gesellenstück soll ein Kompromiss aus Funktion und Gestaltung sein.
- Verkleinerte Modelle sind dabei nicht zugelassen.
- Bei Möbeln soll die größte Ansichtsfläche 1,25 m^2 nicht überschreiten.
- Bei anderen Erzeugnissen soll diese Fläche nicht größer als 2,00 m^2 sein.
- Die konstruktiven Merkmale sind nach streng fachlichen Regeln auszuführen.
- Eine fertige Oberflächenbehandlung wird vorausgesetzt.

Das Möbel soll im Regelfall mindestens eines der folgenden Bauteile enthalten:

- einen von Hand gezinkten Schubkasten
- eine Tür oder Klappe
- oder eine Konstruktion mit vergleichbarem Schwierigkeitsgrad.
- Ein Einsteck- oder Einlassschloss wird erwünscht.

Bei Bauelementen, die im Wesentlichen maschinell hergestellt werden, sollten folgende Arbeiten von Hand ausgeführt werden:

- bei Haustüren und Fenstern ein Gestell für das Bauteil

Bei dem Bauelement soll mindestens eine der folgenden Arbeiten von Hand ausgeführt werden:

- eine Sprosse mit Zapfenverbindung
- Kreuzsprosse auf Gehrung
- gestemmte Verbindung mit Profil auf Gehrung
- Schlitz und Zapfen einseitig auf Gehrung
- oder ein gezinktes Futter.

1. mögliche Gesellenstücke

© Verlag Gehlen

28.2 Eine Vitrine wird entworfen

Der Lehrling und sein Meister überlegen zunächst, ob ein Möbel, ein Teil einer Inneneinrichtung oder ein Bauelement als Gesellenstück infrage kommt.
In unserem Beispiel wählt der Lehrling eine Vitrine. Diese darf er, nach gutem Brauch, für sich selbst herstellen und bekommt von seinem Ausbildungsbetrieb dafür Zeit, Material und Rat.

Um seine Edelsteinsammlung gut zur Geltung kommen zu lassen, soll es eine Vitrine mit großzügiger Glasfläche werden.
Er holt sich Anregungen und Ideen durch Kataloge und Ausstellungsstücke in Möbelhäusern und informiert sich zusätzlich bei seinem Meister und den Gesellen.
Die folgenden Abbildungen zeigen seine Überlegungen.

2. Frontvariationen für eine Vitrine

© Verlag Gehlen

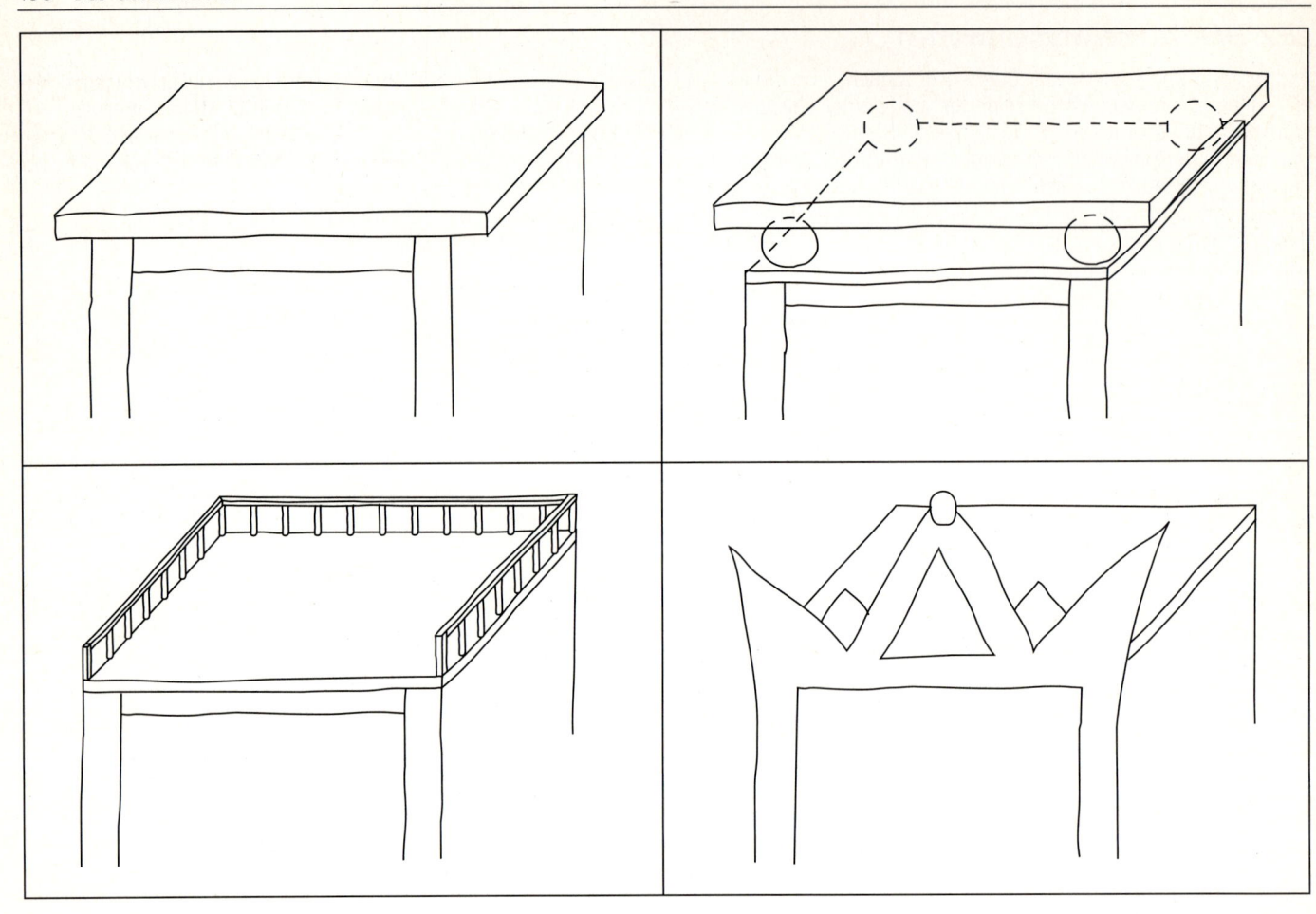

1. Plattenvariationen

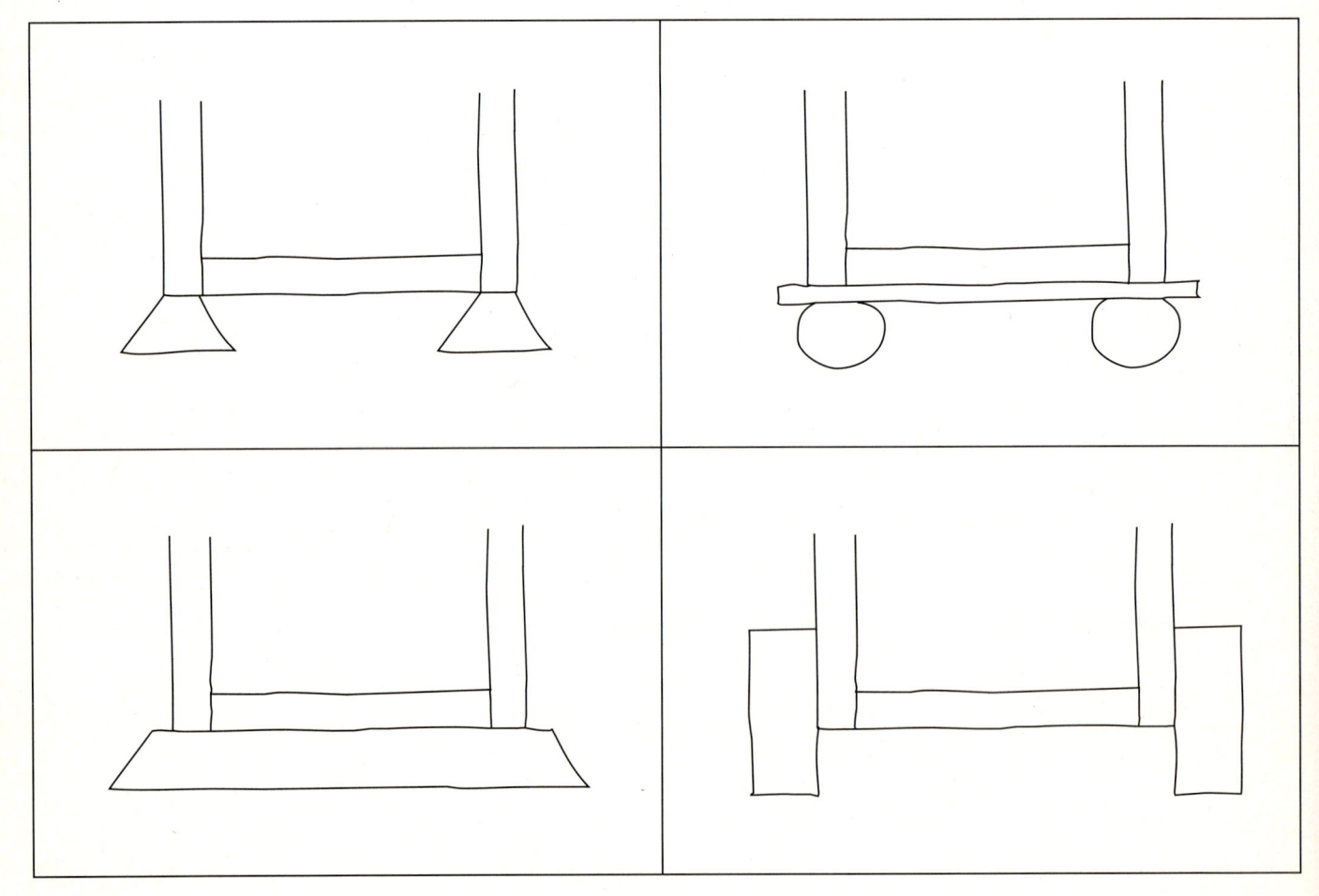

2. Sockelvariationen

© Verlag Gehlen

Stilgarnituren aus Zamak und Messing

Zamak, goldfarben poliert

Griffe aus Zamak

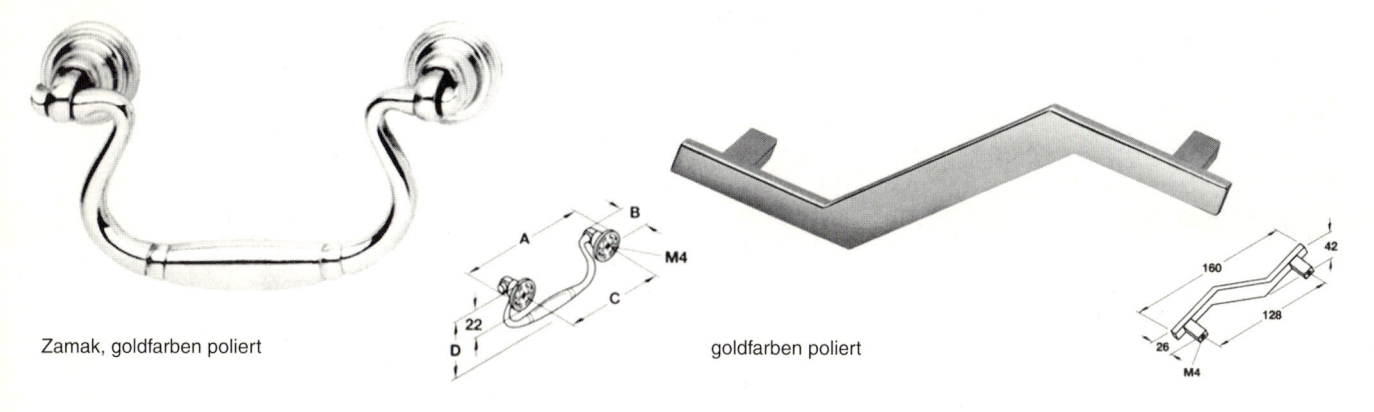

goldfarben poliert

Griffe aus Holz und Messing

Sockel: Messing, poliert
Griffstück: Buche, natur

Griffe aus Edelstahl

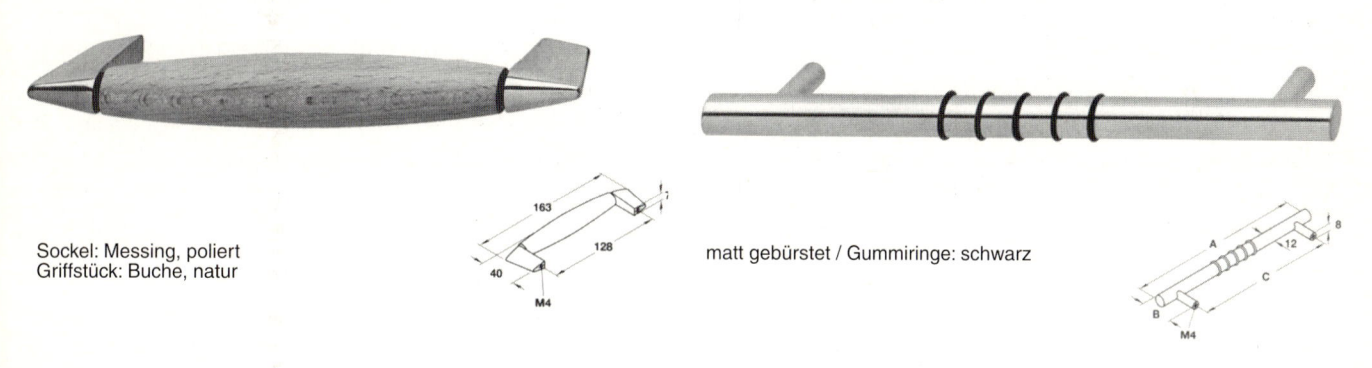

matt gebürstet / Gummiringe: schwarz

3. Beschläge, Detaillösungen

28.3 Bewertungskriterien

Die Prüfungskommissionen bewerten die Gesellenstücke nach einem vorher festgelegten Auswertungsschlüssel. Dieser orientiert sich an einem vom HKH herausgegebenen Vorschlag.

Fertigungszeichnung Arbeitsablaufplan Stückliste 20 Punkte	Passen der Verbindungen 20 Punkte	Formgebung, Funktionalität, Beschläge, Konstruktion und Werkstoffeinsatz 20 Punkte	Oberflächenbehandlung einschließlich Beschlageinbau 20 Punkte	Maß- und Formgenauigkeit und Ausführung nach Zeichnung 20 Punkte
Fertigungszeichnung	Korpusverbindungen	Proportionen/ Abmessungen	Furnierzusammensetzung	Breite, Höhe und Tiefe der wichtigsten Bauteile
Arbeitsablaufplan	Eckverbindungen der beweglichen Teile	Holzauswahl, Maserung	Holzschliff	Winkligkeit
Stückliste		Gängigkeit der beweglichen Teile	Überzugsmaterial, Auswahl und Verarbeitung	
		Verbindungsart	Intarsien	
		Gestalterische Lösungen	Beschlageinbau	

4. Bewertungskriterien

© Verlag Gehlen

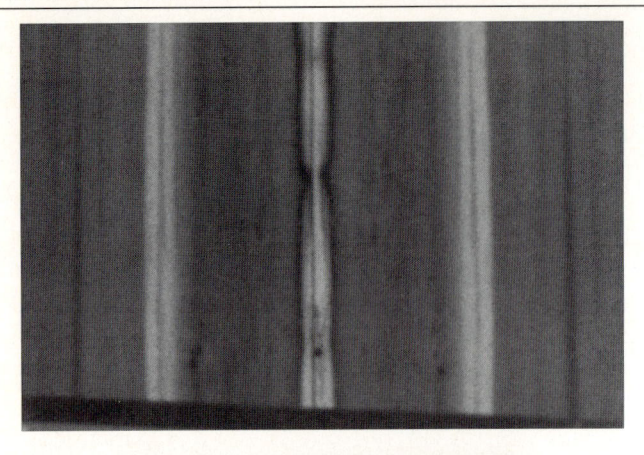

Formgebung, Funktionalität, Beschläge, Konstruktion und Werkstoffeinsatz

Die Prüfungsausschüsse bewerten unter diesem Punkt die für die jeweils verwendeten Materialien zulässigen Verbindungen und Konstruktionen.
Häufig ist das Gesellenstück für den Lehrling die erste Gelegenheit, eine eigene Idee umzusetzen. Die Gestaltung wird daher bei der Bewertung auch mit berücksichtigt.
Sein Können auf fachlichem Gebiet stellt der Lehrling beispielsweise durch die gelungene Holzauswahl und durch eine günstige Kombination verschiedener Materialien unter Beweis. Im Bild 1 sind diese Details gezeigt.

Fertigungszeichnung, Arbeitsablaufplan, Stückliste

Die Fertigungszeichnung ist nach DIN 919 anzufertigen, daneben ist ein ordentlich gegliederter und schlüssiger Arbeitsablaufplan Beweis seines Könnens. Die verwendeten Materialien sind in einer tabellarischen Stückliste zu erfassen.

Passen der Verbindungen

Unter diesem Bewertungspunkt überprüft der Ausschuss nicht allein die gute Passgenauigkeit und die handwerkliche Sorgfalt, sondern auch die Eignung der jeweiligen Verbindung an dieser Stelle.
Konstruktive Verbindungen müssen den Werkstücken die notwendige Festigkeit verleihen. Traditionelle Verbindungstechniken, wie Zinken, Graten und Schlitz- und Zapfenverbindungen sind für diesen Nachweis am besten geeignet. Im Bild 2 sieht man gelungene aber auch nicht ausreichende Passigkeiten.
Verbindungselemente müssen so gefertigt werden, dass keine sichtbaren Fugen entstehen.

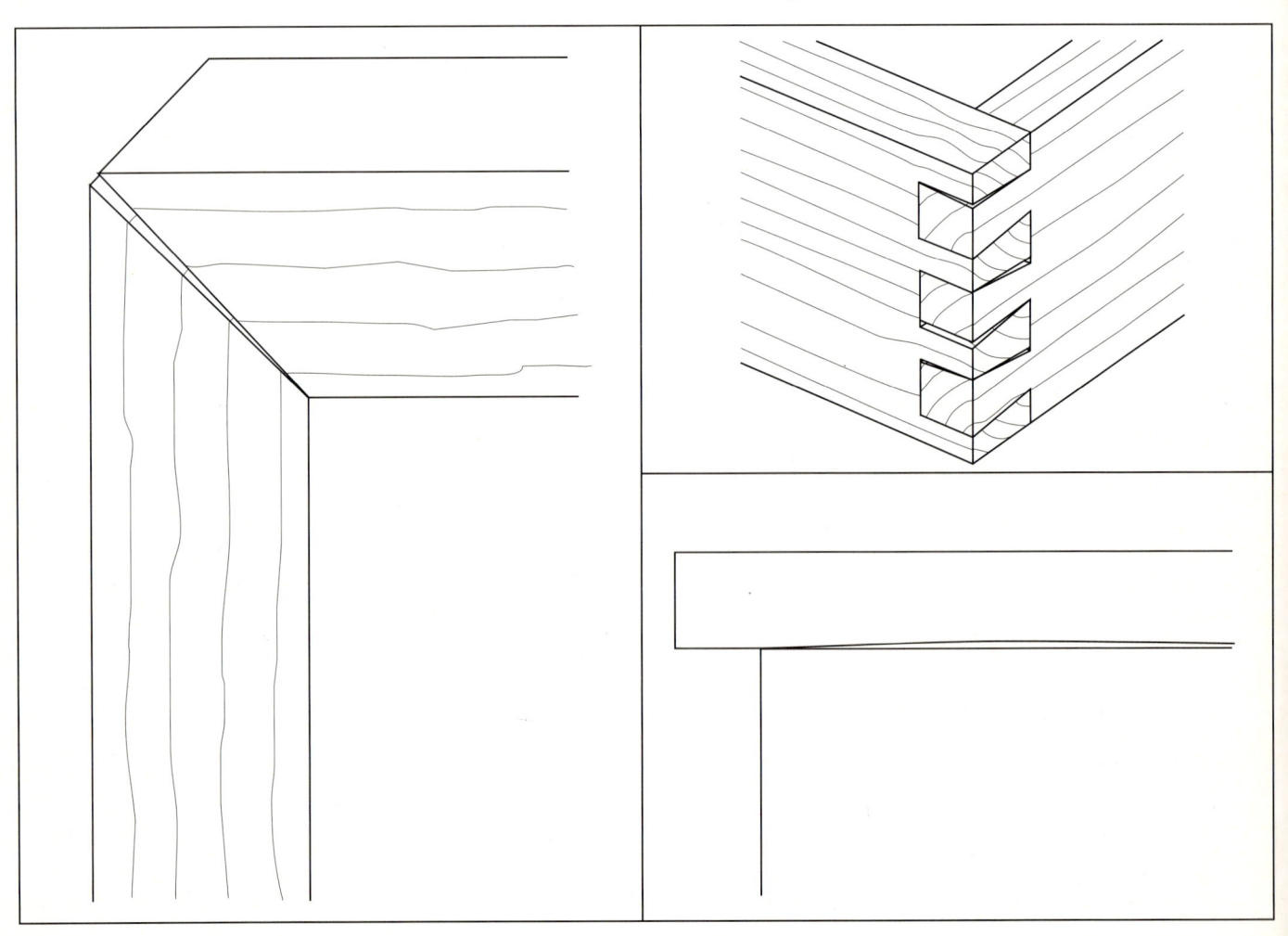

1. Beispiele zur guten und ungünstigen Holzauswahl

2. Beispiele für Verbindungskonstruktionen

Einbau der Beschläge, Oberflächenbehandlung

Die Auswahl der Beschläge hat sich, je nach Prüfungsausschuss, an gewissen Schwierigkeitsgraden zu orientieren. Wenn Topfscharniere, Aufschraubschlösser, Stangenscharniere, oder Kunststoffmagnetschnäpper nicht zugelassen sind, erfolgt dies, weil der Einbau dieser Beschlagsarten kein besonders hohes Maß an fachlichem Können beweist.
Im Bild 3 sind Beispiele gezeigt.
Aus den zur Verfügung stehenden Beschlagsarten wählt der Lehrling die für die Gestaltung seines Prüfungsstückes passenden Materialien aus.
Die Gängigkeit der beweglichen Teile wird sehr genau betrachtet. Schubkästen müssen leichtgängig im Korpus bewegt werden können. Spiel, Fugen und Toleranzen müssen so präzise wie möglich und fachlich nötig gearbeitet sein.
Türen müssen leicht beweglich sein, gleichmäßig anschlagen und leicht schließen.

Der gute Eindruck des Gesellenstückes hängt entscheidend von dem Gelingen der Oberflächenbehandlung ab.
Die Prüfungsstücke müssen eine fertige Oberfläche beispielsweise aus Öl, Wachs oder Lack aufweisen.
Sichtbare Schleifspuren, Anreißspuren, ungleichmäßig gebrochene Kanten, raue Oberflächen, Läufer, unbehandelte Teile gehen in die Wertung negativ ein. Im Bild 4 sind Oberflächenfehler gezeigt.

Maß- und Formgenauigkeit, Ausführung nach Zeichnung

Die vorgelegte Fertigungszeichnung muss eine exakte technische Zeichnung sein. Alle notwendigen Maße, Mateialangaben und alle zur Herstellung wichtigen Schnitte sind darin enthalten.

Der Ausschuss überprüft, ob das Prüfungsstück danach gefertigt wurde. Abweichungen vom Entwurf bedürfen in der Herstellungsphase der Genehmigung durch den Prüfungsausschuss.
Die in der Zeichnung notierten Maße werden geprüft.

3. Beispiele Beschläge

4. Oberflächenbehandlung

© Verlag Gehlen

200 Das Gesellenstück

28.4 Beispielhafte Gesellen- und Meisterstücke

Titel: Nähtisch in Birne
Verfasser: Ruth Lilian Gehler, Hamburg
Betrieb: Kunstwerkstätten H.-J. Timmann, Hamburg

1. Gesamtansicht

2. Foto Detail

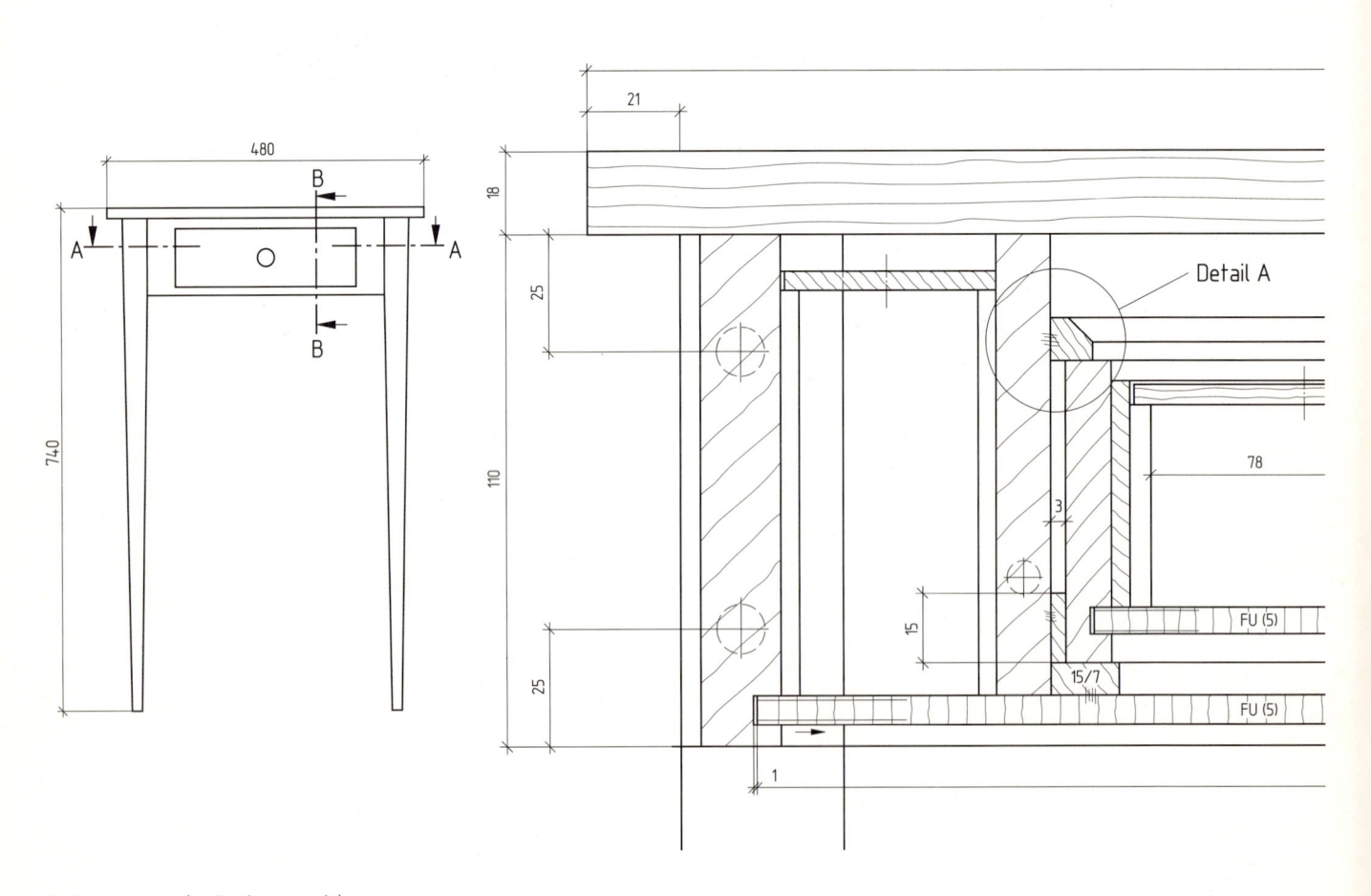

3. Auszug aus der Fertigungszeichnung

© Verlag Gehlen

Das Gesellenstück 201

Titel: Schrank mit Glasplatte
Verfasser: Christine Schubert, Lörrach
Betrieb: H. Schweinlin, Kandem

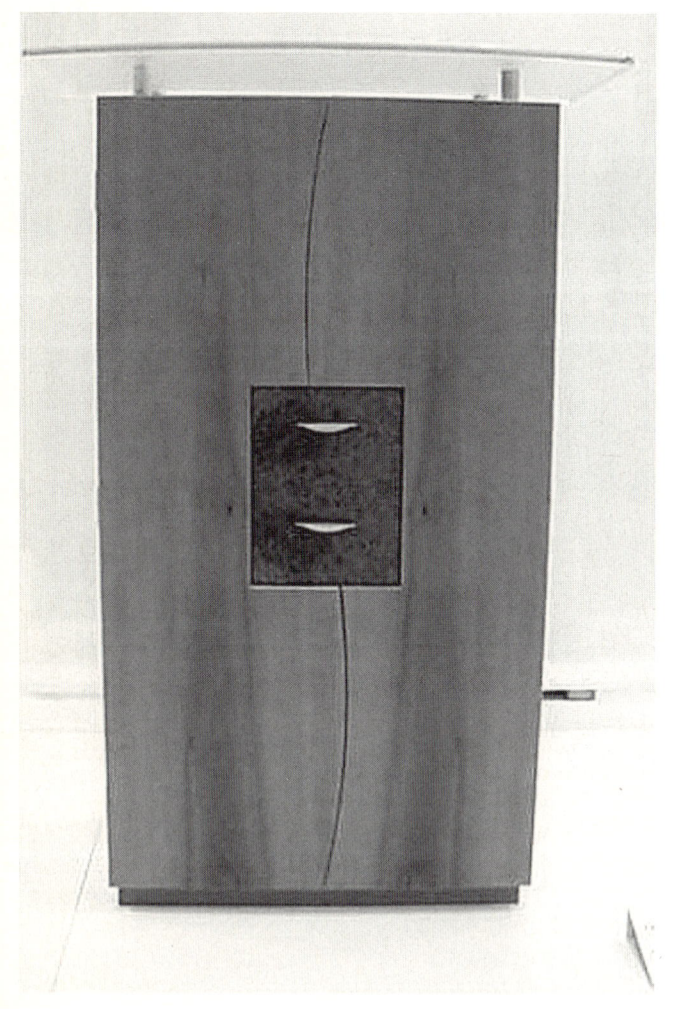

4. Foto Detail

5. Foto Gesamtansicht

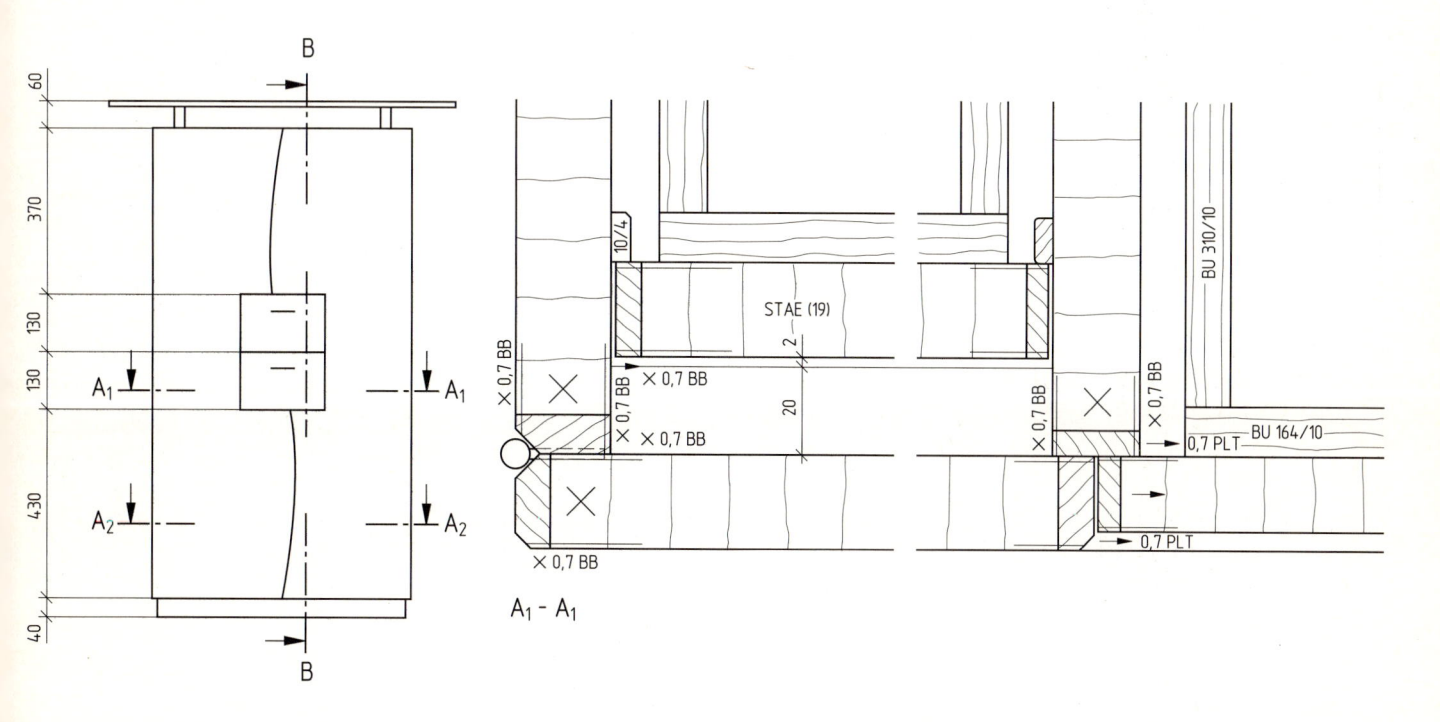

6. Auszug aus Fertigungszeichnung

© Verlag Gehlen

Das Gesellenstück

Titel: Truhe in Eiche
Verfasser: John Lohsen, Bederkesa
Betrieb: J. Hildebrandt, Lintig

1. Gesamtansicht

2. Foto Detail

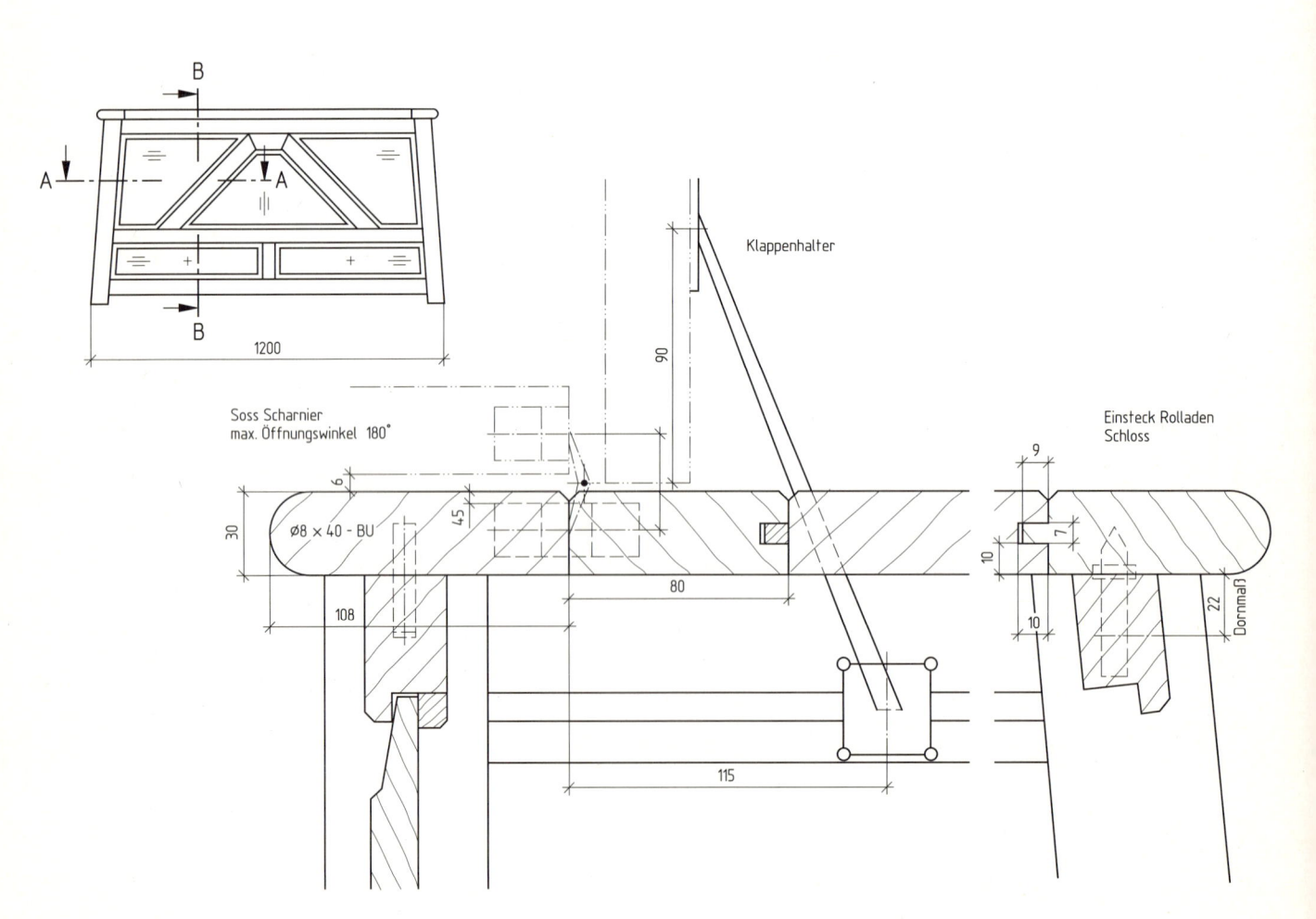

3. Auszug aus der Fertigungszeichnung

© Verlag Gehlen

Das Gesellenstück 203

Titel: Schrank mit Schubladen
Verfasser: Stefan Niedermaier
Betrieb: Schreinerei Daxenberger, Seeon

3. Foto Detail

5. Foto Gesamtansicht

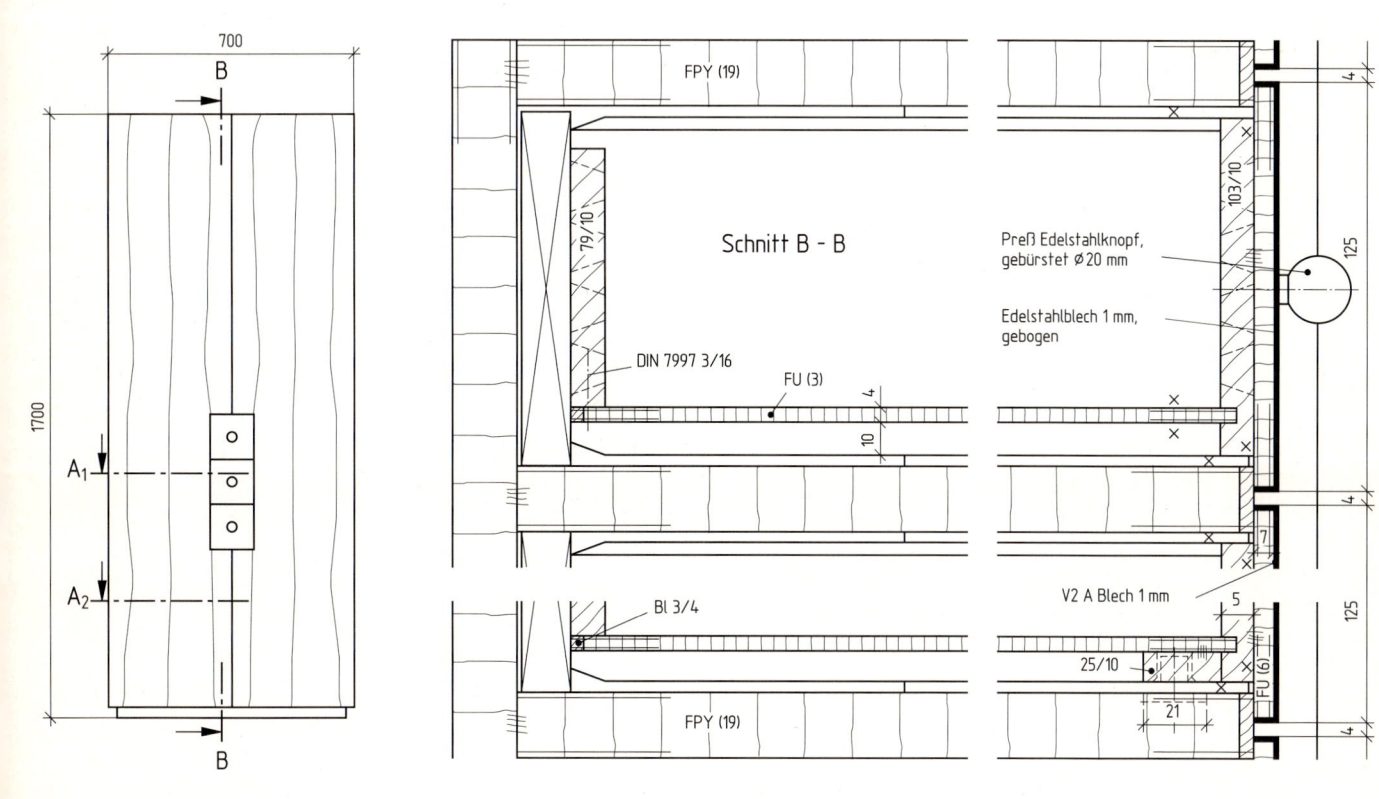

Schnitt B - B

FPY (19)
Preß Edelstahlknopf, gebürstet Ø 20 mm
Edelstahlblech 1 mm, gebogen
DIN 7997 3/16
FU (3)
Bl 3/4
V2 A Blech 1 mm
FPY (19)
FU (6)

6. Auszug aus Fertigungszeichnung

© Verlag Gehlen

204   Das Gesellenstück

| Titel: Haustür in Eiche |
| Verfasser: Olaf Breden, Loxstedt-Nesse |
| Betrieb: Meisterstück |

1. Gesamtansicht

2. Foto Detail

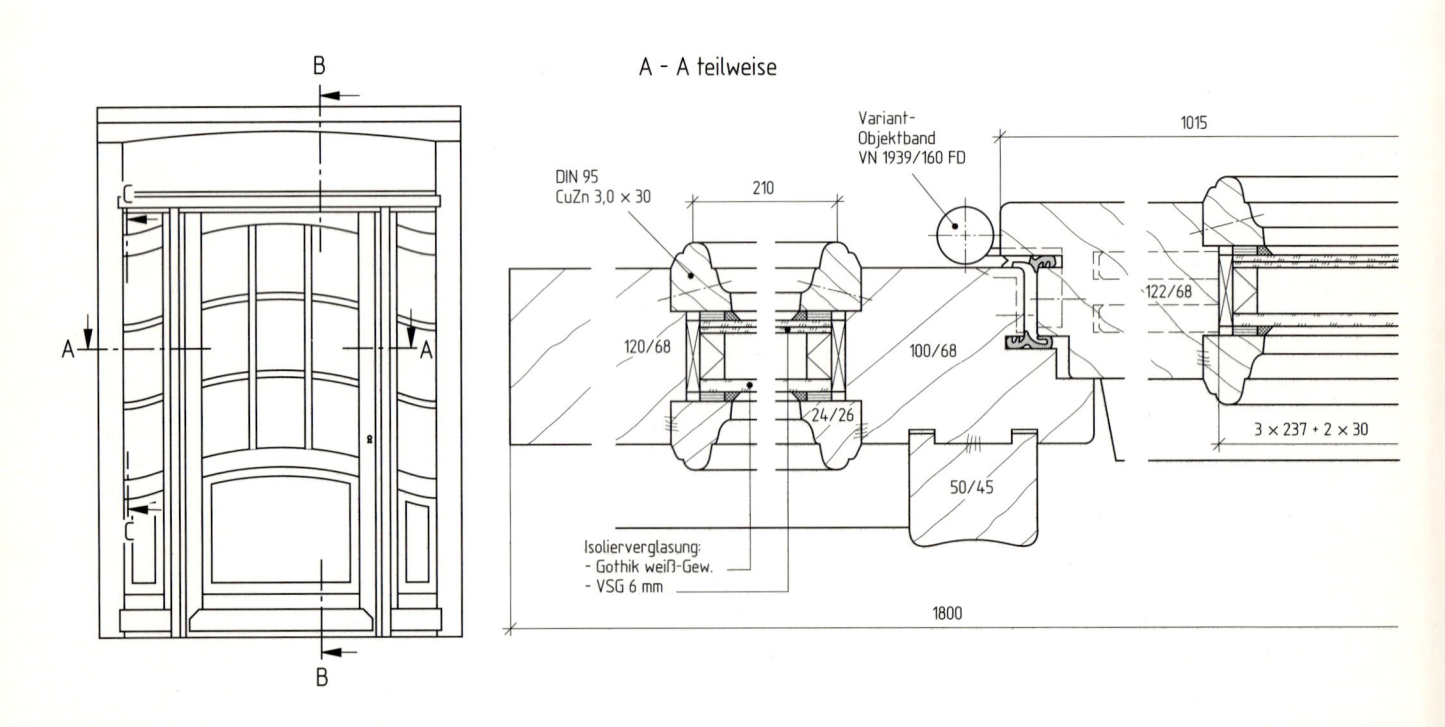

A - A teilweise

- DIN 95 CuZn 3,0 × 30
- 210
- Variant-Objektband VN 1939/160 FD
- 1015
- 120/68
- 100/68
- 122/68
- 24/26
- 50/45
- 3 × 237 + 2 × 30
- Isolierverglasung:
  - Gothik weiß-Gew.
  - VSG 6 mm
- 1800

3. Auszug aus der Fertigungszeichnung

© Verlag Gehlen

Das Gesellenstück 205

Titel: HiFi-Schrank in Buche
Verfasser: Olaf Kriech, Bremen-Lemwerder
Betrieb: Meisterstück

4. Foto Detail

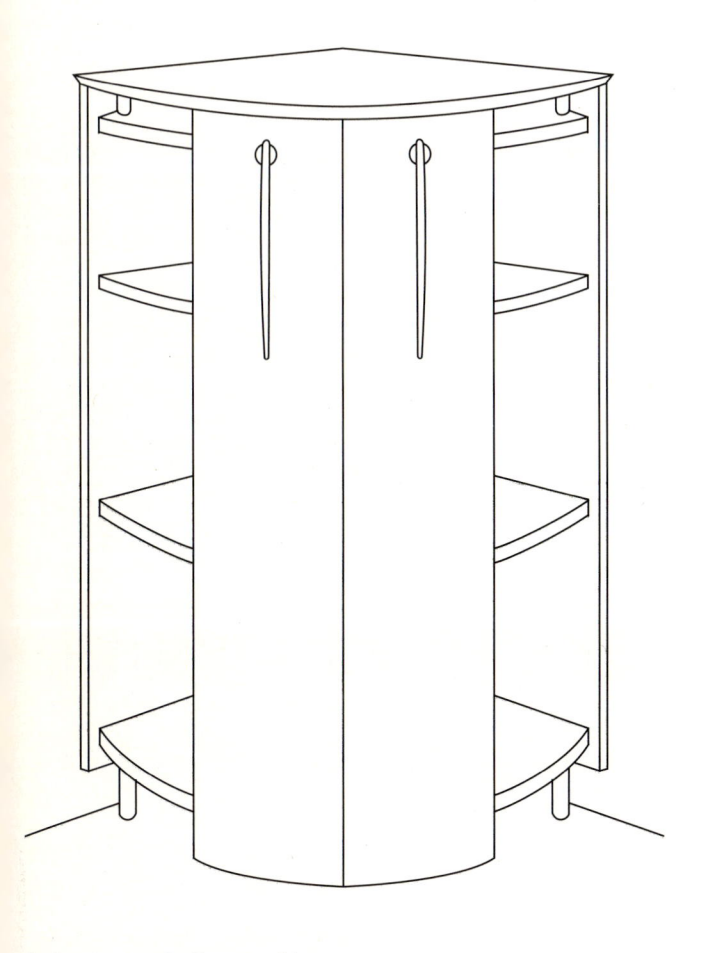

5. Foto Gesamtansicht

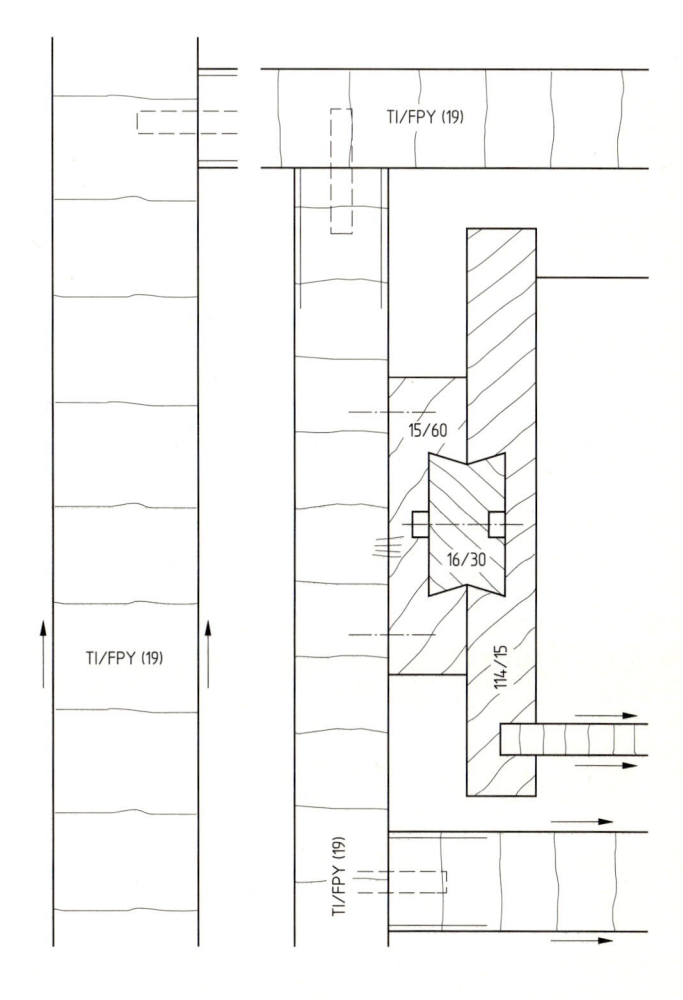

6. Auszug aus Fertigungszeichnung

© Verlag Gehlen

Linien in Zeichnungen — DIN 919-1, DIN 15-2

Linienart	Liniengruppe 0,5	Liniengruppe 0,7	Anwendungen nach DIN 15-2 (auszugsweise) und zusätzliche Anwendungen (mit Spiegelstrich)
A Volllinie, breit	**0,5**	**0,7**	1 sichtbare Kanten 2 sichtbare Umrisse – Fugen in Schnittflächen – Boden-, Wand- und Deckenlinien in Ansichten und Schnitten (auch in Linienart K1)
B Volllinie, schmal	**0,25**	**0,35**	1 Lichtkanten 2 Maßlinien 3 Maßhilfslinien 4 Hinweislinien 5 Schraffuren (nach DIN 201) 6 Umrisse am Ort eingeklappter Schnitte 7 kurze Mittellinien (Mittellinienkreuz) 9 Maßlinienbegrenzungen 10 Diagonalkreuz zur Kennzeichnung ebener Flächen 11 Biegelinien 12 Umrahmungen von Einzelheiten 14 Umrahmungen von Prüfmaßen 15 Faser- und Walzrichtungen 17 Projektionslinien 18 Rasterlinien – konstruktionsbedingte bündige Fugen in Ansichten – Begleitlinien (zur Kennzeichnung von Belagstoffen in Schnittdarstellungen von Plattenwerkstoffen) – Kennzeichnung von Leimfugen[1]
C Freihandlinie, schmal	0,25	0,35	1 Begrenzung von abgebrochenen oder unterbrochenen dargestellten Ansichten und Schnitten, wenn die Begrenzung keine Mittellinie ist[2] – Schnittflächenschraffur bei Holz und Holzwerkstoffen[3] – Kennzeichnung von Leimfugen[3]
F Strichlinie, schmal	0,25	0,35	1 verdeckte Kanten 2 verdeckte Umrisse
G Strichpunktlinie, schmal	0,25	0,35	1 Mittellinien 2 Symmetrielinien 3 Trajektorien (Bewegungsverlauf) – Meterrissmarkierungen (siehe DIN 18111-1)
J Strichpunktlinie, breit	0,5	0,7	1 Kennzeichnung geforderter Behandlungen 2 Kennzeichnung der Schnittebenen
K Strich-Zweipunktlinie, schmal	0,25	0,35	1 Umrisse von angrenzenden Teilen 2 Grenzstellungen von beweglichen Teilen 4 Umrisse (ursprüngliche) vor der Verformung 5 Teile, die vor der Schnittebene liegen 6 Umrisse von wahlweisen Ausführungen 7 Fertigformen in Rohteilen 8 Umrahmungen von besonderen Feldern/Bereichen – Bandbezugslinie (siehe DIN 18268)
Volllinie („extra breit")[4]	≥1,0		Kennzeichnung von Schnittflächen (Umrisse, Konturen)
Beschriftung (DIN 6776-1)	**0,35**	**0,5**	Maß- und Textangaben, grafische Symbole (s. S. 318)

[1] Bei rechnerunterstütztem Zeichnen. [2] Vorzugsweise bei manueller Zeichnungserstellung.
[3] In Zeichnungen nach DIN 919-1 wird im Regelfall auf das Eintragen dieser Linien verzichtet.
[4] Nur in technischen Zeichnungen für das Bauwesen nach DIN 1356-1 anwenden. (s. S. 311).

Kennzeichnung von Schnittflächen — DIN 919-1

	Längsholzschnitt	Hirnholzschnitt	verleimt[1] (4 Freihandlinien)
Vollholz			KPVAC verleimt
Holzwerkstoffplatten und -profile	Schraffurlinien rechtwinklig ≈0,5d	Kurzzeichen für Plattenart[2] FPY	Angabe der Nenndicke FPY 19
	Kreuz: Kernstruktur Hirnholz ST 19	Pfeil: Kernstruktur Längsholz STAE 19	Fertigplatte, beschichtet, oben KH 8
	fertig beschichtet, beidseitig KH 3,2	fertig beschichtet dreiseitig FPY 20	allseitig beschichtet (ummantelt) MDF 20
Zu beschichtende Holzwerkstoffplatten und -profile, z. B. durch Furnieren	Rohdicke in Klammern FPY (19)	zwei Begleitlinien: beidseitig z. B. 20 FPY (19)	drei Begleitlinien: dreiseitig FPY (19)
	Anleimer überfurnieren FPO (19)	Anleimer nachträglich anleimen FPO (19)	Pfeil: Oberflächenstruktur quer KF 16
	Kreuz: Oberflächenstruktur längs FPO (16)	ST-Platte, in Kiefer, längs furniert KI 0,9 ST (16) 17	unterschiedlich zu beschichten[3] PVC HPL 1,2 FPY (16) 18 FI 1,0

[1] **KPVAC** Polyvinylacetat-Dispersionsklebstoff (s. S. 107).
[2] **FPY** Flachpressplatte (FP) für allgemeine Zwecke, **FPO** FP mit besonders feinspaniger Oberfläche, **FP** mit kunststoffbeschichtete dekorative FP, **FU** Furniersperrholz, **ST** Stabsperrholz, **OSB** Langspanplatte, **KF** kunststoffbeschichtete dekorative FP, **FU** Furniersperrholz, **ST** Stabsperrholz, **STAE** Stäbchensperrholz, **MDF** Mitteldichte Holzfaserplatte, **HFH** Harte Holzfaserplatte („Hartfaser"), **KH** kunststoffbeschichtete dekorative Holzfaserplatte (s. S. 90).
[3] **HPL 1,2** dekorative Hochdruck-Schichtpressstoffplatte, 1,2 mm dick; Gegenfurnier Fichte, 1 mm dick (s. S. 92).; **PVC** Kunststoff-Umleimer ringsum; Fertigdicke der Platte 18 mm (Rohdicke 16 mm)

© Verlag Gehlen

Holzdübel[1] — DIN 68150-1

Form A/AM	Form B/BM	Form C/CM		Außendurchmesser d ($\pm 0{,}2$) in mm (Nennmaß)[4]								
Riffeldübel[2]	Glattdübel[2]	Quelldübel[2]		5[3]	6	8	10	12	14	16	18	20
			Länge l (± 1) in mm	25	25	25	30	30	50	60	80	60
				30	30	30	35	35	60	80	120	120
				35	35	35	40	40	80	120	140	160
					40	**40**	45	45	120	160	160	
						50	50	50	140			
							60	60	160			
							70	80				

Holzarten: Rotbuche (BU), Eiche (EI), Sipo-Mahagoni (MAU), echtes Mahagoni (Swietenia, MAE)

Norm-Bezeichnung eine Riffeldübels (Form A) mit Durchmesser $d = 8$ mm und Länge $l = 45$ mm aus Rotbuche (BU): **Holzdübel DIN 68150-1 – A – 8 × 40 – BU**

[1] Verbindungsmittel aus Vollholz-Rundstäben, gefräst (Form A, AM, B und BM) oder gepresst (C, CM). [2] AM, BM oder CM bezeichnet Dübel zur maschinellen Verarbeitung (Form A, B bzw. C). [3] Nur Form A und B. [4] Für Riffeldübel werden Werkzeuge mit Durchmesser-Nennmaßen +0,1 mm verwendet.

Winkeldübel (WD[1])
aus Sperrholz — aus Kunststoff

- Ø 6 × 25 / 25 – FU
- Ø 8 × 25 / 25 – FU
- Ø 8 × 30 / 30 – FU
- Ø 10 × 30 / 30 – FU

(alle Maße in mm)

[1] Empfohlenes Kurzzeichen, nicht genormt.

Formfedern in Lamellenform aus Buche (LFF)[1] — Herstellerangaben

Typ-Nr.	0	10	20[2]	1	2	3[3]	S4[3]	S5	S6	S7	11	13	14
Länge l	47	53	56	44	50	56	68	65	85	52	Ø	Ø50	Ø
Breite b	15	19	23	18	24	30	21	18	30	12	35	40	50
Dicke d					4 (alle Maßangaben in mm)								
Maschine		Lamellennutfräse			Stationäre Fräse			Doppelendprofiler			Fräsmaschine		
Nutfräser		Ø100			Ø75			Ø140			–	–	–
Nuttiefe	8	10	12	10	13	16	11	10	16	7			
Form, Werkzeug und Anwendungs-beispiele								Mittelwand-verbindung		Korpuseckverbindung			Rahmeneck-verbindung

[1] Kurzzeichen für Linsenformfeder (nicht genormt), z. B. „Lamello-Feder". [2] Ergänzend auch in Kunststoff, z. B. als Montagehilfe: Typ C 20 und Typ K 20 (Haftlamelle). [3] Zusätzlich Typ 3a und 4a mit Ausklinkung für Rahmenecke. [4] Auch in Meterware, 15 bis 66 mm breit, 4 mm dick.

Allgemeine Kennzeichnung von Schnittflächen[1] (auszugsweise) — DIN 201

Allgemeine Schraffuren

Schnittfläche (allgem.)[2]	feste Stoffe	flüssige Stoffe	gasförmige Stoffe

Feste Stoffe

Naturstoffe (allgemein)	Vollholz (Hirnholz)[4] „Schraffe"	Vollholz (Längsholz)[4]	Holzwerkstoff
Glas	Dämmstoff	Isolierstoff	Dichtstoff
Metalle (allgemein) nach DIN 919-1	Stahl, legiert	Stahl, unlegiert	Leichtmetalle[3] Aluminium
Kunststoffe (allgem.)	Gummi, Elastomere	Duroplaste	Thermoplaste

[1] Anwendung insbesondere beim rechnerunterstützten Zeichnen; in Zeichnungen der Holztechnik dann Hinweis auf DIN 201 eintragen. [2] **Grundschraffur**, mit oder ohne Hinweis auf einen bestimmten Stoff; schmale Schnittflächen dürfen geschwärzt werden. [3] Durch Wortangabe mit Hinweislinie ergänzt. [4] Linienabstände für **eine Schraffe** 1 : 1 : ½ : ½.

Kennzeichnung von Schnittflächen im Bauwesen[1] (auszugsweise) — DIN 1356-1

Mauerwerk	Beton, unbewehrt	Beton, bewehrt	Putz, Mörtel
	Dämmschicht	Abdichtungsschicht	Kies / Boden
Holz, quer und längs			

[1] Vorzugsweise sind Begrenzungslinien von Schnittflächen mit breiter Vollinie hervorzuheben. Schraffur darf zusätzlich oder anstelle der Hervorhebung angewendet werden. Außerdem können Schnittflächen bei Bedarf dem Baustoff entsprechend gekennzeichnet werden. Wenn es der Maßstab erfordert, dürfen Schnittflächen auch geschwärzt werden (s. o.).

© Verlag Gehlen

Holzschrauben[1]

| Linsensenkkopf DIN 95, DIN 7995 | Halbrundkopf DIN 96, DIN 7996 | Senkkopf DIN 97, DIN 7997 |

Schraubenwerkstoffe und Kurzzeichen[3]
St Stahl, **Al-Leg.** Aluminium-Legierung, **CuZn** Kupfer-Zink-Legierung (bisher Ms Messing)

Gewindegröße (Nennmaß)		(2)	2,5	3	3,5	4	4,5	5	(5,5)	6	(8)[2]
Nenndurchmesser (max.)	d_s	2	2,5	3	3,5	4	4,5	5	5,5	6	8
Kopfdurchmesser ca. $2 \times d_s$	d_k	3,8	4,7	5,6	6,5	7,5	8,3	9,2	10,2	11	14,5
Nennlänge von	l	–	–	10	10	12	16	16	–	30	50
($b \geq 0,6 \cdot l$) bis	l	–	–	30	40	60	60	80	–	80...	100

Genormte Nennmaße der Schraubenlänge l / in mm

| 10 | 12 | 14 | 16 | 18 | 20 | 25 | 30 | 35 | 40 | 45 | 50 | 60 | 70 | 80 | 90 | 100 | ...[2] |

Bezeichnungsbeispiele[1]

Bezeichnung einer Linsensenk-Holzschraube mit Schlitz (DIN 95), Gewindegröße 3,5 mm, Länge l 60 mm aus Kupfer-Zink-Legierung („Messing"):[4]
Holzschraube DIN 95 – 3,5 × 60 – CuZn

Bezeichnung einer Halbrund-Holzschraube mit Kreuzschlitz Z (für Pozidriv, DIN 7996), Gewindegröße 5 mm, Länge l 100 mm aus Stahl:
Holzschraube DIN 7997 – 5 × 100 – St – Z

[1] S. Seite 134. [2]Längen über 80 mm sind von 10 mm zu stufen. [3] S. Herstellerangaben.

Flachpressplatten für allgemeine Zwecke — DIN 68761

Kurzzeichen	Definition
FPY	Flachpressplatte für allgemeine Zwecke z. B. Möbel-, Phonomöbel-, Geräte- und Behälterbau
FPO	Flachpressplatten mit definierten Anforderungen an die feinspanige Oberfläche z. B. für Direktlackierung oder Folienkaschierung

Kunstharzbeschichtete dekorative Flachpressplatten — DIN 68765

Kurzzeichen	Definition
KF	Spanplatte für den Möbel- und Innenausbau mit einer Dekorschicht aus mit härtbaren Kondensationsharzen getränkten und verpressten Trägerbahnen aus Papier; ein- oder zweistufiger Aufbau; Dekorschicht in der Regel Melaminharz
Z	Sonderplatten mit erhöhter Widerstandsfähigkeit gegen Zigarettenglut

Dicke der Dekorschichten

Klasse	Schichtdicke in mm	Erläuterung
1	bis 0,14	wird mit einer Schicht erreicht
2	über 0,14	Aufbau der Kunstharzschicht mit einer zusätzlichen Unterlage (Zwei-Blatt-Aufbau)

Verhalten bei Abriebbeanspruchung

Klasse	Erreichte Umdrehungszahl DIN 53799	Erläuterung
N	über 50 bis 150	Die Prüfung nach DIN 53799 erfolgt mit einem drehbaren Schleifteller. Die Umdrehungszahl gibt an, bei welcher Anzahl noch keine deutlich sichtbaren Spuren zurückbleiben.
M	über 150 bis 350	
H	über 350 bis 650	
S	über 650	

Drahtstifte (Nägel)[1] — DIN 1151 Form A, Flachkopf, glatt | DIN 1151 Form B, Senkkopf, geriffelt | DIN 1152 Stauchkopf

Durchmesser[1]	d	0,9	1,0	1,2	1,4	1,6	1,8	2,0	2,2	2,5	2,8	3,1	3,8	bis 8,8
Größenangabe[2] Länge[1] von	d l	9 13	10 15	12 20	14 25	16 30	18 35	20 40	22 45	25 50	28 60	31 65	38 80	88 260
bis	l	–	–	–	–	–	–	–	55	60	65	80	100	–
Flachkopf, glatt		+	–	+	+	+	+	+	+	+	+	+	+	–
Senkkopf, geriffelt		–	–	–	+	+	–	+	–	+	+	+	–	–
Stauchkopf		+	+	+	+	+	+	+	–	+	+	+	+	–
Werkstoff: Stahl			Ausführung: **bk** blank oder **zn** verzinkt oder **me** metallisiert

Bezeichnungsbeispiel für einen Nagel: Gerundeter Drahtstift mit geriffeltem Senkkopf in der Größe von $d = 3,1$ mm Dicke und $l = 65$ mm Länge, Ausführung verzinkt: **Stift DIN 1151 – 31[2] × 65 – zn – B**

Größenmaße nach Herstellerangaben[1] (Beispiel)

Flachkopf		Senkkopf		Stauchkopf	
0,9 × 13	2,5 × 50	4,2 × 120	7,0 × 210	1,4 × 25	2,8 × 65
1,0 × 15	2,5 × 55	4,6 × 130	7,6 × 230	1,6 × 30	3,1 × 80
1,2 × 20	2,8 × 60	3,4 × 90	5,5 × 140	7,6 × 260	1,8 × 35	3,4 × 90
1,4 × 25	2,8 × 65	3,8 × 100	5,5 × 160	9,4 × 310	2,0 × 40	3,8 × 100
1,6 × 30	3,1 × 65	4,2 × 110	6,0 × 180		2,2 × 50	naturblank

Stahl, blank, glanzverzinkt, feuerverzinkt, gelbchromatisiert (naturholzfarben)

[1] Alle Maße in mm. [2] Davon abweichend wird bei der Bezeichnung von Nägeln nach DIN 1151 und 1152 der Durchmesser in Zehntelmillimeter, die Länge jedoch in mm angegeben.

Spanplattenschrauben[1] — Herstellerangaben

Handelsübliche Nennmaße für die Länge l in mm und Schraubenwerkstoffe (Beispiele)

| 10 | 12 | 13 | 15 | 16 | 17 | 20 | 25 | 30 | 35 | 40 | 45 | 50 | 55 | 60 | 70 | 80 | ...[2] |

Stahl, (einsatz)gehärtet, gleitbeschichtet, verzinkt, blau- oder gelbchromatisiert bzw. blau oder gelb passiviert, vernickelt, vermessingt, brüniert, Edelstahl-rostfrei, Messing (CuZn) u. a.

Gewindegröße (Nenn-ø)		2,4	2,5	3,0	3,5	4,0	4,5	5,0	5,5	6,0	8,0
Bit-Größe • Kreuzschlitz	Z	Z 1				Z 2				Z 3	Z 4
• Kreuzschlitz	H	PH 1				PH 2				PH 3	PH 4
• Innenstern	T	T 8		T 10		T 15	T 20	T 25	T 27	T 30	T 40

		mit Vollgewinde (VG)									
Nennlänge von (handelsüblich)	l	10	12	10	12	12	15	16	–	30	–
bis	l	25	16	45	50	70	80	100	–	140	–
		mit Teilgewinde (TG)									
Nennlänge von (handelsüblich)	l	–	–	20	45	25	25	25	–	40	80
bis	l	–	–	45	50	70	80	120	–	300	300

Anhang

Möbelmaße

- Die Möbelmaße richten sich nach den Körpermaßen der Benutzer, nach den Maßen der Aufbewahrungsgegenstände, nach den Raumgrößen und den Transportbegrenzungsmaßen.
- Der Bewegungsraum des Menschen und die Tätigkeiten, die er verrichtet, bestimmen maßgeblich die Abmessungen, der hierzu notwendigen Möbel.

Kleiderschrank — DIN 68890

≥1500 lange Kleidung
≥900 kurze Kleidung
540...650
≥25
≥80

Kommode, Anrichte — DIN 33402

~1300
925
425
420...550
750...900

Möbelmaße (Fortsetzung)

Esstisch — DIN 68885

750
≥620
≥650
270...310
~1200...800
≥600

Küchenschrank — DIN EN 1116

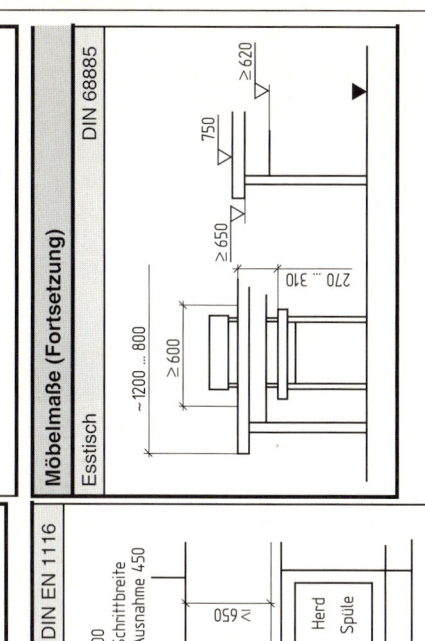

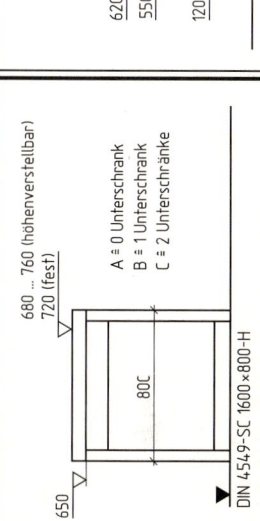

1 M = 100
Schnittbreite Ausnahme 450
≥650
Herd / Spüle
≤400
≥230
≥500
950 / 900 / 850
920 / 870 / 820
≤30
≤600
≥600
≥100
≥50

Bildschirmarbeitstisch (B) — DIN 4549

750 (Taste C)
200
450 / 600
450 / 600
620
550
120

Schreibtisch (S) — DIN 4549

680...760 (höhenverstellbar)
720 (fest)
A ≙ 0 Unterschrank
B ≙ 1 Unterschrank
C ≙ 2 Unterschränke
650
800
DIN 4549-SC 1600×800-H

Vorzugsmaße für Holzwerkstoffe — DIN 4078

Holzwerkstoff	Dicke in mm	Länge in mm	Breite in mm
Furniersperrholz	4; 5; 6; 8; 10; 12; 15; 18; 20; 22; 25; 30; 35; 40; 50	1220; 1250; 1500; 1530; 1830; 2050; 2200; 2440; 2500; 3050	1220; 1250; 1500; 1530; 1700; 1830; 2050; 2440; 2500; 3050
Stäbchen- und Stabsperrholz	13; 16; 19; 22; 28; 30; 38	1220; 1530; 1830; 2050; 2500; 4100	2440; 2500; 3500; 5100; 5200; 5400

Kennzeichnung von Holzwerkstoffen

Angaben in folgender Reihenfolge:
1. Herstellerwerk; 2. DIN-Hauptnummer; 3. Plattentyp; 4. Dicke in mm; 5. weitere Kennzeichen

Beispiel	Kennzeichnung
Furnierplatte, Plattentyp IF, Güteklasse 1-3, Dicke 12 mm	Hersteller - DIN 68705 FU IF 1-3 - 12
Flachpressplatte FPY, Dicke 19 mm, Emissionsklasse E 1	Hersteller - DIN 68761 - FPY - 19 - E1

Abkürzungen von Holzarten

Holzart	Kurzzeichen	Holzart	Kurzzeichen	Holzart	Kurzzeichen
Abachi	ABA	Greenheart	GRE	Mansonia (Bete)	MAN
Afrormosia	AFR	Hainbuche	HB	Meranti, Light Red	MER
Afzelia	AFZ	Hemlock	HEM	Meranti, Dark Red	MER
Ahorn	AH	Hickory	HIC	Nlangon	NIA
Angelique	AGQ	Iroko (Kambala)	IRO	Nussbaum, europäisch	NB
Azobe (Bongossi)	AZO	Kiefer	KI	Okoume (Gabun)	OKU
Birke	BI	Lärche	LA	Pappel	PA
Buche, Rot	BU	Limba	LMB	Parana Pine	PAP
Douglasie (oregon pine)	DGA	Mahagoni, Khaya	MAA	Redcedar, Western	RCW
Eiche	EI	Mahagoni, amerikanisch	MAE	Redwood	RWK
Erle, Schwarz	ER	Mahagoni, Sipo	MAU	Robinie	ROB
Esche	ES	Mahagoni, Kosipo	MAK	Tanne	TA
Fichte	FI	Makore	MAC	Teak	TEK

Handelsübliche Dicken von Deckfurnieren — DIN 4079

Nenndicke in mm	Holzart
0,50	Sapelli, Sipo, Makoré, Nussbaum
0,55	Ahorn, Birke, Birnbaum, Bubinga, Rotbuche, Kirschbaum, echtes Mahagoni; Mansonia, Sen, Teak
0,60	Bergahorn, Eiche, Erle, Esche, Koto, Limba, Okoumé, Pappel, Rüster, Sen, Teak
0,65	Edelkastanie, Eiche, Linde, Pappel
0,70	Abachi
0,85	Douglasie, Redpine
0,90	Kiefer, Lärche
1,00	Fichte, Tanne

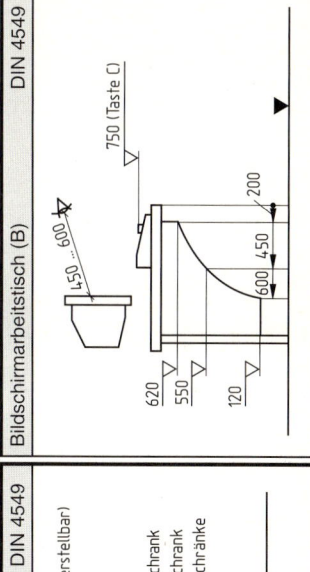

Bezeichnung von Furnieren

	Bezeichnung
Beispiel	Messerfurnier, Langfurnier, Dicke 0,55 mm, Rotbuche → Messerfurnier L 0,55 DIN 4079 - BU

© Verlag Gehlen

Notizen:

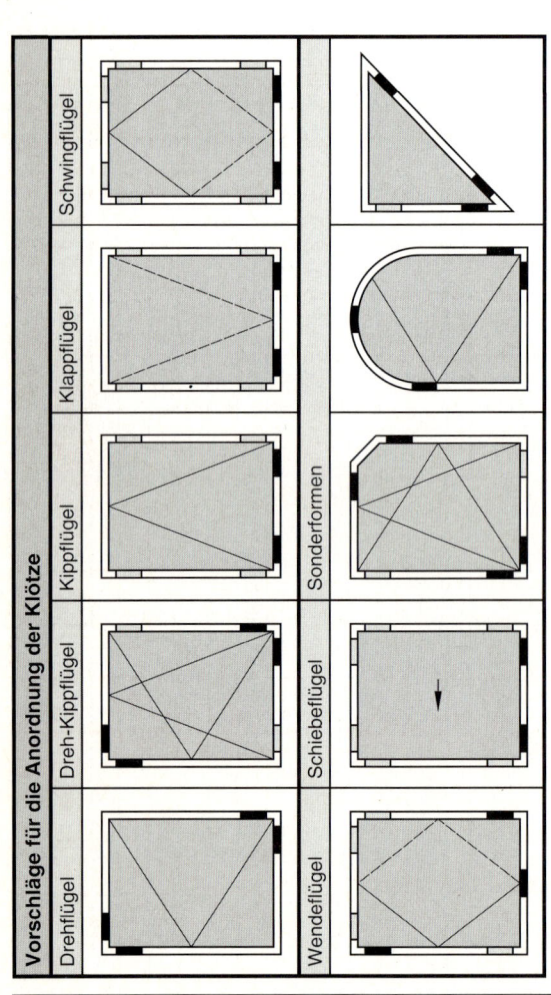

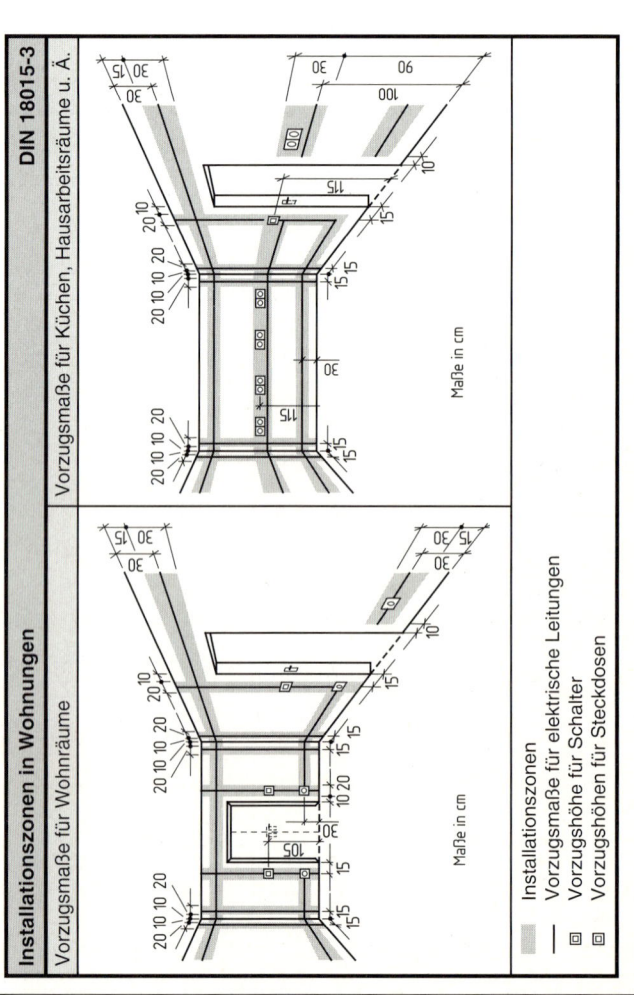

Stückliste als Kopiervorlage

Kunde ☎	Projektnummer Positionsnummer	Zeichnungsnummer	Bearbeiter	Datum

Kantenliste		Belagsliste (HPL und Furnier)		Oberfläche	
1		1		1	
2		2		2	
3		3		3	
4		4		4	
5		5		5	

Bezeichnung	St	Material	Länge l	Breite b	Kante				Belag		OF*	
					l	l	b	b	u	o	o	u

*OF = Oberfläche

© Verlag Gehlen

Sachwortverzeichnis

A
Abrundungen 24
Achtelmeter 127
Acrylglas 59
Anbaumaß 127
Anleimer 52
Arbeitsablauf 100
Architektursymbole 125
Arkett
– Aufbau 188
Aufschraubschloss 58
Ausbildungsordnung 194

B
Bandbezugslinie 130
Bekleidung 130
Beleuchtung 116
Bemaßung
– Bohrungen 20
– fertigungsgerecht 17
– normgerecht 15
– Rundungen 20
– Teilkreise 20
– Teilungen 23
– Vollkreise 20
Beschläge
– für Ganzglastüren 110
– Schubkasten 110
– Topfbänder 110
Bezeichnungen am Winkel 25
Blatteinteilung DIN A 3 58
Bodenträger 43
Bogenkonstruktion 104
Brettbau 37

C
CAD
– Perspektive 90
– Koordinaten 90
– 3-D 90
CNC 91
– Bemaßung 92
– System 32 92
– Nullpunkt 92

D
Dachaufbau
– Begriffe 186
Dachflächenfenster 169
Dachgeschoss
– Wärmedämmung 186
Darstellung
– Ansicht 88
Deckenabhänger 191
Deckenaufbau 187
Deckenkonstruktion
– Systemdecken 114
Dimetrische Projektion 32
Doppelverglasung 170
Dornmaß 53
Drehbeschläge
– Systembezeichnung 49
Drehtüren 48
Drehtüren
– aufschlagend 49
– einschlagend 49
– gefälzt 49
Drückergarnitur 130

E
Einbohrband 52
Einsteckschloss 53

F
Falle 53
Falzbekleidung 130
Fenster
– Anforderungen 158
– Bauteile 160
– einbruchhemmend 167
– feststehend 168
– Gestaltungstypen 159
– Konstruktionsdetails 161
– Maueranschläge 165
– Pfosten 162
– Sprossen 162
– Stulp 162
Fenstertür 169
Fingerzapfen 29
Formverleimung
– Schablone 106
Freihandlinie
– schmal 27
Freitreppe 181
Frontalschnitt 30
Füllungen 46
Funktionsbereich 85
Furniersperrholz 52
Furnierte Holzwerkstoffe 52
Fußboden
– Aufbau 185
Futtertür 130

G
Ganzglastürbeschläge 63
Ganzglastüren 118
Gebäudegrundriss 124
Geometrische Grundkonstruktionen 24 f.
Gesellenstück 194 ff.
– Bewertungskriterien 197
– Entwurfshilfen 195 f.
– beispielhafte 200 ff.
Goldener Schnitt 39
Gratverbindung 42

H
Haustüren
– 3-D-Band 149
– Blendrahmen
– Blockrahmen 146
– Bodenschwellen 150
– Dampfsperre 149
– Glasfüllung 148
– Holzarten 1512
– Lappenbänder 148
– nach außen öffnend 151
– Seitenteile 152 f.
– Wasserschenkel 150
Hessenkralle 147
Hirnholzschraffur 27
Höhenschnitt 128
Horizontalschnitt 26

I
Innentürbänder 131
Innentüren
– Blockrahmen 138
– einbruchhemmend 136
– Einsatzempfehlungen 132
– Falzmaße 132
– Lichtausschnitte 135
– Rahmentür 139
– Schallschutz 137
– Strahlenschutz 137
– Tür- und Zargenmaße 132
Innentürschlösser 131
Isometrische Projektion 32

J
Jalousien 48

K
Kämpfer 151, 160
Kantenprofile 39
Kastenfenster 171
Kavalierprojektion 32
Klappen 48
Klappenkonstruktion
– Scharniere 108
Klassische Führung 67
Kombinationsbauart 37
Komplettsockel 59
Korpusecke
– gedübelt 40
– gefedert 40

L
Ladenbau
– Entwurf 94
Lageplan 124
Längsholzschraffur 27
Leimstriche 27
Licht
– Gestaltung 86
Linkstür 54

M
Maßhilfslinien 15
Maßlinien 15
Maßlinienbegrenzung 15
Maßstäbe 14
Maßzahlen 15
Materialauswahl 87
– Planung 87
Materialliste 11
Mehrfachverriegelung 152
Meisterstücke
– beispielhafte 204 f.
Menschliche Körpermaße 38
Meterriss 128
Mittelsenkrechte 24
Möbelbauarten 37
Möbeltüren 48
Möbeltürschlösser 49

N
Netzwerk
– Fertigungsplanung 80
Nutleistenführung 68

O
Oberflächen
– Farben 95
Oberflächensymbole 29
OFF 128
Öffnungsmaß 127

P
Parkett, Anschlüsse 189
Parkett, Verlegemuster 188
Parkettfußböden 188
Perspektiven 32
Pfeilermaß 127
Planungsfahrplan
– Möbelbau 79
Planungsraster 38
Plattenbau 37
Präsentation 84

R
Rahmenbau 37
Rahmendübel 146
Rahmenverbindung
– gedübelt 34
– überblattet 34
Raumanbindungsschema 124
Rechteckproportionen 39
Rechtstür 54
Regalaufhängung 29
Regenschiene 164
Riegel 53
Rückwand 43

S
Schallschutz 115
Scharniere 47
Schiebetüren 48
Schiebetürenkonstruktion 60 f.
Schiebetürformate 61
Schiebetürgriffe 61
Schließblech 53
Schlitz und Zapfen 35
Schlosskasten 53
Schnittdarstellungen 26
Schraffur
– Glas 59
– Holzwerkstoffe 52
– Baustoffe 128
Schriftfeld 107
Schrittmaßregel 177
Schubkasten
– Anschlagarten 64
– Führungen 67
– innenliegend 70 f.
– Konstruktionen 65
– Verbindungen 66
Schwelle 130
Schwingfenster 169
Skizze 10
Sockel 59
Sockelblende 59
Spanplattenschrauben 58
Sperrtürblatt 134
Stäbchensperrholz 52
Staubdichtigkeit 57
Steinformate 127
Stollenmöbel 109
Strecken halbieren 25
Strecken teilen 25
Strich
– Punktlinie, breit 27
Strichlinie
– schmal 18
Strich-Punktlinie
– schmal 18
Strukturschema 7
Strukturschema
– Möbelbau 36
Stückliste 101
Stulp 53
System 32
– Berechnung 98
– Fertigung 96
– Vitrine 98

T
Tastaturauszug 73
Technische Zeichnung 10
Trageleiste 43
Traversleiste 43
Trennwandkonstruktion 185
Treppen
– Antritt 178
– Austritt 178
– Bauteile 175
– Begriffe 174
– Bezeichnungen 175
– Handlauf 179
Treppenbauarten 180
Treppenmaße 177
Truhe 45
Türblatt 130

V
Verbindung
– Korpus 103
– Zinken 102
Verbundfenster 170
Verkürzte Mittelachsen 20
Verschlussmöglichkeiten 57
Vertikalschnitt 26
Volllinie
– schmal 16
– breit 16

W
Winkel abrunden 25
Winkelband 50
Winkelhalbierende 24

Z
Zahnleiste 43
Zeichenblattgrößen 13
Zeichenwerkzeuge 12
Zentralverschluss
– Schubkasten 112
Zierbekleidung 130
Zinkenteilung 41
Zinkung
– einfache 41
– halbverdeckt 41

© Verlag Gehlen